AF360772

PRINCIPES RAISONNÉS

D'AGRICULTURE.

TOME TROISIÈME.

PRINCIPES RAISONNÉS

D'AGRICULTURE,

TRADUITS DE L'ALLEMAND D'A. THAER,

Conseiller d'État de S. M. le Roi de Prusse, membre de l'Académie Royale des Sciences de Berlin, de l'Académie Royale de Goettingue, de l'Institut d'Amsterdam, du Département d'Agriculture de la Grande-Bretagne, de la Société des Amis de l'Histoire Naturelle de Berlin; et de plusieurs Sociétés économiques, Seigneur héréditaire de Moegelin,

PAR

E. V. B. CRUD.

TOME TROISIÈME,

CONTENANT LA SECONDE PARTIE DE L'AGRICULTURE PROPREMENT DITE, AVEC 13 PLANCHES, SAVOIR : CELLES DE I à XI, LA XIII ET XIV.

A PARIS,

Chez J. J. PASCHOUD, Libraire, rue Mazarine, n.º 22.

et à GENÈVE,

Chez le même, Imprimeur-Libraire.

1814.

EXPLICATION DES FIGURES
DES PLANCHES V et VI.

LA Planche **V** se rapporte au §. 883 et y est en grande partie expliquée. Je vais cependant répéter ici cette explication avec quelques additions que je crois utiles.

A A Est le ruisseau qui descend la colline.

B L'écluse qui a été établie dans son lit pour arrêter l'eau.

CC Des hauteurs.

OOO Bas fonds marécageux.

a a Cours d'eau du canal qui conduit l'eau sur les hauteurs.

b Le point où doit commencer le *terrement*.

c d Ligne du premier fossé latéral.

c d e f Cours de l'eau sur le premier espace où le terrement s'opère.

e g f h Second espace sur lequel le terrement a lieu, après que le premier a été accompli et a été fermé par la portion de digue c e.

b i Direction dans laquelle le terrement doit être continué en ligne directe.

i k Direction que prendra le terrement dès ce point, pour entrer plus avant dans la hauteur, afin d'y prendre une quantité de terre plus grande, pour remplir une plus grande étendue de bas fonds.

LA PLANCHE VI.

Commencement et suite de l'opération du terrement.

Les figures **I, II, III**, comme les **IV, V, VI** doivent être considérées réunies.

La fig. **I**, donne le plan du canal qui fournit l'eau du fossé latéral destiné à opérer le terrement du premier espace, et des deux bords en talus, dans lesquels ce canal est encaissé.

a La surface de l'eau dans le canal.

bb Les bords en talus du même canal.

c Le cours d'eau dans le fossé latéral, qui, au moyen de la pression de l'eau du canal, et de sa propre chute descend avec force, et entraîne la terre qu'on lui jette devant.

dd Les bords du fossé.

e Le point où finit le terrement, celui ou l'eau cesse de transporter de la terre.

f L'espace sur lequel l'eau s'étend dans le bas fond marécageux, et charrie de la terre enlevée à la hauteur.

AAA Les hauteurs environnantes.

B Bas fond marécageux qui doit recevoir le terrement.

h i Ligne dont la fig. II donne la coupe.

k l Ligne dont la fig. III donne la coupe.

La fig. II donne la coupe de la ligne h i fig. I.

a Elévation de l'eau dans le canal.

b Le bord en talus qui est derrière ce canal.

m Masse de terre de la hauteur dans laquelle le canal pénètre en avançant.

h Le sol au dessous fond du canal.

La fig. III, donne la coupe de la ligne k l fig. I.

c Cours de l'eau dans le fossé latéral, ou sur le premier espace où le ter-rement s'opère.

d Bord de ce fossé ou du terrement, dans lequel celui-ci avance, à mesure que la terre s'en détache et est emmenée par l'eau.

e Point où l'eau cesse d'enlever de la terre, et où celle-là commence à s'étendre.

f Espace sur lequel l'eau s'étend, et dépose la terre qu'elle charrie.

o Le sol de la hauteur.

o g Ligne qui indique la nouvelle surface qu'aura de la prairie, celle qui sera formée par le terrement.

Fig. IV. Plan du fossé de terrement, de celui qui doit désormais servir pour l'arrosement, et de l'espace où l'on opère pour le terrement, après qu'une partie de celui-ci a déjà été exécutée.

a Cours de l'eau dans le canal qui fournit l'eau.

b Plan incliné qui borde ce canal du côté de la hauteur.

c c Digue ou encaissement de ce cours d'eau formé dans le cours du terrement.

d Cours de l'eau sur l'espace où le terrement s'opère.

e Bord de cet espace, dès lequel on jette la terre devant le cours d'eau, afin qu'il l'entraîne.

f Extension de l'eau sur le bas fond, où elle dépose la terre qu'elle charrie.

A A Hauteurs.

B Bas fond marécageux.

C La surface qui vient d'être formée par le terrement.

g h Ligne dont la fig. V donne la coupe.

i k Ligne dont la fig. VI donne la coupe.

Fig. V. Coupe de la ligne g h dans la fig. précédente.

a b Nouvelle surface de la prairie.

b Elévation de l'eau sur l'espace où elle opère.

c d Surface du terrain avant le terrement.

e Le sol de la hauteur.

f Le sol au-dessous de la surface qui vient d'être formée.

Fig. VI coupe de la ligne i k sur le plan de fig. IV.

a Elévation de l'eau dans le canal.

b Encaissement de ce canal.

c d La nouvelle surface formée par le terrement.

e e e surface du sol avant que le terrement fut opéré.

f f Sol placé au-dessous de la nouvelle surface.

g Sol de la hauteur.

Le texte contient l'explication des autres tables. Dans l'ordre suivi par l'auteur les planches V et VI sont les dernières. Le n.º 12 a été sauté par mégarde, dans l'édition originale allemande comme dans celle-ci, de sorte qu'il n'existe pas de planche sous ce n.º

AVIS AU RELIEUR.

Il voudra bien placer ces planches à la fin de ce volume toutes ensemble et de manière qu'elles se trouvent déployées en dehors de ce livre lorsqu'elles sont ouvertes.

PRINCIPES RAISONNÉS

D'AGRICULTURE.

SECTION IV.

SECONDE PARTIE.

DE LA CULTURE DU SOL ou DE SA BONIFICATION MÉCANIQUE.

§ 674.

Je consacre cette partie au développement des divers travaux et opérations par lesquels le sol est mis en état de produire, de ceux par lesquels sa nature physique est appropriée au but que l'agriculteur se propose.

Ces opérations sont toutes comprises dans la division suivante :

1. Les opérations dont l'effet doit être permanent, ou du moins avoir une longue durée; celles qu'on qualifie du nom d'améliorations ; tels sont les défrichemens, l'établissement de haies, de fossés et de clôtures en général, les desséchemens, le creusement de canaux d'irrigation, etc.

2. Celles qui n'ont pour objet que des récoltes prochaines et leurs semailles, celles qui doivent être répétées tous les ans, ou du moins à des époques rapprochées. Celles-ci sont comprises sous la dénomination de culture; plusieurs motifs nous engagent à faire précéder leur enseignement, pour nous occuper seulement ensuite des améliorations durables.

LA CULTURE.

§ 675.

Quelqu'évidente que soit la nécessité de la culture, cependant on est encore divisé sur la manière dont elle doit être opérée, tant en général que pour des cas particuliers, et sur le choix d'entre les nombreuses méthodes d'après lesquelles elle doit être faite; il semble même que, sur ce sujet, les opinions soient contradictoires. Le succès favorise alternativement l'une ou l'autre ; aussi le cultivateur qui n'a reçu d'autre instruction que la simple pratique, agit-il sagement lorsqu'il s'en tient à la méthode suivie par ses pères ; cette méthode, à la vérité, ne lui promet aucun avantage dont ses voisins ne jouissent ; mais aussi elle ne l'expose pas à essuyer de plus grands mécomptes. S'il entreprenait des procédés nouveaux, sans connaître parfaitement leur but et les motifs qui doivent engager à les suivre ou à les rejeter, il courrait bien plus le risque d'éprouver des pertes, qu'il n'aurait la probabilité d'atteindre un mieux réel. L'agriculteur éclairé, au contraire, qui cherche à atteindre la plus grande perfection, peut, sans risque, entreprendre ces méthodes nouvelles, lorsqu'il connaît les effets qu'on doit en attendre, et les résultats qui doivent probablement s'ensuivre de chaque opération ; lorsqu'il sait ainsi apprécier les causes qui ont déterminé le succès tantôt de l'une, tantôt de l'autre.

§ 676.

L'agriculture a des objets nombreux et variés, qui ne peuvent pas tous être atteints de la même manière. Il est essentiel que nous ayons une idée très-claire de l'effet que nous cherchons à produire, non-seulement dans chaque cas isolé, mais encore dans la combinaison de ces cas les uns avec les autres, afin que, d'après cette connaissance, nous puissions choisir les procédés qui conduisent à ce but avec le moins de frais que cela est possible.

L'objet et les effets de la culture sont en général les suivans :

§ 677.

1. *L'ameublissement et la pulvérisation du sol.* Toutes les espèces de terrain ont de la disposition à se réunir et à s'agglomérer, tantôt au moyen de l'attraction de cohésion de leurs parties, tantôt par suite de la pression que l'atmosphère exerce sur elles. Plus un terrain est argileux, plus la liaison et l'agglomération est forte ; mais la plupart des plantes que nous cultivons ne peuvent pas pénétrer dans un sol ainsi durci, et en tirer la nourriture qui y est renfermée. Il faut donc que le sol soit ameubli d'une manière mécanique et aussi parfaite que cela est possible, afin qu'il en résulte la végétation la plus riche, et que tous les sucs nourriciers soient mis à la portée des suçoirs des plantes ; pour cet effet, il est nécessaire que la couche de terre végétale soit pulvérisée à tel point, qu'il n'y reste plus de mottes. Les racines chevelues des plantes ne pénètrent point dans ces mottes, elles ne font que s'étendre tout autour, par conséquent ces mottes de terre ne leur donnent guères plus d'alimens que si elles fussent des pierres. Plus le sol est homogène, ameubli et pulvérisé, plus les racines des plantes y pénètrent également, plus elles y poussent de racines chevelues, et plus les ramifications de ces racines demeurent séparées les unes des autres ; de sorte qu'alors chacune des particules nutri-

tives que le sol contient se trouve ainsi à portée d'être absorbée par les suçoirs des plantes.

Quelques auteurs, en particulier Iethro Tull, convaincus par leur propre expérience du grand effet que produit la pulvérisation complète de la couche de terre végétale, ont prétendu que toute la fertilité du sol était due à cette cause ; mais dès lors il a été suffisamment démontré combien cette opinion était fausse. Lorsqu'un champ, en apparence épuisé, a été négligé sous le rapport de l'ameublissement du sol, sans doute on peut, en donnant un soin particulier à diviser le terrain et à le pulvériser complétement, en tirer encore une ou deux récoltes de grains. Mais cela n'a lieu que parce qu'on met ainsi à la portée des suçoirs des plantes les sucs qui étaient encore renfermés dans le sol, et non parce que cette opération en procure de nouveaux, du moins pas en suffisance.

Le sol ne peut jamais être trop ameubli et trop pulvérisé ; cependant il peut être rendu trop léger, c'est-à-dire qu'il peut s'y former des interstices dans lesquels ses parties ne sont plus rapprochées les unes des autres. Ces vides nuisent aux plantes ; l'on s'aperçoit que divers produits souffrent lorsque, après qu'ils ont été semés, le terrain labouré récemment n'a pas pu s'affaisser, et qu'ainsi ces vides n'ont pas été remplis.

Il tient à la nature et à la composition du sol que cet ameublissement s'opère d'une manière plus ou moins facile ; c'est pour cela que les opérations par le moyen desquelles on l'effectue, doivent avoir plus d'intensité et être plus répétées dans un sol que dans un autre. Outre cela l'ameublissement du sol doit avoir lieu d'une manière plus ou moins complète, suivant l'espèce de plante qu'on se propose d'y cultiver. L'orge réussit mieux sur un terrain très-meuble et complétement pulvérisé. En revanche l'avoine est beaucoup moins arrêtée dans sa végétation par l'agglomération des parties du sol, elle pénètre dans ce sol avec bien plus de force.

Plusieurs années s'écoulent avant que le terrain qui a été complétement pulvérisé se durcisse entièrement au-dessous de sa superficie. S'il est composé d'argile, il contracte à la vérité une certaine adhérence avec lui-même, mais cette adhérence n'est jamais telle que les racines ne puissent y pénétrer ; c'est pour cela que l'ameublissement et la pulvérisation de la partie du sol qui est au-dessous de celle qu'atteint la charrue, n'est ordinairement répétée qu'au bout d'un certain nombre d'années.

§ 678.

2. *Le mélange complet des parties dont le sol est composé.* Il n'est jamais plus essentiel d'opérer ce mélange complet, que lorsqu'on a augmenté la couche de terre végétale, soit par des labours profonds, en ramenant de la terre vierge à la superficie, soit en y transportant des substances propres à l'amendement du sol, ou à sa bonification. Une masse terreuse composée de parties

hétérogènes est absolument nuisible aux racines des plantes ; la végétation s'arrête lorsque les jeunes racines chevelues doivent passer de l'une de ces parties dans l'autre. Ce mélange imparfait produit des plantes tachetées, par conséquent malades : c'est ainsi que des champs ont perdu leur fertilité pour plusieurs années, parce qu'en y transportant des espèces de terres améliorantes et même de la marne, on n'a pas eu soin de les mêler avec la couche de terre végétale ; l'effet qu'on attendait de substances ainsi ajoutées ne s'est montré que lorsque le mélange a été complet. Plusieurs espèces d'engrais, surtout ceux qui opèrent par leur action sur l'humus et sur les matières végétales, demeurent également inefficaces, et peuvent même devenir nuisibles, lorsqu'elles entrent en contact avec les particules de l'humus sans être divisées de la manière la plus complète. Le fumier ordinaire d'étable n'est pas sans effet, lors même qu'il n'est pas intimément mêlé avec le sol, parce que ses parties solubles pénètrent dans la terre végétale ; cependant il ne produit jamais l'avantage qu'on pourrait en attendre s'il était complétement mêlé avec le sol, et divisé entre ses différentes parties par le moyen de labours réitérés. Dans le premier cas les plantes poussent par touffes et sont fort inégales ; dans des places elles trouvent une surabondance d'alimens, tandis qu'ailleurs elles dépérissent faute de sucs. Comme alors le fumier s'agglomère sous la forme de tourbe, cette inégalité de la récolte est sensible pendant quelques années.

§ 679.

5. *De ramener à la surface du sol une couche de terre prise à une plus grande profondeur*, afin de la soumettre aux influences de l'atmosphère et de la lumière. Déjà, dans les tems les plus reculés, des observateurs attentifs ont connu cet effet de l'*aëration* du sol, et pour l'expliquer ont eu recours à diverses hypothèses. On a comparé cet effet à la formation du salpêtre (nitrate de potasse), et véritablement il a beaucoup d'analogie avec elle, puisque le salpêtre est produit par le concours d'une substance atmosphérique, et en quantité d'autant plus grande, qu'on met plus souvent en contact avec l'air une surface nouvelle et qui n'a point encore été saturée. C'est également la même substance, l'oxigène, qui agit ici comme dans la formation du salpêtre. C'est par son concours que se forment, ainsi que nous l'avons dit au volume précédent en parlant de l'humus, les deux substances dans lesquelles le carbone fait partie constituante de la nourriture des plantes, l'acide carbonique et la matière extractive. C'est aussi seulement à l'aide de son exposition à l'air, que l'humus acquiert sa fertilité, et, dans cet effet, il est probable que la lumière joue un très-grand rôle.

Le sol s'approprie cette partie de l'acide carbonique formée par la combinaison de l'oxigène avec le carbone, laquelle repose dans la couche inférieure de l'atmosphère, et est en quelque manière renfermée dans les interstices de la terre renversée. Il n'est pas invraisemblable que même l'azote contenu dans l'air atmosphérique, séparé de son oxigène, n'ait quelque part à l'amélioration du sol et ne soit absorbé par l'argile. En attendant que nous ayons acquis une connaissance plus particulière des diverses décompositions qui s'opèrent ici, nous trouvons dans une expérience aussi longue que générale, la preuve de la fécondité et de la perméabilité qu'acquiert, même l'argile tenace, lorsque, par un fréquent changement de surface, elle est soumise à l'action de l'air atmosphérique. Cet amendement tiré de l'atmosphère, cette absorption de substances propres à la fécondation du sol, peut tenir lieu des autres amendemens pendant quelques années, mais sans doute pas d'une manière complète, ni surtout durable. Suivant Du Hamel, *Traité de la culture des terres*, pag. 64, cette amélioration est si sensible, qu'elle est aperçue à la simple vue. « Qu'on laboure, dit-il, médiocrement la moitié d'un champ, qu'au contraire on donne de fréquens labours à l'autre; qu'on laboure ensuite l'une et l'autre en travers, on trouvera la partie fréquemment remuée beaucoup plus brune que celle qui aura été peu labourée. »

4. *D'absorber, d'introduire dans le sol, et de conserver l'humidité qui est tombée de l'atmosphère.* L'eau ne pénètre pas dans les terrains argileux, tenaces et serrés. Lorsqu'une motte d'un terrain de cette nature demeure dans le sol sans être brisée et s'y dessèche, elle conserve sa siccité dans son centre pendant tout l'été. Mais plus les particules du sol sont séparées et plus profondément elles sont remuées, plus aussi elles absorbent d'eau dans leurs interstices; elles laissent d'autant mieux descendre cette eau, que le labour a été plus profond. Dans les tems humides, l'eau ne reflue pas sitôt vers la superficie du sol lorsque celui-ci a été labouré profondément; dans les tems secs, au contraire, l'eau contenue dans le sol est moins vîte épuisée; elle se communique à la surface dans la proportion nécessaire. De toutes parts on trouve la confirmation de ces faits, partout on remarque qu'un terrain remué profondément et avec soin ne devient pas sitôt boueux à sa superficie, tout comme il ne souffre pas sitôt de la sécheresse : cette observation n'a échappé à aucun jardinier qui a défoncé une partie de son terrain. Lorsque le sol a été labouré en automne il résiste d'une manière à peine croyable aux sécheresses de printems, puisqu'il conserve encore assez d'humidité à un pouce au-dessous de sa superficie, tandis que les autres terrains sont absolument secs jusqu'à une assez grande profondeur. Il n'est donc pas vrai, sans restriction, que le labour essuie le terrain ; cet effet n'a lieu que lorsque les labours sont fréquens et profonds, et qu'ils ont toujours

lieu en tems sec. On observera même qu'un labour léger, qui remue seulement la superficie du sol, y conserve l'humidité plutôt qu'il ne la dissipe, et que par conséquent l'attraction de l'humidité insensible de l'air y est plus forte que l'évaporation.

L'humidité qui est renfermée dans les interstices du sol et qui s'y amasse en plus grande quantité lorsqu'on le déchaume avant l'hiver, présente sans doute ce désavantage; mais il n'y a pas à craindre qu'elle tienne le terrain serré et tenace durant tout l'été. Des observateurs attentifs ont remarqué, au contraire, que ce terrain était beaucoup plus meuble, qu'il se divisait mieux, pourvu seulement qu'on attendit qu'il fut essuyé : c'est là une suite naturelle de l'évaporation de cette eau dont l'élasticité avait séparé les particules du sol en s'introduisant entr'elles.

5. *La destruction des mauvaises herbes.* En traitant de la manière de connaître et d'apprécier les terres, nous avons, sous les rapports agronomiques, divisé les mauvaises herbes en deux classes; celles qui se multiplient par le moyen de leurs semences, et celles qui se propagent surtout par leurs racines. Cette distinction est très-essentielle lorsqu'il s'agit de détruire ces mauvaises herbes par le labour.

Les mauvaises herbes qui viennent de graine, ne peuvent être détruites que lorsqu'on ramène successivement les semences contenues dans le sol, à sa superficie, ensorte qu'elles soient en position de germer; car sans cela elles pourraient demeurer des siècles entiers en terre, sans perdre la faculté de produire de nouvelles plantes. La plupart des petites semences ne germent point, si elles ne sont soumises à l'action libre de l'atmosphère, et elles ne sont point en contact avec lui lorsqu'elles sont renfermées dans des mottes non-pulvérisées; aussi demeurent-elles en repos jusqu'à ce que ces mottes se divisent. On ne doit donc pas espérer de détruire complétement les mauvaises semences contenues dans le sol, et même dans la partie ramenée à sa superficie, jusqu'à ce qu'on ait bien pulvérisé celles-ci; jusqu'à ce que les tranches de terre et les mottes soient complétement divisées et réduites en poudre. Ainsi donc, pour parvenir à ce but, il ne suffit pas que chaque couche, quelque mince qu'elle puisse être, soit ramenée à la surface et mise en contact avec l'air, il faut encore qu'elle soit brisée, divisée, et comme réduite en poudre; la charrue seule ne peut pas opérer cet effet, il faut encore pour cela le concours de la herse.

Mais pour purger le sol des mauvaises herbes qui se propagent par leurs racines, surtout du froment rampant ou chiendent (triticum repens), de l'agrostis stolonifera et de plusieurs autres graminées, de la sarrête des champs, des chardons et des rumex, il faut des procédés tout différens. Le seul moyen de détruire ces plantes, c'est de détruire et de briser fréquemment leurs jeunes pousses, et d'exposer leurs racines à l'air et à la lumière. Il faut qu'elles soient ramenées à la surface du sol, séparées de la terre, et dans une position où elles ne puissent pas être mises de nouveau en végétation, comme cela aurait lieu si de la terre détachée des mottes venait à tomber sur elles. En même tems que la herse arrache une partie des racines, elle replante l'autre, en l'entourant d'une terre meuble dans laquelle elle ne tarde pas à pousser de nouveaux jets. Lors donc qu'il s'agit de détruire les racines qui tracent en terre, le hersage ne doit se faire que peu de tems avant de donner un nouveau labour; de cette manière les racines enterrées par la herse n'ont pas le tems de prendre du développement.

6. *D'enterrer le fumier.* Nous avons déjà parlé du mélange du fumier avec le sol. Lorsque, pour la première fois, on enterre celui-là avec la charrue, il faut aviser à ce que, déjà alors, il soit mis dans la position où, suivant sa nature, il peut produire l'effet immédiat le plus avantageux sur la première récolte à laquelle il est appliqué; ou, si le terrain doit être labouré plusieurs fois, que ce fumier soit placé de manière à pouvoir être mélangé complétement avec le sol. Pour le fumier long et pailleux il faut un sillon profond et qui puisse le contenir; le fumier consommé, au contraire, ne doit être recouvert que d'une couche de terre peu épaisse, ainsi le labour destiné à l'enterrer ne doit pas être profond.

7. *Enterrer la semence.* Soit que cette opération se fasse avec la charrue, la herse ou avec quelqu'autre instrument, elle demande la plus grande attention dans l'exécution du labour de semailles, afin que cette semence, suivant l'espèce à laquelle elle appartient, soit mise dans la position où elle peut le mieux germer, où ses racines les plus déliées peuvent trouver leur nourriture et un abri, et où sa tige peut se développer sans empêchement.

LES INSTRUMENS ARATOIRES.

§ 680.

Après avoir démontré les principaux objets qu'on a en vue dans la culture du sol, et dont, à chaque opération, on doit avoir l'un ou l'autre plus ou moins sous les yeux; nous allons examiner les instrumens par le moyen desquels on peut accomplir ces différens travaux, et atteindre, le mieux que cela est possible, le but particulier qu'on se propose.

On distingue ces instrumens en deux classes, ceux que les hommes mettent en œuvre avec leurs mains, et ceux qui sont mis en mouvement par le bétail de trait.

Les premiers ne conviennent guères que pour la culture des jardins, qui, bien qu'elle fasse sans contredit aussi partie de l'agriculture, ne peut pas être prise en considération dans cet ouvrage. Au reste, il y a sans doute quelques circonstances où ces instrumens peuvent être employés avec avantage dans la culture des champs, mais ces cas sont rares et nous en ferons mention dans leur lieu. Que, lorsqu'on a des bras en suffisance, il puisse être avantageux d'employer la bêche ou le hoyau en place de la charrue, et le râteau en place de la herse, c'est un problème qu'il ne nous importe pas de résoudre, puisque, du moins dans la plus grande partie de l'Europe, il n'existe pas une quantité de manouvriers assez grande, pour qu'on ne puisse pas les employer d'une manière plus avantageuse qu'à un tel ouvrage, et que, là où la population est aussi nombreuse, la culture des champs est transformée en culture des jardins, de sorte que nous pouvons envisager le labour à la bêche et celui à la charrue comme les caractères distinctifs de ces deux genres de culture.

Il n'y a d'ailleurs aucun doute qu'avec des instrumens mus par des bêtes de trait, pourvu qu'ils aient été convenablement exécutés, on ne puisse obtenir une tout aussi bonne culture et une fécondité égale à celles qu'on atteindrait avec des instrumens à mains (si l'on en excepte cependant les défoncemens profonds), et qu'on n'atteigne ce but avec beaucoup moins de frais : on doit convenir cependant que cela n'arrive pas ordinairement, et qu'un bon labour à la bêche est souvent mieux payé par la récolte qui le suit, que ne l'est un chétif labour à la charrue.

§ 681.

Les instrumens dont on se sert pour cultiver le sol, et qui sont mis en mouvement par le bétail de trait, sont très-nombreux ; mais ils peuvent tous être compris dans les trois classes suivantes :

A. La *charrue* dans le sens le plus précis de cet mot. Le but auquel cet instrument est destiné, n'est pas seulement de diviser la terre, de l'ameublir et de la jeter un peu de côté, mais aussi de la *renverser*, de sorte que la partie inférieure de la tranche séparée par la charrue soit amenée à la surface du sol. Cet instrument opère cet effet par celle de ses parties qu'on désigne sous le nom de *versoir*, ou, lorsqu'elle est plus petite, d'*oreille*, et qui ordinairement est placée du côté droit de la charrue.

B. Les

B. Les *Binoirs* * qui opèrent l'ameublissement et le mélange du sol, et entraînent les racines des mauvaises herbes qui y sont renfermées, mais qui ne renversent point la terre, parce qu'ils n'ont point de versoir destiné à produire cet effet.

C. Les *houes* et *cultivateurs*; sous cette dénomination je comprends toutes les espèces de schims, ratissoirs à cheval, houes, extirpateurs, charrues à écrouter, etc., qui ne remuent que la partie supérieure du sol, et dont on se sert ou pour préparer et faire les semailles, ou pour cultiver les récoltes durant leur végétation.

§ 682.

La charrue proprement dite. ** Elle doit séparer et détacher une bande de

---

* Nous n'avons, du moins que je sache, pas de terme français qui désigne ce genre d'instrument. Dans quelques provinces on qualifie de binoirs, binettes, des petites charrues assez semblables à ce que l'auteur désigne ici sous le nom allemand *Haaken. Trad.*

** J'invite mes lecteurs à envisager ce qui va suivre comme une direction sur le choix et l'emploi des charrues, plutôt que sur la manière de les fabriquer. Il importe au cultivateur de connaître parfaitement l'effet que produit telle ou telle modification dans les formes de la charrue, et les moyens de remédier aux inconvéniens que l'on rencontre dans l'usage de cet instrument; il faut qu'il connaisse la manière d'en faire usage et d'en tirer parti : c'est sans doute à cela que l'auteur a destiné cette instruction. Mais les agriculteurs se tromperaient fort, si, sur de tels renseignemens, ils prétendaient faire de nouvelles charrues, ou du moins les faire exécuter sous leurs yeux. Les instrumens de ce genre demandent une trop grande précision dans des formes d'une description très-difficile, pour qu'ils puissent aisément être imités sur de simples directions; aussi les personnes qui, au lieu de se procurer ces instrumens des lieux où l'on était habitué à leur fabrication, ont voulu les *inventer* elles-même, y ont elles perdu un tems infini, le plus souvent sans fruit, et y ont elles dépensé trois ou quatre fois plus que ce qu'il leur en eût coûté pour se procurer la charrue elle-même, quoique d'un grand éloignement. L'effet le plus ordinaire de pareilles tentatives est de dégoutter des perfectionnemens, souvent même d'accuser de charlatanisme ceux qui, au fond, n'ont dit que la vérité.

J'ai moi-même éprouvé les mécomptes dont je cherche à garantir les agriculteurs; j'ai long-tems travaillé à faire exécuter une charrue de Small, d'après les directions que je trouvais dans quelques auteurs anglais; j'étais parvenu à quelques succès, mais ils furent tout à fait éphémères. Attribuant à la chose même les imperfections qui étaient la suite de ma propre inexpérience, je lançais un anathème général contre les charrues à versoir contourné et immobile, lorsque la réflexion me ramena encore une fois sur un principe qui, malgré mes mécomptes, me paraissait cependant toujours mathématiquement démontré. A cette époque, l'ouvrage de Schwertz sur l'agriculture Belge, me fut obligeamment communiqué par M. Fellenberg; j'y trouvai la description de la charrue d'Ostmale, et ce fut pour moi un

T. III. 2

terre parallèle à la superficie du sol, en la tranchant tant verticalement qu'horizontalement; la prendre, ordinairement à sa gauche, et en la tournant sur
son propre axe, la renverser du côté opposé, de manière qu'elle soit, autant
que possible, à portée de l'action de la herse, qui doit la briser et la pulvériser
entièrement.

La bonté d'une charrue consiste donc à remplir ce but de la manière la plus
parfaite, en employant, le moins qu'il est possible, de la force du bétail et
de la sienne propre, sans exiger une grande adresse de la part du laboureur, et
sans donner beaucoup de peine à celui-ci.

§ 683.

Les autres qualités qui recommandent une charrue sont les suivantes :

1. Il convient qu'elle soit aussi simple que le but auquel elle est destinée
peut le permettre, par conséquent qu'elle n'ait aucune partie inutile, ou dont
l'objet puisse être atteint d'une manière plus facile.

---

trait de lumière très-utile; mais cette fois je ne voulus plus abandonner le succès de mon
essai au plus ou moins de bonne volonté ou d'habileté des ouvriers de mon voisinage; je fis
venir cette charrue de la Belgique, d'Ostmale même, et j'obtins, dès le premier abord, un résultat très-satisfaisant. Mais je continuai à éprouver des difficultés sans nombre, lorsqu'il s'agit de
faire imiter cet instrument par les ouvriers de la contrée que j'habite; je fus encore une fois
obligé de faire venir des charrues d'Ostmale, qui, malgré les frais de transport, me revenaient
à meilleur compte que celles faites dans mes environs, et qui, outre cela, leur étaient très-supé-
rieures en qualité. Dès lors, chez moi et chez plusieurs personnes des environs, la charrue
d'Ostmale a gagné l'opinion au point que chaque jour l'usage s'en propage, et que mes laboureurs
eux-mêmes la préfèrent à toutes les autres, depuis qu'ils ont appris à se servir de celle-là.

Qu'il me soit permis d'ajouter ici quelques mots sur les inconvéniens des essais livrés au hasard.
Après les premiers succès que j'obtins de la charrue belge, première venue d'Ostmale, j'en
écrivis à M. Fellenberg. Quelque tems après, l'époque fixée pour la fête d'Hofwyl approchant,
cet agronome célèbre m'écrivit qu'il avait annoncé cette charrue au public, qu'il espérait
en conséquence que je lui en procurerais une pour cette fête. Je fis l'impossible pour remplir ses
vues, et sans doute, pour y atteindre, il fallut bien mettre un peu de précipitation dans le
travail. La charrue fut achevée depuis mon départ et eut peine à arriver à Hofwyl pour le
concours; elle ne fut point essayée d'avance, et lorsque, en présence de plusieurs centaines
d'individus, elle fut mise en œuvre, elle ne donna que les plus pitoyables résultats, parce
que le maréchal n'avait nullement su imiter le modèle. Il fut donc conclu par les nombreux
agriculteurs qui alors étaient réunis à Hofwyl, que la charrue de la Belgique n'avait aucune
des qualités qu'on lui avait attribuées, et cette opinion se répandit sans doute dans toute la
Suisse. Aujourd'hui ce jugement, tout mal fondé qu'il soit en réalité, résistera encore pendant long-tems aux pleins succès que je n'ai cessé d'obtenir dans l'emploi de cet instrument,
après l'avoir ramené aux formes qui lui sont essentielles. *Trad.*

2. Il faut qu'elle ne soit pas très-couteuse. Ici il s'agit encore moins du prix d'achat que des frais d'entretien. Lors même qu'une charrue coûterait trois fois plus qu'une autre, si elle peut servir quatre fois plus long-tems, elle est encore à meilleur marché.

5. Il faut qu'elle soit durable et nullement sujette à se détraquer, non-seulement afin qu'elle remplisse la seconde condition que nous venons d'énoncer, mais aussi et surtout, afin qu'elle n'exige pas de fréquentes réparations, et qu'elle ne soit pas sujette à ces fractures multipliées qui occasionnent des interruptions de travail et des pertes de tems considérables.

4. Il faut qu'elle puisse être réglée sans peine, promptement et sur la place même, de manière à labourer plus ou moins profondément, et à détacher des tranches de la largeur qu'on juge la plus convenable. Il faut que ces dispositions soient indépendantes de l'action du laboureur, soit parce qu'on ne peut pas toujours s'en fier à lui, soit parce que les bêtes de trait ont plus de peine lorsque le laboureur est en lutte contre la tendance naturelle de la charrue.

Outre cela et avant tout il faut qu'elle remplisse aussi bien que cela est possible les conditions énoncées au précédent §; qu'elle tranche d'une manière parfaitement égale et uniforme la terre qu'elle doit séparer et renverser, qu'elle cure bien le sillon, et qu'elle renverse la tranche à un angle de 140 degrés; inclinaison qui est la plus favorable à l'action de la herse, et qui, par conséquent, facilite la pulvérisation du sol.

§ 684.

Quoique la charrue soit un des instrumens les plus essentiels à l'homme, il n'en est aucun, peut-être, qui jusqu'à ces derniers tems ait obtenu moins d'attention, et au perfectionnement duquel on se soit moins appliqué qu'à celui-ci; tout au moins les changemens qui y ont été faits ne sont-ils pas des améliorations, puisque la plupart des charrues actuelles sont, en réalité, plutôt inférieures à celles des peuples de l'antiquité, et même des nations les moins civilisées, qu'elles ne leur sont préférables. Nos chariots ordinaires surpassent en commodité les chars de triomphes des Empereurs, autant que nous pouvons en faire la comparaison d'après les représentations qui nous sont parvenues de ces chars; mais la charrue n'est nullement plus parfaite que celles dont les anciens romains faisaient usage. Quelques personnes ont tiré de ce fait cette conséquence, que la charrue n'était en effet pas susceptible d'être perfectionnée, parce que, disent-elles, il serait impossible que si un perfectionnement eût pu avoir lieu, il ne se fût pas réalisé en effet, durant l'usage aussi long qu'indispensable qu'on a fait de cet instrument. Mais si l'on considère quelles étaient les mains dans lesquelles seules la charrue a été jusqu'à ces derniers tems, et combien rarement la réflexion, un esprit observateur et des connaissances en mécanique, ont présidé à son emploi, on ne s'étonnera plus qu'elle soit demeurée en rapport avec le peu de développement des hommes qui en faisaient usage. Depuis qu'on a donné plus d'attention à cette matière, depuis qu'elle a exercé la perspicacité des hommes de l'art, on ne doute plus que de la structure de la charrue ne dépende en très-grande partie tant la quantité de forces nécessaire pour la mettre en œuvre, que le plus ou moins d'accélération du travail, et qu'outre cela cette structure ne contribue sensiblement au succès des récoltes et à l'augmentation des produits. Et quoique quelques auteurs modernes paraissent douter de ce fait, ou tout au moins ne pas croire que les frais et l'attention exigés par l'introduction de nouvelles charrues, soient suffisamment payés par les avantages qui en résultent, quoique ces agronomes assurent que, sans avoir recours à ce moyen, ils obtiennent des récoltes tout aussi belles; cela ne prouve autre chose, sinon qu'ils n'ont pas une idée claire de la meilleure qualité de l'ouvrage et de l'épargne de peine et de tems qui résultent de l'emploi d'une bonne charrue. Sans doute le perfectionnement de l'agriculture ne dépend pas uniquement de l'amélioration de la charrue et d'autres instrumens; cependant cet art ne saurait atteindre toute la perfection dont il est susceptible, sans qu'on donne à cet objet une attention suffisante. C'est pourquoi, dans la pratique, un cultivateur éclairé ne peut se passer d'une connaissance approfondie et d'une idée précise de cet instrument.

§ 685.

Les parties actives de la charrue, ce qu'on appelle le corps de la charrue, sont composés des pièces suivantes :

a. Le *couteau* ou le *coutre*. Il doit trancher perpendiculairement la tranche qui doit être renversée, et la séparer de la partie non labourée; il doit ouvrir le passage à la partie de la charrue qui le suit et qui est allignée directement avec lui; il doit la maintenir dans une disposition toujours égale, et en particulier empêcher que la charrue ne tire vers la droite. Si nous nous représentons le corps de charrue semblable à un demi-coin ou à un triangle rectangle, le coutre forme en quelque façon la pointe du coin, elle prolonge le côté qui tombe perpendiculairement sur la base du triangle, comme dans la figure suivante, ou *a* désigne la pointe du coutre.

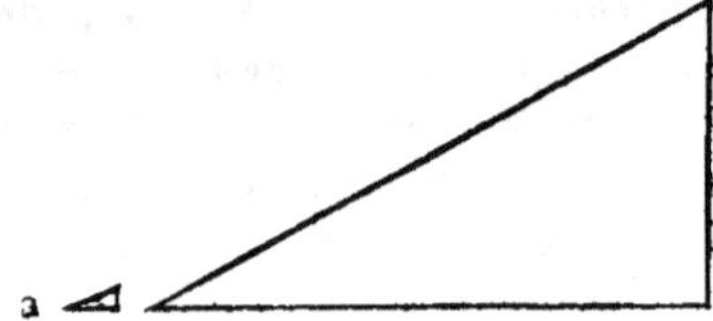

Cette pointe détermine la tendance de la charrue, et en règle la marche, mais l'une et l'autre seront d'autant plus fermes et plus droites, que ce côté de l'instrument sera plus long.

Comme à l'extrémité de sa lame le coutre forme le point le plus avancé du triangle ou de la surface oblique ; pour être d'une construction parfaite, il doit tenir lui-même de cette obliquité ; et en effet, dans toutes les charrues bien construites nous le trouvons fait de cette manière. La lame du coutre est tranchante, mais elle devient plus épaisse à mesure qu'elle approche de son dos, qui a quelquefois jusqu'à un pouce d'épaisseur. Ce n'est pas du côté de la terre non remuée que cette augmentation de force a lieu, mais seulement du côté opposé ; de sorte que le segment du coutre doit également avoir la forme d'un triangle rectangle. De cette manière le côté gauche du coutre se trouve parfaitement aligné au côté gauche du corps de charrue.

Mais afin que le coutre fraie d'autant mieux le chemin au corps de charrue qui le suit, il est placé un peu en avant et de manière que sa pointe dépasse celle du soc, d'autant que le dos du coutre lui-même est large. La partie inférieure de la bande de terre ainsi séparée du terrain non remué est alors plus facilement tranchée par la lame ou aile du soc, puis soulevée par le soc lui-même, et enfin, à l'aide du versoir, retournée à la droite de la charrue. De cette manière la charrue est mieux engagée dans le sol, elle a une marche plus réglée.

Si les coutres ordinaires n'ont pas cette forme, et si l'on ne peut pas leur donner cette position avancée, on n'en cherche pas moins à remplir le même but, en introduisant leur poignée dans l'age d'une manière oblique, et telle que le tranchant soit tourné en dehors un peu à la gauche, tandis que le dos du coutre, au contraire, l'est du côté droit, du côté de la terre déjà labourée. Mais il est évident que de cette façon le frottement doit être beaucoup plus fort que lorsque le coutre est dans la position que nous avons indiquée plus haut. Il est également nécessaire que le trou de l'age destiné au coutre soit beaucoup plus grand, afin qu'on puisse y introduire les coins qui doivent serrer la poignée et donner au coutre la direction nécessaire. Ce n'est point une chose facile que de bien placer celui-ci et de bien arrêter les coins ; cette opération demande de l'attention, elle donne de la peine, et encore faut-il y revenir souvent, au moyen de quoi le travail est fréquemment interrompu.

Ordinairement on est obligé de faire biaiser les coins pour que la lame du coutre tire assez à la gauche ; car le trou dans lequel la poignée est arrêtée étant au milieu de l'age, un coutre placé en ligne directe se trouverait trop à la droite et nullement devant la pointe du soc, d'autant plus que le corps de charrue, ainsi que nous le verrons bientôt, n'est pas tout à fait dans l'alignement de l'age, mais qu'au contraire il doit tirer un peu sur la gauche. Par le moyen des coins, on peut obtenir que le coutre ait cette tendance, mais alors il n'est pas perpendiculaire; la partie supérieure de la poignée tire à la droite, tandis que la pointe du tranchant est tournée à la gauche. De cette manière il ne tranche pas le sol perpendiculairement, mais en biais, et il ne fraie pas aussi bien qu'il le devrait, le chemin que le corps de charrue doit suivre. Dans un labour superficiel de trois à quatre pouces de profondeur seulement, l'augmentation de frottement qui en résulte n'est pas de grande conséquence sans doute; mais elle devient sensible déjà lorsqu'on laboure à six pouces : c'est par cette raison que, pour les charrues destinées à faire des labours profonds, les coutres qui sont coudés au bas de leur poignée, comme cela a lieu dans la charrue de Small perfectionnée, sont de beaucoup préférables. Au moyen de ce coude le coutre proprement dit (sa lame) est porté à la gauche autant que cela est nécessaire, quoique sa poignée soit placée perpendiculairement. Pour les labours très-profonds et dans lesquels la charrue doit vaincre une grande résistance, on peut ajouter beaucoup à la solidité du coutre au moyen d'une pièce assujettie par une vis, comme dans les nouvelles charrues de Small. En coudant le coutre comme nous l'avons expliqué plus haut, on évite le grand inconvénient, que, pour tenir sa charrue suffisamment engagée dans le sol, le laboureur soit obligé de l'incliner du côté de la terre non remuée. Au moyen de cette dernière disposition, le laboureur obtient sans doute que le coutre, quoique placé en biais, tranche perpendiculairement; mais alors il donne lieu à un mal plus grand encore que le précédent, c'est que le soc cessant d'être dans une position horizontale, les tranches qu'il forme, au lieu d'être égales, sont, au contraire, beaucoup plus épaisses du côté de la terre non remuée que du côté opposé, de sorte que le labour est très-irrégulier.

On donne au coutre des formes très-variées, quelquefois on le fait parfaitement droit, souvent on lui donne la forme d'une faucille, ou même on le courbe dans le sens opposé, en lui donnant une sorte de ventre. On croit faciliter son entrée dans le sol par le moyen de ces diverses formes; mais comme la ligne courbe est plus longue que la ligne droite, il paraît au contraire que la résistance en est augmentée et qu'un coutre droit est préférable. La facilité qu'on cherche à donner à l'action du coutre en lui donnant une forme courbe, est atteinte d'une manière tout aussi complète, lorsqu'on incline celui-ci en avançant sa pointe ; car il est connu qu'un coutre tranche toujours mieux lorsqu'il agit en biais, quoique toujours dans la ligne de son mouvement. De cette manière le couteau tranche en dehors; de sorte qu'il a plus de facilité à rompre l'adhérence des parties intégrantes du sol; de cette manière aussi il commence déjà à soulever la tranche, et il facilite un peu l'action du soc qui vient après lui; il procure l'arrachement de celles des racines qui sont trop grosses pour qu'il puisse les couper entièrement; sa lame inclinée les soulève, de sorte qu'elles doivent se rompre ou être arrachées, tandis qu'un coutre placé perpendiculairement pousserait devant lui, sans les arracher, les racines qu'il ne pourrait pas couper. Le coutre soulève aussi des pierres qui n'eussent pas pu être poussées de côté ou jetées en avant. Enfin cette position oblique du coutre a l'avantage de donner à la charrue une légère tendance à entrer dans la terre, sans augmenter beaucoup le frottement. La pression du sol sur le coutre retenant la partie antérieure de la charrue en terre, compense l'action des traits qui tendent au contraire plutôt à soulever cet instrument.

Dans les terrains qui n'ont pas encore été nettoyés de pierres, il convient que le coutre dévie plus de la position perpendiculaire que dans ceux qui l'ont été; dans ce premier cas on peut lui donner une inclinaison qui s'écarte de trente degrés de la perpendiculaire.

Comme fréquemment le coutre doit surmonter une grande résistance, il convient de lui donner une force proportionnée à la résistance qu'il doit vaincre, et comme cette force ne peut pas être donnée en entier sur l'épaisseur, il faut alors augmenter la largeur du coutre. Trois pouces suffisent ordinairement, cependant si le sol offrait beaucoup de résistance, il pourrait convenir de donner au coutre une largeur plus grande encore.

Dans la bonne règle le coutre doit être acéré, et comme il essuie un frottement très-fort, l'acier doit souvent en être renouvellé. Si l'on se sert habituellement d'un même coutre, cet acérage dure rarement au-delà d'une année, et dans les terrains pierreux pas même six mois. Comme la position du coutre a beaucoup d'influence sur la bonne direction de la charrue, il faut y porter une attention particulière, surtout si ce coutre est d'une espèce moins parfaite à laquelle on ne puisse donner une bonne position qu'à l'aide de coins. Il convient donc que fréquemment, ou même chaque jour, l'inspecteur des travaux examine les diverses charrues, et surtout cette partie, afin de voir si tont y est dans l'état convenable; pour cet effet il sera bon de les faire renverser : le tems employé à cet examen sera mieux employé que tout autre.

Il est des contrées où cette importante partie de la charrue a été totalement retranchée et où elle est remplacée par la gorge, ou par cette partie du soc qui le termine du côté gauche, et qui est allignée dans son côté vertical avec le côté gauche du corps de charrue. Mais ce retranchement ne peut avoir lieu que dans des terrains légers, débarrassés de pierres, homogènes, et où l'on ne donne que des labours superficiels. Dans des terrains d'une nature opposée et pour des labours profonds, une charrue sans coutre ferait un ouvrage très-mauvais, et elle donnerait beaucoup de peine, tant aux bêtes de trait, qu'au laboureur lui-même.

§ 686.

La seconde partie essentielle de la charrue est le *soc*, qui sépare la tranche du sol horizontalement. Dans les charrues bien construites le soc doit déjà commncer à soulever la tranche, et la conduire au versoir sur une surface oblique mais non interrompue.

Le soc est composé de deux parties, celle qui tranche, que nous appelons ordinairement l'*aile*, et celle par le moyen de laquelle il est assujetti au corps de charrue : nous désignons celle-ci sous le nom de *douille*. La forme de la première est très-variée ; le plus souvent cependant elle a l'apparence d'un demi coin ou d'un triangle rectangle ; du côté de la terre non remuée elle est alignée avec le coutre et le corps de charrue, et elle n'est pas tranchante : il est très-essentiel que cette direction du côté gauche soit bien observée, sans cela la charrue n'aurait point une marche régulière. L'autre côté de l'aile, celui qui est en biais, est ordinairement acéré et tranchant ; il s'éloigne du côté gauche du soc par un angle d'environ quarante-cinq degrés. Quelquefois on lui donne un angle plus aigu, d'environ trente-cinq degrés, afin qu'il puisse pénétrer d'autant plus facilement dans les sols argileux et tenaces ; mais il est évident qu'alors le coutre doit être d'autant plus long, si la base de ce triangle rectangle doit demeurer la même. Quelquefois ce triangle est composé d'une seule pièce de fer et tout à fait évidé ; d'autrefois son milieu est vide, mais entouré de trois côtés. La première méthode est évidemment préférable, parce que la tranche séparée par la lame du soc peut alors s'élever insensiblement et avec moins de frottement sur la surface oblique qui la conduit au versoir.

La partie postérieure de l'aile doit être proportionnée à la tranche qu'on se propose de séparer du sol ; c'est-à-dire que la largeur de l'aile qui forme la base doit être à peu près égale à la largeur du sillon, ou que l'angle qui est à la droite du soc et qui forme l'extrémité postérieure de sa lame, doit être à peu près aussi éloigné du côté gauche du corps de charrue, que ne l'est la partie inférieure du versoir qui appuie contre la tranche renversée. Je dis à peu près, car, sur neuf pouces, l'aile peut en avoir un de moins ; alors le versoir retourne d'autant mieux la tranche sur son propre axe, parce qu'elle tient encore un peu au sol.

Mais

Mais il ne faut pas que cette différence soit plus grande, sans cela le frottement serait augmenté, et la charrue marcherait plus difficilement, parce qu'alors le versoir aurait beaucoup plus de résistance à vaincre pour soulever la partie de la tranche qui n'aurait pas été soulevée par le sol.

D'après des essais de dynamique, la force nécessaire pour mettre en action une charrue dont le soc avait cinq pouces de largeur, était diminuée de cinquante livres lorsqu'à ce soc on en substituait un de sept pouces. Cependant le défaut d'avoir des socs trop étroits se voit dans la plupart des charrues, même d'abord après qu'elles ont été faites, et il s'augmente par l'usage et l'usure.

La seconde partie du soc est la *douille*, c'est par elle que le soc est attaché au corps de charrue ; sa forme et la manière de l'assujettir sont très-variées. C'est une très-mauvaise méthode que d'attacher ce soc avec des clous ; cela ne peut se faire que là où le terrain est très-léger et très-doux, là où le soc n'a que très-rarement besoin d'être acéré ou éguisé. Quelquefois il est arrêté par un crampon ; ceux de nos socs qui sont le mieux faits ne sont que chassés ; mais pour que de cette manière le soc tienne avec assez de solidité, il faut sans contredit que la douille et le bois aient été travaillés avec soin.

Un soc bien formé doit, ainsi que je l'ai dit plus haut, non-seulement séparer la tranche du sol, mais encore la soulever ; il doit former avec le versoir une surface unie qui s'élève obliquement sur le côté. L'aile du soc elle-même est convexe et s'élève en se rapprochant du côté gauche. Il faut que la douille n'interrompe pas cette élévation, mais au contraire qu'elle la continue, en servant à la jonction du soc avec le versoir, de manière que nulle inégalité ne rompe l'uniformité qui doit régner dès la pointe du soc jusqu'à la partie postérieure du versoir. C'est là un grand avantage qu'ont nos charrues de Bailey et de Small, et qui contribue infiniment à la diminution du frottement. Dans les charrues ordinaires il y a une interruption à cette place, de sorte que la tranche s'abaisse et doit de rechef être soulevée par le versoir.

J'ai cependant rencontré des paysans à qui cet inconvénient n'avait point échappé, et qui, en conséquence, avaient assujetti à la gorge et à l'oreille, une pièce de fer battu, qui reposait sur la partie postérieure du soc. Ils assuraient que leur charrue avait été considérablement améliorée par ce moyen.

Quant à la forme de nos socs, je renvoie à la description que j'en ai donnée dans l'ouvrage que j'ai publié sous le titre de *Beschreibung der nutzbarsten neuen Ackergeraethe Heft.* 1. *Taf.* 4. *fig. I, II et III.* Comme la douille du soc doit joindre très-exactement au corps de charrue et en particulier au versoir, plusieurs maréchaux ont beaucoup de peine à l'exécuter ; mais cette difficulté cesse, si l'on se procure une forme en fer autour de laquelle on puisse former les socs d'une manière uniforme. On forge alors le fer des socs en leur donnant la figure et l'épaisseur suivante :

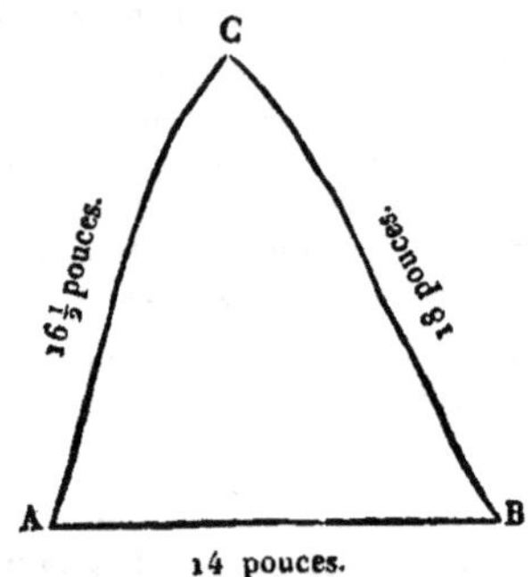

En A la plaque a $\frac{1}{2}$ pouce d'épaisseur.
En B . . . . . . $\frac{2}{5}$
En C . . . . . . $\frac{1}{4}$

Lorsque cette plaque aura été courbée sur la forme, elle s'ajustera alors très-bien avec le corps de charrue, et, avec le moins de frottement qui soit possible, elle amènera la tranche au versoir qui doit la retourner.

On applique ce soc ou au sep, ou à la gorge de la charrue que, pour cet effet, on prolonge d'un pied; l'on comprend que cette partie doit également être rendue parfaitement semblable à la forme. Voyez mon ouvrage intitulé plus haut *Heft. 1. Taf. 5, fig. XV et XVI.*

§ 687.

Le *sep* sert à assujettir ensemble les diverses pièces dans leur partie inférieure; il glisse au fond du sillon, en appuyant à sa gauche contre la terre non remuée. Sur le devant, la gorge y est introduite dans une mortaise, et, sur le derrière, le manche de la gauche l'est de la même manière. Le sep doit avoir deux côtés très-unis, celui de dessous et celui de la gauche, lesquels se réunissent en formant un angle droit.

Le plus souvent, et dans toutes les bonnes charrues, le sep est garni avec des bandes de fer, tant dans sa partie inférieure que dans celle qui frotte contre la terre non remuée; de cette manière le frottement est considérablement diminué, en même tems que le bois est préservé de cette prompte usure qu'il éprouverait sans cette précaution. Il y a même des charrues dont le sep tout entier est de fer forgé ou coulé; elles sont destinées surtout à déchaumer les prés, on en trouve de cette espèce dans les bas-fonds de l'Oder.

La longueur du soc détermine celle du corps de charrue. On a disputé sur cette question : si, à largeur égale, le soc dont le triangle était plus long avait de l'avantage sur celui qui était plus court, par conséquent sur celui dont l'angle était le moins aigu. Ceux qui soutiennent la première opinion allèguent, pour l'étayer, que le coin plus aigu entre plus facilement; ou pour s'exprimer dans la langue de l'art, que sur une surface dont l'obliquité est plus insensible , on soulève un corps avec plus de facilité. Mais ici, comme partout, on perd en vîtesse ce que l'on gagne en force, et ainsi le résultat est le même. Un corps de charrue plus long éprouve plus de frottement, par conséquent sa marche est plus difficile ; aussi conviendrait-il de faire les corps de charrue très-courts, si, lorsqu'ils sont plus longs, leur mouvement de progression n'était plus régulier et plus droit, et s'ils n'avaient plus de tenue, tant du côté gauche qui appuie contre la terre non remuée, que dans la partie inférieure. La charrue de Small a un corps plus court, tandis que celle de Bailey en a un plus long; aussi cette dernière marche-t-elle avec plus de régularité, et peut-elle mieux être confiée à des mains inhabiles.

§ 688.

Le *versoir* est cette partie qui caractérise la charrue proprement dite, et qui la distingue des autres instrumens destinés à cultiver la terre ; cette partie doit soulever la tranche qui a été séparée du sol par l'action du coutre et du soc, la faire tourner sur elle-même, et la renverser à la place du sillon précédent. C'est donc là qu'est la plus grande résistance, et il tient à la construction du versoir que cette résistance soit vaincue avec plus ou moins de facilité. Ordinairement cette partie de la charrue est faite d'une planche mince clouée au côté droit du sep près du soc, et qui, dans sa partie postérieure, est tenue à une distance convenable et assujettie par un ou deux bras au manche et au sep de la charrue. Au moyen de sa surface oblique et avancée, cette planche chasse la tranche à sa droite. Mais elle ne la retourne pas complétement, à moins que cette tranche ayant de la consistance, elle ne soit encore un peu adhérente au sol. Pour pouvoir accomplir ce renversement, il faut que l'éloignement du versoir, à son extrémité postérieure, soit d'une moitié plus grand que la largeur de la tranche enlevée par la charrue. Il faut aussi, ou que le versoir forme, avec le côté gauche de la charrue, un angle plus obtus, ou que ce versoir soit très-long. Dans ces deux cas le poids de la terre et le frottement rendent sa marche très-difficile, parce que tout le poids de la terre repose sur le versoir, jusqu'à ce qu'elle en ait dépassé l'extrémité. Cette quantité de terre qui appuie sur le versoir, et le frottement qui en résulte, sont précisément ce qui ralentit la marche de la charrue.

Mais si le versoir est construit de manière à se débarrasser plutôt de cette terre, la charrue en est considérablement allégée. C'est en ceci que consiste le grand avantage que les versoirs contournés ont sur ceux qui ne le sont pas, surtout lorsque, comme je l'ai dit plus haut, il forme avec le soc une surface unie et non interrompue. Au moyen de cette courbure la tranche, en passant sur le soc et sur le versoir, est élevée et tournée sur son propre axe, de sorte que lorsque le mouvement est fait à la moitié, la tranche touche à peine la charrue, mais plutôt est entraînée du côté opposé par sa propre pesanteur, et n'a plus besoin que d'une légère action de la pointe postérieure de l'oreille, pour être renversée aussi complétement que cela est nécessaire.

A l'égard de la forme précise que le versoir doit avoir, on n'est pas encore complétement d'accord sur celle qui opère le renversement de la tranche de la manière la plus complète et la plus facile. Il y a dans le Muséum d'histoire naturelle, n.° 4, pag. 522, un calcul mathématique très-circonstancié, que nous devons au Président des États-Unis Jeffersson, et qui est dans un rapport à peu près complet avec le versoir de la charrue de Small. Bailey en a donné un autre dans un écrit particulier, dans lequel il cherche à démontrer que sa charrue est la meilleure; mais les opinions des laboureurs les plus attentifs sont encore partagées entre cette charrue et celle de Small; celle-ci soulève insensiblement la tranche et, lui faisant parcourir les $\frac{2}{5}$ d'un tour de volute, la renverse sur son axe. La charrue de Bailey produit un effet semblable, mais, à ce qu'il semble, d'une manière un peu moins parfaite. La charrue de Small convient également mieux pour les labours qui ont plus de huit pouces de profondeur : en revanche si le labour doit être moins profond, celle de Bailey fait un ouvrage tout aussi bon ; et comme elle ne demande pas à être faite avec autant de précision, et qu'on peut plus facilement que dans la charrue de Small y prévenir et corriger les défauts, dans le plus grand nombre de cas cette charrue peut être préférée; d'autant surtout qu'elle est plus facile à conduire. Au reste, la différence de ses formes ne peut être démontrée qu'à la vue, sur la charrue même. Le versoir de la charrue de Small est plus creux, il soulève davantage la terre avant de la renverser de côté, mais alors il la retourne plus promptement. Il est plus haut et plus court, par conséquent il éprouve moins de frottement. Cependant, à l'égard de celui-ci, la différence n'est sensible que dans les labours profonds. Ces deux charrues remplissent également bien la condition de soulever peu à peu et obliquement la tranche, en la conduisant d'une manière non interrompue dès la pointe du soc au versoir, qui la tourne et la renverse à côté de lui. Dans ces deux charrues, le versoir est beaucoup plus vite déchargé de la terre que dans celles où il est plat. Pour l'usage ordinaire, la charrue de Bailey peut être envisagée comme la meilleure qui soit possible, quoiqu'avec celle de Small, lorsqu'elle a été parfaitement bien faite et qu'elle est bien conduite, on fasse des labours encore plus accomplis.

On fait également en bois des versoirs contournés ; mais pour leur donner la forme convenable, il faut y employer des blocs de bois assez épais, encore est-il nécessaire que ces versoirs soient doublés d'une plaque de tole; sans cette précaution ils ne tardent pas à s'user et à devenir rabotteux. Des versoirs de fer coulé reviennent toujours à meilleur compte, et pourvu que le fer n'en soit pas trop cassant, ils sont beaucoup plus durables. Outre cela le fer a sur le bois le grand avantage d'occasionner moins de frottement, et lorsqu'il a été poli par le travail, de retenir beaucoup moins la terre à sa surface, à moins cependant que le sol ne soit décidément trop humide, et alors sans doute il ne convient point de labourer.

Avec la plupart des versoirs non contournés, le renversement de la terre n'a ordinairement lieu que d'une manière très-imparfaite; une partie seulement de la terre que le soc a soulevée est rejetée pardessus celle qui était à la surface, à moins que cette terre ne consiste en une bande de gazon adhérente à elle-même. Pour produire le renversement, il faut que la distance qui sépare du corps de charrue la partie postérieure du versoir, soit beaucoup plus grande; il faut que le versoir pousse la terre plus loin que cela ne serait nécessaire; que la charrue trace un large sillon, lors même que la tranche est étroite : le sillon est quelquefois d'une moitié plus large que la tranche. Pour chasser cette tranche à une telle distance il faut employer une plus grande force, parce que la terre pèse d'autant plus long-tems sur le versoir. Les charrues à versoir contourné au contraire ne jettent, à proprement parler, point la tranche de côté, seulement elles la tournent sur son épaule droite. Quelques personnes croient que les versoirs non-contournés renversent mieux la tranche, parce qu'en effet la superficie du sol est horizontale et plus unie lorsque le labour a eu lieu avec une charrue de cette espèce. Il est certain que la tranche peut bien mieux se renverser, lorsque le sillon qui la reçoit est sensiblement plus large qu'elle. Nos charrues renversent la terre de manière qu'une tranche soit appuyée sur l'autre à peu près de la manière représentée ici.

Cette inclinaison est précisément celle qui, au moyen des espaces qui restent vides entre chaque tranche, opère l'ameublissement du sol de la manière la plus parfaite ; ainsi l'air est en quelque sorte renfermé dans la terre et entre en contact même avec la partie inférieure du sol. Ces espaces servent aussi à conserver l'eau que les pluies ont amassé dans la terre, et lorsque cette humidité est évaporée par la chaleur, le sol s'ameublit encore davantage, la terre alors descend peu à peu, et remplit les espaces vides. Cette surface, qui contient autant de prismes qu'il y a de raies, a beaucoup plus de points de contact avec l'atmosphère, et la herse y a une action bien plus sensible que sur une surface unie, à tel point même que non-seulement la terre en est pulvérisée, mais qu'encore les racines qui y sont contenues sont arrachées par cet instrument. Ainsi donc, dans tous les terrains qui ont besoin d'être divisés et ameublis, cette inclinaison des tranches a de grands avantages, et c'est dans des terrains trop légers seulement qu'elle peut avoir des inconvéniens. Au surplus, les cultivateurs qui ont des terrains de cette dernière espèce, n'ont pas à s'inquiéter de la forme de leurs charrues; ils peuvent sans inconvénient conserver celles qui sont en usage dans leur contrée, quelqu'imparfaites qu'elles soient. Au reste, notre charrue même n'y produirait pas de mauvais effets, parce que le terrain sablonneux n'ayant aucune consistance, il remplit bientôt des espaces qui, sans cela, fussent demeurés vides.

Enfin, on a encore des versoirs convexes faits avec du fer ou du bois; on en voit de pareils surtout dans les environs du Rhin. Les charrues qui en ont de cette espèce remuent la terre promptement et marchent sans peine, mais elles retournent mal la tranche à moins que leur versoir ne soit très-long, et cette longueur augmente beaucoup le frottement.

§ 689.

La pièce par le moyen de laquelle la partie inférieure de la charrue est réunie à l'*age*, et qui forme la partie antérieure du corps de charrue, s'appelle la *gorge*; elle est ordinairement de bois, c'est à la charrue de Small seulement qu'elle est en fer. Dans toutes les charrues perfectionnées cette pièce n'est pas perpendiculaire à la partie inférieure de la charrue, au contraire elle est inclinée, de sorte que le haut penche en arrière à un angle de 80 ou 85 degrés. Au moyen de cette inclinaison la partie qui suit le coutre surmonte mieux la force qu'elle doit vaincre, et elle n'est pas sitôt usée par le frottement. Lorsque le versoir ne la recouvre pas sur le devant, on a recours à un autre moyen de la rendre tranchante; on lui applique alors une bande de fer, ou bien, comme dans la charrue de Small, on prolonge la pièce de fer qui termine la charrue du côté gauche *. On voit aussi des charrues ou le coutre repose immédiatement sur la gorge et en forme l'extrémité **, mais elles sont privées de l'avantage qui résulte de cette prolongation du côté gauche, laquelle a lieu sans augmenter le frottement. Quelqu'incontestablement avantageuse que soit cette inclinaison de la gorge, on trouve cependant des charrues qui en ont une toute opposée, et dans lesquelles cette partie penche au contraire en avant. Au reste, il suffit du plus léger examen pour sentir que cette disposition est beaucoup moins convenable, et qu'elle nuit essentiellement à la durée de cette partie de la charrue.

§ 690.

L'age ou la *perche* est cette partie par le moyen de laquelle le corps de charrue reçoit le mouvement de progression qui le fait avancer en terre, et qui remplace la ligne de trait qu'il est impossible d'attacher à ce corps de charrue lui-même.

L'age est assujetti sur le devant du corps de charrue par la gorge, et, sur le derrière, ordinairement par le manche gauche. L'union de ces parties doit se faire de manière que lorsque les traits sont attachés à la place convenable, la charrue marche horizontalement en terre, à la profondeur où elle a été introduite en commençant le travail.

Si l'age est trop relevé sur le devant, ou si la gorge est trop longue, le soc a trop de disposition à entrer en terre, et l'on dit alors que la charrue marche sur sa pointe ; si au contraire l'age est trop bas, ou si la gorge est trop courte, le soc a alors de la tendance à sortir de terre. La charrue doit marcher horizontalement, ou du moins parallèlement à la surface du sol, et à la profondeur même où elle est placée, de manière que la partie inférieure du soc et le dessous du talon de la charrue soient à une distance égale de la superficie du sol. On donne aux charrues à avant-train cette marche horizontale, en les réglant par le moyen du levier, ou bien en raccourcissant ou ralongeant l'age. Dans celles qui n'ont pas d'avant-train, on obtient le même effet en haussant ou baissant les traits à l'extrémité de l'age, au point où ils sont attachés ; mais l'élévation de l'age agit alors en sens inverse de la disposition du soc, qui, au contraire, cherche à pénétrer dans la terre. Ce soc alors ne marche pas horizontalement, il déchire plutôt qu'il ne tranche la terre avec sa lame, et les bêtes de trait en sont extraordinairement fatiguées. C'est par cette raison que souvent, dans les charrues à roues, la gorge n'est pas chevillée solidement dans l'age, mais seulement assujettie par un coin, et que pareillement on laisse un peu de jeu dans la

---

* *Beschreibung der Ackergeräthe Heft. 1, Taf. 2. fig. II.*

** . . . *Mème ouvrage . . . . . Heft. 1, Taf. 6, fig. II. A.*

mortaise qui sert à unir l'age avec le manche, afin de pouvoir hausser ou baisser à volonté cet age par le moyen d'un coin. Mais souvent les laboureurs règlent ces coins de manière que le soc ait trop de tendance à entrer dans le sol, afin d'être plus assurés que la charrue ne sortira pas de terre. Malgré cela la charrue ne peut pas pénétrer plus avant, parce qu'elle en est empêchée par l'âge, qui lui-même est retenu par le levier de l'avant-train sur lequel il repose. Cet age exerce alors une pression très-forte sur le levier, et augmente encore les obstacles qui doivent être vaincus par les bêtes. Cela peut être poussé à tel point que, dans un terrain tenace, l'age se rompe à la place où la chaine du train est assujettie. Dans les charrues à roues on ne remarque pas si facilement cette fausse position de l'age ; mais dans celles qui n'ont pas d'avant-train on l'aperçoit d'abord, et le laboureur a infiniment de peine à lutter contr'elle.

La longueur de l'age varie tant dans les charrues à avant-train que dans celles qui n'ont pas de roues. Plus il est long, c'est-à-dire plus le point de *traction* proprement dit est éloigné du corps de charrue, plus la charrue a une marche régulière, parce qu'alors la plus petite déviation du soc en opère une grande à l'extrémité de l'age ; mais aussi cette augmentation de longueur diminue la force de l'age ; par conséquent, plus il est long plus il faut lui donner d'épaisseur. La charrue de Small a l'age moins long que celle de Bailey ; c'est là une seconde cause qui fait qu'avec elle on est plus exposé aux déviations. Aussi est-on obligé de mettre beaucoup de précision dans les proportions de cette charrue, parce que la force du trait ne peut guères corriger la disposition de l'instrument à dévier de sa véritable ligne ; mais aussi nul obstacle ne parvient à rompre son age, tandis qu'il n'en est pas de même dans la charrue de Bailey. L'age des charrues à roues a ordinairement plus de longueur que cela n'est nécessaire, de sorte qu'il dépasse considérablement le levier. Le point où l'age repose sur ce levier peut être rapproché ou éloigné du corps de charrue à volonté. Dans le premier cas, la pointe du soc est relevée ; dans le second, au contraire, elle est rabaissée. C'est pour opérer ces modifications qu'on fait à l'age divers trous, à chacun desquels l'anneau qui est au bout de la chaine de l'avant-train peut être assujetti par une cheville.

Dans son sens horizontal, l'age n'a pas précisément la même tendance que le corps de charrue, il tire au contraire un peu vers la droite, et la charrue tient le milieu entre les deux lignes. Si l'age était placé précisément dans la ligne du côté gauche du corps de charrue, le soc alors ne tirerait pas assez à la gauche, il aurait de la disposition à sortir du sol. Si cependant, en faisant la charrue, on n'a pas eu soin de la régler de manière à prévenir cet inconvénient,

il

il faut alors y remédier ; cela se fait dans les charrues à roues en plaçant l'age du côté gauche du levier ; et dans les charrues qui n'ont pas d'avant-train, en attachant les traits au dernier trou, du côté droit du peigne ou régulateur. Mais ce défaut empêche toujours qu'on puisse prendre des tranches très-larges, lors même que cela serait avantageux. Comme l'on amincit toujours un peu l'age dans sa partie antérieure, on enlève alors le bois du côté gauche, en laissant le côté opposé parfaitement droit, au moyen de cela on obtient une déviation suffisante *.

§ 691.

Les manches sont ces pièces de bois à l'aide desquelles le laboureur introduit la charrue dans le sol et corrige les déviations de cet instrument. A proprement parler ces manches ne servent pas à la conduire, puisque, si elle est bien faite, elle doit suivre d'elle-même la marche qui lui a été tracée. Mais lorsque la charrue rencontre quelqu'obstacle extraordinaire, et éprouve sur l'une ou l'autre de ses parties une pression qui la fait dévier de sa ligne, c'est alors l'affaire du laboureur de lui rendre immédiatement sa précédente position ; pour cet effet il ne doit jamais abandonner le manche, mais aussi ne doit-il y employer aucune force et aucune pression inutile. Il faut qu'il soit tellement habitué à sentir avec ses mains les déviations de la charrue, que, presque sans y penser, et comme par instinct, il soit prêt à y porter instantanément remède par un mouvement opposé.

Les charrues ont un ou deux manches ; mais, dans la réalité, il n'y en a qu'un seul de nécessaire, celui de la gauche ; aussi la plupart des cultivateurs préfèrent-ils n'en donner qu'un à leurs charrues à roues, afin que le laboureur s'habitue à se servir avec la main droite ou du fouet, ou de cet instrument au moyen duquel il doit déblayer les racines et la terre qui s'attachent au-devant de la charrue. Les manches doubles, dit-on, rendent les laboureurs paresseux, et leur donnent la tentation de s'appuyer sur la charrue, ce qui augmente considérablement la peine des bêtes. Lorsqu'il est nécessaire d'incliner la charrue du côté droit, cela peut tout aussi bien être opéré à l'aide de la poignée. Cependant on ne peut contester que le manche droit ne soit aussi quelquefois utile ; que, surtout, il n'aide à engager la charrue dans le sol, et à vaincre plus promptement les obstacles qu'elle rencontre ; que de plus, lorsque ce manche est tenu d'une main ferme et avec le bras droit tant soit peu roide, il n'agisse en sens contraire de la terre qui, pesant sur le versoir, pourrait facilement faire incliner la charrue du côté gauche, par conséquent rendre les tranches inégales.

---

* Voyez *Beschreibung der Ackergeräthe*, *Heft.* 1, *Taf. 3*, *Fig. I.* die. linie x y. A.

Dans les charrues ordinaires à roues les manches sont placés à l'extrémité postérieure de la charrue, afin qu'à leur aide on puisse exercer sur elle une pression perpendiculaire, lorsqu'on veut que la charrue pénétre plus profondément en terre ; mais, si le sol est dur, cette pression même ne produit d'autre effet que de faire relever la pointe du soc. Dans les charrues anglaises sans roues, les manches sont plus avancés sur le devant de la charrue, ils sont placés au point même où celle-ci éprouve la plus grande résistance, et ils se prolongent en remontant derrière cet instrument, à une assez grande longueur ; au moyen de ces leviers le laboureur peut, sans y employer beaucoup de force, résister à toutes les déviations de la charrue.

Mais, au moyen de cet arrangement, la plus légère pression sur les manches est extrêmement sensible ; aussi la principale difficulté qu'on rencontre dans l'emploi de ces charrues consiste-t-elle à accoutumer le laboureur à s'abstenir de tout effort, de tout mouvement brusque avec la main. Le plus souvent les hommes qui n'ont jamais labouré ont bientôt appris à faire usage des charrues sans avant-train ; tandis que, dans les premiers momens, d'anciens laboureurs tombent facilement dans le défaut de peser trop sur les manches. Aussitôt qu'on s'est habitué à manier les manches, à soulever un peu la charrue derrière, lorsqu'elle a de la disposition à sortir du sol ; ou à peser dessus, lorsqu'elle entre trop profondément ; la direction des charrues sans avant-train est si facile, qu'un enfant de douze ans y suffirait. Au reste, c'est seulement lorsque le terrain est montueux, ou lorsque la terre rencontre quelqu'obstacle inattendu, que le laboureur est obligé de recourir aux manches pour tenir la charrue dans la position qui lui avait été donnée. Beaucoup de gens s'imaginent qu'avec les charrues sans roues il est difficile de tourner à l'extrémité de la raie pour recommencer le nouveau sillon, mais ils sont dans l'erreur ; il n'est aucune charrue avec laquelle cela puisse s'effectuer d'une manière plus facile : on penche celles-ci sur leur côté droit et on les laisse traîner par les bêtes ; on les remet en place au moyen des manches ; on soulève un peu ceux-ci pour que le soc entre mieux en terre, et on laisse la charrue continuer sa marche.

§ 692.

La charrue doit pouvoir être réglée de manière à faire des sillons d'une largeur et d'une profondeur plus ou moins grandes. Cette disposition se fait à l'extrémité de l'age, et dans les charrues à roues, tout autrement que dans celles qui n'ont pas d'avant-train.

Si, dans les premières, on alonge la partie de l'age qui s'étend dès le point où il repose sur le levier, jusqu'au corps de charrue, on donne à ces charrues plus de disposition à entrer en terre ; si on la racourcit, on produit l'effet contraire. C'est à opérer cet alongement et ce racourcissement que sont destinés les trous qu'on remarque vers le milieu de l'age. Mais comme par ce moyen on ne peut pas produire l'effet qu'on désire d'une manière aussi accomplie que cela est nécessaire, le plus souvent on place au-devant de la gorge un régulateur, ou à l'extrémité postérieure de l'age des coins, par le moyen desquels on peut lever ou baisser celui-ci, c'est-à-dire le rendre plus ou moins incliné relativement au sep. Ce régulateur est fait de différentes manières; dans les charrues à roues, auxquelles on a donné plus de soins, son action peut être graduée d'une manière insensible ; souvent il est fait de manière que, par son moyen, on puisse augmenter la largeur de la tranche, ou la diminuer. En effet, si l'age est tiré plus à la droite, le soc se trouve tourné plus à la gauche et il a de la disposition à couper une tranche plus large. Cependant pour prendre des tranches d'une grande largeur il faut encore changer le point où les traits sont fixés à l'avant-train, et c'est ce qui a lieu au *tétard*, *étrier*, *peigne* ou *régulateur;* au moyen des dents de cette pièce, le point central des traits et de l'avant-train est transporté à volonté plus à la droite ou à la gauche. Les dispositions faites à la charrue pour remplir ce but sont de diverses espèces, mais elles n'ont pas besoin de description ultérieure. La plus simple est sans contredit la meilleure, et on en trouve une telle dans la description de la charrue de Norfolk par Dickson, pl. I. Cette charrue est, de toutes celles à roues que je connais, celle qui, en général, est la plus parfaite ; le régulateur en est de fer, par conséquent il est un peu plus coûteux. Cependant on l'envisagera comme très-économique, si l'on considère d'un côté combien il est durable, et avec quelle promptitude on suspend la volée à ses coches, et de l'autre la facilité avec laquelle les autres inventions du même genre se cassent, ou la peine qu'on a à les régler d'une manière solide et de façon que l'avant-train ne risque pas d'être fendu ou brisé. Au reste, la charrue de Norfolk ne convient que pour des labours très-superficiels, de trois pouces environ.

Il est deux manières de régler les charrues sans roues, toutes deux ont lieu au moyen d'étriers ou régulateurs. Ici comme dans tout ce qui se rapporte à la charrue, je dois renvoyer à mon ouvrage intitulé, *Descriptions des instrumens d'agriculture les plus utiles* *. Là on pourra voir Pl. 1, Fig. IV ; Pl. 4, Fig. VIII, IX et X, le régulateur et la chaine de la charrue de Small, et à

---

* *Beischreibung der nutzbarsten Ackerwerkzeuge, erstes Heft.* **A.**

Pl. 7, Fig. III et V, à la petite charrue à oreille mobile, l'appareil le plus convenable pour les charrues légères.

Pour régler la profondeur où la charrue doit pénétrer, il suffit de hausser ou de baisser le point où les traits sont attachés à l'extrémité de l'age, d'avancer ce point ou de le reculer; cependant la longueur des traits y contribue aussi essentiellement. Pour calculer d'avance d'après une hauteur donnée, prise au point de trait des animaux *, et d'après une certaine longueur des traits, à quelle profondeur la charrue pénétrera dans le sol, il faut tirer une ligne droite dès ce premier point au corps de charrue, en passant par le point où les traits sont attachés à l'age. La charrue entre en terre jusqu'à la place où cette ligne vient tomber. Plus le point où les traits sont attachés est baissé, plus cette ligne se rapproche de la pointe du soc; et plus on l'élève, plus la ligne monte sur le corps de charrue. Mais dans l'usage des charrues qui n'ont pas d'avant-train, il suffit de savoir qu'en baissant le point où les traits sont attachés, on diminue la profondeur du labour, et qu'au contraire en haussant ce point, on augmente la profondeur à laquelle la charrue pénètre. L'examen le plus superficiel démontrera à toute personne qui a une charrue sans roues devant les yeux, que ce haussement et ce *rabaissement* se fait avec une grande facilité et une extrême promptitude.

Au moyen de ce régulateur on donne aussi à la charrue de la propension à tirer plus à la gauche ou plus à la droite, c'est-à-dire à prendre des tranches plus ou moins larges, suivant qu'on attache la volée, pour ces premières, plus à la droite, et pour ces dernières plus à la gauche.

§ 693.

Quoique l'usage des charrues à avant-train se soit propagé à tel point, que dans certaines contrées de l'Allemagne ont ait à peine une idée des charrues sans roues; ces avant-trains cependant sont absolument inutiles, excepté dans un petit nombre de cas particuliers. Ils chargent les bêtes de trait sans qu'il en résulte aucun avantage, et ils semblent ne devoir leur invention qu'à des vues erronées, et leur introduction qu'à leur apparence ingénieuse.

Les roues ne peuvent nullement contribuer à alléger la charge; car lorsque la charrue a été bien réglée, l'extrémité de l'age repose à peine sur l'avant-train; elle n'y appuie fortement que lorsqu'une tendance vicieuse l'entraîne en terre, et alors la résistance que la charrue oppose aux bêtes est d'autant plus

---

* Dans les chevaux l'épaule, dans les bœufs l'épaule, le garrot ou les cornes, suivant la manière dont l'animal est attelé. *Trad.*

grande que la ligne de trait est interrompue, et a trois tendances différentes ;
l'une dès le point où est l'action des animaux, jusqu'au dessous de l'avant-train ;
l'autre dès celui-ci, en remontant vers l'age à la place où la chaîne est attachée
à ce dernier, et enfin dès ce dernier point au soc. Si lorsque l'age, serré par
la chaîne, repose fortement sur l'avant-train, les roues diminuent la résistance,
qui en effet serait bien plus grande si l'avant-train n'était composé que d'un
simple bloc de bois, c'est ces roues elles-mêmes et l'avant-train qui occasionnent cet inconvénient; en effet, il n'existe point dans les charrues sans roues.

En général on est dans l'opinion que les roues rendent la marche de la charrue
plus ferme et plus droite, qu'avec leur aide l'instrument résiste mieux aux obstacles qui le détournent de la ligne qu'il doit parcourir, qu'elles rendent sa
direction plus facile; mais elles ne peuvent opérer ces effets qu'en permettant
de donner à l'age une plus grande longueur, de sorte que la longueur de ce
levier lui donne la force nécessaire pour résister aux déviations du soc, et,
dans ce cas, ou la résistance qui détourne la charrue de sa marche est de nature
à devoir être facilement vaincue par la charrue ; alors elle sera également.sur-
montée par une charrue sans roues; et comme le peu de longueur qu'a l'age
des charrues de ce genre, fait qu'elles sont plus facilement jetées de côté ;
lorsqu'elles ont été bien faites, elles sont disposées de manière à donner au
laboureur toute la force nécessaire pour empêcher cette déviation ; avantage
qu'il n'a point avec les charrues à roues : ou bien cette résistance est de nature à
ne pouvoir être vaincue par l'instrument; dans ce cas la charrue sans avant-train
court beaucoup moins de risques d'être brisée par l'action de bêtes vigoureuses,
parce qu'alors elle saute de côté, et que d'ailleurs le conducteur accoutumé à
la diriger sent parfaitement avec les mains, s'il peut ou non surmonter l'obstacle
qui se présente ; qu'ainsi, au moyen d'une légère pression, il peut aider à
l'instrument, et, si cela est nécessaire, le détourner de manière à le soustraire
au danger.

Moi-même je croyois autrefois que pour déchaumer un terrain inégal, pierreux et rempli de racines, ou pour défricher un terrain inculte, une grande
charrue à roues était plus convenable; mais l'expérience m'a enseigné le contraire, puisque j'ai rompu des terrains remplis de racines d'arbres au moyen
des charrues sans roues de Small ou de Bailey, avec une force de trait beaucoup
moins grande que cela n'eût été possible par le moyen d'une grande charrue à
roues. Avec deux chevaux seulement j'ai déchaumé des terrains de cette nature,
dans lesquels on eût jugé impraticable de mettre en action une charrue à roues
sans y atteler au moins six chevaux ; à la vérité cet avantage des charrues sans

avant-train était dû en partie à ce que le coutre, assujetti à la manière de Small, en était plus solide.

Si la charrue sans roues perd un peu de la fermeté de sa marche par le mouvement qu'elle éprouve à l'extrémité de son age, cet inconvénient est bien plus que compensé par la force d'action que le laboureur a sur elle. Avec la plus légère pression il peut la faire tirer à sa gauche, et ainsi prendre une tranche plus large; ou, la tournant vers la droite, lui donner de la disposition à sortir du sol ; en levant un peu les manches la faire entrer plus profondément en terre, ou, en les baissant, l'empêcher d'entrer aussi avant, et la faire sortir : lorsque la surface du sol est uniforme il n'a pas besoin de ces précautions, il suffit qu'il laisse la charrue suivre sa marche naturelle. Ce grand avantage des charrues sans avant-train est frappant dans les terrains inégaux, montueux et qui vont tantôt en s'élevant, tantôt en s'abaissant : là, les charrues à roues agissent à faux et tracent des sillons d'une profondeur inégale ; en effet, lorsqu'elles montent sur une élévation, leur avant-train se trouve plus élevé que le corps de charrue, par conséquent la pointe du soc est soulevée ; il ne coupe plus qu'une tranche de peu d'épaisseur, si même il ne sort tout à fait de terre. Si au contraire la charrue va en descendant, l'avant-train se trouve plus bas que le corps de charrue, alors le soc plonge en terre et pénètre trop avant. On ne peut absolument remédier à cela, qu'en réglant la charrue d'une manière différente toutes les fois que la superficie du sol varie d'inclinaison ; les peines que le laboureur se donnerait pour prévenir cet inconvénient de quelqu'autre manière, seraient absolument inutiles. Cela n'est jamais plus sensible que lorsqu'avec une charrue à roues, on laboure en travers un champ divisé en billons élevés; lorsque l'avant-train monte sur l'ados, le soc tient à peine en terre; lors au contraire que la charrue descend dans la rigole elle entre trop profondément. Avec une charrue sans avant-train, et au moyen des longs manches dont elle est pourvue, un laboureur habile peut, sans y employer beaucoup de force, éviter absolument ces inconvéniens, et tracer un sillon d'une profondeur égale.

Tous les laboureurs savent combien de peine on a pour faire entrer la charrue à roues dans un sol tenace et fortement desséché. Tous les moyens qu'on emploie en pareille circonstance, les changemens qu'on apporte à la charrue chaque fois qu'on la met en terre, la pression sur la charrue opérée par le conducteur qui monte sur l'age; le rapprochement du sep vers la perche dans sa partie postérieure ; tous ces moyens sont inefficaces, et le labourage est interrompu. La charrue sans roues, avec un soc plus pointu peut-être, doit, lorsqu'on lève un peu ses manches, pénétrer même dans une aire, et, si la force motrice est suffisante, trancher la terre la plus dure : pourvu donc qu'on y emploie le nombre de bêtes nécessaire, nulle sécheresse ne peut arrêter les travaux de charrue.

La plus grande simplicité des charrues sans roues et sa plus grande solidité tombent sous les yeux, et au moyen de celle-ci, on épargne ce tems que trop souvent on doit consacrer à la réparation de ces instrumens.

§ 694.

Dans les charrues à avant-train les roues ne sont pas toujours faites de la même manière ; il n'est pas douteux que les roues qui sont plus grandes et mieux arrondies n'aient de l'avantage sur celles qui sont petites, mal formées et mal travaillées ; cependant cet avantage n'est pas aussi grand et il ne contribue pas autant à diminuer la résistance que quelques personnes l'ont prétendu.

Quelquefois les roues se meuvent autour d'un essieu immobile, d'autres fois elles sont assujetties à l'essieu ou à un axe en fer, qui tourne lui-même dans le corps de l'avant-train. Le plus souvent on préfère cette dernière méthode, surtout lorsque les roues sont basses, soit parce qu'alors l'essieu ou l'axe serait bientôt usé par le frottement du sol, soit aussi parce qu'alors on ne peut guère empêcher qu'il ne se glisse de la terre entre la roue qui est la plus basse et l'axe sur lequel elle tourne : au reste cette méthode a aussi ces inconvéniens.

Quelquefois les roues sont de dimensions égales, et d'autres fois le rayon de la roue droite, de celle qui se meut dans la raie, est augmenté de la profondeur du sillon, ou à peu près. Si les roues sont d'un diamètre égal, l'avant-train est nécessairement dans une position oblique. Cette obliquité augmente tellement le frottement, elle incline si fort l'extrémité antérieure de l'age vers la droite, que cette méthode n'est praticable que pour des labours très-superficiels, de trois pouces au plus. Dès qu'on veut labourer plus profondément, il faut nécessairement augmenter proportionnément le diamètre de la roue droite, de sorte que l'avant-train demeure dans une position horizontale. Mais si deux roues de grandeurs inégales sont fixées à un même axe, à chaque tour la plus petite des deux reste en arrière, et se traîne ensuite après l'autre ; car deux roues de différentes dimensions qui se meuvent sur un même axe, n'ont point un mouvement de progression égal, mais plutôt un semblable à celui d'une quille que l'on chasse en avant. La roue droite qui est la plus grande, prend l'avance sur l'autre et va se jeter du côté gauche ; elle heurte ainsi contre la terre non remuée et en est repoussée, de sorte que l'avant-train va et vient, et que le frottement en est considérablement augmenté. Si les roues sont d'un diamètre différent, il est donc nécessaire que, tout au moins l'une d'elles puisse se mouvoir autour de l'axe.

L'inégalité des roues a également de grands inconvéniens lorsqu'on laboure en billons relevés. Si le billon relevé doit l'être plus encore, au premier trait de charrue la roue droite qui est la plus élevée se trouve déjà dans une position plus haute, et l'avant-train est alors tellement incliné, que souvent il se renverse, et qu'on ne peut pas engager le soc en terre ; c'est également le cas lorsque le sol penche du côté de la rigole, que la roue gauche doit se mouvoir dans la précédente raie. Aussi trouve-t-on que les premières et dernières raies des billons relevés et larges, sont toujours mal faites si l'on ne se donne la peine d'arranger la charrue de façon à pouvoir les exécuter convenablement, ce qui importe beaucoup dans cette manière de disposer les terres.

Ce sont là des difficultés inhérentes aux avant-trains, lesquels, d'ailleurs, sont inutiles et ne font qu'augmenter la résistance.

L'unique cas où je puisse donner la préférence à une charrue à roues, n'est donc nullement, comme je le croyais, celui du labour dans une terre rude, tenace et qui présente beaucoup de résistance, mais seulement celui où l'on se propose de labourer très-superficiellement, à larges raies et sur un terrain plat. Là, l'avant-train empêche que la charrue n'entre trop profondément ; par son moyen, on ne fait qu'écrouter le sol. A l'aide de l'avant-train, la charrue peut aussi mieux être arrangée de manière à lever de larges tranches; pour remplir le même but avec une charrue sans roues, il faudrait tout au moins faire à celle-ci une disposition particulière.

§ 695.

Quelquefois, pour tenir lieu d'avant-train, on ajoute aux charrues une jambe sur laquelle l'age repose et qui, dans sa partie inférieure, a une sorte de sabot; ou une petite roue qui occupe la place du coutre ; d'autres fois enfin on y assujettit deux roues derrière le corps de charrue.

La charrue adoptée dans la Belgique est de la première espèce, et Schwertz, dans sa description de l'Agriculture Belge, lui attribue la supériorité sur toutes les autres charrues. En effet, le corps de cette charrue est d'une forme excellente[*]; mais le sabot sur lequel repose sa partie antérieure, et qui se traîne sur le sol, doit nécessairement augmenter le frottement ; il ne peut guère contribuer à ce que la charrue marche d'une manière plus ferme, et il doit ôter au conducteur une partie de son action sur cet instrument ; le seul avantage qu'on puisse en obtenir consiste à diminuer l'effet d'un faux mouvement du

---

[*] Le dessin que cet auteur en a joint à son ouvrage ne suffisant point pour en donner une idée précise, nous ne tarderons pas à la décrire d'une manière plus complète dans nos Annales d'agriculture. A.

laboureur.

laboureur. Aussi cette addition à la charrue paraît elle n'avoir été due qu'à la crainte de ne pouvoir faire comprendre aux laboureurs de quelle manière ils devaient diriger les charrues de cette espèce. On ne saurait faire usage de ce sabot sur des terrains dont la surface est inégale, car aussitôt qu'il monterait sur une pierre ou sur une élévation, la pointe du soc sortirait de terre, ou du moins remonterait à la superficie du sol. *

Il vaut toujours mieux substituer à ce sabot une petite roue semblable à celle de la charrue à écrouter (schaufelpflug) dont j'ai donné le dessin dans la 3.ᵉ partie de ma *Description des instrumens aratoires*, pl. 5 et 7. Cette roue occasionne moins de frottement. On a aussi adapté une roue de cette espèce au-devant du corps de charrue à la place du coutre, en la rendant tranchante sur son côté : l'on croyait par ce moyen faciliter la séparation de la tranche et surtout du gazon ; mais sans doute il devait être difficile de faire pénétrer cette roue dans la terre, cela ne pouvait être opéré qu'en donnant au soc beaucoup de tendance à pénétrer dans le sol, ou par un avant-train qui fit baisser l'age, moyens qui, l'un et l'autre, augmentaient le frottement et la résistance, sans procurer aucun avantage qu'on n'obtînt aussi du coutre.

On a également essayé d'ajouter une petite roue derrière le corps de charrue, afin de diminuer le frottement du talon dans le fond de la raie. L'inconvenance de ce perfectionnement se montre d'elle-même.

On a aussi ajouté à la charrue une roue à rais de fer et sans jantes ; on la plaçait à côté du versoir, au travers duquel son axe passait, en appuyant son autre extrémité sur le bas du manche gauche. L'extrémité extérieure des rais était faite en forme de pelle, et l'on prétendait, par ce moyen, diviser et ameublir la terre de la tranche renversée. Dans les terrains légers et sablonneux cette roue puisait fort bien le sable, et produisait l'effet qu'on en avait attendu ; mais le frottement en était augmenté à tel point, qu'il fallait appuyer fortement la charrue du côté opposé, pour empêcher qu'elle ne se renversât. Sur les terrains argileux et tenaces où, seulement, cette invention eût pu être utile, elle ne pouvait pas opérer son effet.

§ 696.

Dans le nombre des autres perfectionnemens que l'art a voulu ajouter à la charrue, je parlerai seulement des suivans.

---

* Je me suis assuré par l'expérience que cette espèce de jambe n'est nullement nécessaire pour régler la profondeur du labour. La longueur des traits, le plus ou moins d'élévation du point par lequel ils tiennent à la charrue, règlent parfaitement cette profondeur ; lorsqu'ils ont été convenablement disposés, le sabot ne touche point au sol. *Trad.*

Comme le renversement d'une tranche de gazon ne peut pas toujours être opéré d'une manière complète, on a ajouté à la partie postérieure du versoir, à la place où il s'élève au-dessus du terrain, une plaque mobile, ou plutôt on y a joint par une charnière une pièce triangulaire qu'on peut pousser en avant au moyen d'une vis, de manière à vaincre la résistance de la tranche et à la renverser complétement. Cette adjonction a été faite surtout aux doubles charrues dont nous parlerons bientôt; mais on l'a recommandée également pour les charrues simples. Il n'y a aucun doute que ce moyen ne puisse produire cet avantage ; mais sans doute avec une augmentation considérable de frottement, et en exigeant de la part du laboureur une contre pression constante pour empêcher le renversement de la charrue. On se demande s'il ne vaudrait pas mieux employer à opérer le renversement complet des gazons, un homme qui marcherait derrière la charrue, plutôt que de recourir à un perfectionnement, qui, comme que l'on fasse, est très-sujet à se déranger.

On obtient quelque chose de pareil de *l'alonge versoir Belge*, composé tant d'une planche qui sert de prolongement au versoir, que d'une perche en bois dur qui lui sert de manche, et qui est assujetti au corps de charrue par un crochet qu'on engage dans un anneau placé derrière le versoir. Un jeune homme tient le manche et se place de manière que l'alonge forme, avec le versoir, un angle plus ou moins obtus. Il avance alors parallèlement avec la charrue, et hausse ou baisse la perche, suivant que la résistance de la tranche l'exige. Cette addition doit être envisagée comme une très-bonne prolongation du versoir ; elle est, sans aucun doute, d'une grande utilité dans les labours très-profonds, lorsqu'on veut relever la terre en billons très-bombés, et lorsqu'on rompt d'un seul trait de charrue un gazon qui a beaucoup de consistance. *

On a également ajouté aux charrues divers coutres destinés à couper et diviser la tranche avant qu'elle soit séparée et renversée par la charrue, et on les a assujetti dans une position oblique au moyen d'une pièce ajoutée à l'age (on en voit le dessin dans le Traité de la culture des terres, par Du Hamel du Monceau). Dans les terrains tenaces, cette addition peut produire de bons effets ; je ne la connais point par ma propre expérience, j'ignore donc si elle n'a pas quelques inconvéniens.

§ 697.

Les charrues dont le versoir est mobile et peut être glissé, transporté ou tourné alternativement de l'un ou de l'autre côté du sep, ont l'avantage de pouvoir

---

* Voyez Schwertz dans son Agriculture Belge ; 1 vol. *Trad.*

jeter la terre toujours du même côté, par conséquent de pouvoir labourer à plat sans que le terrain ait aucune inégalité, ni aucune trace de billons ni de planches. Lorsqu'on a tracé le premier sillon et qu'on a renversé la tranche à la droite, on place le versoir du côté opposé, et l'on trace le second sillon tout à côté du premier, de sorte que la tranche du second soit appuyée sur celle du premier. Ces charrues sont faites de diverses manières; souvent le versoir est réuni à la planche qui ferme le côté gauche de la charrue, et avec elle il forme un angle de 45 degrés environ, dont la sommité est au-devant de la gorge; ces deux planches sont assujetties là par une broche mobile, et dans leur partie postérieure, elles sont tenues à un éloignement convenable par un arc en fer. A l'aide de cette broche on peut alternativement mettre en action l'une ou l'autre des planches en serrant l'autre contre le sep, et, au moyen d'une cheville qu'on place dans des trous pratiqués à l'arc, ces planches sont assujetties dans la position qu'on leur a donnée. On peut aussi employer ces charrues pour faire les raies d'écoulement, en plaçant les deux versoirs à une égale distance du sep, de sorte qu'ils relèvent une égale quantité de terre.

Mais le plus souvent le versoir de ces charrues est détaché, de sorte que, pour le remuer, on l'ôte tout à fait : quoiqu'il ne tienne à la charrue que par le moyen de crochets, il est par là suffisamment assujetti.

Quelquefois les charrues de ce genre n'ont, en place de versoir, qu'une petite oreille, qui est courbée et tournée de diverses manières, et par conséquent, qui jette la terre plus ou moins de côté. On comprend, sans que j'aie besoin de le dire, qu'avec cette méthode la terre est assez mal renversée; outre cela ces charrues doivent être un peu inclinées d'un côté, ainsi donc elles ont quelqu'analogie avec le binoir du Mecklembourg.

Toutes ces charrues doivent avoir un soc à deux tranchans, assez semblable à un fer de lance.

Dans les meilleures charrues de cette espèce, dans celles avec lesquelles on peut labourer à une certaine profondeur, le coutre est placé de façon que sa lame puisse être tournée à volonté vers la droite ou vers la gauche. La manière dont ce changement s'opère varie d'une charrue à l'autre; mais dans tous les instrumens de ce genre que j'ai vu, elle m'a paru être sujette à de fréquentes altérations, de sorte que, le plus souvent, le coutre ne remplit que très-imparfaitement le but auquel il est destiné.

En général il n'est guère possible de rendre ces charrues très-droites et très-unies du côté qui touche à la terre non remuée, et pourtant cela est très-essentiel à la régularité et à la fermeté de la marche de la charrue. Le frottement en est aussi très-fort, et lorsqu'on nous assure que ces charrues marchent cependant avec facilité, et qu'elles ne demandent pas une grande force de trait, cela s'entend sans doute de celles qui agissent dans un sol très-léger, et de labours très-superficiels. Je n'ai encore vu aucune charrue de cette espèce qui exécutât mieux son travail que le binoir du Mecklembourg ; aussi donnerai-je toujours la préférence à celui-ci, parce qu'il est plus simple ; cependant les charrues à versoir mobile sont en grand usage dans les contrées qui avoisinent le Rhin.

§ 698.

A différentes époques et à plusieurs reprises on a recommandé les doubles charrues qui, avec un seul age, ont deux socs et deux corps de charrue, lesquels, ainsi traînés par un seul attelage, avancent parallèlement l'un à l'autre, et sont conduits par un homme placé derrière. Dans ces derniers tems l'attention a été portée sur deux charrues de ce genre, dont l'une en Angleterre est due à Lord Sommerville, et l'autre a été inventée à Vienne. Moi-même j'ai possédé une charrue de ce genre faite en Angleterre, et qui se distingue peu de celle de Lord Sommerville.

Il est évident qu'une telle charrue exige une force motrice double de celle que demande une charrue simple de même espèce, et que par conséquent elle ne peut occasionner quelqu'épargne, que dans le cas où l'attelage employé aurait au-delà de la force nécessaire pour mettre en mouvement la charrue simple. Sans doute ce cas se présente assez souvent ; mais lorsque, comme cela arrive ordinairement, la charrue double, au lieu de deux chevaux, en demande quatre, il n'y a assurément là aucune épargne, parce qu'alors la charrue demande également deux hommes, un pour tenir les manches, l'autre pour conduire les bêtes.

J'ai eu plusieurs autres objections à faire contre celle que je possède, quoique cependant elle soit très-bien construite. Elle est très-pénible à manier lorsqu'il faut la tourner à l'extrémité du sillon ; il est difficile de la faire entrer en terre, et lorsque le terrain est dur, cela est même impossible ; outre cela la charge de terre qui pèse sur les deux versoirs jette la charrue à la gauche, de sorte que toute la force du bras droit du laboureur ne suffit pas pour la tenir en place, et qu'ainsi la charrue droite ne laboure que superficiellement et même sort quelquefois tout-à-fait du sol : ces circonstances m'ont déterminé à la mettre entièrement de côté. On peut voir dans l'Agriculture pratique de Dickson un dessin de la charrue de lord Sommerville, où l'on a ajouté la prolongation du versoir, dont j'ai parlé au commencement de § 696.

§ 699.

En revanche, *les charrues à défoncer* ont deux corps de charrue, placés sur une même ligne, mais à des profondeurs différentes, et dont ordinairement le premier et le moins profond est plus petit et plus faible que celui de derrière. Le corps de charrue supérieur ne donne qu'un labour superficiel, il sépare une tranche de terre et la renverse dans la raie qui est à côté ; le second soulève une tranche qu'elle prend au-dessous de la place qui vient d'être découverte, et elle la place sur la tranche renversée par le premier corps de charrue, de sorte qu'ainsi le terrain se trouve entièrement renversé. J'ai souvent fait travailler avec une charrue de cette espèce, qui avait été construite en Angleterre avec tous les soins possibles, et à laquelle on avait prodigué les crampons et les pièces de fer pour joindre ses parties les unes aux autres ; mais la plus grande profondeur à laquelle on ait pu atteindre dans un terrain de consistance moyenne, est seize pouces de Rhin, et l'instrument ne paraissait pas pouvoir supporter la force de trait nécessaire pour vaincre la résistance. Lorsque je calculai les frais d'une telle charrue et de l'attelage, je trouvai que j'aurais obtenu à meilleur marché le même résultat, en faisant suivre la charrue par des hommes qui auraient labouré le fond de la raie avec la bêche ; opération dont nous parlerons dans la suite. Lorsqu'il ne s'agit pas de labours aussi profonds, deux charrues, dont la seconde suit la première dans le même sillon, produisent un effet pareil. Je ne puis donc pas conseiller l'emploi de ce coûteux instrument, quoique dans bien des cas, surtout dans les sables, il put être très-utile.

Cependant, dans quelques circonstances, et surtout pour déchaumer un champ de trèfle, ou un terrain qui a été en repos, qui cependant n'est pas trop dur, et où des labours moins profonds suffisent, on ne saurait assez recommander cette opération. Ainsi l'on coupe horizontalement la tranche par le milieu, et l'on renverse sa partie supérieure au fond de la raie, où elle est ensuite recouverte par cette autre moitié de la tranche, qui est exempte de mauvaises herbes. On emploie pour cela une *charrue à défoncer*, ou la *charrue tranchante*, qui pénètre à une moins grande profondeur, et dont la partie supérieure n'est composée que d'un coutre, d'un soc et d'une petite oreille. Mais dans le plus grand nombre de cas il suffit d'avoir recours à cet instrument si simple que j'ai décrit dans le troisième cahier de ma description des instrumens aratoires, sous le nom d'*écrouteur* ou *dégazoneur* (schälmesser oder rasenschneider). Je me sers aujourd'hui habituellement de ce moyen pour déchaumer tous mes champs de trèfle, et j'obtiens ainsi, non-seulement que toutes les plantes qui sont à la surface du sol soient parfaitement enterrées, mais aussi que le terrain soit parfaitement ameubli et qu'il n'ait pas besoin d'un second labour pour les semailles d'automne, lors même que le trèfle est à sa troisième année, ou qu'il a été pâturé. Sans cela ce terrain demanderait absolument trois labours, et ainsi on en tirerait une coupe de trèfle de moins.

L'on a encore un autre instrument du même genre, dans lequel l'oreille qui enlève et renverse au fond de la raie la partie supérieure de la tranche, est assujettie au-devant de la gorge, cependant au moyen d'une barre particulière qui entre dans l'age de la charrue. Les Anglais, qui envisagent avec raison cet instrument comme une de leurs meilleures inventions, l'appellent du nom de *trench plough* que je traduis par celui de *charrue tranchante*.

Quant à divers autres instrumens qui ont la forme d'une charrue, mais qui sont destinés à des opérations particulières, j'en parlerai lorsqu'il s'agira de ces opérations.

§ 700.

Une charrue très-recommandable et qui est du genre de celles usitées dans ce pays, est celle appelée *preussische zogge;* elle est sans roues, et, comme le binoir, elle est soutenue et traînée par l'age qui est suspendu au joug des bœufs. On ne saurait contester à cet instrument le mérite d'une certaine légèreté, et il est fait de manière à vaincre la résistance et à diminuer le frottement autant que cela est possible. Il pénètre dans le sol comme un coin pointu, et son versoir inférieur le débarrasse fort bien de la terre. Il retourne assez bien le terrain tenace, auquel surtout il est adapté, et quant aux sols plus légers il les divise et les renverse dans la raie.

L'instrument lui-même coûte peu, mais il est très-fragile, et il faut tout au moins en avoir un nombre double de celui dont on se sert ordinairement, afin de n'être point arrêté par les accidens. On pourrait bien l'améliorer sous ce rapport, et, s'il était plus solide, son emploi deviendrait en effet moins coûteux; mais le principal défaut de cet instrument consiste en ce qu'il est très-difficile à conduire, et qu'il faut pour cela des gens qui y soient accoutumés. Difficilement on pourrait l'introduire dans une contrée sans y habituer les laboureurs dès leur jeunesse. S'il est mal dirigé, il laisse entre les sillons des côtes non remuées qu'il ne fait que recouvrir avec de la nouvelle terre. Au reste, les habitans de la Prusse orientale ont raison de tenir beaucoup à cette charrue, puisqu'elle est introduite parmi eux.

§ 701.

La seconde espèce d'instrument par le moyen desquels le sol est préparé à recevoir la semence, comprend les *binoirs*. La différence caractéristique qui distingue les binoirs des charrues, consiste en ce que ceux-là n'ont pas, comme les dernières, un versoir placé en biais à leur côté, et non, comme on l'imagine dans quelques parties de l'Allemagne, dans l'absence d'avant-train.

Les *binoirs* varient dans leurs diverses espèces autant que les charrues. La plupart des charrues des Romains étaient de ce genre, et l'on en trouve encore en Italie, en Espagne et en France ; mais comme de ces binoirs, tant anciens que modernes, aucun ne surpasse les qualités des nôtres, je me bornerai à parler de ceux-ci.

Le *Binoir du Mecklembourg* se rapproche dela charrue en ceci, qu'il renverse en partie la terre, si on le tient de manière à opérer cet effet. Ses principales parties sont les suivantes : 1.° Un *fer* pointu sur le devant, triangulaire et qui ressemble assez à une bèche, à cela près qu'il se termine en pointe ; ce fer est uni à 2.° *l'oreille*. La terre enlevée par le fer est glissée obliquement sur l'oreille, aux deux côtés de laquelle elle tomberait, si le binoir n'était pas tenu dans une position inclinée, mais au moyen de cette position le laboureur fait tomber cette terre de l'un ou de l'autre côté. Le manche ou la prolongation de cette oreille passe au travers de l'age, et y est assujetti par des coins. Au-dessous, l'oreille repose sur le sep du binoir, ou sur cette partie qui se traîne au fond du sillon. Au moyen des coins, l'oreille peut être relevée ou baissée, suivant que le fer doit entrer plus ou moins profondément dans la terre. 3.° L'*age* formé d'une pièce de bois qui a naturellement la courbure convenable, et que l'on choisit pour cela avec soin. Sa partie postérieure est arrêtée dans une mortaise creusée à cet effet dans le sep, et le manche qui passe au travers et entre dans le sep un peu plus en avant, le tient en place et sert à le diriger. 4.° Le *sep*, dont ce que nous venons de dire explique le but et la forme. 5.° Le *manche*, par le moyen duquel le binoir est dirigé. Si le binoir doit rejeter la terre à la droite en allant, le laboureur tient le binoir de sa main droite et l'incline de ce côté. Lorsqu'ensuite il revient tout à côté pour tracer un sillon qui touche l'autre, il prend alors le manche du binoir dans l'autre main, et l'incline à la gauche, de manière que la terre tombe dans la précédente raie et la remplisse. Si cet instrument doit être traîné par des bœufs, on ajoute alors à l'age, au moyen d'un anneau et d'une cheville, un prolongement qui, à son extrémité antérieure, est attaché au joug des bœufs, de manière cependant à permettre un mouvement latéral. Si au contraire il doit être mis en mouvement par un cheval, ce qui n'arrive pas fréquemment, on adapte à l'extrémité du prolongement arrondi de l'age, une limonière dans laquelle on attèle le cheval. Lorsqu'il y a deux chevaux on ajoute un avant-train à ce binoir.

Nulle personne qui connaît cet instrument et la manière dont il est composé, ne doutera qu'il ne cultive parfaitement le sol, qu'il ne le divise, et qu'il n'arrache complétement les mauvaises herbes ; mais il ne renverse qu'imparfaitement la tranche, et il a outre cela l'inconvénient de ne pas remuer en entier la terre dans toute la largeur du sillon, mais au contraire de laisser entre chaque raie une côte qu'à la vérité il recouvre de terre meuble. Ce défaut m'a constamment frappé lorsque j'ai vu travailler cet instrument.

Tous les bons agriculteurs du Mecklembourg conviennent que ce binoir n'est pas propre à toutes sortes d'ouvrages, et que, surtout pour rompre les terrains qui ont été laissés en pâturage, et même pour déchaumer les champs qui ont rapporté des grains, toute autre charrue doit avoir la préférence. En revanche il est excellent pour les labours qui doivent suivre, et même pour le labour de semaille, lorsqu'on doit semer à sillons ouverts. Dans ce dernier cas il n'a d'autre inconvénient que celui-ci, que le bœuf de la droite marche sur le terrain fraîchement labouré et y enfonce avec ses pieds, ce qui forme des trous où la semence s'amasse. Pour éviter cela, de bons cultivateurs emploient un binoir à avant-train, et font marcher le bœuf dans la raie. Il ne faut jamais labourer avec le binoir dans le sens du labour précédent, au contraire il faut toujours prendre le labour en travers ou en biais; au moyen de cela le binoir coupe les tranches du précédent labour et les divise. Dans un terrain tenace, la préparation du sol par des cultures alternatives à la charrue et au binoir, est excellente, pourvu cependant qu'on n'ait pas négligé d'y passer la herse avec les dents en avant. C'est par cette raison que les labours du Mecklembourg sont si accomplis; et en effet, on ne voit guère un jardin défoncé dont le terrain soit plus meuble et plus propre qu'une jachère du Mecklembourg. L'usage alternatif de la charrue et du binoir ne présente, selon moi, qu'un seul inconvénient, c'est qu'il n'est pas facile d'accoutumer les mêmes hommes et le même bétail de trait à mettre en mouvement ces deux instrumens. Pour celui qui n'est pas accoutumé à travailler avec le binoir, cet instrument est pénible à manier; tandis que celui qui en a l'habitude, peut supporter très-longtems ce travail, puisqu'un bineur du Mecklembourg demeure à l'ouvrage, souvent dix heures de suite, sans se fatiguer. On ne peut guère employer les mêmes bêtes de trait, surtout les bœufs, alternativement devant la charrue et devant le binoir, parce qu'en travaillant avec la première, le bœuf de la droite marche dans la raie, tandis qu'en labourant avec le binoir, il doit marcher sur le terrain labouré, immédiatement à côté de la raie. Lorsqu'on a tourné le binoir, le bœuf de la gauche marche sur le terrain labouré, et celui de la droite sur le terrain non labouré.

labouré. Si l'on peut consacrer des hommes et des bêtes exclusivement à chacun de ces deux instrumens, on peut alors avec un grand succès s'en servir alternativement pour la culture des terres.

C'est sur les terrains d'une force moyenne que le binoir a le plus d'avantages; sur des sols très-compacts et tenaces son action présente des difficultés plus grandes, à tel point qu'une charrue d'une bonté même médiocre, paraît devoir lui être préférée; tout au moins alors le binoir marche-t-il très-lentement. Quant aux sols très-légers, cet instrument à l'inconvénient de les diviser trop, et de les rendre trop meubles. *

La facilité et la promptitude avec laquelle on détourne le binoir, ou le démonte, le rend très-propre aux labours dans les terrains pierreux, et en général dans tous ceux où il y a des obstacles à éviter. Pour labourer dans les pentes rapides et sur les monts, cet instrument est aussi très-avantageux et beaucoup plus commode qu'aucune autre charrue, parce qu'avec lui on peut mieux renverser la terre du côté de la pente, sans la jeter trop en bas. Il peut plus facilement agir dans tous les sens, horizontalement, obliquement, en montant ou en descendant; il peut même labourer en rond autour d'un obstacle qui ne serait pas de nature à être surmonté.

2. Le binoir de Silésie (*der schlesische Ruhrhaaken*), comme nous le voyons dans les diverses descriptions qui en ont été publiées, varie dans ses formes. Autant que je puis le savoir, on a aussi en Silésie des binoirs semblables à ceux du Mecklembourg. Ce n'est point de ceux-ci que je parle, mais de ceux qui, au lieu d'un sep avec lequel ils se glissent sur le sol, n'ont qu'un fer en forme de bêche, au moyen duquel ils travaillent la terre, et derrière, des poignées à l'aide desquelles ils doivent être portés.

On ne les emploie qu'alternativement avec la charrue, pour brasser le terrain en travers; ils sont parfaitement propres à cet usage.

3. Le *binoir de Livonie*. Il agit en terre au moyen d'un fer bifurqué qui, courbé sur le devant, pénètre avec ses deux pointes dans le sol et le détache. Au moyen d'un autre fer placé au bout d'un manche, et qui a à peu près la forme de ceux avec lesquels on cure la charrue, mais un peu plus grand, ou d'une sorte de pelle, il jette la terre un peu de côté. Cette espèce de pelle

---

* Nous avons une description très-détaillée du binoir de Mecklembourg, faite par un homme qui a rendu de grands services à l'agriculture de ce pays, *Schuhmacher*, dans son ouvrage intitulé : *Abhandlung von Haaken, als einem, vorzüglichem Werkzeuge anstatt des Pfluges.* Berlin, 1774. A.

est attachée avec un lacet, et tournée tantôt à la droite, tantôt à la gauche, suivant qu'on veut renverser la terre de l'un ou de l'autre côté. Si l'on en excepte ces deux pièces, cette charrue ne contient pas de fer; il n'y a pas de chevilles; le tout est attaché avec des cordes à la limonière dans laquelle le cheval est attelé. *

Ce binoir doit également être porté dans sa partie postérieure, ce qui le rend extrêmement pénible pour les ouvriers qui n'y sont pas accoutumés; si on l'abandonnait à lui-même, il entrerait d'abord profondément dans le sol.

4. Le *Binoir à charrette.* Cet instrument marche sur des roues, et, lorsqu'il a été engagé dans le sol, il n'a plus besoin d'être dirigé; le plus souvent le laboureur monte dessus ou sur un cheval, et va ainsi en avant. On l'emploie dans les bas-fonds de la Vistule pour les terrains les plus tenaces et les plus pesans, il est bien plus utile que de mauvaises charrues, pour cultiver un terrain d'alluvion, plat comme celui-là. Cependant cet instrument n'a pu rompre un terrain durci par les chariots, qu'on put labourer avec la charrue de Bailey, attelée de deux bœufs seulement; et si ce binoir n'est pas propre à déchaumer les terres argileuses, il devient assez inutile, car pour les seconds labours, on peut obtenir le même effet du binoir de Mecklembourg.

§ 702.

La troisième espèce d'instrumens aratoires comprend ceux au moyen desquels, avec une grande épargne de forces et de tems, on ne renverse à la vérité pas le sol, on ne le laboure pas bien profondément, mais on le cultive fortement à deux, trois et même quatre pouces de profondeur; avec lesquels on pulvérise et mêle parfaitement la terre jusqu'à cette profondeur; avec lesquels on détruit les semences de mauvaises herbes, en les ramenant à l'air pour les faire germer et en les remuant ensuite; avec lesquels on arrache les racines de ces mauvaises herbes, ou tout au moins les fait périr à force de les couper et de les blesser. C'est depuis peu seulement que les instrumens de cette espèce nous sont connus, et nous les devons principalement aux Anglais, dont les talens mécaniques ont par-là considérablement enrichi l'agriculture. En Angleterre ces instrumens sont très-multipliés; chaque cultivateur les approprie à la nature de son terrain et au but particulier qu'il se propose; souvent même il y fait des changemens par simple fantaisie, mais en général ces modifications ne sont pas considérables. Tous ceux qui inventent de tels instrumens,

---

* On en voit une description dans l'ouvrage intitulé : *Anzeigen der Leipsiger okonomischen Societät von der Ostermesse des Jahrs 1804.* **A.**

ou qui les perfectionnent, leur donnent un nom particulier, et souvent le même instrument reçoit une autre dénomination en changeant de lieu. Il ne faut donc pas croire que, parce qu'un instrument porte un autre nom, et qu'il est extrêmement vanté, ce soit une chose nouvelle; il faut attendre d'en avoir obtenu une description circonstanciée, et alors, le plus souvent, on trouve qu'il a une grande analogie avec d'autres de la même espèce. On peut ranger les diverses sortes d'instrumens de ce genre sous les dénominations suivantes.

1. *Scarificateurs.* Le plus souvent ils ont dans leur partie antérieure des couteaux courbés en avant et assez semblables à des serpes de jardiniers; ces couteaux sont assujettis à une barre ou à une monture en bois sur plusieurs lignes, comme cela a lieu dans les herses; ces couteaux sont placés de manière que chaqu'un d'eux fasse sa trace particulière, et ainsi ne repasse pas dans celle du précédent. L'objet des scarificateurs est d'entrer et de trancher dans la terre argileuse plus profondément que la herse; de diviser la superficie du sol, et de la mettre en contact avec l'atmosphère : on s'en sert sur les terres labourables, et dans les prairies, auxquelles cette dernière opération est également très-avantageuse. Quelquefois on attèle les bêtes immédiatement au scarificateur, d'autres fois on emploie un avant-train, et alors, au moyen des manches, on pèse sur le derrière, afin de faire entrer l'instrument en terre; d'autres fois aussi le scarificateur a à chacun de ses angles des petites roues qu'on peut élever ou baisser, afin de donner au sol une culture plus ou moins profonde.

On peut se servir de la même monture pour des fers de différens genres, [*] par exemple, transformer l'extirpateur en scarificateur, en substituant à ses pieds ou socs les couteaux qui caractérisent celui-ci.

2. Les *schims, ratissoirs à cheval, écroutoirs, charrues à rabot.* Je leur donne ce dernier nom parce qu'ils agissent sur le sol comme la lame d'un rabot, en tranchant la terre horizontalement à un ou plusieurs pouces au-dessous de sa superficie et en la divisant. Un fer droit de deux, trois ou quatre pieds de longueur avec une lame et un dos ajustés obliquement sur une monture, avance en terre sous la surface du sol. Pour s'en faire une idée il suffit de connaître le ratissoir à cheval avec lequel on nettoie les allées des grands jardins. La lame peut être plus ou moins oblique, suivant qu'elle doit pénétrer plus ou

---

[*] Epargne mal entendue. En changeant ces diverses pièces on perd beaucoup de tems, et l'on dérange les emboitures, de sorte que les tenons ne tardent pas à vaciller dans leurs mortaises. Outre cela, pour que ces changemens puissent avoir lieu facilement, il faut donner infiniment plus de soin à la fabrication de chaque pièce, de sorte que l'instrument devient beaucoup plus coûteux. *Trad.*

moins profondément. La monture à laquelle le fer est assujetti est tenue par deux manches, et le plus souvent la partie antérieure de l'age repose sur une roue, mais quelquefois aussi on lui adapte un avant-train de charrue. On se sert de cet instrument surtout pour enlever promptement le chaume des blés et la mauvaise herbe qui y a poussé; mais on l'emploie aussi pour régaler le terrain dans lequel les plantes de la dernière récolte avaient été butées. C'est dans le comté de Kent qu'il est le plus en usage; là on s'en sert pour donner, d'abord après la moisson, une culture au terrain où l'on a récolté des fèves, afin que le sol ne s'infecte pas de mauvaises herbes, jusqu'au moment où il peut être labouré pour être ensemencé en froment. Ce travail se fait promptement et n'exige pas une grande force de trait. Par son moyen on peut aussi préparer en très-peu de tems le sol pour une récolte dérobée de spergule, de raves, de blé noir, etc. parce que souvent la terre est encore assez meuble à une certaine profondeur, et que sa superficie seulement a besoin d'être divisée et pulvérisée.

3. Les *houes*. Les instrumens qu'on range sous cette dénomination agissent dans le sol au moyen de pieds ou socs plus ou moins pointus ou obtus, plus ou moins horizontaux ou inclinés, et qui ont la forme d'un soulier ou d'une patte d'oie. Ils doivent remuer la totalité de la superficie du terrain dans lequel ils passent, et, pour cet effet, ces pieds sont placés sur deux ou trois lignes, de manière qu'aucune particule de la surface ne reste intacte, mais plutôt soit jetée par les pieds de devant à la place où doivent passer ceux de derrière, et qu'ainsi chaque motte de terre soit heurtée à réitérée fois. A cette classe appartient l'*extirpateur*, instrument déjà assez répandu, et de l'utilité duquel tout cultivateur qui sait l'arranger et l'employer convenablement, est pleinement convaincu; quoique les personnes qui en ont fait usage sans réflexion et qui, par exemple, l'employaient sans avant-train, ou le rendaient trop lourd, ou enfin ne donnaient pas une bonne forme à ses pieds, en disent du mal avec fondement. Cet instrument peut être de différentes grandeurs; si l'on a un terrain très-uni, on peut augmenter le nombre des pieds de chaque traverse, comme celui qu'on voit dans le premier cahier de ma description des instrumens aratoires, pl. 9; ainsi l'on peut en mettre six à la traverse de derrière, et cinq à celle de devant. Mais si le terrain est inégal, il vaut mieux y employer un extirpateur plus étroit et qui ait un moins grand nombre de pieds, parce qu'un plus large n'entrerait pas également en terre sur toute sa largeur. Il s'entend que la force de l'attelage doit être proportionnée à la largeur de l'instrument; et que si, pour mettre en mouvement un extirpateur très-large, quatre ou même six chevaux sont nécessaires; pour un étroit au contraire deux de ces bêtes

suffisent. La forme des pieds de l'extirpateur doit aussi varier avec la nature du terrain auquel il est destiné. Plus le sol est tenace, plus les pieds doivent être pointus; il peut aussi convenir de rendre plus aigus ceux de devant, qui doivent commencer à ouvrir le sol, et ceux de derrière plus obtus. On peut rendre le fer plus plat ou plus convexe, ou même lui donner des oreilles divergentes, suivant qu'on veut se borner à labourer le terrain, ou qu'on se propose de le diviser beaucoup et d'en renverser la surface; au moyen du plus ou moins d'élévation qu'on donne à l'age sur l'avant-train, on règle la profondeur à laquelle les pieds doivent entrer; puisque, si on le baisse, on incline la pointe de ses pieds sur le devant, et que, si on le lève, on opère l'effet contraire. Il m'a paru qu'il était avantageux de donner demi-pouce de plus en longueur aux pieds de la rangée de devant, afin qu'ils pénètrent plus profondément dans le sol, lors même que l'age n'est point soulevé. Car comme ce soulèvement a toujours plus ou moins lieu durant l'action de l'instrument, si l'on a négligé cette précaution, les pieds de devant n'entrent alors pas autant en terre que ceux de derrière, souvent même ils ne font que glisser par dessus le sol.

Je crois qu'il n'y a guère de terrains sur lesquels on ne puisse employer l'extirpateur avec succès. Des personnes qui s'en servent avec un très-grand avantage m'assurent que lorsqu'il a des pieds ou socs pointus, il pénètre aussi facilement dans les sols très-tenaces. C'est seulement dans les terrains qui ont à leur surface de grosses pierres immobiles qu'on ne peut pas se servir de cet instrument; là tout au moins il faut prendre garde que les socs ou pieds ne se cassent, et en avoir toujours quelques-uns de rechange à sa disposition, d'autant que la pointe des socs ne peut pas être assez forte pour résister à l'action de quatre chevaux. Si elle est de très-bon fer allongé, elle sautera moins facilement sans doute, mais elle se ploiera et n'en arrêtera pas moins l'attelage. Les pierres plus petites n'empêchent pas qu'on emploie cet instrument, lors même qu'elles seraient assez grandes pour ne pouvoir pas passer entre les fers, et qu'ainsi elles seraient traînées par l'extirpateur. Il suffit alors que le conducteur arrête un instant la marche, pour enlever ces pierres et les jeter de côté *; il n'est pas douteux cependant,

---

* Lorsqu'un instrument est mis en mouvement par plusieurs bêtes de trait, et qu'en outre il exige le concours d'un ou de plusieurs ouvriers, il est très-essentiel que cet instrument ne rencontre sur son chemin aucun obstacle qui suspende sa marche, puisqu'à chacune de ces suspensions le tems du chômage est multiplié par le nombre d'individus, hommes ou bêtes de trait, qui sont employés. La plus petite pause absorbe un tems qui, consacré à l'action de l'instrument, le conduirait souvent assez loin. Dans le cas dont parle l'auteur, les pierres qu'on est obligé de débarrasser avec la main, peuvent fort bien doubler ou tripler la durée du travail, qui,

qu'un terrain pierreux n'use beaucoup les socs. Si le sol est infecté de chiendent, s'il contient des gazons non décomposés, des fanes de pommes de terre,
ou d'autres choses de ce genre, l'emploi de l'extirpateur y devient un peu plus
difficile sans doute, mais nullement impraticable. Alors il faut seulement que
le laboureur soulève et secoue l'instrument de tems en tems et aussitôt qu'il
commence à se remplir, et, si. cela ne suffit pas, qu'il suspende un instant la
marche et nettoie l'extirpateur; ce nettoiement se fait très-vîte au moyen d'un
outil assez semblable à une petite pelle, qui est consacré à cet usage, et qu'on
emploie aussi avec la charrue.

L'extirpateur est d'un emploi tellement avantageux, que, non-seulement il
peut prendre la place de toute autre charrue qui ne donne qu'un labour superficiel, mais encore qu'il dépasse de beaucoup ses effets, tant pour la division des
parties du sol, que pour leur mélange et pour la destruction des mauvaises
herbes ; c'est par cette dernière raison qu'on lui a donné le nom par lequel on
le distingue. Outre cela, avec un extirpateur qui a six socs à la rangée de derrière, et au moyen de quatre chevaux conduits par deux hommes, on fait
autant d'ouvrage qu'on en obtiendrait de six charrues attelées de douze chevaux
et conduites par six hommes, et même davantage, puisque le premier attelage
marche plus vîte. On voit ainsi combien est grande l'épargne qu'on fait par ce
moyen. Dès qu'on a déchaumé à la profondeur convenable avec la charrue,
l'extirpateur peut être employé avec un plein succès pour les labours suivans,
et l'on en obtient la jachère la plus complète et la mieux nettoyée de mauvaises
herbes que l'on puisse atteindre, pourvu seulement qu'on se serve de cet instrument en tems convenable, et qu'on ne laisse pas la mauvaise herbe prendre le
dessus. Outre cela l'extirpateur régale beaucoup mieux le sol que ne l'opère
une charrue, parce qu'il soulève et divise la terre des places les plus élevées,
que, à l'aide de la herse, il épand ensuite dans les parties basses, surtout
lorsqu'on l'emploie dans tous les sens alternativement. On peut aussi s'en servir
pour enterrer la semence ; cependant cela se fait mieux encore avec un instrument que nous allons décrire. Pourvu qu'on ait déchaumé le sol avant l'hiver.,
l'extirpateur suffit pour donner à la terre une excellente préparation, surtout

---

outre cela, est beaucoup moins parfait lorsque l'extirpateur est arrêté fréquemment ; d'ailleurs
cet instrument est alors fort exposé à des fractures. Je ne crois donc point (et cette opinion
est fondée sur ma propre expérience), qu'il puisse être avantageux d'employer l'extirpateur
sur des terrains où il est souvent arrêté dans sa marche, soit par de grosses pierres, soit par
une abondance de gazons et de mauvaises herbes. Il faut avant tout nettoyer un peu ces
terrains. *Trad.*

l'our l'orge ; par son moyen le sol est pulvérisé à la profondeur nécessaire , de sorte que les germes les plus déliés y trouvent d'abord la nourriture qui convient à leurs faibles racines ; outre cela le terrain conserve beaucoup plus long-tems l'humidité, que s'il eût été labouré uniquement avec la charrue , ce qui, dans les printems secs, est d'un très-grand avantage.

Si l'on met un espace de tems convenable entre les diverses cultures qu'on donne avec cet instrument, les semences de mauvaises herbes qui étaient renfer-mées dans les mottes , germent, et les plantes qu'elles produisent sont bientôt détruites par le labour suivant. Les racines de mauvaises herbes sont ramenées à l'air, elles sont déchirées à réitérées fois , et elles périssent. L'utilité de cet instrument, surtout, est frappante lorsque , le terrain ayant rapporté des récoltes sarclées pour lesquelles il a reçu un labour suffisamment profond et les cultures nécessaires, il doit, au printems suivant, être travaillé et ensemencé en avoine. De cette manière je suis parvenu à cultiver avec avantage la grande orge à deux rangées dans un terrain très-sablonneux, sur lequel cette espèce de céréale n'eût pu réussir si elle eût été semée au printems, après un labour à la charrue seulement. On emploie aussi avec beaucoup de succès l'extirpateur sur un trèfle rompu, lorsque celui-ci n'a pas été assez ameubli par un seul labour. Sans cela on serait obligé d'y donner trois labours , ce qui retarderait considérablement la semaille. Avec l'extirpateur on peut le rendre suffisamment meuble, et faire périr les racines de trèfle.

Cet instrument n'est pas d'un usage moins avantageux sur les terrains qui ont été déchaumés après une récolte de pois ou de vesces. Comme il est d'une grande importance de rompre ces terrains d'abord après la moisson , ils se dur-ciraient trop, ou s'infecteraient de mauvaises herbes, si on ne leur donnait une seconde culture ; et si l'on devait faire celle-ci avec la charrue, elle emploierait beaucoup de tems, à une époque où tous les momens sont précieux. Au moyen de l'extirpateur leur couche supérieure est bientôt renouvelée, de manière que, sans aucun autre labour, on peut y faire la semaille et l'enterrer à la herse ; enfin je trouve très-utile de passer légèrement l'extirpateur sur un champ de pommes de terre, peu de tems avant que celles-ci lèvent, et lors même qu'elles auraient déjà quelques feuilles. Cette culture détruit les mauvaises herbes qui ont poussé depuis le dernier labour, de sorte que les pommes de terre sont alors beaucoup moins infectées de plantes parasites. On croit, à la vérité, de pouvoir également opérer cet effet par le moyen d'un hersage, surtout si, après avoir planté les pommes de terre à la charrue, on a laissé le sol dans l'état même où il a été mis par le labour ; mais en suivant cette dernière méthode, on remplit ce but d'une manière beaucoup plus imparfaite que lorsqu'on herse d'abord après avoir planté ; à cette époque le hersage est nécessaire pour faciliter la germination des mauvaises graines contenues dans le sol, afin que les plantes qui en résultent puissent ensuite être détruites par la culture à l'extirpateur. Cependant on conçoit que cela ne peut avoir lieu lorsque les pommes de terre ont été plantées sur des billons étroits et relevés.

On a inventé en Allemagne divers instrumens qui, au moyen de plusieurs fers ou socs de binoirs, remuent et cultivent la terre à une plus ou moins grande profondeur. On leur a donné des formes et des grandeurs très-variées, à quelques-unes des fers larges, à d'autres des étroits, avec trois, quatre, cinq et même six traverses. Au moyen d'un age on les adapte à un avant-train, ou bien on les fait traîner au moyen d'une limonière roide. D'Arndt, cet homme si connu dans son pays par son excellente manière de cultiver et d'ensemencer ses champs, se servait de plusieurs instrumens de ce genre.

Celui d'entre les instrumens de cet agronome qui est le plus connu, est sa *charrue à semer* (saatpflug) qui produit le même effet que le petit ou simple extirpateur des Anglais : le plus souvent ces socs sont au nombre de quatre, de la forme des socs ordinaires de charrue et qui, comme ceux-ci, ont une convexité assez sensible et sont fort élevés du côté gauche où ils sont coupés perpendiculairement. Ces socs sont assujettis à des jambes en fer, lesquelles elles-mêmes sont plantées dans les traverses à neuf ou dix pouces l'une de l'autre. L'age est introduit dans ces traverses, et, comme celui de l'extirpateur, il est adapté à un avant-train, sur lequel il peut être baissé ou haussé à volonté, suivant que les socs doivent entrer plus ou moins en terre. Au premier abord Arndt avait ajouté à ces socs de petits versoirs ou oreilles, afin de pouvoir, par ce moyen, réellement labourer ses terres et en retourner le sol. Mais dans la suite il jugea inutile de laisser subsister une addition qui augmentait considérablement le frottement et la résistance, et qui donnait à l'instrument de la disposition à se remplir de mauvaises herbes ou de mottes de terre, sans lui communiquer toutes les qualités de la charrue. On emploie cet instrument surtout pour enterrer la semence dans un terrain déjà préparé, et il remplit ce but d'une manière accomplie. Après que la semence a été épandue sur un terrain hersé, on règle l'instrument de manière qu'il entre d'environ deux pouces en terre, et on le fait passer sur toute la surface du champ. C'est un travail très-peu pénible pour deux chevaux et un homme, et ainsi la semence me paraît mieux distribuée que par tout autre instrument à moi connu, en telle sorte que rarement on trouve deux germes à une même place, mais que plutôt ils paraissent tous à une égale distance.

Après

Après qu'on a donné un léger hersage, le grain se trouve placé à une profondeur convenable, il est parfaitement mêlé avec la terre, qui a été très-bien divisée par cette opération, et il n'est pas enseveli dans des espaces vides, ou sous des mottes impénétrables; de sorte qu'il se trouve effectivement dans la situation la plus favorable au développement de son germe et de ses racines les plus ténues. Ainsi donc, par le moyen de cet instrument, on peut épargner au moins le quart de la semence; ou même, comme me l'ont assuré des cultivateurs dignes de foi, au-delà de la moitié; outre cela, cette espèce d'extirpateur faisant à la fois l'ouvrage de quatre charrues avec un moindre emploi de forces, il accélère beaucoup les semailles, ce qui fait qu'on peut choisir le moment le plus propice pour l'effectuer. Je dois dire cependant, que je n'ai pas encore fait l'essai de cette charrue à semer, parce que mes terres ne sont pas encore assez bien nettoyées de mauvaises herbes, pour que je puisse l'employer.

On trouve encore chez les Anglais un grand nombre d'instrumens de cette espèce, qui varient dans leurs formes et dans leurs accessoires; mais qui, au fond, produisent un effet à peu près semblable. Pour diviser d'autant mieux les sols argileux et tenaces, et aussi pour faciliter l'entrée des socs en terre, quelquefois on place un couteau devant chacun de ceux-ci, ou bien on fait alterner les coutres et les socs. On a poussé l'art jusqu'à disposer ces instrumens de manière que les socs puissent être éloignés ou rapprochés; à cet effet ces premiers ont ordinairement la forme d'un triangle dont la base peut être plus ou moins étendue; mais alors ces instrumens deviennent beaucoup plus compliqués et plus fragiles.

Entre le grand nombre des instrumens, il faut choisir avec réflexion ceux qui sont le mieux appropriés au but qu'on se propose, au sol et aux circonstances de l'exploitation qu'on dirige. Si on les a trouvés, il y aurait une parcimonie bien mal entendue à se priver des grands avantages qu'ils procurent, pour se dispenser d'en faire l'acquisition. Souvent par les avantages qu'ils procurent, ils sont payés dès la première année, même au double de ce qu'ils coûtent; que dis-je? souvent même dans une seule saison. C'est le cas surtout de cette charrue à semer, par l'épargne qu'elle procure sur la quantité de grains à mettre en terre. On imagine à peine que parmi les agriculteurs il y ait des esprits assez petits, assez peu éclairés sur leurs véritables intérêts, pour regretter les frais d'achat d'un tel instrument, alors même qu'ils en reconnaissent les avantages; ou des auteurs assez peu éclairés pour être les apologistes d'une telle avarice; tandis que le plus chétif manouvrier n'hésite pas à se procurer un outil convenable,

T. III.

lorsqu'il a acquis la conviction que son travail en sera facilité et amélioré , et aussitôt qu'il est en état d'en faire l'avance. Des vues aussi étroites peuvent ravaler le noble art de l'agriculteur, et le mettre au-dessous de la profession la plus vulgaire.

Je parlerai ailleurs des instrumens dont on se sert pendant la végétation, dans certaines cultures et pour certains produits , et que l'on comprend ordinairement sous la dénomination de *cultivateurs.*

Je vais maintenant m'occuper des autres instrumens aratoires les plus usuels, puis je reviendrai sur le travail de la charrue.

LES HERSES,

§ 703.

Les herses sont une seconde espèce d'instrumens indispensable pour l'ensemencement des terres , et sans laquelle la charrue ne remplirait son but que d'une manière très-imparfaite.

Elles ont également des formes très-variées, et cela doit être ainsi pour remplir les divers buts qu'on se propose.

On distingue d'abord les herses en *pesantes,* traînées par deux , quatre ou six chevaux , et en *légères,* dont chaque cheval traîne une et même deux.

La grande herse est composée de fortes pièces de bois, garnies de dents de fer longues, et fortes en proportion , dont chacune pèse une ou plusieurs livres. On emploie les herses de cette espèce surtout pour déchirer les tranches d'un gazon déchaumé à la charrue , ou sur les terres très-tenaces, pour diviser les tranches et briser les mottes qui n'ont pu l'être par le labour ; elles sont quadrangulaires ou triangulaires. Dans le dernier cas , quelquefois , les dents en sont plus courtes auprès de l'angle antérieur de la herse, de celui auquel les traits sont attachés ; et elles vont en grandissant à chaque traverse , de sorte que celles de la dernière sont les plus grandes. Quelquefois les herses ont dans leur partie postérieure des manches à l'aide desquels on peut ou les soulever, ou les enfoncer davantage dans le sol. Les dents y sont ou perpendiculaires ou inclinées avec la pointe en avant , ou enfin courbées en avant comme une serpe de jardin.

§ 704.

Les dents des petites herses sont en bois ou en fer; il en est aussi qui ont alternativement une dent de bois et une de fer. Plusieurs agronomes ont rejeté sans exception les herses à dents de bois comme inefficaces ; cependant il est des circonstances dans lesquelles on s'en sert avec avantage, non-seulement dans les terrains sablonneux où dans tous les cas elles suffisent , mais aussi dans des terres pesantes, qui, quoique passablement divisées, contiennent cependant encore beaucoup de mottes. Là, avec des herses en bois, on peut beaucoup mieux herser en rond au trot; et, pour briser les mottes, la vivacité du heurt importe beaucoup plus que la pesanteur de la herse, et la nature des dents de celle-ci; outre cela, les herses en bois sont préférables à celles en fer pour enterrer les petites semences, pour donner une légère culture au sol lorsque la plante lève, et pour régaler le terrain, lorsqu'on ne veut pas que la herse entre bien avant. Au reste, il n'y a aucun doute que, par économie, on ne s'en serve souvent dans des cas où celles en fer seraient préférables.

Dans les petites herses de diverses formes, les dents sont également ou perpendiculaires, ou inclinées; lorsqu'elles sont inclinées, elles peuvent être employées à volonté pour faire des hersages légers ou pour des plus profonds. Si l'on y attache les traits de manière que, dans leur mouvement de progression, les dents aient la pointe en avant, elles entrent mieux en terre et produisent plus d'effet; lorsqu'on les tourne du côté opposé, leur action est beaucoup moins sensible, elles ne font que glisser sur la surface du sol. Les dents de la herse sont rarement rondes, le plus souvent elles sont quadrangulaires ou triangulaires; cette dernière forme est préférable, parce que l'angle est plus aigu : on en fait aussi qui, semblables à des coutres, ont le devant tranchant et le dos large.

Quelquefois on les enfonce dans le cadre et les traverses de la herse, et les y chasse comme un clou; d'autrefois on les assujettit en les rivant. Dans le premier cas on leur donne plus de longueur, de manière que leur partie supérieure restant en dehors du cadre de la herse, on puisse les enfoncer davantage, à mesure qu'elles sont usées, ou les aiguiser lorsque leur extrémité inférieure est émoussée. Mais avec cette méthode on court grand risque de perdre ces dents de herse, soit qu'en heurtant sur des pierres elles se détachent du trou dans lequel elles sont plantées, soit que quelqu'un les arrache exprès. En effet, quelqu'un a-t-il besoin d'une pièce de fer, pour s'en servir de cheville par exemple, il va prendre une dent de la herse, et lorsqu'on veut faire usage de celle-ci, on la trouve hors de service et dépouillée. Les dents de herse qui sont assujetties à la monture, sont clouées sur le cadre ou les traverses, après que celle-ci ont auparavant été revêtues d'une bande de fer : ce n'est guère que lorsqu'elles sont faites en forme de coutre, qu'on les assujettit par le moyen d'écrous, afin de pouvoir les enlever pour les aiguiser.

§ 705.

En général, pour la culture qu'on donne avec la grande ou la petite herse, il importe :

1.º Que les dents soient à un éloignement assez grand pour que la terre ne s'amasse pas dans leurs intervalles, et ne s'y agglomère pas.

2.º Que les dents soient placées de manière que les raies qu'elles tracent sur le sol, soient à une égale distance les unes des autres.

5.º Que chaque dent fasse sa raie particulière, et qu'ainsi la raie de l'une ne soit pas confondue avec celle de l'autre.

4.º Que les dents soient, autant que cela est possible, à une égale distance les unes des autres dans la monture de la herse, afin que quelques parties ne soient pas plus faibles que d'autres.

Dans la plupart des herses la troisième condition n'est point observée; les dents y sont placées en quinconce, de sorte que les dents de la troisième traverse passent dans les raies tracées par les dents de la première, et les dents de la quatrième dans les raies tracées par celles de la seconde; de cette manière, une partie des dents demeure inutile, puisque les mottes que la première rangée a touchées sont ou brisées ou jetées de côté, et qu'ainsi elles ne sont plus atteintes par les autres dents. Il est même des cas où il y a des inconvéniens à ce que plusieurs dents passent par le même trait, et forment une raie trop profonde, par exemple lorsqu'on herse après avoir semé des graines très-menues, parce que celles-ci pourraient alors être trop enterrées.

On peut à la vérité diminuer ce défaut, en attachant les traits non au milieu de la traverse antérieure de la herse, mais un peu de côté, de sorte qu'au lieu d'être placée à angle droit des traits, elle marche un peu en biais. De cette manière les raies ont une direction différente, elles se trouvent moins réunies; mais alors la partie du sol sur laquelle il ne passe qu'un angle de la herse est moins travaillée que les autres, et pour réparer ce mal, il faut, en revenant, repasser sur cette place avec la herse, ce qui augmente le travail. Lorsqu'on herse en rond, cet inconvénient n'est point aussi sensible, parce que, de cette manière on passe plus d'une fois sur chaque partie du terrain. Dans les lieux où l'on se borne à herser en long, il est important d'arranger les dents des herses de manière que chacune de celles-là fasse son trait distinct, et que ces traits se trouvent également rapprochés les uns des autres; il faut, au reste, s'abstenir de multiplier trop le nombre des dents de chaque traverse.

§ 706.

L'on a des herses où les traits sont attachés, non à l'un des côtés, mais à la pointe; ces herses, surtout lorsqu'elles ont des dents courbées en avant, ont un mouvement sinueux et de sautillement, qui contribue beaucoup à briser les

mottes et diviser le sol. Le régulateur, au moyen duquel les bêtes de trait sont
attelées, est mobile, de manière à favoriser ce mouvement sinueux; mais alors
il faut que la herse repasse plus ou moins sur la partie qu'elle a parcourue au
précédent trait. Lorsque ces herses sont petites, mais pesantes et pourvues de
dents fortes, elles font un très-grand effet sur les terres fortes, surtout lorsqu'on conduit ces premières au trot.

Les herses forment ordinairement un carré dont les côtés sont quelquefois
égaux, d'autrefois inégaux, et l'on y attache les traits ou dans la longueur, ou
dans la largeur; elles ont souvent cinq traverses en longueur, et en largeur
seulement trois ou quatre; alors, suivant la manière dont elles ont été attelées,
elles opèrent dans le premier cas avec cinq dents, dans le second avec trois:
cependant on a aussi des herses triangulaires qu'on attèle à un de leurs angles.

§ 707.

Dans les lieux où on laboure en billons bombés, et où l'on ne herse qu'en
long, une herse grande et roide n'atteindrait pas toute la surface du billon.
On y divise donc la herse en deux parties, qu'on réunit l'une avec l'autre par le
moyen d'anneaux, d'une sorte de charnière ou de petites chaînes, afin qu'elles
puissent s'incliner des deux côtés de l'ados. Là où l'on donne aux billons une
largeur toujours égale, on attache ainsi deux, trois et jusqu'à quatre herses
ensemble, de manière que, dans un seul trait, elles passent sur toute la largeur
du billon. On les attache alors par le milieu à une volée commune, de sorte
que les chevaux marchent sur le milieu du billon; ou bien, ce qui est préférable dans les terrains humides, on attèle un cheval à chacune des extrémités
d'une perche qui prend toute la largeur du billon, de sorte que les chevaux
marchent dans les deux rigoles. Au moyen de chaînes on attache les herses à
cette perche, les unes à côté des autres, et ces herses sont ainsi mises en mouvement toutes à la fois. Si les billons sont fortement élevés au-dessus des
rigoles, de sorte que la perche courre le risque de frotter sur l'ados, on emploie
alors un avant-train à doubles roues; celles-ci avancent dans les deux rigoles, et
doivent être assez hautes pour soutenir la perche au-dessus des ados. Cette disposition est à la vérité un peu compliquée; mais sur les terrains humides, et surtout
pour herser après la semaille, elle a le grand avantage d'empêcher que le bétail
ne marche sur le terrain labouré et ne le serre ou n'y enfonce; l'on sait que
rarement les semences qui, dans les terrains de ce genre, ont été enfoncées
par les pieds du bétail de trait, ne parviennent à lever.

§ 708.

Lorsque le cheval est attelé à la herse immédiatement et dans la ligne de trait, il faut que les traits en soient très-longs, si l'on veut que la herse ne soit pas soulevée sur le devant par le mouvement du cheval, et ne cesse pas d'agir sur le sol. Mais comme ces longs traits ont plusieurs inconvéniens, l'on a fait diverses dispositions pour y remédier; l'on a par exemple assujetti sur la herse un crochet de deux pieds de longueur, ou, ce qui semble mieux encore, un peigne ou régulateur de la forme suivante :

Si la herse ne doit agir que superficiellement, on attache les traits au crochet du bas; si au contraire on desire qu'elle entre plus avant dans le sol, on les suspend au crochet du haut; ce régulateur a, dans sa partie antérieure, à peu près la longueur d'un pied et demi, et il est assujetti sur les traverses de la herse.

§ 709.

Dans les contrées où l'on herse avec plusieurs chevaux à la fois, on place ceux-ci ordinairement en biais, de manière qu'on ne soit obligé de conduire que le premier d'entr'eux, et que les autres soient forcés de le suivre. En conséquence on attache les courroies de la bride du second cheval, soit au palonier, soit à la herse du premier cheval; le troisième à celle du second, et ainsi de suite. Par ce moyen les chevaux sont maintenus d'autant mieux dans la direction qui leur a été donnée, que, d'un côté, la courroie les empêche de s'éloigner; tandis que de l'autre la herse qui est à côté d'eux les force à se tenir à la distance convenable, sans qu'on ait besoin d'y donner des soins; ils ont assez peur de la herse qui avance à côté d'eux pour qu'on n'ait pas à redouter qu'ils s'y encoublent, pourvu toutefois qu'ils puissent la voir. Cette dernière circonstance doit interdire de leur mettre une bride avec des *œillères*, à moins qu'on n'ait soin de relever l'œillère du côté de la herse. Il y a du danger à employer à ce travail des chevaux aveugles, à moins qu'ils n'y aient été accoutumés avant de perdre la vue.

§ 710.

Les herses doivent toujours être munies d'un traîneau à l'aide duquel on

les transporte dans les champs. Ces traîneaux peuvent aussi servir au transport
des charrues sans roues. Comme l'entretien des herses fait un objet très-sensible
dans le nombre des dépenses de l'exploitation, et que cependant on ne peut
s'en passer pour faire les semailles, il importe de veiller à ce qu'on les soigne
autant que cela est possible. Dès qu'on a cessé d'en faire usage on doit les mettre
à couvert, et dans les cours comme aux champs, au lieu de les laisser étendues
sur la terre, il faut les dresser de champ l'une contre l'autre.

§ 711.

Quelquefois on garnit la herse avec des branchages, ou avec des épines, ou
bien on a des montures de herses sans dents, qui sont exclusivement consacrées
à servir de cette manière ; cette espèce de herse est très-efficace, lorsqu'il ne
s'agit que de régaler la superficie du sol, et briser les mottes qui ont échappé
à la herse à dents ordinaires. On s'en sert aussi pour enterrer les petites semences,
par exemple le trèfle. Il convient alors qu'elles soient garnies de branchages
nerveux et élastiques, surtout d'épines, mais que celles-ci ne soient pas trop
serrées les unes avec les autres, parce que dans le dernier cas ces herses pourraient
facilement faire des *trainées*, et enlever la semence dans les places où elles
frottent le plus.

Il est des personnes qui font usage de herses faites avec des branchages croisés
et entrelacés comme les corbeilles, et qui en vantent les bons services.

§ 712.

Il est d'une grande importance d'employer les herses par un tems et d'une
manière convenable ; lorsque le contraire a lieu, les inconvéniens qui en
résultent ne sauraient être compensés par la plus grande perfection dans les
labours. L'emploi de l'extirpateur seul peut diminuer considérablement l'usage
de la herse. Nous donnerons dans la suite les directions nécessaires sur le bon
emploi de la herse dans chaque cas particulier ; ici nous ne traiterons ce sujet
qu'en général.

On distingue les espèces de hersages suivans :

1. *Herser en long*, c'est-à-dire dans la direction suivie par la charrue en
labourant.

2. *Herser en travers ou en biais*, c'est-à-dire couper en travers ou en biais
les tranches formées par la charrue.

3. *Herser en serpentant*, c'est-à-dire conduire la herse d'un côté du billon
à l'autre alternativement, de sorte que les traits se croisent les uns les autres,
comme cela a lieu dans des $\frac{8}{8}$ mis les uns sous les autres.

4. Enfin *herser en rond*. Comme cette manière très-efficace de herser est inconnue dans diverses contrées, je dois la décrire ici d'une manière plus particulière : elle ne peut avoir lieu que sur des billons ou planches très-larges, ou sur des champs labourés à plat et dans lesquels on ne veut pas de billons. Les chevaux, ordinairement au nombre de quatre et quelquefois de six, sont attachés les uns au palonier ou à la herse de l'autre, comme cela a été expliqué plus haut. Le conducteur tient par la longe le cheval de devant, ordinairement celui de la gauche, et lui fait faire un tour sur lui-même; les chevaux qui sont à côté de lui doivent, comme l'on conçoit, décrire un cercle d'autant plus grand qu'ils sont plus éloignés du centre. Lorsque le cercle est presque fini, il descend quelques pas plus bas, et fait alors un second tour; on continue ainsi dans toute la largeur que les herses peuvent embrasser. On comprend facilement que le cheval qui est le plus éloigné du conducteur est celui qui a le plus de peine, aussi met on les chevaux les plus faibles et les plus petits en dedans, les plus forts et les plus grands en dehors ; ou bien, s'ils sont à peu près égaux, on les fait alterner. Le plus souvent il faut que le cheval du dehors aille à un trot assez allongé, quoique celui du centre ne fasse que quelques pas bien lents. Si la terre est très forte, et que, pour la diviser d'une manière convenable, les chevaux du dehors doivent aller toujours au trot, ces bêtes en sont fortement éprouvées ; ce travail ne peut être exécuté que par des chevaux qui soient en pleine force. Il n'est pas douteux que cette manière de herser ne prenne beaucoup de tems, parce que chaque partie de la surface est parcourue plusieurs fois; mais aussi elle produit un effet qu'on ne peut atteindre d'aucune autre manière. Les hersages rapides de cette espèce ont ordinairement lieu avec des herses à dents de bois, parce que les chevaux ne pourraient pas soutenir un tel travail avec des herses pesantes. Lorsque le champ a été complétement hersé de cette manière, on y passe alors les herses en long, et cela se fait également au plein trot; pour cet effet le conducteur monte sur le cheval de devant, afin de le faire avancer plus rapidement. C'est dans le Mecklembourg que cette opération est le mieux exécutée, et il n'en est aucune à laquelle on apporte plus d'attention.

§ 713.

Pour faire un tel hersage, il faut, bien plus encore que pour le labour, choisir un tems propice et un degré d'humidité convenable; si la terre est trop humide, ce hersage peut souvent faire plus de mal que de bien, et au lieu de diviser le sol, au contraire, le durcir et l'agglomérer. Il faut également se donner de garde

de

de laisser trop dessécher et durcir une terre forte, avant de la herser, parce qu'alors on ne parvient plus à la dompter; lors donc qu'on a atteint le moment et la température convenables à ce travail, il faut quitter tous les autres labeurs pour exécuter celui-là. Ainsi dans le tableau des travaux d'attelages qui doivent être exécutés dans la semaine ou le mois, le hersage doit être mis avant tout.

LE ROULEAU.

§ 714.

Le *rouleau* est également un des instrumens les plus utiles; on ne saurait s'en passer dans une culture perfectionnée, quelle que soit d'ailleurs la nature du sol. Nous examinerons d'abord les divers usages auxquels cette espèce d'instrumens est destinée; et ce sera seulement ensuite que nous parlerons de ses formes, parce que celles-ci doivent être déterminées par le but auquel on destine le rouleau.

Le premier objet qu'on a en vue est ordinairement de briser les mottes qui ont résisté à l'action de la herse, ou du moins de les enfoncer dans le sol, de manière que, dans un prochain hersage auquel alors elles ne peuvent plus échapper, elles doivent nécessairement perdre une partie de leur volume. C'est par cette raison que, dans les contrées où le sol est très-tenace et la culture très-soignée, même après les labours préparatoires, on herse d'abord, puis on passe le rouleau et l'on herse encore. On croirait qu'un terrain a été très-mal préparé si cela n'avait pas eu lieu.

Le second objet est de donner un peu plus de consistance au terrain léger et trop meuble, et de rapprocher ses parties intégrantes. Le rouleau n'est pas employé dans ce but aussi souvent que cela serait convenable; l'action du rouleau est très-avantageuse, surtout pour diminuer dans des terrains trop légers, le mauvais effet de labours trop réitérés, et pour empêcher que l'humidité contenue dans le sol ne s'évapore trop promptement; on a recours à ce moyen, surtout dans les terrains spongieux des bas-fonds; là on ne saurait guère s'en passer.

Le troisième but auquel le rouleau est destiné, est de raffermir les plantes des semailles et de leur donner plus d'adhérence avec le sol. Quelquefois lorsqu'on veut semer des graines très-petites, on se trouve fort bien de passer auparavant le rouleau sur le sol, afin de le régaler complétement et d'obtenir que la semence puisse être distribuée d'une manière plus égale que cela n'aurait lieu sans cela. Lorsque le sol a été ainsi parfaitement bien régalé, les grains de semence se repoussent les uns les autres lorsqu'ils se heurtent, de sorte que

T. III. 8

rarement deux d'entr'eux restent l'un auprès de l'autre; alors on y passe la herse,
qu'on fait suivre à réitérées fois par le rouleau, pour écraser les raies qu'elle a
formées. Le rouleau peut aussi être employé avec un grand avantage sur les
terrains qui ne sont pas trop tenaces ou humides, après le hersage qui a recouvert la semence : cette opération presse la terre autour de la semence et la
met plus fortement en contact avec elle, au moyen de quoi elle germe et lève
plus promptement; cela est évidemment démontré par les places qui ont échappé
au rouleau, dans lesquelles la semence lève plus tard que dans les places qui
ont éprouvé la pression de cet instrument. Probablement aussi cette pression
empêche que la lumière ne pénètre dans le sol et ne nuise à la germination.
D'ailleurs, en régalant le sol, l'action du rouleau facilite beaucoup la récolte; elle
permet de faucher beaucoup plus ras, ce qui, surtout pour les pois et les fèves,
est de grande conséquence.

Le quatrième but qu'on a en vue dans l'emploi du rouleau, est de recouvrir
de terre, ou de presser contre le sol, les racines détachées par la gelée des
semailles de l'automne précédente. Les terrains riches en humus qu'on trouve
dans les bas-fonds, s'enflent au printems quelquefois à tel point, que les racines
des plantes en sont chassées; si alors il ne vient pas bientôt de la pluie, le rouleau est l'unique moyen qui reste pour rétablir ces plantes.

Enfin, on s'en sert aussi dans certains cas pour détruire des insectes qui nuisent aux jeunes plantes, et qui, surtout pendant la nuit, se rendent à la surface
du sol pour y prendre leur nourriture; c'est pour cette dernière raison que
cette opération ne doit se faire que lorsque la lumière du jour a disparu.

§ 715.

Le rouleau est mis en mouvement à l'aide d'une monture, dans laquelle les
deux extrémités de son axe sont emboîtées. Ordinairement le rouleau lui
même est rond, et l'on en fait de diamètres et de longueur très-différens; plus
le diamètre en est grand et la longueur petite, plus l'action du rouleau est
forte. En augmentant la longueur du rouleau, loin d'augmenter sa force de
pression, on la diminue au contraire, parce qu'alors il est porté par un plus
grand nombre de points de la surface du sol. La longueur la plus ordinaire
est de six à neuf pieds, et le diamètre varie entre un et deux pieds.

On a aussi des rouleaux hexagones et octogones, qui, pour briser les mottes,
font beaucoup plus d'effet que les ronds, parce que, à chaque mouvement de
progression, ils ont une chute plus brusque; mais les rouleaux de ce genre
exigent une force de trait beaucoup plus grande; c'est probablement ce qui

fait qu'on les trouve si peu répandus; sur des sols très-tenaces, je les tiens pour fort-avantageux.

C'est dans le même but qu'on a donné aux rouleaux des raies ou des cannelures, ou bien qu'on les a revêtus de liteaux; mais lorsque le sol n'est pas très-sec, ces cannelures et l'espace qui est entre les liteaux se remplissent de terre, et l'instrument fait alors d'autant moins d'effet.

La monture du rouleau est faite de différentes manières, dont il ne me paraît pas que l'une présente de grands avantages sur l'autre; je me dispense d'en donner la description, dans la persuasion où je suis que chacun de mes lecteurs en connaît l'une ou l'autre espèce. Il faut seulement qu'elle soit faite de manière que le conducteur puisse s'asseoir dessus, soit afin d'augmenter le poids du rouleau, et par conséquent son efficacité, soit afin de pouvoir aller plus vite, lorsque ce travail ne donne pas beaucoup de peine aux bêtes. Par ce moyen on épargne aussi au conducteur l'incommodité de la poussière, à laquelle, sans cela, il serait exposé. L'on a aussi des rouleaux sans monture, dont les extrémités de l'axe tournent dans des anneaux, qui, par des crochets, sont eux-mêmes attachés aux traits. Au lieu de faire tourner le rouleau, on ne fait alors que tourner les chevaux, en déplaçant momentanément les anneaux, pour les remettre ensuite lorsque les chevaux sont placés; par ce moyen on empêche que le rouleau n'entraîne de la terre avec lui lorsqu'il tourne court; mais ce dernier inconvénient n'est point à redouter lorsque le cercle que le rouleau décrit est un peu étendu.

Quelques personnes se servent aussi sur les champs, de rouleaux en pierre. Il n'est pas douteux qu'il n'y ait des cas où une telle pression de la terre ne puisse être avantageuse; cependant il me semble que dans bien des cas elle pourrait être trop forte, et que par conséquent l'usage de rouleaux aussi pesans ne saurait être recommandé sans exception. J'ai fait passer avec succès un rouleau de pierre sur un terrain sablonneux, défoncé récemment, mais c'est le seul essai de ce genre que j'aie fait *.

---

* On emploie chez moi avec succès des rouleaux de pierre de cinq décimètres et plus pour briser les mottes dans des terres tenaces fortement desséchées, mais toujours il faut les faire suivre par l'extirpateur ou par la charrue, la herse étant insuffisante pour rendre au sol la légèreté nécessaire au succès des récoltes. L'on conçoit au reste que la pression de machines aussi lourdes produirait le plus mauvais effet sur des terrains argileux qui auraient conservé une humidité tant soit peu sensible. Quant aux rouleaux en pierre de moindres dimensions, on s'en sert chez moi avec le plus grand succès, pour régaler le sol après la semaille, soit sur les terrains argileux, soit sur les terres sablonneuses, et je n'ai pas remarqué

§ 716.

Les *rouleaux à pointes* sont garnis de pointes de fer, ils sont destinés à diviser plus complétement les mottes de terre, et on les trouve encore employés à cet usage dans plusieurs exploitations rustiques. Les rouleaux de cette espèce ne peuvent être utiles que dans des terrains très-secs et où l'on a laissé passer le moment favorable pour herser avec succès. Si le sol est argileux et qu'il contienne encore de l'humidité, la terre s'attache et se serre si fortement entre les pointes, que le rouleau tout entier en est bientôt enveloppé, et que ses pointes ne font plus aucun effet.

Cet inconvénient est moins à redouter dans les rouleaux auxquels on a adapté des marteaux de fer en place de pointes, mais plus éloignés les uns des autres; ces marteaux ne manquent jamais de briser les mottes qu'ils rencontrent.

Les Anglais ont encore recommandé, pour divers autres usages, l'emploi de rouleaux garnis, d'espace en espace, avec des cercles ou anneaux tranchans, destinés à former des raies sur le sol, ou à remplir des buts divers, sur lesquels je reviendrai ailleurs, parce que, pour le moment, je n'en ai pas une idée bien précise.

§ 717.

Pour passer le rouleau il faut encore, plus que pour le hersage, choisir une température favorable, et le moment où le sol est suffisamment essuyé. Il est absolument essentiel que l'humidité du sol ne soit pas telle que la terre s'attache au rouleau, car dans ce cas cette opération serait bien plus nuisible qu'avantageuse, non-seulement sur un terrain tenace et argileux, mais même sur un sol léger, en durcissant sa superficie, et en y formant une croûte imperméable à l'air et à l'action de l'atmosphère. Cependant dans les terrains tenaces, l'on ne doit pas non plus attendre que les mottes ayant perdu toute humidité, elles soient durcies au point de ne pouvoir plus être écrasées par le rouleau.

LES LABOURS.

§ 718.

Dans l'action des charrues il importe :

1.° Que la charrue trace des lignes parfaitement droites, qu'ainsi ces lignes se trouvant absolument parrallèles les unes aux autres, les tranches soient toutes égales et renversées d'une manière uniforme, ensorte qu'elles ne forment

---

que leur pression fût trop forte. Je les emploie même sur les blés d'automne, pour raffermir leurs racines après les dernières gelées du printems, et je n'use pour cela d'aucune autre précaution, que d'attendre le moment où le sol est débarrassé de toute son humidité superflue. *Trad.*

pas des inégalités sur le sol. S'il en est autrement, si les tranches ne sont pas toutes d'une égale largeur, le travail devient plus difficile, parce que, à chaque déviation de la ligne droite, la résistance que la terre oppose à l'instrument se trouve augmentée.

2.° Que la charrue marche à une profondeur égale et sur une ligne parallèle à la superficie du sol; c'est-à-dire qu'elle ne sépare pas, comme cela arrive lorsqu'elle est mal dirigée, des tranches tantôt épaisses, tantôt minces.

3.° Que la charrue vide le sillon aussi bien que cela est possible, de manière que la terre n'y retombe pas après que l'instrument a passé, et que la partie de la terre non remuée, dont la tranche vient d'être séparée par le coutre, forme un angle droit et non aigu avec le fond du sillon qu'elle borde.

4.° Que la tranche soit renversée à environ 140 degrés, ou de manière à former avec la surface du sol ou du fond du labour, un angle de 40 à 50 degrés: dans le plus grand nombre de cas cette inclinaison est la meilleure.

5.° Que les tranches aient une largeur toujours égale, et telle que le demandent la nature du sol lui-même et le but qu'on se propose.

6.° Qu'elles conservent aussi la profondeur qu'on veut leur donner.

7.° Que les planches ou billons aient la longueur et la largeur convenables, que leurs côtés soient parallèles les uns aux autres, de manière qu'ils ne se terminent pas en pointe; cette dernière forme augmente beaucoup le travail du labour en assujettissant à tourner souvent.

8.° Que les charrues soient placées tant les unes après les autres, que sur différentes parties de l'espace à labourer, de manière que le travail s'exécute dans le meilleur ordre, et avec une perte de tems aussi petite que cela est possible.

§ 719.

On obtient une partie de ces conditions essentiellement à l'aide d'une bonne construction de la charrue, ainsi que nous l'avons dit plus haut; cependant elles dépendent aussi beaucoup de l'habileté du laboureur; il importe que celui-ci ne soit pas absolument stupide, ni complétement neuf dans l'usage de la charrue. L'accomplissement d'autres dépend essentiellement des laboureurs, surtout de leur chef, de celui qui conduit les travaux de charrue; c'est celui-là par exemple, qui donne aux sillons cet alignement parfaitement droit dont nous avons parlé. Ainsi, le choix du maître laboureur n'est point une chose indifférente; il importe que cet ouvrier ait le coup-d'œil très-juste.

L'inspecteur des travaux doit veiller à ce que ces diverses conditions soient bien observées; c'est en particulier à lui de déterminer la longueur et la profondeur de la tranche, suivant l'objet qu'on a en vue à chaque labour ; et si, sur ce point, on ne peut pas s'en fier entièrement au maître laboureur, c'est encore lui qui doit tracer la distribution des billons. Nous verrons dans la suite ce qu'il y a à observer à l'occasion de quelques espèces de charrues particulières.

§ 720.

Pour la largeur de la tranche on doit se régler sur la nature du sol et sur le but qu'on se propose à chaque labour. Plus le sol est tenace, plus les tranches doivent être étroites, parce que des tranches larges ne pourraient alors pas être suffisamment brisées et divisées par la terre. Sur un sol meuble et sablonneux en revanche, on peut sans inconvénient prendre des tranches larges, parce que la herse a toujours assez d'action sur elles. Plus les raies sont profondes, plus elles doivent être étroites, soit parce que sans cela la charrue aurait à vaincre une trop forte résistance, soit parce que des tranches à la fois larges et épaisses ne peuvent pas être renversées suffisamment. Dans les labours très-superficiels, au contraire, il n'y a pas d'inconvénient à prendre des tranches plus larges ; si l'on n'a en vue que d'enterrer le chaume ou de renverser le gazon d'un terrain en repos pour faciliter leur décomposition et leur division, un labour à tranches larges suffit, et est peut-être préférable à certains égards.

Au reste, ainsi que nous l'avons dit à § 183 du Ier volume, deux ou trois pouces en plus ou en moins dans la largeur de la tranche, fait une grande différence dans la quantité d'ouvrage exécuté par une charrue. Lorsqu'on cherche à bien diviser un sol tenace, six ou sept pouces * sont la largeur la plus convenable à donner à la tranche ; mais lorsque le sol est léger, on obtient à peu près le même avantage de tranches d'un pied de largeur**. Neuf pouces sont une largeur moyenne. Ainsi la longueur de l'espace que la charrue parcourt en labourant un champ, est en raison inverse de la largeur des tranches ; c'est-à-dire que dans un labour où la tranche a sept pouces de largeur, cette longueur de l'espace parcouru, est à celle qui l'a été dans un labour où cette tranche a douze pouces, comme 12 est à 7, de sorte que si à vitesse égale dans le mouvement de progression, ou dans la marche du bétail, on emploie douze heures pour labourer ce champ à raies étroites, on n'en emploiera que sept pour le labourer à larges raies.

---

* 17 à 18 centimètres.

** 32 à 33 centimètres.

§ 721.

Si le versoir ne peut pas être tourné alternativement à la droite et à la gauche de la charrue, mais au contraire est assujetti à la droite de celle-ci, on ne saurait opérer un labour entièrement plat; il faut nécessairement que la surface labourée soit divisée en planches ou billons séparés par des rigoles, et qui, à leur milieu, soient d'autant plus relevés que ces rigoles ont plus de profondeur. Suivant qu'on laboure en billons relevés qu'on a l'intention de conserver tels, ou que l'on cherche à conserver la surface du sol aussi plate et unie que cela est possible, on dit qu'on *laboure en billons* ou qu'on *laboure à plat.*

§ 722.

On obtient jusqu'à un certain point un labour plat, lorsqu'on *éraye* des billons qui avaient été auparavant *enrayés*; c'est-à-dire des billons dans lesquels les deux premières tranches avaient été rejetées l'une contre l'autre *. Si l'on *enraie* et *éraie* alternativement et à une égale profondeur, les planches ou billons demeurent passablement plats, et si ensuite on laboure en travers et herse en rond, il ne se forme à la surface du sol ni élévation ni enfoncement sensible. Cependant pour donner au terrain la culture la plus parfaite, il convient de ne pas laisser les billons toujours à la même place, mais au contraire

---

* Pour faciliter l'intelligence de ce qui va suivre je me trouve obligé de donner ici une définition précise de quelques termes qui désignent les diverses opérations et les choses qui ont rapport au labour.

Enrayer des billons, c'est commencer leur labour à leur milieu, de sorte que les deux premières tranches soient appuyées l'une contre l'autre.

Erayer est précisément le contraire; c'est-à-dire commencer le labour aux deux côtés, de sorte que les deux premières tranches tombent dans les deux rigoles qui terminaient le billon, et que les deux dernières, s'éloignant l'une de l'autre, laissent une rigole ouverte là où était auparavant l'ados ou le milieu du billon.

Un *billon*, ou *une planche*, est une bande de terrain formée par la réunion de deux ou plusieurs traits de charrue, et terminée à ses deux côtés par deux rigoles.

Un *sillon*, au contraire, est une raie unique tracée par la charrue.

L'*ados du billon* est sa partie la plus élevée; celle ou deux tranches de terre ont été appuyées l'une contre l'autre.

L'*épaule* du billon est la partie qui le termine du côté de la rigole.

La *rigole* est cet espace creux d'où la charrue a tiré la tranche qui forme l'épaule du billon; cet enfoncement qui le sépare du billon voisin.

La *raie* est cet espace long et vide que la charrue forme en en séparant et en renversant la tranche; celui qu'occupait cette tranche avant d'avoir été détachée du sol.

La *tranche* est la terre que la charrue a enlevée de la raie et qu'elle renverse sur le côté. *Trad.*

de les changer en réunissant deux moitiés de deux différens billons ; pour cet effet, il faut renverser dans la rigole les épaules qui la bordaient, et appuyer successivement les tranches les unes sur les autres, jusqu'à ce que, parvenu au milieu de chacun des anciens billons, on forme les rigoles à la place où était auparavant l'ados. De cette manière on obtient que la partie du terrain qui avait seulement été recouverte par les deux premières tranches pour former l'ados, se trouve alors parfaitement labourée et cultivée.

Ce labour à plat est incontestablement plus avantageux dans les lieux où des surfaces de terrain d'une grande largeur appartiennent à un même propriétaire, et où il n'y a pas des raisons particulières de donner la préférence aux billons étroits et élevés ; dans le plus grand nombre de cas ses avantages sont prépondérans sur ceux qu'on ne saurait contester aux billons de cette dernière espèce. L'écoulement des eaux, que dans bien des lieux on cherche à procurer surtout par le moyen des rigoles qui séparent les billons, s'obtient toujours d'une manière plus parfaite, au moyen des raies que, sur le champ labouré et plat, on trace d'abord après avoir accompli la semaille, et auxquelles on donne la tendance la plus directe et la plus propre à l'écoulement de ces eaux, ce qui n'a pas toujours lieu pour les rigoles des billons. Ces raies d'écoulement peuvent être multipliées dans les lieux où elles sont nécessaires ; et l'on en fait abstraction dans ceux où elles ne seraient pas utiles. Les sols labourés à plat conservent une égale répartition de leur terre végétale sur toute leur superficie, tandis que ceux labourés en billons en sont privés dans des places, pour l'avoir en surabondance dans d'autres. Ces premiers conservent sur toute leur étendue une même épaisseur de terre remuée ; ils favorisent une répartition plus égale du fumier qui, sur les terrains labourés en billons étroits, a de la disposition à s'amasser dans les rigoles. Leur matière extractive dissoute n'est pas entraînée sur la pente des billons et dans les rigoles. Mais surtout la semence y est mieux répartie ; on peut l'y épandre à la volée. La herse agit sur toute la surface et d'une manière plus uniforme ; le hersage en rond qui est si efficace, devient à peu près impraticable sur un terrain labouré en billons ; le hersage en travers même, est rendu beaucoup plus difficile par cette dernière manière de disposer le sol. Aussi le terrain labouré à plat peut-il beaucoup mieux être nettoyé de chiendent et des mauvaises herbes qui se multiplient par leurs racines. Le charroi, et surtout celui des récoltes, y est beaucoup plus facile. Enfin, le faucheur et le faneur y accomplissent leur travail avec bien moins de peine. Les céréales y reposent à plat après qu'elles ont été séparées de leur chaume ; elles n'y tombent pas dans les rigoles pour y être

gâtées

gâtées par les eaux, comme cela n'arrive que trop souvent dans les champs labourés en billons étroits. Le râteau y agit avec beaucoup plus de promptitude ; c'est seulement là qu'on peut se servir du grand râteau qui rend de si bons services à la moisson.

Ces avantages sont tels, qu'il n'y a qu'un petit nombre de cas particuliers et dont nous parlerons ensuite, où il puisse convenir de mettre un champ plat en billons.

L'égale répartition de la fécondité sur toute la surface d'un terrain labouré à plat, y donne aux récoltes une force égale et une apparence uniforme; on n'y a pas le spectacle désagréable que présentent les billons élevés, où, sur l'ados, les céréales sont trop drues et versent, tandis qu'aux côtés et dans les rigoles, on ne voit que des plantes appauvries, ou pis encore, de mauvaises herbes.

§ 723.

On voit sur les champs des billons de trois espèces principales.

1. Des billons ou planches larges de 16, 20, 30 traits de charrue et plus.

2. Des plus étroits, qui sont moins élevés, et n'ont pas de rigoles profondes; ils sont composés de 6, 8 ou 12 traits de charrue.

3. Des billons étroits et fort relevés, séparés les uns des autres par des rigoles profondes; ils ont 4, 6 ou 8 traits de charrue.

Il est essentiel de distinguer ces différentes espèces de billons pour pouvoir bien comprendre ce que nous allons dire des avantages ou des inconvéniens de l'une ou l'autre d'entr'elles. Sans doute il existe entr'elles des moyennes dont la classification est douteuse, mais on ne les rencontre presque jamais que dans la plus mauvaise culture, dans celle de gens qui agissent sans réflexion.

§ 724.

Souvent les planches ou billons larges et relevés dans leur milieu, ont été formés accidentellement et sans intention, surtout dans des lieux où les propriétés étaient divisées en pièces de terres longues et de peu de largeur. Comme là on enrayait deux fois, tandis qu'on n'érayait qu'une, la terre devait nécessairement s'amasser vers le milieu, et former un ados. Dans les lieux où, comme cela se voit souvent, il n'y avait pas de fossés entre les champs de divers propriétaires, ou bien où on les avait comblés pour gagner du terrain; tous les laboureurs évitaient de jeter leur terre en dehors, de peur que, s'ils le faisaient, leur voisin n'enlevât la terre qu'ils auraient ainsi mise à sa portée. C'est de cette manière que des planches d'une grande

T. III.   9

largeur se sont élevées vers leur milieu à tel point, que quelquefois deux hommes qui marchent dans les rigoles parallèles ne peuvent pas même se voir. On trouve de telles planches, ou billons, non-seulement dans des champs qui ont plus à redouter l'humidité que la sécheresse, mais même dans des terrains secs et sablonneux. On recommande de mettre en billons larges les terrains humides; l'on affirme que, par ce moyen, on s'assure de tout au moins une partie de la récolte, et qu'on obtient de beaux produits sur l'ados du billon, lors même qu'à ses côtés la récolte est chétive et de peu d'importance. On est disposé à croire que si les planches fussent moins relevées, on ne recueillerait presque rien. A la vérité, dans le plus grand nombre de cas on pourrait remédier au mal d'une manière différente, et ici les billons étroits et relevés devraient toujours avoir la préférence; cependant la méthode des billons larges et relevés a ses avantages, et si l'arc formé par leur segment est convenablement arrondi et que leurs rigoles aient reçu la profondeur nécessaire, c'est peut-être par leur moyen seulement qu'on peut tirer parti de champs morcelés et entremêlés avec les propriétés d'autrui. Au reste, on voit aussi fréquemment des billons de ce genre sur des terrains secs et dans des contrées arides, où, loin de procurer le plus léger avantage, cette méthode doit au contraire être nuisible à tous égards. Souvent ces billons larges et fortement bombés ont été formés peu à peu et sans intention, lorsqu'en les labourant on *enrayait* plus souvent qu'on *érayait*; d'autrefois ils ont dû leur formation à une imitation irréfléchie; en effet, je connais un exemple où attribuant à cette méthode le grand produit que donnait un terrain glaiseux divisé en billons de cette espèce, on crut atteindre un même succès sur un terrain sablonneux du voisinage, en le disposant de cette manière.

§ 725.

Les inconvéniens des billons larges et fort relevés sont principalement les suivans:

1. La meilleure terre, celle qui avait été le plus améliorée, s'y trouve amassée dans le milieu du billon, et peu à peu mise hors d'action par la profondeur à laquelle elle est enfouie, tandis que la terre vierge ou inféconde est de plus en plus enlevée du fond des raies, pour être portée sur les côtés du billon.

2. Si d'un côté l'on a mis les ados à l'abri de l'humidité, de l'autre les côtés des billons y sont d'autant plus exposés; d'ailleurs, souvent l'eau est renfermée entre ces billons, parce que ceux des extrémités, les bordures, étant également relevés, ils arrêtent l'écoulement que, sans cela, l'eau aurait eue de ce côté-là.

3. Dans les tems de pluies prolongées , l'eau regorge quelquefois jusqu'aux ados des billons , lors même que les rigoles ont de l'écoulement ; parce qu'à mesure qu'on a amassé la terre meuble vers l'ados des billons , on a ramené dès le fond des rigoles aux côtés de ces billons , une argile tenace laquelle ôte tout écoulement à l'eau qui s'est amassée dans la terre poreuse des ados ; cette eau ne peut alors , ni s'introduire dans la terre imperméable de la couche inférieure du sol , ni passer à travers l'argile des côtés du billon. Tels sont les désavantages qui sont sensibles dans les billons larges et relevés , lorsque la température est humide.

4. Mais au contraire , lorsque cette température est sèche , et que , même de simples ondées de pluie , sont si avantageuses aux récoltes , les planches ou billons extrêmement relevés , et dont les côtés ont une pente forte , ne profitent que peu de cet avantage ; parce que l'eau , au lieu de pénétrer dans la croûte durcie qui forme la surface du sol , ne fait que glisser à sa superficie en s'écoulant dans les rigoles ; de sorte que quelquefois , après une telle pluie , les rigoles sont insuffisantes pour contenir l'eau qui s'y est jetée , tandis que l'ados du billon se trouve presqu'aussi sec qu'auparavant.

5. Les billons larges et relevés empêchent que toutes les parties de la surface du sol ne jouissent également de l'influence du soleil ; lors surtout que ces billons sont tournés d'orient en occident , il y a une différence frappante entre le côté de ces billons qui incline au nord et celui qui penche vers le midi. Sur ce premier côté les récoltes sont beaucoup moins belles , et surtout beaucoup plus retardées dans leur végétation. La différence dans la marche de la végétation est quelquefois si grande , qu'on est obligé de faire la récolte sur le côté incliné au midi , tandis que le côté penché au nord est loin d'avoir atteint sa maturité.

6. Lorsque dans les rigueurs de l'hiver , les vents ont enlevé du haut des billons la neige qui les recouvrait , ou lorsque , dans les momens les plus critiques du printems , le soleil fond cette neige pendant le jour , et que l'eau contenue dans les rigoles regorge sur les billons et s'y gèle pendant la nuit ; les plantes des ados sont souvent arrachées et complétement détruites , de sorte que la partie du champ dont on se promettait le plus , ne donne aucune récolte. *

---

* Dans les billons de ce genre , il m'a toujours paru que le dernier de ces deux inconvéniens était plus sensible près des épaules des billons que vers les ados , et en effet la terre rapprochée des rigoles étant bien plus imprégnée d'eau que celle du haut du billon , elle doit éprouver avec beaucoup plus d'intensité l'augmentation de volume qui , dans ce cas-ci , arrache les plantes. Cet effet

7. Si en revanche la température est favorable à la végétation, les céréales deviennent quelquefois si fortes sur les ados des billons, qu'elles y versent et n'y donnent que peu de grains, tandis que sur les côtés appauvris des mêmes billons, et surtout auprès des rigoles, les plantes ont la plus misérable apparence et ne donnent que les plus chétifs épis.

8. La difficulté du labour en est considérablement augmentée; on ne sait quel moment choisir pour l'exécuter. Souvent l'ados est durci par la sécheresse, que les côtés et surtout les épaules du billon, sont encore tellement humides, qu'ils ne peuvent supporter la pression des pieds du bétail. Dans ce cas le cultivateur industrieux laboure d'abord les ados des billons, et attend, pour en labourer la partie la plus basse, que la terre y soit suffisamment essuyée; mais l'on conçoit combien les semailles doivent être entravées par cette circonstance, et combien les labeurs en deviennent plus difficiles. *

9. Sur ces billons il ne saurait être question de faire des hersages en rond; ainsi l'on y est privé des grands avantages de cette opération. Il est également difficile d'y épandre la semence d'une manière égale, et le travail de cette opération y est plus pénible, ainsi que celui de la récolte.

10. L'avantage apparent d'augmenter la surface du champ par ses ondulations, est plus que contrebalancé par l'absence de produit sur une partie considérable de cette surface.

§ 726.

Ces inconvéniens sont tellement évidens, que depuis long-tems la plus légère réflexion eût suffi pour faire renoncer à la méthode des billons larges et relevés, partout du moins où la largeur des possessions pouvait le permettre, si les cultivateurs même les plus éclairés, ne redoutaient la perte qu'on éprouve

---

de la gelée se montre partout où l'eau séjourne à la superficie du sol; il est donc sensible, surtout dans les terrains argileux, lors même que ces terrains ne sont pas labourés en planches ou billons, et il est souvent très-funeste aux plantes dont la racine pénètre profondément en terre; c'est à cette cause surtout qu'il faut attribuer le peu de durée des luzernières dans les sols argileux. *Trad.*

* Je ne conçois pas même comment ils sont possibles, car alors il faut commencer le labour vers l'arrête du billon, parconséquent accumuler la terre là où elle se trouve déjà en trop grande abondance. Je n'imagine pas qu'aucune personne qui sait ce que c'est que labour, pense qu'on doive, pour érayer, commencer le travail au milieu des côtés du billon; puisque, quelque soin qu'on se donnât pour rendre au billon sa première uniformité, après avoir labouré la partie la plus basse de ce billon, on n'empêcherait jamais qu'il ne restât ou un enfoncement, eu une côte non remuée, à la place où l'on avait reuversé la première tranche de la partie supérieure du billon, de la partie qui aurait été labourée la première. *Trad.*

sur les billons intermédiaires, lorsqu'on met trop de précipitation dans ce changement.

Lorsque ces billons larges et fortement bombés n'ont été formés que depuis peu de tems, on peut, sans hésiter, procéder à leur changement; et moi-même j'ai vu des cas où il s'est fait sans qu'on en éprouvât aucune perte, et où, au contraire, l'on obtint d'abord de beaucoup plus belles récoltes. Mais lorsque ces billons datent de long-tems, et que la terre autrefois fertile, amassée par la charrue sur l'ados du billon, a été, depuis des siècles peut-être, soustraite à l'action de l'atmosphère, et comprimée par les pieds du bétail au fond de la raie tracée par la charrue; alors, dis-je, cette terre est souvent impropre à la végétation, bien qu'elle contienne une proportion suffisante d'humus et de carbone, et elle a besoin d'être vivifiée de nouveau et insensiblement, par l'action de l'air atmosphérique. *

Si l'on ramène à la superficie du sol tout à la fois une grande quantité de cette terre, les substances contenues dans l'air semblent alors insuffisantes pour la saturer et pour lui rendre sa fertilité naturelle. La terre végétale qu'on jette dans les rigoles peut aussi facilement être enfouie à une trop grande profondeur; tout au moins ne dédommage-t-elle pas du mécompte qu'on éprouve à la place où était auparavant l'ados du billon.

C'est par cette raison qu'on ne doit pas abattre le billon tout d'une fois, ni défoncer, dès le premier abord, le terrain à une trop grande profondeur; surtout si l'on ne veut pas faire suivre ces opérations par une jachère morte complète.

Un agriculteur habile a indiqué de quelle manière, dans l'assolement triennal avec jachère, on doit opérer pour abattre en trois ans ces billons larges et relevés. La méthode qu'il a suivie avec un plein succès est décrite au long dans les annales d'agriculture de Basse Saxe, 5.ᵉ année; la figure suivante aidera à l'expliquer.

---

* Ce besoin se fait sentir surtout dans les terrains argileux, parce que leurs parties ayant été excessivement serrées par l'action de l'eau et la pression du pied des animaux, elles ne peuvent être complétement divisées que par l'influence de l'atmosphère, et surtout de la gelée. Dans les terrains légers, cet inconvénient a beaucoup moins d'intensité. *Trad.*

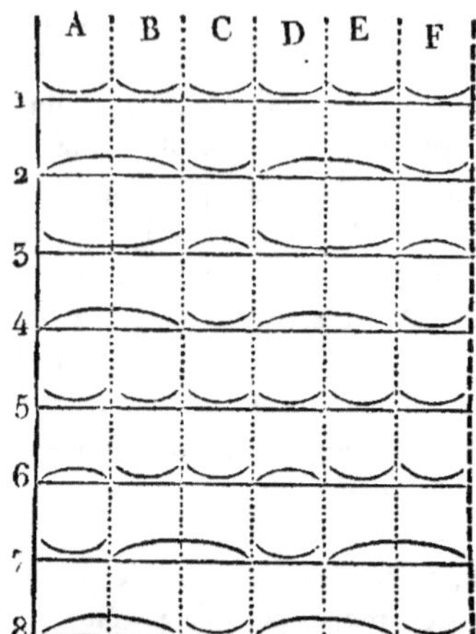

Dans cette figure ⌢ signifie *enrayer*, et ⌣ *érayer*. Voyez la définition de ces deux termes dans la note jointe au § 722.

Pour l'année de jachère.

1. *Premier labour* . Erayer tous les billons.

2. *Second labour* . . Enrayer les billons AB réunis; c'est-à-dire commencer à labourer en jetant les deux premières tranches dans la rigole qui les sépare, et finir à leurs deux rigoles extérieures; de même aux billons DE. C et F sont encore une fois érayés, de sorte qu'ils comblent les rigoles qui les séparaient de AB et de DE, et que la rigole subsiste au milieu de C et de F.

3. *Troisième labour* . On commence en C et en F qu'on enraie; en revanche on éraie les grands billons AB et DE.

4. *Quatrième labour.* On éraie C et F; en revanche l'on enraie AB et DE, en les réunissant ensemble. Avant de semer et au moyen de deux légers traits de charrue, on comble la rigole qui est au milieu de C et F, et après avoir épandu la semence, on fait les raies d'écoulement nécessaires.

Pour l'année des grains de printems.

5. *Premier labour* . En automne l'on éraie tous les billons; ce labour doit être très-superficiel.

6. *Second labour* . . Au printems on enraie A et D; en revanche l'on éraie
                     BCEF.

7. *Troisième labour*, celui de semaille. B et C, E et F sont réunis ensemble ;
                     tandis qu'on éraie A et D.

                     Pour la troisième année, Pois.
8.   On réunit A à B, et D à E ; on éraie C et F.

Au moyen des hersages en travers et en rond, le terrain sera alors assez bien
régalé, pour qu'après la récolte des pois on puisse donner un labour en travers,
qui efface les dernières traces des anciens billons, et au moyen duquel la terre
végétale soit si bien mélangée, qu'on n'ait pas à y redouter le non succès des
récoltes, ni durant cette opération, ni après elle. Quelquefois, après les premiers labours, la terre accumulée à la place des anciennes rigoles, s'affaisse,
et forme des enfoncemens de place en place; aussi est-il essentiel de donner
aux raies d'écoulement tous les soins nécessaires pour prévenir dans tous
les cas la stagnation des eaux. Si ces enfoncemens étaient très-considérables,
il ne serait pas difficile de les combler, en y jetant un peu de terre avec la charrue.

Dans le cas où les places précédemment occupées par les ados des billons
paraîtraient fort appauvries, on pourra y mettre un peu plus de fumier.

Au reste, cet exemple peut être modifié suivant la position des champs.

§ 727.

Les billons étroits et peu élevés sont en usage dans plusieurs contrées. Comme
ils s'élèvent peu au-dessus des rigoles, on ne peut pas leur faire le même
reproche qu'aux billons relevés; seulement les rigoles y sont multipliées au-delà
du besoin. Quoique ces rigoles soient ensemencées comme le reste du champ,
elles ne produisent cependant que peu, soit parce que la terre végétale s'y
trouve en moins grande quantité, soit aussi parce que l'eau qui s'y amasse en
tems humide, nuit infiniment à la végétation des céréales. A la vérité, la terre
végétale et le fumier se trouvant cumulés sur les ados des billons, ceux-ci produisent davantage; mais on perd d'un côté ce qu'on gagne de l'autre.

Quelquefois ces billons occupent toujours la même place, et sont alternativement érayés et enrayés. Comme alors il est assez difficile de bien refendre à
la charrue la tranche qui reste au milieu et qui formait l'arrête de l'ados du
billon, souvent on néglige ce soin.

D'autres fois, et cela vaut infiniment mieux, on change ces billons de manière
que leurs ados se trouvent à la place où étaient auparavant les rigoles, et les
rigoles là où étaient auparavant les ados. On a aussi recours au labour en travers,
et alors on ne forme les billons qu'au labour de semailles.

Cette espèce de billons ne présente que deux avantages; le premier, que l'épaisseur de la couche de terre végétale est un peu augmentée sur l'espace occupé par les billons; le second, c'est que la circulation de l'air entre les plantes, qu'on doit à cette disposition du sol, diminue la propension que les céréales ont à verser, lorsque le sol est dans un état de grande fécondité.

§ 728.

Nous devons distinguer de l'espèce de billons dont nous venons de parler, ceux qui sont *étroits et fortement relevés ou bombés*, que, dans certaines contrées, on forme par la réunion de 4, 6 et quelquefois 8 traits de charrue, et qui sont quelquefois tellement relevés, qu'ils ont jusqu'à 15 et même 18 pouces d'élévation au-dessus du fond des rigoles. On voit des billons de cette espèce en Franconie et dans quelques contrées du midi de l'Allemagne, dans divers départemens du midi de la France, et quelquefois aussi en Espagne et en Angleterre, mais surtout dans la Belgique. C'est de ce dernier pays que nous en est venue une description très-détaillée, dans l'ouvrage de Schwertz intitulé *Introduction à la connaissance de l'agriculture belge.* *

Les opinions sont tellement divisées sur l'utilité et les inconvéniens de cette espèce de billons, et sur la convenance d'en conserver, imiter, ou rejeter l'usage, que nous croyons devoir les opposer ici les unes aux autres; car quelque absurdes qu'elles puissent paraître, elles ont cependant pour elles l'autorité d'agriculteurs du premier mérite, et d'observateurs attentifs.

Premièrement; l'avantage que les billons de cette espèce procurent à la végétation, est de fournir aux plantes une couche de terre plus épaisse et entièrement végétale, meuble, et fortement imprégnée des substances atmosphériques; couche que chaque labour rassemble de nouveau, ce qui donne aux plantes la facilité d'y pénétrer avec leurs racines, tant en largeur qu'en profondeur, et d'y chercher leur nourriture. Dans des terrains ainsi disposés, lorsque les billons sont bien formés et que les rigoles sont faites de manière à pouvoir se débarrasser de toute l'eau qui s'y écoule, les plantes ne souffrent jamais de l'excès d'humidité, et elles ne sont guère plus endommagées par la sécheresse, parce que la terre meuble cumulée par la charrue, conserve long-tems l'humidité au-dessous d'elle. Dans les places où la couche inférieure du sol est imperméable, les plantes sont assez élevées pour n'avoir rien à redouter de la stagnation des eaux, en sorte que, même dans les parties des champs où les rigoles sont remplies d'eau faute d'avoir de l'écoulement, on voit souvent sur les billons des céréales et très-belles et très-saines.

---

* *Anleitung zur Kenntniss der Belgischen Landwirthschaft.*

Oa

On assure qu'il est très-rare que les plantes qui végétent sur ces billons, soient eudommagées par l'hiver. Là, et en particulier sur les épaules relevées des billons, l'atmosphère exerce son action bienfaisante sur le sol, pendant toute la durée de la végétation ; ces épaules sont atteintes par les rayons du soleil ; les plantes n'y sont pas entièrement privées de l'influence de la lumière. Cette disposition du sol fournissant aux plantes tout à la fois plus d'air et de lumière, favorise la formation du grain dans les épis, et la maturation ; elle fait que, dans les tems de pluie, l'eau dont les plantes sont chargées est plus promptement essuyée, que ces plantes courent moins le risque de verser ; elle permet de sarcler les blés, et ainsi de détruire les mauvaises herbes. Enfin on ne peut contester que, chez les Belges, les terres disposées en billons de cette espèce ne donnent un grand produit.

§ 729.

D'autres observateurs présentent des objections contre les billons étroits et élevés, et assurent en avoir éprouvé les inconvéniens que nous allons transcrire.

Il y a beaucoup de terrain perdu, puisque les rigoles ne rapportent rien ; de cette manière la moitié ou du moins le tiers du champ, ne porte pas de plantes.

Il est difficile de former ces billons ; l'*enraiement* absorbe beaucoup de tems, et demande une grande force motrice.

Il n'est pas plus facile d'*érayer* ou plutôt de défaire ces billons, et souvent cette opération a lieu d'une manière très-imparfaite. Il n'est pas rare que la dernière bande de terre demeure sans être labourée, parce que la charrue n'y a point de tenue et tombe dans la raie.

Il est difficile d'y opérer la semaille ; le grain ne s'y distribue pas d'une manière égale, de sorte qu'une grande partie y est comme perdue. Mais le hersage en particulier s'y fait d'une manière très-incomplète.

Si les billons élevés jouissent davantage de l'influence fertilisante de l'atmosphère, ils sont aussi plus atteints par ses effets, lorsque ces effets sont nuisibles. Les variations désavantageuses de la température ont une action plus forte sur un terrain ainsi amoncelé, que sur celui dont la surface est plate.

Tout au moins le produit n'en est-il pas plus considérable qu'il ne le serait si le même terrain était cultivé également bien, quoique d'une manière moins coûteuse.

Ils rendent les travaux de la récolte beaucoup plus difficiles.

§ 730.

Comme, depuis peu, l'on a remis en question les avantages et les inconvéniens de ces billons, je crois devoir énoncer mon opinion sur ce sujet d'une manière un peu plus précise, tout en avouant cependant que je n'ai pas eu l'occasion d'observer moi-même des billons de cette espèce, et d'en considérer les effets.

On n'a pas à redouter que par-là aucune partie de la terre végétale demeure dans l'inaction, surtout dans les lieux où la couche n'en est pas suffisamment épaisse, puisque la terre ainsi amoncelée n'en est pas moins à portée des plantes, de leurs racines et de leurs suçoirs ; ceux-ci pénètrent assez profondément dans cette terre remuée pour en atteindre toutes les parties, et en tirer leur nourriture. En effet, les plantes sont d'autant plus serrées sur les billons, que leurs racines peuvent pénétrer plus avant en terre, et qu'ayant moins besoin de s'étendre en largeur, elles ne nuisent pas à leurs voisines. Hors de terre, les épis qui, sans cela, seraient trop rapprochés les uns des autres, ont plus de place pour s'étendre. Aussi les personnes qui ont vu des champs cultivés de cette manière assurent-elles qu'on n'y voit pas d'espaces vides entre les épis. Lorsque la couche de terre végétale est trop mince, de sorte que les racines des plantes ne peuvent pas pénétrer assez profondément, ce défaut est sensiblement diminué par l'amoncèlement de la terre dans les billons, de sorte que les plantes y acquièrent plus de force et de consistance.

Au reste on ne saurait contester que, pour donner au sol cette disposition, le labour ne soit et plus difficile et plus long. La formation des billons sur une surface unie, l'opération nécessaire pour les changer de place, celle d'abattre et de refendre les ados des anciens billons, le transport et l'action d'épandre les engrais, surtout la manière de les appliquer aux épaules des billons, et celle de l'étendre sur la surface du sol, recouvert seulement par la terre qu'on a sorti de la rigole ; l'*approfondissement* des raies avec la bêche ; le nettoiement du sol, l'écroûtement ; les doubles labours qui consistent à faire passer deux charrues successivement dans la même raie ; le travail du traîneau à régaler, le ratelage des mauvaises herbes, et toutes ces opérations que Schwertz décrit avec détail, exigent une grande attention, des soins et de l'exercice ; en sorte que, comme cet auteur le dit lui-même, la bonne exécution de ces divers travaux est la preuve démonstrative de l'industrie du cultivateur. Il ne faut pas oublier que ces billons ne peuvent remplir le but auquel ils sont destinés, qu'autant que toutes ces choses sont faites d'une manière accomplie. Lorsqu'elles ne le sont pas, le plus mauvais succès dans les récoltes en est le résultat.

C'est par cette raison que, dans les lieux où les laboureurs sont moins habiles, on ne voit jamais de récoltes plus mauvaises que celles des terrains ainsi disposés en billons, tandis que, chez l'industrieux Belge, on trouve partout sur les billons de très-belles récoltes. Il paraît de là que cette distribution du sol en billons ne doit être mise en usage et ne doit être recommandée, que dans les lieux où la main du propriétaire lui-même, ou tout au moins son œil attentif, président aux travaux des champs, et où, comme dans la Belgique, le laboureur a le plus grand intérêt au succès de la récolte. Il est évident qu'elle ne convient point dans de grandes exploitations où le maître ne peut pas exercer une surveillance active sur toutes choses, et dans les lieux où l'on ne peut obtenir des soins dans l'exécution des opérations rurales, que par des moyens coërcitifs, et non par dévouement et par zèle pour ces opérations elles-mêmes.

Quant à la manière de semer et d'employer la herse sur ces billons, je ne puis pas m'en former une idée distincte. Il me semble qu'on doit perdre beaucoup de semence, à moins qu'on n'emploie un tems considérable à l'épandre. Je ne vois point comment la herse peut entrer suffisamment en terre pour bien répartir la semence et briser les mottes, sans abattre les billons et combler les rigoles, et c'est en vain que j'ai cherché des explications à ce sujet dans l'ouvrage de Schwertz *. Probablement le sol a été si bien préparé par les

---

* En général l'usage des billons étroits ne s'est propagé que dans des lieux où le sol est léger et où les labours n'ont que peu de profondeur ; alors, ainsi que je l'ai vu pratiquer dans les fertiles terrains de Lodi, royaume d'Italie, on se sert d'une herse adaptée à la forme et à la largeur du billon, ou de deux herses du même genre, qui couvrent deux billons, et tiennent ensemble sans gêner réciproquement leur mouvement. Dans l'action de ces herses le conducteur marche derrière, en tenant d'une main un fouet ou un long roseau armé d'un aiguillon à son extrémité antérieure, et de l'autre une espèce de manche attaché à la herse par une petite chaine, et qui donne la facilité de diriger sans gêne ce mouvement latéral, ce secouement, occasionné par l'aspérité du sol, et qui contribue beaucoup à briser les mottes.

Dans les environs de Parme et de Modène, quoique le terrain soit argileux, les terres destinées à produire des grains d'automne sont également divisées en billons très-étroits ; mais, au lieu de la herse, on y passe une espèce de traîneau à régaler, composé de deux traverses seulement, et qui agit sur deux billons à la fois. Si le terrain avait de grosses mottes, on a auparavant eu soin de les briser avec des maillets. Le grain est ordinairement semé sous raies ; cependant il n'y aurait pas d'inconvéniens sensibles à le semer à la volée, puisqu'en curant les rigoles, on relèverait la partie de la semence qui serait tombée entre les billons.

Dans le Bolonais et dans la Romagne, où beaucoup de terrains sont très-argileux, les champs sont divisés en planches de 30 à 40 mètres de largeur, légèrement bombées, bordées par des fossés ou des rigoles d'écoulement, et l'on y sème les grains d'automne également sous raies. Après avoir régalé le sol du mieux qu'on l'a pu, on épand la semence à la volée et on l'enterre en formant de petits billons, ou plutôt des *ondins*, d'environ un mètre de largeur, que d'ailleurs on ne sépare pas les uns des autres par des rigoles proprement dites. Pour former ces ondins le laboureur emploie quelquefois la charrue ordinaire, et alors il

labeurs précédens, qu'il se divise de lui-même. *

Un des principaux avantages des billons étroits consiste dans la facilité que ces billons donnent pour le sarclage et pour la culture des récoltes, dans un pays aussi peuplé que le sont les campagnes de la Belgique ; mais là où l'on ne peut pas consacrer le tems nécessaire au sarclage et au nettoiement des récoltes, les mauvaises herbes se propagent abondamment sur les épaules des billons, et les grains en sont d'autant moins propres. C'est sur ces billons étroits que la méthode de semer en lignes, recommandée par Tull, peut surtout être mise en pratique, puisque cet agronome prescrivait de répandre la semence sur deux ou trois lignes, à l'ados du billon, par le moyen de son semoir, tandis qu'on ameublissait les épaules de ce même billon, en les érayant et enrayant alternativement, et qu'on les soumettait ainsi aux bienfaisantes influences de l'atmosphère.

Pour débarrasser le sol de son humidité surabondante, l'on n'a que faire du grand nombre de rigoles qui séparent les billons ; on peut obtenir ce but beaucoup mieux à l'aide de raies, auxquelles on donne la direction la plus convenable pour l'écoulement des eaux. Si le sol est trop plat pour qu'on puisse donner cet écoulement, les billons élevés sont sans doute de quelque secours, mais

---

complète l'ondin en deux traits de charrue ; mais le plus souvent il a recours à une charrue à deux versoirs, laquelle chassant à la fois à sa droite et à sa gauche la terre enlevée par le soc, forme d'un seul trait la moitié de deux ondins, qui sont ensuite complétés de la même manière. Pour régaler un peu le sol et enterrer d'autant mieux la semence, on passe sur plusieurs ondins à la fois une poutre derrière laquelle on a attaché des épines ou des branchages : cette opération brise les principales mottes, et rejette un peu de terre et de semence dans l'enfoncement qui sépare les ondins ; mais lorsque le sol est très-tenace, ce procédé n'empêche pas qu'il ne reste entre les ondins des enfoncemens ou de petits amas de terre qui retiennent les eaux pendant l'hiver, et font périr les plantes voisines ; d'ailleurs comme les bêtes de traits marchent toujours sur la place que va occuper l'ados de l'ondin qu'elles forment, elles y enfoncent de leurs pieds une partie de la semence à une trop grande profondeur ; à la vérité cette semence est remplacée par celle que la charrue y verse avec la tranche ; mais alors le bas des ondins en est d'autant plus dépourvu. Ces inconvéniens seront sensibles à quiconque voudra jeter un coup-d'œil attentif sur les récoltes céréales de ces deux contrées ; aussi cherche-je à engager mes métayers, tant de la Romagne que du Bolonais, de substituer à ces ondins des billons de cinq mètres de largeur, séparés par des rigoles soigneusement curées. *Trad.*

   * Le sol de la Belgique étant presque partout léger et meuble, on n'y a que faire de prendre des soins pour le diviser. *Trad.*

ce secours est très-imparfait, et ne peut protéger les récoltes que contre une humidité modérée.

Je ne me permettrai pas de décider si, dans le printems où la terre gèle et dégèle successivement, et durant les nuits les plus froides, la sommité des billons relevés, qui est plutôt dégarnie de neige, ne souffre pas d'une manière plus particulière que la surface d'un champ plat et uni. Mais il me semble que cela doit être, puisque dans les printems qui ont présenté ces variations de température, comme par exemple en 1804, le sommet, l'ados des billons larges, qui ordinairement donne les plus belles récoltes, a été endommagé par l'hiver et n'a donné aucun produit.

Selon moi il est incontestable que la moisson ne se fait pas avec autant de facilité sur les terrains disposés en billons, et qu'elle y demande beaucoup plus de bras que sur les champs plats; la faulx ordinaire, cet instrument qui avance si fort l'ouvrage, et le grand râteau, ne peuvent point y être mis en œuvre; là où le sol est ainsi disposé on se sert essentiellement de la faucille, et l'on met le blé en javelles, ce qui, sur ces billons relevés, demande à être fait avec beaucoup de soin : pour cela aussi une abondance de bras est absolument nécessaire.

§ 751.

Quant à la formation de ces billons, et à toutes les opérations qui s'y rapportent, je renvoie à l'ouvrage classique de Schwertz que j'ai déjà cité; ouvrage que toute personne qui veut introduire une telle culture doit nécessairement posséder. Je dois d'autant plus renvoyer à cette instruction, que je ne connais point par moi-même la manière d'opérer ces billons.

§ 752.

Lorsqu'on veut diviser le sol en billons, si d'ailleurs on n'a pas de préférence sur la direction qu'on veut donner à ceux-ci, il faut prendre en considération la pente du terrain, afin que l'eau puisse mieux s'écouler des rigoles. Mais si cela est d'ailleurs indifférent, il faut former des billons relevés, disposés du nord au sud, afin que chacun de leurs côtés soient également soumis à l'influence de la lumière et des rayons du soleil; autrement la partie inclinée au nord aurait une végétation plus lente que la partie inclinée au midi, ainsi qu'on le remarque d'une manière sensible partout où cette disposition a eu lieu. Sans cet inconvénient on préférerait labourer d'orient en occident, parce que de cette manière, aussi long-tems que le sol demeure dans l'état où l'a laissé la charrue, il reçoit plus verticalement les rayons du soleil, et profite davantage de leur influence.

§ 755.

Dans les champs situés sur des monts ou sur des pentes en général, les billons sont ordinairement disposés d'une manière très-vicieuse, dans le sens même de la pente du sol; c'est du moins le cas dans les lieux où les terres sont fort divisées et les propriétés fort entremêlées, probablement parce que, lors du premier partage, personne ne voulait prendre pour sa part la partie supérieure d'où les sucs fertilisans s'écoulaient sur l'inférieure, et ne voulait abandonner sa part de celle-ci, qui d'ailleurs réunit tant d'autres avantages.

Cette mauvaise disposition des billons a de grands inconvéniens; lorsqu'il pleut abondamment la terre végétale est facilement entraînée par les eaux, et il n'est pas rare qu'il en résulte des enfoncemens considérables dans le haut des champs, et des ensablemens dans le bas. Lorsque les pluies sont moins abondantes, l'humidité descend trop vîte dans la partie inférieure du champ, et la supérieure souffre de la sécheresse. Au labour le bétail se fatigue excessivement en montant; on est réduit à maltraiter les bêtes qui n'ont pas d'activité, tandis que celles qui sont *courageuses* s'échauffent outre mesure et peuvent facilement gagner des maladies. Il n'y a donc qu'un excessif morcellement des terres qui puisse justifier une telle disposition des billons.

Il est très-avantageux que les billons s'étendent horizontalement sur la surface inclinée, ou en biais, tellement que leur pente soit peu sensible. La première disposition est préférable sur les pentes douces; la seconde au contraire sur les pentes rapides. De cette manière l'eau se maintient plus long-tems dans les rigoles sur les hauteurs exposées à la sécheresse; elle communique plus d'humidité aux billons supérieurs. Sur les pentes rapides l'eau coule lentement dans des raies dont l'obliquité diminue l'inclinaison; lors même qu'il tombe de grandes ondées, elle ne creuse point des sillons au fond des rigoles, et si les pluies sont rares, le terrain se dessèche moins facilement. Quelquefois il a suffi de changer la direction des billons pour bonifier considérablement des champs situés sur des collines; on a par là sensiblement augmenté leur produit et rendu leurs récoltes beaucoup moins casuelles.

Par ce moyen le travail des bêtes de trait est infiniment allégé; à la vérité celui du laboureur devient plus difficile. Si on laboure des champs en pente avec la charrue ordinaire à versoir immobile, qui renverse la tranche alternativement en haut et en bas, il est très-difficile que cette tranche soit bien retournée lorsqu'elle est versée du côté d'en haut; parce qu'elle doit parcourir un plus grand arc de cercle pour arriver au point où sa propre pesanteur l'entraîne et la fait tomber. Il arrive aussi fort souvent qu'elle retombe dans la raie. Il faut alors que le laboureur emploie sa force pour incliner la charrue du côté droit, et que souvent, à l'aide de son pied, il achève de renverser la tranche, à moins qu'il ne se fasse suivre par un homme chargé d'opérer cela avec la main, les pieds ou une fourche. Ce qu'il y a de mieux pour ces cas là, c'est l'emploi de l'*alongeversoir* décrit par Schwertz dans son *Agriculture Belge*.

Dans les pentes rapides il est presqu'impossible de renverser la tranche en haut; là il n'y a rien de mieux à faire que de renverser toujours la terre du côté d'en bas, jusqu'à ce que la surface du champ soit transformée en espèces de terrasses, et que chaque planche devienne plus plate. Cela ne peut s'opérer avec la charrue ordinaire (à une oreille immobile) qu'en la ramenant sur ses pas sans la faire agir, de manière qu'on l'engage toujours du même côté, afin de renverser la tranche sur celle qui l'a immédiatement précédée, et cette méthode absorbe beaucoup de tems, elle fatigue inutilement le bétail, en lui faisant parcourir un espace double. Il vaut donc mieux employer à ce travail une charrue à oreille mobile, qu'on place tantôt à la droite, tantôt à la gauche de la charrue. Aussi dans les lieux où les instrumens de cette espèce sont connus, on les emploie toujours à ce travail. On obtient le même avantage du binoir du Mecklembourg; peut-être même ce dernier instrument a-t-il pour ceci quelque supériorité sur la charrue, parce qu'il ne jette pas la terre aussi bas que celle-ci. L'on conçoit que de cette manière la charrue amasse peu à peu la bonne terre sur la partie basse du champ, et en dégarnit le haut. De bons cultivateurs remédient à ce mal, en appliquant tout leur fumier à la partie supérieure de leurs champs, ou tout au moins en le distribuant de manière que cette partie en ait toujours une plus grande proportion que les autres; mais cela même rend le charroi des engrais beaucoup plus onéreux. *

Lorsqu'on laboure en biais des hauteurs rapides et dont la surface est inégale, il importe de donner aux billons une direction telle, que la charrue, dans sa marche, ne trouve pas de pentes trop roides. On ne saurait pour cela donner des règles générales. Avant tout il faut parcourir le champ dans tous les sens, et, de place en place, se demander comment les tranches se renverseront. Quelque-

---

* J'ai toujours vu les cultivateurs soigneux transporter de tems en tems, avec des charrettes, au haut de leurs champs en pente, la terre amassée au bas par la charrue ou par les eaux ; à la longue ce moyen est même le seul praticable, puisque sans cela la partie supérieure du champ serait totalement dépourvue de terre, ou du moins n'en aurait plus que de l'infertile ; d'ailleurs, peu à peu la surface du sol serait considérablement rétrécie, puisqu'il faudrait laisser sans culture au moins toute la partie du terrain en talus qui devrait soutenir la planche ou le champ supérieur. *Trad.*

fois on est obligé de changer la manière de labourer; ici l'on doit *enrayer*, là au contraire *érayer*; dans cette autre place on est réduit à verser la tranche toujours du même côté. Ici la facilité et la bonté du travail dépendent essentiellement de la justesse du coup d'œil du laboureur, et de son plus ou moins d'expérience dans les travaux de ce genre. En général, dans les champs montueux le binoir est préférable à la charrue, parce que pour le renversement de la terre, il laisse davantage au libre arbitre du laboureur; il est agréable de voir la parfaite régularité des labours faits dans des pentes rapides par des hommes exercés à la direction de cet instrument.

Au moyen de cet arrangement, et en donnant aux raies une direction oblique, on peut procurer aux eaux un écoulement tellement insensible, que nulle part elles n'entraînent la terre après elles, et qu'elles ne creusent pas les raies dans lesquelles elles passent.

§ 734.

Si maintenant on demande *quelle est la profondeur qu'on doit donner au labour?* La variété des opinions entraîne dans un dédale tel, qu'une personne qui ne saura pas s'orienter n'en sortira jamais; mais nous devons faire précéder cette discussion par les distinctions convenables.

Il y a une grande différence entre labourer profondément un sol dont la couche végétale est non-seulement homogène jusqu'à une assez grande profondeur, mais encore également fertile dans toute cette épaisseur; et augmenter par des labours plus profonds une couche de terre végétale plus ou moins superficielle; autrement, rendre ses parties constituantes homogènes sur une plus grande épaisseur, et les imprégner de substances fertilisantes dans toute leur étendue.

Tous les observateurs attentifs conviennent que les terrains profonds ont une grande supériorité sur ceux qui n'ont que peu d'épaisseur. A § 547, vol. 2.[a] j'ai parlé des avantages inhérens à ces premiers terrains et de leur plus grande valeur; mais j'ai promis de revenir sur ce sujet, lorsqu'il s'agirait des labours profonds, et de le traiter d'une manière plus méthodique et plus précise.

§. 735.

La profondeur à laquelle pénètrent les racines des plantes lorsqu'elles rencontrent un sol fertile, varie autant que la nature de ces végétaux. Il est des plantes usuelles dont on a suivi les racines en terre jusqu'à quinze, vingt et même trente pieds; par exemple, le sainfoin (esparcette) et la luzerne; le trèfle rouge lui-même, pénètre jusqu'à près de trois pieds, et plusieurs des végétaux que nous employons, vont probablement à une aussi grande profondeur,

lorsqu'au

lorsqu'au lieu de rencontrer des obstacles, ils trouvent au contraire une terre très-fertile. J'ai récolté des carottes de deux pieds et demi, dont l'extrémité tronquée qui était demeurée en terre, avait probablement encore plus d'un pied. Mais comme les terres sont principalement destinées à produire des grains, la valeur de celles-là cesse d'augmenter, tout au moins progressivement, à la profondeur que les racines des blés ne dépassent pas dans leur végétation.

A l'aide de la simple vue on a souvent remarqué que les racines du blé pénétraient à huit pouces de profondeur, et par le moyen de verres à grossir on a distinctement aperçu que là encore leurs racines avaient été tronquées. Moi-même je les ai suivies jusqu'à douze pouces dans les épaules des billons, sur un champ dont le sol est riche et profond ; mais je crois que cela ne peut avoir lieu qu'aux épaules même des billons où l'influence de l'atmosphère doit les atteindre à une plus grande profondeur, et nullement sur une surface unie. La semence est ordinairement placée à deux pouces au-dessous de la superficie du sol, par conséquent les racines avaient dix pouces de profondeur, si du moins nous devons nous en rapporter à notre simple vue ; mais il est très-vraisemblable que leur extrémité la plus tenue s'étend réellement à douze pouces au-dessous de la superficie du sol. Nous pouvons donc avec fondement envisager cette profondeur comme la limite du sol à blé, et admettre en principe que les plantes pénétrent jusque là avec leurs racines, si elles trouvent une terre fertile et meuble. Lorsque les plantes sont serrées les unes près des autres, leurs racines ont plus de disposition à pénétrer profondément. Car nous remarquons facilement en terre, et d'une manière bien plus positive dans l'eau où des plantes ont jeté leurs racines, que ces racines s'évitent les unes les autres, et poussent leurs plus grands jets dans les places où elles ne s'entravent pas réciproquement. Lors donc qu'une plante est empêchée par ses voisines d'étendre ses racines latéralement, elle les étend en profondeur, pourvu, cependant, qu'au lieu de rencontrer des obstacles, elle trouve sur son chemin un corps meuble et imprégné de sucs nutritifs. Si au contraire la racine atteint une couche dure ou stérile, elle s'étend sur les côtés, et lorsque les plantes sont serrées les unes près des autres, ces racines forment un tissu épais et noueux ; elles se disputent réciproquement la place et la nourriture : alors la plante plus faible doit se soumettre à la plus forte, et, quoique à son plus haut période de végétation, mourir ou tomber dans le dépérissement, comme cela se voit souvent sur les champs à blé. Mais plus le sol sera profond, plus les plantes pourront demeurer les unes près des autres sans se nuire, et plus grand sera le nombre de celles qui parviendront à leur perfection. Si l'on observe attentivement, on ne pourra méconnaître cette différence entre les terrains profonds et les terrains dont la couche de terre végétale a peu d'épaisseur. Elle paraîtra à des degrés proportionnels dans des terrains de 4, 6, 8 et 12 pouces d'épaisseur, pourvu que ces terrains soient également imprégnés d'humus sur toute cette profondeur. Si l'on pouvait admettre que chaque grain donnât une plante, on devrait pouvoir semer un terrain de huit pouces de profondeur, le double plus épais qu'un terrain de quatre pouces qui serait de même nature, et y obtenir une récolte double; de cette manière la valeur du sol résulterait de la multiplication de sa superficie par sa profondeur.

Mais je n'oserais pas prendre ce principe si fort à la lettre, parce que l'influence de l'atmosphère donnera toujours à l'étendue une supériorité sur la profondeur; et en effet, un pied cube de terre végétale, divisé sur un espace de deux pieds carrés, portera toujours un plus grand nombre de plantes que s'il n'occupait qu'une superficie d'un pied. Nul observateur impartial qui aura quelqu'expérience, ne contestera qu'à cause des raisons que je viens d'indiquer, la profondeur du sol n'ait une grande influence sur sa valeur. Pour ne pas outre-passer les bornes du vrai, au même § 74, j'ai posé en principe, que cette valeur s'augmentait de huit pour cent, avec chaque pouce de profondeur que le sol pouvait avoir en sus de six jusqu'à dix pouces; et diminuait proportionnément de six à trois pouces.

Mais outre cela les terrains profonds ont ce grand avantage, qu'ils souffrent visiblement moins de la sécheresse et de l'humidité, que ceux dont la couche végétale a peu d'épaisseur. Lorsque la température est humide et qu'il tombe beaucoup de pluie, l'eau descend dans un sol ameubli par l'humus, aussi bas que s'étend la couche de terre végétale. Ce sol absorbe une quantité d'eau proportionnée à sa profondeur, avant de la laisser refluer à sa surface. C'est par cette raison que le terrain défoncé des jardins n'est point encore surchargé d'humidité, que la superficie des terrains peu profonds est toute couverte d'eau, et aussi long-tems que l'humidité ne reflue pas jusqu'à la superficie du sol, elle ne nuit pas facilement aux plantes. * D'un autre côté les sols plus profonds retiennent aussi plus long-tems l'humidité qu'ils ont absorbée, et en communiquent suffisamment à la superficie, alors qu'elle est déjà desséchée. On remarque ce premier

---

* Aux plantes de céréales, s'entend; car l'humidité souterraine permanente fait en peu de tems pourrir la racine des plantes pivotantes, telles que le sainfoin, la luzerne, etc. qui ne manquent pas de périr avant le tems dans les terrains qui ont cet inconvénient. *Trad.*

effet surtout dans les terrains glaiseux, et le second se voit même dans les
terrains sablonneux, qui, lorsqu'ils ont été défoncés, conservent assez long-
tems leur humidité. L'étendue de cet avantage n'est point bornée à la profondeur
à laquelle peuvent atteindre les racines des plantes; ce qui me le prouve, c'est
que, durant une longue sécheresse, les céréales même souffraient moins sur
un terrain qui, quelques années auparavant, avait été défoncé à 5 pieds,
que sur un autre qui ne l'avait été qu'à $1\frac{1}{2}$, bien que avant et après le défoncement, ces deux terrains eussent été traités de la même manière.

Ce n'est pas tout encore, sur des terrains profonds les plantes souffrent
moins de la sécheresse, de la chaleur et même des changemens subits de température; parce que leurs racines pénètrent plus avant, et sont moins atteintes
par ces inconvéniens, que si elles étaient à la superficie du sol. Durant les
chaleurs excessives et les grandes sécheresses, il est visible qu'elles sont beaucoup plus au frais dans les terrains profonds que dans les sols superficiels où,
au contraire, elles périssent facilement.

Enfin l'on a remarqué presque partout, que dans les terrains profonds les
grains sont beaucoup moins sujets à verser, lors même qu'ils sont épais et qu'ils
ont une grande richesse de végétation; cela est dû, sans aucun doute, à la
plus grande force que la profondeur des racines donne à la partie inférieure
de la tige, tandis que, sur les terrains peu profonds, les premiers jets de
plantes serrées les unes près des autres, ne trouvent pas assez de nourriture
pour atteindre une vigueur complète.

Ce n'est pas seulement aux céréales que la profondeur du sol est avantageuse,
elle ne favorise pas moins la culture des plantes dont les racines pénètrent profondément en terre, et qui vont chercher leur nourriture au-dessous de la
limite des racines des blés. Cette raison fait qu'un terrain plus profond que
cela n'est nécessaire pour la culture des grains, a toujours une valeur plus
grande, bien que la valeur ajoutée par ce surplus de profondeur ne suive pas
une progression aussi forte que celle de la couche qui suffit à la racine des blés.

§ 736.

Mais pour conserver à un sol profond tous ses avantages, il est nécessaire
que, de tems en tems, il soit labouré à toute la profondeur de sa couche végétale,
qu'il soit retourné, ameubli et soumis à l'influence de l'atmosphère. Si cela n'a
pas lieu, si l'on se borne à lui donner des labours superficiels, peu à peu il
perd tous les avantages dont nous avons parlé. Au-dessous de la sphère d'activité de la charrue, il se forme une croûte dure, laquelle coupe à la terre qui

est au-dessous, toute communication avec l'atmosphère et avec la couche de terre végétale. Au reste l'expérience m'a convaincu, qu'il n'est pas nécessaire que ce labour profond ait lieu chaque année, mais seulement qu'il soit répété tous les six ou sept ans, surtout lorsque dans l'intervalle, on ne donne pas toujours la même profondeur au labour; parce que rien ne contribue tant à former cette croûte dont nous avons parlé, que l'action réitérée de la charrue à une même profondeur. Il semble que la culture alternative des plantes qui pénètrent avec leurs racines tubulées au-dessous de l'espace atteint par la racine des céréales, contribue aussi à l'ameublissement de la couche inférieure du sol, et à maintenir sa communication avec la couche supérieure.

Il convient donc de labourer le terrain tous les sept ans jusqu'au fond de sa couche végétale; dans l'intervalle, on peut se contenter de labours moins profonds, suivant les circonstances et le but qu'on se propose.

§ 737.

Une toute autre chose est d'amener à la surface du sol, par des labours plus profonds, la couche de terre qui est au-dessous de la végétale, et qui, bien qu'elle puisse être de la même nature, n'est cependant que très-rarement imprégnée d'une même quantité d'humus, et jamais fécondée par l'action de l'atmosphère et l'influence des substances qui y sont contenues. Ici cette terre infertile et le plus souvent stérile, doit avant tout être bonifiée, imprégnée d'humus, et saturée par l'atmosphère.

Nous avons cependant vu des cas où sans addition d'engrais, la terre remuée à la superficie du sol par le défoncement, après avoir séjourné quelque tems à l'air, s'est trouvée d'une fécondité extrême. En soumettant cette terre à quelques analyses chimiques, nous avons vérifié qu'elle contenait du carbone; mais toujours cette fécondité était épuisée en peu de tems, et si l'on ne se hâtait de venir au secours du sol avec des engrais, il devenait totalement stérile après avoir produit une ou deux récoltes, et avait alors besoin d'amendemens réitérés pour être transformé en une bonne terre végétale. Souvent aussi le défoncement du sol produit un mauvais effet dans les premiers momens, et ramène à sa surface un terrain tellement infertile, qu'on est réduit à y semer, les premières années, des végétaux dont les racines pivotantes vont chercher leur nourriture à une grande profondeur, et qu'il n'acquiert de la fécondité qu'après avoir été fumé à réitérées fois, et après avoir été long-tems soumis à l'influence fertilisante de l'atmosphère. Mais cette manière d'améliorer les terres cette addition d'une grande quantité de substances nutritives, est une forte entreprise lorsqu'elle doit s'étendre à de grandes surfaces; dans les circonstances agricoles ordinaires, à moins de se procurer des engrais au-dehors, on ne peut l'exécuter sur un champ qu'aux dépends de tous les autres; tout au moins faut-il sacrifier pendant plusieurs années la valeur du produit d'une beaucoup grande étendue, pour augmenter ainsi la valeur d'une plus petite. Il peut se faire que dans bien des cas le sol gagne plus en valeur que le propriétaire n'y sacrifie de ses produits; mais peu de cultivateurs font de tels sacrifices.

On ne peut entreprendre avec avantage l'aprofondissement du sol par des défoncemens, que lorsque, par un système de culture qui tende à multiplier les engrais, on s'est procuré des fumiers au-delà de la quantité qui peut être employée avec profit à bonifier la couche actuelle de terre végétale.

§ 738.

Il est aussi des cas où l'on doit se contenter d'une couche très-superficielle de terre végétale, et où l'on ne doit pas même penser à l'augmenter par des labours plus profonds. Sans parler de celui où la couche inférieure du sol ne le permet absolument pas, il arrive

a). Que par le moyen du gazon, des herbages qui ont pris possession de la superficie du sol, il s'est formé une couche très-mince de terre végétale, au-dessous de laquelle, et d'une manière tranchée, on trouve un sol absolument stérile, argile ou sable, et qu'on a tout juste que la quantité d'engrais nécessaire pour conserver la fécondité de cette petite couche de bonne terre; ou même que l'on doit principalement compter sur la formation d'une nouvelle couche de gazon pour rendre au sol sa fécondité. Là, plutôt que de détériorer cette petite quantité de terre végétale par l'addition d'une forte proportion de terre stérile, il vaut mieux la conserver réunie, en maintenant sa fécondité à l'aide de la chétive portion d'engrais qui ne suffit qu'à elle seule, et en y concentrant le travail; surtout si l'on doit pouvoir compter sur la formation d'une nouvelle couche de gazon; car celle-ci n'est guère produite que par la fécondité des deux premiers pouces de la couche de terre végétale, et très-peu par l'humus contenu dans la partie qui est au-dessous.

b). Si l'on a entrepris de bonifier le sol d'une manière durable par une addition de glaise marneuse, de terreau, etc. ou par le moyen de l'écobuage (brûlement de la superficie enherbée), moyens qui suffisent à une légère couche de terre, mais nullement à une plus épaisse; il faut bien prendre garde de ne pas enterrer trop profondément, et de ne pas disséminer sur une trop grande masse des secours qui ne peuvent suffire qu'à une légère couche de terre. On ne doit augmenter la profondeur du sol, que lorsqu'on s'est déterminé à y faire une nouvelle addition de ces substances, et alors il faut exécuter le labour profond, ou le défoncement, avant de faire le charroi. La même règle est applicable au cas où l'on veut amender un terrain argileux très-tenace avec une quantité de chaux ou de marne calcaire, qui ne peut suffire qu'à une certaine épaisseur de la couche végétale. .

c) Si, sur un terrain sablonneux, les labours ont été faits toujours de la même profondeur, et si, sous la couche habituellement parcourue par la charrue, il s'est formé une croûte dure, on ne rompt pas celle-ci sans inconvéniens. La couche supérieure du sol peut avoir été fortement améliorée par une bonne culture; la croûte de terre durcie, qui se trouve au-dessous, empêche l'écoulement de l'humidité et des substances fécondantes que celle-ci a détachées du sol : souvent plus bas il y a une couche de sable pur. Ce cas peut se trouver réuni aux précédens car il n'est pas rare qu'après un marnage il se forme une croûte pareille, et quoiqu'il fût à desirer que cette croûte se trouvât à une profondeur plus grande qu'elle ne l'est en effet, il arrive fréquemment qu'on n'a pas la possibilité de la placer plus bas, et tant qu'on ne le peut pas, on n'y touche pas impunément.

d) Enfin et en général, lorsque l'approfondissement du sol n'est pas nécessaire, et doit produire plutôt de la perte que du profit.

§ 739.

Dans le plus grand nombre de cas, lorsqu'il convient de donner plus d'épaisseur à la couche de terre qui est en culture, le mieux est de le faire peu à peu. Par approfondir peu à peu la couche de terre végétale, nous entendons ramener à sa surface la seule quantité de terre vierge qui peut être mêlée intimément avec la couche de terre végétale, et entrer en action avec elle. De cette manière l'ancienne terre végétale n'est pas entièrement ensevelie, et l'absorption des substances contenues dans l'atmosphère, que la terre nouvelle opère souvent avec beaucoup d'intensité, peut mieux s'effectuer.

§ 740.

Les questions qu'on doit s'adresser sur la convenance de labourer plus profondément ou de défoncer le sol, sont ainsi les suivantes.

1). *Que doit-on attendre de la terre qu'on extraira de la couche inférieure du sol; de celle qui jusqu'ici n'a pas été atteinte par la charrue, si l'on considère la nature de cette terre, sa composition?*

Pour résoudre cette question il faut soumettre cette terre à une analyse chimique, et s'assurer de la proportion d'argile, de sable, de chaux, de fer et peut-être de carbone qui en fait partie, et ne pas oublier le plus ou moins grand nombre de pierres tant petites que grosses qu'elle contient. Pour vérifier d'une manière pratique l'effet qu'elle doit produire sur la végétation, le meilleur moyen est sans doute d'en faire l'essai dans des vases à fleurs, ou sur une planche de jardin qu'on a eu soin de labourer, et qu'on recouvre ensuite avec de cette terre.

2). *Quels sont les changemens que produira le mélange d'une certaine quantité de cette terre, avec la couche supérieure du sol?*

Est-ce que par ce moyen les défauts de celle-ci seront atténués ou augmentés? Cette nouvelle terre donnera-t-elle plus de consistance au terrain trop meuble? Diminuera-t-elle la ténacité du terrain argileux? Ou augmentera-t-elle l'un et l'autre? Quelle est la proportion dans laquelle ce mélange doit être opéré, pour former le sol le plus desirable d'après la situation de ce champ et le climat dans lequel il se trouve placé?

3). *Jusqu'à quel point la quantité d'engrais qu'on a disponible, suffira-t-elle pour en imprégner la terre jusqu'à la profondeur nécessaire?*

La solution de ces trois questions déterminera la convenance de cette opération et des degrés dans lesquels elle doit être faite.

§ 741.

Jusqu'à présent on n'a point encore déterminé d'une manière positive ce qu'on entendait par un labour profond, par un labour superficiel, et par un labour de profondeur moyenne. Afin d'arrêter notre opinion sur ce sujet d'une manière précise, nous qualifierons de labour superficiel celui qui n'a que de deux à quatre pouces de profondeur; de labour de profondeur moyenne, celui qui a de 4 à 7 pouces; et de labour profond, celui qui a de 8 à 12 pouces de Rhin. Si le labour a une plus grande profondeur, nous le distinguerons alors sous la dénomination de *double labour* ou *labour de défoncement*, parce qu'avec une charrue simple on ne peut guère opérer plus profondément qu'à une épaisseur de 12 pouces, le soulèvement et le renversement d'une terre qui n'a point encore été remuée. Je ne puis me faire aucune idée de labours de 18 à 24 pouces de profondeur. Bien entendu que la profondeur du labour soit mesurée au bord de la terre non remuée, et, je le répète, que la tranche soit bien renversée. *

---

* Dans l'essai fait sous mes yeux à Hofwyl, lorsqu'avec mes collègues j'y fus appelé pour examiner les établissemens de M. Fellenberg et présenter à la Diète de la Confédération Suisse un rapport sur ces établissemens; une charrue simple, à oreille mobile et à avant-train, opéra dans un pré qui n'avait jamais été défoncé, un bon labour de 18 pouces de profondeur; la terre était tellement bien renversée qu'on n'apercevait pas même un vestige de

§ 742.

D'après ce que nous avons dit plus haut, dans le plus grand nombre de cas où l'on voudra labourer à une profondeur plus grande que celle qui avait lieu auparavant, il conviendra de ne pas porter au-delà de deux pouces la plus grande épaisseur qu'on ajoute à la couche de terre végétale. Cette quantité seulement peut être suffisamment améliorée et mélangée avec la couche supérieure. Autant que cela est possible, on doit entreprendre cette opération à une époque qui permette de laisser la couche de nouvelle terre long-tems exposée à l'air, c'est-à-dire avant l'hiver. Mais il faut aussi chercher à maintenir pendant l'été cette terre en contact avec l'atmosphère, dont l'influence fertilisante est beaucoup plus sensible dans cette dernière saison qu'en hiver. On doit donner à ce terrain une jachère morte, ou tout au moins le consacrer à des végétaux qui pénètrent avec leurs racines au travers de cette terre nouvelle, pour aller chercher leur nourriture dans l'ancienne terre végétale, ou même dont les racines se logent au-dessous de la même couche, comme c'est le cas pour la plupart des plantes que nous classons sous la dénomination de récoltes sarclées ou récoltes jachères. Comme de cette manière la nouvelle terre demeure à la superficie du sol, et est constamment remuée et ameublie, elle se trouve dans le plus grand contact avec l'atmosphère, et toutes les particules de cette terre peuvent se saturer de substances atmosphériques.

Il est très-important de réserver, autant qu'on le peut, à la nouvelle terre les parties les plus substancielles des engrais. Pour cet effet il conviendra, si les circonstances économiques de l'exploitation le permettent, de charrier déjà avant l'hiver du fumier sur la terre nouvelle ainsi ramenée à la superficie du sol, et de laisser ce fumier, soigneusement épandu, pendant tout l'hiver à la surface du terrain, parce que les engrais étendus pendant cette saison sur un tel sol, produisent un très-grand effet pour son amélioration, si d'ailleurs le terrain n'a pas assez de pente pour que les sucs du fumier puissent être entraînés hors du

---

la couche de terre végétale. Le seul défaut qui eût pu faire contester à ce labour la qualification de parfait, était une petite côte d'un pouce et demi d'épaisseur, qui restait assez souvent dans la partie du fonds de la raie qui n'avait pas été immédiatement tranchée par le soc de la charrue, et cet inconvénient eût pu être prévenu en donnant à ce soc une forme différente. Moi-même j'ai fait exécuter à Genthod de bons labours à 15 pouces de Rhin de profondeur, en terre forte, et avec une charrue assez semblable à celle de M. Fellenberg. Avec une charrue du même genre, M. de Loys a fait opérer dans des terres fortes de son domaine de Prévessin, département du Léman, des labours qui avaient au-delà de 19 pouces de Rhin en profondeur, et dont la tranche était également bien renversée. *Trad.*

champ

champ par les pluies. Dans ce dernier cas il faudrait également charier et épandre les engrais à la même époque, mais alors les enterrer par une culture très-superficielle. Au printems suivant on donne un léger labour et un fort hersage ; on ne donne également que peu de profondeur au labour de semailles, afin que la couche de terre nouvelle ne soit que peu recouverte par l'ancienne terre végétale.

C'est de cette manière qu'à différentes reprises et avec le plus grand succès, j'ai obtenu en un seul été le mélange complet de l'ancienne terre avec la nouvelle, la bonification de celle-ci, et une augmentation sensible d'épaisseur dans la couche de terre végétale ; que j'ai atteint une amélioration immédiate de toutes les récoltes, et qu'après l'écoulement de la rotation prescrite par l'assolement, j'ai procédé à une nouvelle addition à cette couche de terre végétale. Plusieurs personnes ont suivi la même méthode, et n'en ont jamais éprouvé les mécomptes qui sont la suite presque certaine de défoncemens faits avec précipitation, hors de tems, sans consulter les circonstances de l'assolement, et qui trop souvent bouleversent et ruinent l'économie rurale de ceux qui se les sont permis.

§ 743.

Si l'on veut entreprendre d'approfondir la couche de terre végétale sous les conditions prescrites à § 736 et suivans, et pousser cette opération à plus de 12 pouces de profondeur, la charrue simple ne suffit pas à ce travail. On doit alors avoir recours au *labour de défoncement* ou *double labour*, qui se fait avec la charrue dont nous avons parlé à § 699, ou par le moyen de deux charrues qui passent l'une après l'autre dans le même sillon. Dans ce dernier cas le premier corps de charrue coupe et renverse au fond de la raie qui est à côté, une tranche plus ou moins épaisse ; le second enlève au-dessous de la place précédemment occupée par la tranche qui vient d'être renversée, une seconde tranche dont il recouvre celle-là. On peut bien opérer ce travail au moyen des charrues à roues ordinaires, pourvu qu'on règle celle qui passe après l'autre, de manière qu'elle entre plus bas en terre ; qu'on lui donne un versoir élevé, long et fort écarté à son extrémité postérieure, et une roue plus haute du côté droit de l'avant-train. Mais, avec une telle charrue, le travail est très-pénible et demande une grande force de trait ; en revanche on l'accomplit facilement avec la charrue de Small, en faisant marcher celle de Bailey la première. Alors, pour atteindre 12 ou 14 pouces, trois chevaux suffisent à la seconde charrue ; mais ces bêtes sont assez fatiguées par ce travail.

On opère le même ouvrage d'une manière plus accomplie, et dans beaucoup de cas sans qu'il en coûte davantage, à mains d'hommes, par le moyen de la bèche. Avec une charrue on emploie neuf ou dix hommes répartis sur des espaces égaux, et, aussitôt que la charrue a passé, ils approfondissent la raie de toute la longueur de leur bèche, en jetant sur la terre que la charrue a renversée, la terre qu'ils enlèvent avec leur instrument. Neuf ou dix bons travailleurs suffisent pour suivre la charrue sur un terrain médiocrement argileux : là où l'on ne manque pas de bras, je préférerais cette méthode.

> Pierre Kretschmar, auteur qui, dans son tems, fit assez de sensation, prétendait pouvoir, à l'aide des seuls défoncemens, maintenir son terrain dans un état permanent de fécondité ; parce que, disait-il, la couche de terre qu'il enterrait sous l'autre se reposait et prenait de nouvelles forces, tandis que la supérieure produisait des récoltes. Au moyen de cela il voulait faire entièrement abstraction des jachères, de l'usage de faire alterner les récoltes, et même des engrais ; ainsi que cela est affirmé dans son ouvrage intitulé *Oeconomische Practica*, Leipsig 1749, et dans plusieurs autres écrits de lui et de divers auteurs. Ses expériences faites sur un terrain situé près de Berlin, et qui lui avait été donné par Fréderic II, eurent une fâcheuse issue, comme on l'imagine. Cependant, comme il ne tarda pas à se procurer des engrais de ville à Berlin, pour améliorer la couche de terre vierge qu'il avait ramenée à la superficie de son terrain, il eût réellement pu, sous quelques modifications cependant, continuer l'ensemencement de ses champs, s'il eût réellement eu une idée juste de la science agraire, et s'il n'eût pas détruit sa fortune en accumulant projets sur projets, sans les conduire à leur fin. Au reste l'intérêt que cet homme sut attirer sur lui, ne contribua pas peu alors à appeler l'attention sur l'agriculture, et à engager des esprits clairvoyans à faire des recherches sur cette matière.

> Les économes *orthodoxes* de ce tems-là l'employèrent, ainsi que l'anglais Brown également favorisé par Fréderic II, comme épouvantail destiné à éloigner leurs enfans de toute nouveauté. Ils n'en n'avaient pas perdu le souvenir, lorsque le roi m'appela dans ce pays, puisqu'ils me confondaient alors avec l'un ou l'autre de de ces agriculteurs, ou tout au moins assuraient que, dans toutes mes opinions et mes principes, je leur serais aussi semblable qu'une goutte d'eau l'est à une autre.

Il est encore une autre manière d'ameublir le sol à une plus grande profondeur, sans le retourner, c'est-à-dire sans ramener à la superficie sa couche inférieure, et on l'a employée avec beaucoup d'avantage sur les terrains légers ; elle s'opère avec une charrue qui n'a pas de versoir, mais seulement un soc fort, bas et convexe. Cet instrument passe dans la même raie que la charrue ordinaire, il remue la terre qui est au fond de cette raie, mais l'y laisse après l'avoir séparée et brisée. Dans les contrées où, avec des charrues ordinaires, on laboure à 16 pouces de profondeur, probablement on ne dépasse guère la bonté de cette première opération.

§ 744.

C'est seulement pour les récoltes jachères sarclées et pour les plantes légumineuses, qu'il me paraît convenable de labourer à une profondeur plus
grande que la moyenne. Pour les grains souvent il suffit de donner un labour
très-superficiel, ou même de cultiver la terre avec des instrumens qui accélèrent beaucoup plus le travail, parce que lorsque la terre a été bien ameublie et
pulvérisée, elle conserve sa porosité et sa *perméabilité* pendant plusieurs années,
surtout lorsqu'elle est composée d'une moitié de sable et qu'elle est bien
imprégnée d'humus.

§ 745.

Pour nous faire une idée du nombre de labours qui sont nécessaires, nous
devons parcourir séparément les principales espèces d'assolemens.

Dans la règle de notre culture alterne, on déchaume toujours avant l'hiver, et
à la plus grande profondeur que le sol ait atteint ou doive atteindre dans le cours
de l'assolement. Lorsque cette profondeur doit aller au-delà de douze pouces,
on a recours au double labour. Le second labour doit être superficiel, c'est par
celui-là qu'on enterre le fumier. Le troisième labour, ou labour de semaille,
doit avoir un peu plus de profondeur. Au moyen de la houe à cheval on cultive la
terre à une profondeur plus grande encore, en butant les récoltes sarclées, que,
pour cet effet, on a semées en lignes. Après la récolte, on passe la *charrue
à rabot* ou *écroutoir*, et la herse, si cela est nécessaire pour régaler la terre,
puis, avant l'hiver, on donne un labour à moitié profondeur. Rarement alors
donnons-nous au printems un labour proprement dit; dans les terrains qui
contiennent 5o pour cent et plus de sable, et qui ont été convenablement
cultivés pour la récolte jachère, ce labour serait non-seulement superflu,
mais même nuisible, si l'année se trouvait être sèche. On se borne à ameublir
parfaitement la superficie du sol avec l'extirpateur et à la profondeur de deux
ou trois pouces, à herser, à semer le grain, ordinairement de l'orge, à l'enterrer avec le petit extirpateur, puis à herser de nouveau, et, si ce terrain doit
être ensemencé en trèfle, à en opérer la semaille, et passer ensuite le rouleau.
Après la récolte d'orge, le terrain demeure un an ou deux en trèfle. Dans le
premier cas toujours, dans le second cas le plus souvent, on ne donne pour les
grains d'automne qu'un labour unique et d'une profondeur médiocre, mais en ajou-
tant à la charrue l'écroutoir dont j'ai parlé à § 699. Ce labour a lieu au moins un
mois avant la semaille, afin que le sol puisse s'affaisser, ce qui est ici une condition
essentielle au succès. Les grains d'automne y sont semés sans autre préparation;
mais quelquefois on les enterre avec le petit extirpateur, qu'on fait suivre par la
herse. Au printems, lorsque la végétation recommence, si l'on en a le loisir, et que

la température le permette, on répète ce hersage. Pour que celui-ci soit plus efficace, rarement on pousse le hersage d'automne jusqu'au point d'avoir brisé toutes
les mottes ; on préfère au contraire qu'elles subsistent jusqu'au printems ; pour
que, en les brisant, le hersage qui se fait dans cette dernière saison donne de
la nouvelle terre aux plantes.

Si, après la récolte de grains d'automne, on cultive des récoltes de légumes ;
on donne pour cela un ou deux labours, suivant la nature du sol et de la
température. * Pour les vesces qu'on sème ensuite, et qu'on destine à être
fauchées en vert, on donne toujours deux ou trois labours. Après la récolte
des légumes, on se hâte de donner un labour de moyenne profondeur ; quelque
tems après on passe la herse ; avant la St. Michel on épand la semence et on
l'enterre avec le petit extirpateur, puis on herse.

Si, après la récolte de grains d'automne, on veut en faire une d'avoine ;
en automne on déchaume légèrement, puis, au printems, on laboure à une profondeur moyenne et l'on sème l'avoine, en l'enterrant avec le petit extirpateur
qu'on fait suivre par la herse. Cette semaille n'a lieu que vers le milieu de Mai **,
lorsque les semences de mauvaises herbes qui étaient renfermées dans la partie
inférieure du sol, ont germé et sont entrées en végétation.

Tels sont les labours auxquels on a recours dans le système de culture appelé
alterne, lorsqu'on n'exige pas du sol des doubles ou secondes récoltes.

§ 746.

Dans les systèmes de culture qui comprennent une jachère morte, c'est à elle
qu'il faut mettre la plus grande importance ; comme l'on sacrifie une année sans
en retirer aucun produit, pour consacrer au sol un travail qu'on juge nécessaire,
il serait impardonnable de donner cette culture d'une manière imparfaite, et
de ne pas chercher à atteindre le plus complétement que cela est possible, le
but et les effets de la jachère.

Au moyen de la jachère, on doit obtenir, de la manière la plus parfaite,
1.° une augmentation convenable de la couche de terre végétale, par un labour

* Je m'expliquerai sur la convenance de donner deux ou bien trois labours pour les
récoltes de plantes légumineuses, lorsque je m'occuperai de la culture de ces plantes ; je
réserve aussi pour ce moment ce qu'il y a à dire sur la préparation du sol pour d'autres
plantes moins usuelles. *A.*

** Dans toutes les contrées où les pluies d'été ne sont pas très-fréquentes, une récolte
d'avoine semée aussi tard serait extrêmement casuelle. Peut-être ici coûterait-elle plus de
frais et occasionnerait-elle au sol plus de dommage qu'elle ne produirait de profit. *Trad.*

plus profond; 2.° le renversement de la terre; 3.° sa pulvérisation; 4.° son mélange; 5.° qu'elle soit exposée aux influences de l'atmosphère, et 6.°, ce qui est le plus important, la destruction des mauvaises herbes. Si, par le moyen d'une jachère, on parvient à obtenir toutes ces choses, les avantages de cette jachère peuvent s'étendre à une longue série d'années.

Dans le système de culture associé à l'assolement triennal, une jachère à trois labours est à la vérité une chose très-commune, mais aussi très-imparfaite; presque jamais elle n'atteint le but qu'on a en vue. Le plus souvent, faute de pâturage pour le bétail, on laisse le champ sans le rompre jusqu'à la fin de Juin; de cette manière le sol n'a qu'une demi-année de repos en pâturage, et une demi-jachère.

Pour les jachères à quatre labours, ordinairement on donne le premier déjà en automne, quelquefois, et fort mal à propos, on le renvoie jusqu'au printems.

Rarement on voit donner des jachères de 5, 6 ou 7 labours; encore seulement sur les meilleurs terrains, et chez des cultivateurs qui savent assez apprécier leur sol, pour lui consacrer ces soins; chez des cultivateurs qui savent sacrifier une année du produit de leurs champs, afin de les mettre dans l'état le plus prospère.

Sans contredit cependant une telle culture serait praticable dans notre climat. *

§ 747.

On qualifie le premier labour de *labour de jachère*; on désigne cette opération sous l'expression *rompre*, ou *jachèrer*, surtout lorsqu'elle a mis en culture un terrain qui était auparavant en herbage ou pâturage; si le terrain labouré venait de rapporter des grains, alors on emploie plus particulièrement l'expression *déchaumer*, qui cependant est applicable à tous les premiers labours indistinctement.

Le second labour est appelé *binage*; lorsqu'on le fait, on dit qu'on *bine*, ou bien qu'on *retourne la jachère*; cette dernière expression a été adoptée dans quelques contrées, parce qu'en effet on tourne de nouveau la tranche renversée par le premier labour.

---

* J'estime que, dans notre climat, les avantages qui résultent d'une telle jachère, ne couvrent que bien rarement ou jamais, les frais considérables qu'elle occasionne; elle me semble même ne pouvoir y être avouée par la raison, que lorsqu'il s'agit de nettoyer de semences de mauvaises herbes une couche très-profonde de terrain argileux, qui en est infectée dans toute son épaisseur; alors, sans doute, et surtout si l'on a des attelages en surabondance, on peut trouver du profit à donner au sol cette préparation. *Trad.*

Le troisième labour est caractérisé par l'expression *rébiner*, ou *brasser*, parce qu'en effet il est consacré à remuer le sol, et à ramener à sa superficie les parties qui n'ont pas encore été mises en contact avec l'air. Si l'on répète ce labour, on dit qu'on *rebrasse* le terrain : le dernier labour est appelé *labour de semailles*.

Les Romains eux-mêmes distinguaient ces différens labours sous des noms particuliers. Ils appelaient l'action de donner le premier labour *prescindere*, le second *vertere*, le troisième *fringere*, le quatrième *offringere*, le cinquième *refringere*, et le sixième, ou labour de semailles, *lirare*. Toutes les nations, et presque chaque province, ont donné à ces labeurs des dénominations particulières, qu'il faut connaître, lorsqu'on veut prendre des informations sur la culture d'une contrée.

Lorsque, pour les grains de printems et même pour ceux d'automne semés sans intervalle après une récolte de même genre, on donne des labours réitérés, souvent on caractérise chacun de ces labours par une expression particulière. *

§ 748.

Selon l'opinion de la plupart des gens de l'art, le *premier labour*, ou *labour de jachère*, doit-être très-superficiel. Jadis, dans le système de culture associé à l'assolement triennal, on admettait un principe tout différent ; *Münchhausen* dans son ouvrage intitulé *Haus vater*, voulait encore qu'on donnât ce labour à toute profondeur. Dans le système de culture alterne avec pâturage, comme ce labour est destiné à rompre la couche de gazon, il faut nécessairement qu'il soit très-superficiel et se borne à écrouter et renverser le gazon, parce que, si cette tranche était plus épaisse, elle ne s'ameublirait pas, et que le gazon n'entrerait point en putréfaction ; d'ailleurs, au second labour, au lieu d'être recouverte par la terre, cette tranche de gazon serait au contraire retournée sur elle-même et ramenée à l'air. Comme, dans l'assolement triennal, le *labour de jachère* a lieu ordinairement très-tard, et qu'ainsi le sol est le plus souvent enherbé, il convient en général de donner peu de profondeur à ce labour. Mais si l'on déchaume déjà avant l'hiver, il est alors fort à propos que le labour soit profond, parce que de cette manière la partie inférieure du sol est soumise

---

* Je retranche ici quelques expressions absolument propres à la nation et à la langue allemande, et qui n'ont pas de synonymes en français. L'auteur qualifie en allemand de *Felghafer* l'avoine semée sur plusieurs labours ; de *Hartlandhafer* celle semée sur un seul labour à la suite d'une récolte céréale, et de *Dreeschhafer* celle qui est semée sur un terrain en herbages, ou sur un pâturage rompu. *Trad.*

pour un tems plus long à cette influence de l'atmosphère qui lui est si nécessaire. Si l'on veut donner plus de profondeur à la couche de terre végétale, il est nécessaire que ce défoncement ait lieu au premier labour.

Le plus souvent on laisse la terre pendant tout l'hiver dans l'état où elle a été mise par cette première culture, afin qu'elle présente une plus grande surface à l'action de l'air. On conçoit au reste qu'il s'agit ici de la jachère complète, de celle pour laquelle on a déchaumé déjà avant l'hiver. C'est surtout lorsque le sol contient beaucoup de racines de mauvaises herbes que cette méthode est convenable, parce que ces racines sont plus facilement détruites, lorsqu'elles sont ainsi exposées à l'air, que lorsqu'elles sont de nouveau enterrées et recouvertes de terre, comme cela a lieu après le hersage ; mais si le sol est infecté de semences de mauvaises herbes, souvent en déchaumant de bonne heure et passant ensuite la herse, l'on obtient que ces semences germent et lèvent avant l'hiver. D'ailleurs l'influence de l'atmosphère n'est pas précisément entravée par ce hersage, parce que l'air pénètre suffisamment dans une terre remuée, et qu'il a une action plus sensible sur les mottes brisées que sur celles qui sont en gros blocs. Au reste, la couche d'herbages se décompose bien mieux, lorsque la superficie du sol est unie, et que l'air ne peut pas atteindre jusqu'aux plantes dont cette couche est composée, et en effet lorsqu'elles sont exposées à l'air, le gazon demeure vert, et souvent pousse entre les tranches détachées par la charrue. L'on favorise donc la décomposition de gazons à la fois minces et tenaces, en ne se bornant pas à les soumettre à l'action de la herse pour les recouvrir d'un peu de terre, mais en y passant le rouleau pour les serrer contre le sol.

Rarement on donne deux labours avant l'hiver, quoique cela soit très-avantageux, dans ce cas cependant le premier doit être très-superficiel et avoir lieu immédiatement après la moisson ; l'autre, au contraire, doit-être profond, et être donné peu de tems avant l'hiver.

§ 749.

Mais ordinairement le second labour n'a lieu qu'au printems, et, le plus souvent, lorsque les semailles de cette saison sont accomplies. Jamais on ne doit le donner de très-bonne heure, il convient au contraire de le différer jusqu'à ce que les mauvaises herbes dont le sol contient les germes, commencent à pousser ; parce qu'alors la couche d'herbages qui a été enterrée, n'a pas encore perdu la faculté de se reproduire, et qu'elle rentrerait en végétation, si elle n'était recouverte d'une épaisse couche de terre. Ordinairement on ne herse pas avant le second labour, quoique cette opération fut cependant avantageuse ; mais si ce labour doit être différé, le hersage devient alors nécessaire : si on le négligeait la terre pourroit prendre une adhérence telle, qu'il devint très-difficile de la labourer, surtout en tems de sécheresse. Si, avant d'être rompu, le champ était en repos, ou s'il était fortement enherbé, il faut donner le binage dans le même sens que le premier labour, parce qu'un labour en travers mettrait les gazons en mottes, et que ces mottes seraient ramenées à la superficie du sol et traînées par la herse, outre qu'elles auraient l'inconvénient de ne pouvoir être divisées qu'avec peine.

Si le premier labour a été superficiel, il faut que celui-ci soit plus profond, afin de ramener de la terre du fond à la superficie du sol pour recouvrir la tranche.

Après ce binage on passe toujours la herse ; si le champ labouré était en repos avant d'être rompu, le hersage se fait avec des herses pesantes, afin que, par leur moyen, la croûte enlevée à la superficie du champ soit ameublie et complétement divisée ; dans tout autre cas les herses ordinaires suffisent pour briser les mottes.

L'on demande si ce hersage doit avoir lieu immédiatement après le binage, ou si l'on doit le différer jusqu'à un moment rapproché de celui où l'on donne le troisième labour. Dans cette saison, l'exposition à l'influence de l'air est d'une grande efficace. Si le tems est sec, les racines des mauvaises herbes exposées à l'action des rayons du soleil, sont par là considérablement éprouvées. Sous ce rapport on devrait différer beaucoup ce hersage ; mais lorsque le sol est tenace, il faut prendre garde de ne pas le laisser sécher trop, parce qu'alors les mottes ne pourraient plus être brisées par la herse. D'un autre côté un sol non divisé, et tel que le laisse ordinairement la charrue après un simple labour, n'est point aussi favorable à la germination des semences renfermées dans les mottes, qu'un terrain bien divisé par la herse. Si donc on a à se défendre contre les semences de mauvaises herbes, il importe de passer la herse assez tôt, pour que celles des semences qui ont été ramenées à la superficie du sol aient le tems de germer et de pousser avant le prochain labour.

§ 750.

Lorsque la largeur du champ le permet, le troisième labour ou rebinage doit être fait en travers. Ce changement dans la direction du labour produit une division des mottes incomparablement plus parfaite que si la charrue marchait toujours dans le même sens. Il procure l'arrachement des racines contenues dans les tranches formées par la charrue, ou tout au moins il les détache. Enfin il

coupe

coupe les côtes de terre non remuée que la charrue a quelquefois laissées entre les sillons ; cette circonstance fait qu'un mauvais labour est considérablement amélioré lorsqu'il est répété en croix (en travers). Au reste, cette opération se fait mieux par le moyen des binoirs qu'à l'aide de la charrue, parce que ces premiers sont beaucoup plus propres que celle-ci à arracher les racines de mauvaises herbes, et que, par leur moyen, les mottes de terre renfermées dans le sol, sont mieux ramenées à sa superficie, pour être soumises à l'action de la herse.

C'est au hersage qui suit ce labour qu'on doit donner le plus de soin, parce que c'est celui-là qui produit le plus d'effet. Les racines de mauvaises herbes sont alors assez détachées des mottes pour pouvoir être facilement enlevées, et dans cette saison le soleil a assez de vigueur pour les faire sécher. Cette succession alternative de chaleur et de pluies d'orage ameublit les mottes, et chaque particule du sol se sature de substances atmosphériques. Les considérations que nous avons présentées en parlant du second hersage, décident si l'on doit donner celui-ci d'abord après avoir fait le troisième labour, ou si on doit le différer de quelques momens ; cependant comme il importe de déchirer les racines de mauvaises herbes, et de les exposer au soleil avant de les enterrer de nouveau, il convient de presser ce hersage plus que le précédent.

C'est ordinairement par ce labour qu'on enterre le fumier, et comme il ne peut jamais convenir de l'enfouir profondément, ce labour doit être plus superficiel que le second et le quatrième.

Si l'on peut atteindre un tems favorable pour ce labeur, c'est-à-dire des chaleurs suivies, entrecoupées d'ondées de pluie, cette circonstance a une grande influence non-seulement sur la récolte de grain qui doit suivre, mais encore sur toutes celles dont se compose l'assolement ; et en effet, l'action réciproque de la terre et du fumier a alors bien plus d'intensité ; les mauvaises herbes, tant celles qui se reproduisent par leurs racines, que celles qui proviennent de semences, sont détruites d'une manière beaucoup plus complète qu'elles ne le seraient, si la température était froide et humide. Il importe donc de ne pas se mettre en retard, et de profiter pour cela de la partie la plus chaude de l'été.

Si, après cette culture, il ne survient pas trop de pluie, et que l'on n'en soit pas empêché par d'autres circonstances, il sera très-avantageux de donner un autre labour aux terrains argileux ; une amélioration durable du sol et une augmentation sensible des récoltes, dédommagera amplement des frais de ce labour. Si pour cette opération on se sert du binoir, on la fait alors en travers ou en biais, afin d'atteindre mieux toutes les parties du sol ; mais avec la charrue, cela ne peut guère avoir lieu à cause des inconvéniens inséparables de l'obligation de tourner souvent.

§ 751.

Enfin, à l'aide de la charrue ou du binoir, on donne le labour de semailles; cette culture se fait à toute profondeur, à moins que, comme cela arrive quelquefois pour le froment, et comme l'on ne devrait guères se le permettre pour le seigle, on ne veuille enterrer la semence avec la charrue; on doit faire ce labour à petites raies et avec toute la précision possible. S'il se trouve encore des inégalités dans la surface du sol, après qu'on l'a laissé quelque tems dans l'état où il a été mis par la charrue (circonstance qui, à ce labour, a toujours paru utile), on y passe encore une fois la herse, mais légèrement, et seulement afin que la semence ne tombe pas dans de trop grands enfoncemens, ou ne soit pas amassée en lignes, ce qui est toujours un défaut. * Au reste, cela n'a lieu que sur des champs labourés d'une manière imparfaite. Pour enterrer la semence, on herse fortement, et en travers, si l'on ne peut le faire en rond. On n'est point encore d'accord sur la convenance d'employer l'extirpateur plutôt que le binoir pour le labour de semailles; il me semble que ce dernier instrument doit avoir la préférence, parce qu'avec lui on court moins de risques d'accumuler la semence dans les raies; pourvu cependant qu'on trouve les moyens d'empêcher que les bêtes de trait ne marchent sur le terrain labouré.

§ 752.

Lorsque le second labour a eu lieu en tems convenable et à une bonne profondeur, on peut avec beaucoup de succès se servir de l'extirpateur pour les labours suivans; cet instrument avance prodigieusement le travail, et a des avantages décidés pour tous les terrains qui ne sont pas très-tenaces. La promptitude avec laquelle il exécute ce travail permet de choisir beaucoup mieux le tems convenable pour faire chaque opération; par son moyen les mottes de terre sont beaucoup mieux brisées, de sorte que les semences qui y étaient renfermées, entrant plus facilement en végétation, peuvent aussi plus facilement être détruites.

---

* Je crains que quelques-uns de mes lecteurs ne croient voir en ceci une condamnation des semoirs; si j'ai bien compris l'auteur, il désapprouve seulement que la semence soit rassemblée dans l'enfoncement qui sépare la tranche formée par la charrue, tandis que tout à côté il resterait des espaces vides ou non occupés. Pour la meilleure réussite des semailles de grains, il importe que la semence soit suffisamment recouverte, et distribuée aussi également que cela est possible; deux avantages que l'on atteint parfaitement avec les semoirs à blé faits sur de bons principes. *Trad.*

Malheureusement cet instrument ne peut pas servir pour enterrer le fumier ordinaire d'étable ; lorsqu'il s'agit de recouvrir les engrais, il faut nécessairement avoir recours à la charrue, à moins que ces engrais ne consistent en un compost ou mélange fortement décomposé, ou que ce ne soit de la chaux ; dans ces derniers cas l'extirpateur est particulierement utile.

On peut aussi, avec un avantage décidé, se servir de la charrue d'Arndt pour enterrer la semence.

§ 753.

Il est sans doute beaucoup de contrées où l'on ne se fait pas d'idée d'une manière aussi parfaite de donner la jachère. La nécessité où l'on est de se conserver un pâturage, tant pauvre qu'il soit, pour nourrir le bétail pendant la moitié de l'été, oblige, ou du moins engage, la plupart des cultivateurs à ne commencer à rompre leurs terres pour la jachère que vers la fin de Juin, et à continuer ce travail en Juillet ; alors il n'y a pas un moment à perdre, si l'on veut pouvoir donner trois labours sans que les semailles soient retardées ; d'autant surtout que c'est dans ce tems qu'on charie les engrais. Dans les terrains sablonneux, ces trois labours peuvent être suffisans pour ameublir et mêler complétement la terre ; il est possible en effet, ainsi qu'on a cru l'observer, que dans ces terrains, des labours trop réitérés portassent atteinte au succès des récoltes, parce qu'ils feraient perdre au sol trop de sa consistance. Mais ces trois cultures sont insuffisantes pour détruire les mauvaises herbes ; aussi dans les contrées dont nous avons parlé, ces herbes, et surtout le chiendent, gagnent-ils le dessus d'une manière effrayante, et d'autant plus qu'on donne les divers labours à des époques si rapprochées les unes des autres, que les semences renfermées dans les mottes de terre n'ont pas le tems de germer ; d'ailleurs les engrais ne pouvant point être suffisamment divisés et mélangés avec le sol, ne procurent souvent pas à la première récolte, les avantages qu'elle semblerait devoir en retirer ; il n'est pas rare qu'en déchaumant on trouve le fumier par morceaux, sous la forme de tourbe, et d'une compacité telle qu'on ne le divise qu'avec peine. C'est dans les terrains cultivés de cette manière qu'on peut assurer plausiblement que les engrais produisent moins d'effet sur la première récolte que sur la seconde. Pour se procurer un misérable pâturage, l'on renonce aux avantages que le sacrifice d'une année procurerait pour une série de récoltes. La nécessité peut à la vérité faire excuser cette faute, mais d'où provient cette nécessité ?

§ 754.

Ordinairement, pour les grains de printems, on donne trois labours ;

cet effet on déchaume en automne, après qu'on a terminé les semailles de cette saison. Il est rare qu'on rompe d'abord après la moisson, comme cela devrait être, en faisant, selon le précepte, *suivre la faucille par la charrue;* il est même des exploitations rurales où cela ne serait pas possible. Mais lorsque cela a pu avoir lieu, l'on donne un second labour avant l'hiver * ; sans cela on fait le second labour au printems, aussitôt qu'on le peut et que le tems le permet. Dans la bonne règle on doit donner à ce second labour plus de profondeur qu'au premier, et le faire suivre d'un hersage ; puis on donne un troisième, et mieux encore un quatrième labour pour enterrer la semence, à moins que des pluies excessives ne s'y opposent.

C'est ainsi que devraient être préparées toutes les semailles de printems ; mais souvent le tems et les forces manquent pour y suffire, et l'on se contente de deux labours, dont encore, le plus souvent, le premier est très-imparfait. C'est ce qui a fréquemment lieu pour l'avoine et la grande orge à deux rangées, parce qu'on redoute de les semer trop tard.** La petite orge de printems à quatre rangées ne demande pas d'être semée aussi tôt ; c'est probablement par cette raison qu'on la préfère dans les lieux où l'assolement triennal est en vigueur; et en effet, dans cet assolement, il importe tellement de donner trois labours pour l'orge, que, pour pouvoir les accomplir, on ne doit pas se laisser arrêter par les chances défavorables qui sont attachées à une semaille tardive. Ces labours, donnés au printems pour la semaille d'orge, contribuent souvent plus à l'ameublissement du sol, qu'un labour donné dans la fin de l'automne aux terrains qui doivent être en jachère l'année suivante, surtout lorsque le printems est plus sec que ne l'a été l'arrière automne.

$\S$ 755.

Pour déchaumer, on a quelquefois recours à la méthode du *demi-labour.* Cette opération consiste à enlever avec la charrue des tranches qu'on renverse tout à côté sur des bandes de terre qui n'ont pas été remuées; ces

---

* Je me trouve à merveille de faire donner à mes champs, immédiatement après la moisson, une ou deux cultures avec l'extirpateur. Avec cet instrument cela ne demande que peu de tems, et les semences de mauvaises herbes qui se sont propagées pendant la végétation des grains d'automne, ont alors le tems de germer avant d'être enfouies trop profondément. En vérité je ne saurais revenir trop souvent sur les services que me rend l'extirpateur, et surtout la dernière modification de cet instrument que nous devons à M. Fellenberg. *Trad.*

** L'auteur dit,' *plus tard que la mi-Mai,* époque déjà trop avancée pour les pays d'une température tant soit peu chaude. *Trad.*

dernières alternent avec les raies vidées par la charrue, et elles sont toutes recouvertes par la tranche enlevée de ces raies; mais pour que les bandes de terre non remuée puissent être entièrement recouvertes, il faut que les tranches soient un peu plus larges que ces bandes. Ce moyen facilite la décomposition du chaume, l'action de la gelée sur le sol, et l'ameublissement du terrain; au printems suivant il donne à l'action de la herse une efficacité plus grande, en sorte que cet instrument arrache le chiendent et les autres mauvaises herbes, et qu'il divise mieux le sol; seulement, dans les terrains ainsi disposés, il ne faut pas trop différer ce hersage, parce que la tranche qui recouvre la bande non remuée, entrerait en végétation avec celle-ci, et qu'alors le régalement du sol deviendrait très-difficile. Cette méthode garantit le sol de l'excès d'humidité, parce que l'eau s'écoule dans les raies que la charrue a laissées ouvertes, et laisse au sec les tranches renversées. Quelquefois on répète le demi-labour après que le champ a été régalé par le moyen de la herse; alors on renverse les bandes qui n'avaient pas été touchées par la charrue.

Mais lorsqu'un labour en travers est praticable, ce labour est tout aussi avantageux.

§ 756.

Les opérations du labour exigent l'attention constante du cultivateur, de celui qui dirige une exploitation rurale; il faut que, pour ainsi dire, il ne les perde pas de vue, sans cependant s'assujettir à y prêter toujours présence. S'il a plusieurs charrues en activité, il doit les mettre toutes sous la responsabilité d'un seul valet, et ne jamais omettre de témoigner son mécontentement lorsqu'il trouve des tranches mal renversées, et des sillons courbes ou inégaux; sans cela la négligence ne tarde pas à se glisser dans cette partie des travaux.

C'est au premier labour qu'il faut donner le plus d'attention, il faut veiller à ce qu'il soit fait de manière que les tranches en soient partout d'une largeur et d'une profondeur égales. Après ce labour c'est celui de semailles qui demande le plus de précision : les labours intermédiaires ont un peu moins d'importance. Si dans le même moment on doit exécuter à la fois des labours de ces différentes espèces, il faut consacrer à ces premiers les meilleurs laboureurs qu'on ait.

Un bon arrangement de la charrue, surtout l'attention qu'elle n'ait pas une tendance à dévier de la marche qui lui est indiquée, demande souvent l'œil du maître, quoique le soin des outils et instrumens ait été confié à *l'inspecteur des travaux dans les cours*, ou au *maître laboureur*.

Afin de pouvoir s'assurer que les laboureurs font en effet l'ouvrage qu'ils doivent pouvoir exécuter dans un tems donné, il est convenable de diviser les

grandes pièces de terre, en y plantant, d'espace en espace, de grands pieux
fixés en terre, ou de répartir chaque sole en un certain nombre de planches;
cette division est d'ailleurs très-utile pour la répartition des engrais, pour la
distribution de la semence, et pour diverses autres circonstances.

§ 757.

Dans les grandes exploitations rurales doit-on employer plusieurs charrues
sur une même planche, ou les répartir sur des billons différens? Il est beaucoup de cultivateurs qui mettent en action dix ou douze charrues les unes à la
suite des autres, et qui, de cette manière, en peu de lignes labourent des planches assez larges; ces cultivateurs suivent cette méthode afin de rendre la surveillance plus facile; et en effet, alors le métayer, le maître valet, ou le maître laboureur peut diriger à la fois tous les attelages, et montrer de quelle manière on
doit labourer. D'autres, et c'est assez ma coutume, ou donnent à chaque
charrue son billon particulier, ou tout au plus mettent deux ou trois charrues
sur une même planche. L'on inclinera pour cette dernière méthode, si l'on
pense que lorsque plusieurs charrues marchent les unes à la suite des autres, elles
se trouvent arrêtées par le plus léger dérangement qui survient à l'une de
celles qui sont avant elles. D'ailleurs une charrue couvre les fautes de l'autre,
de sorte qu'il est très-difficile de déterminer lequel des laboureurs a mal
exécuté son ouvrage. Le chef de l'exploitation n'apprend point à bien connaître ses laboureurs, et ainsi il ne peut les corriger. Il est rare qu'on puisse
ne mettre ensemble que des laboureurs et des attelages qui aient la même
activité et qui fassent un travail uniforme. Enfin à moins qu'on ne laisse les
planches sans les achever, le plus grand nombre des charrues est arrêté pendant
que quelques-unes, ou même une seule d'entr'elles achève ce travail.

Au reste, on peut distribuer plusieurs charrues sur une même pièce et sur
une étendue assez rapprochée pour qu'on les ait toutes sous les yeux, sans
pour cela les mettre sur une même planche; il suffit de bien distribuer les
billons et de donner à chaque charrue les siens, après les avoir tracés soigneusement à l'avance. Ce dernier soin est nécessaire pour que tous les billons se
trouvent avoir les dimensions convenables, et que les charrues se rencontrent
à la fin du travail.

§ 758.

Les bordures (chavessines) qui sont à l'extrémité des billons, et sur lesquelles
l'attelage tourne pour venir commencer un nouveau sillon, demandent de
notre part un examen particulier, parce que la pression du pied des bêtes
de trait y durcit excessivement la terre. *Si* on les *enraie* pour en faire

un billon, souvent elles opposent une digue à l'écoulement des eaux ; rarement on fait les rigoles assez profondes ; si on les *éraie*, alors l'eau s'amasse dans la raie du milieu, il vaut donc mieux ne leur donner qu'une seule pente; c'est-à-dire renverser toutes les tranches d'un même côté *.

§ 759.

Le labour ne peut procurer les avantages qu'on s'en promet, que lorsque le sol est dans un état convenable, lorsqu'il est suffisamment sec, friable, et qu'il a de la disposition à se diviser. Si le terrain est trop humide, de sorte que les tranches demeurent adhérentes à elles-mêmes, et que le frottement de l'oreille y forme une croûte luisante, qui, en se séchant, devienne extrèmement dure (effet que nos laboureurs caractérisent en disant que le terrain *latte* ou *corroie*); le sol alors n'est que tranché en bandes, souvent plus dures que le terrain ne l'était avant d'avoir été labouré, et ces bandes ne se divisent qu'en mottes plus ou moins grosses, et très-difficiles à briser, jusqu'à ce que l'influence de l'atmosphère, et surtout la gelée, aient rendu au terrain sa perméabilité primitive. L'on conçoit que par un tel labour on ne détruit ni les mauvaises herbes, ni leurs semences renfermées dans le sol ; en coupant le chiendent on ne fait que le multiplier : les bêtes de trait, d'ailleurs, sont fortement éprouvées par ce travail, tout à fait inutile et sans fruit. Si au contraire le sol est trop sec, le labour devient très-pénible, soit pour les hommes soit pour le bétail, surtout s'il a lieu avec de mauvaises charrues à roues, et alors le sol ne se divise également pas, il saute en mottes. Cependant, à l'aide de bons instrumens et d'une augmentation de force dans l'attelage, on peut accomplir ce travail, et le labour des terrains secs et durs n'a aucun inconvénient que celui de la peine qu'il a coûté ; car les mottes

---

* En Italie, dans les environs de Bologne, les bordures ou *chavessines*, qu'on y désigne sous le nom de *cavedagne*, sont plus basses que le terrain labouré des planches, de toute l'épaisseur du labour, c'est-à-dire de 30 à 33 centimètres, et elles sont laissées en herbages pour être fauchées ou pâturées, à l'exception seulement d'un sentier de 45 ou 50 centimètres au bord du labour, sur lequel la charrue laisse tomber la terre qu'elle entraine avec elle à l'extrémité du sillon ; après chaque labour on relève soigneusement cette dernière terre et la rejette sur la planche avec une pelle, ensorte que le sentier demeure toujours libre, aligné et sans herbe, comme une allée de jardin. De cette manière l'eau ne peut pas séjourner sur les billons, et les raies d'écoulement tracées sur ceux-ci, amènent l'eau imprégnée de sucs qui en découle, sur la bordure enherbée qui est à l'extrémité ; de cette manière aussi l'on a un chemin toujours solide pour le transport des récoltes. La régularité que les métayers bolonais mettent à cet arrangement plaît à l'œil, et elle est assez souvent la mesure des soins vraiment admirables que quelques-uns donnent à la culture de leurs terres. *Trad.*

formées par un tel labour se divisent facilement lorsqu'elles ont reçu la pluie ; elles forment alors un sol très-meuble et perméable.

Dans tous les cas, pour labourer les terrains tenaces, il est d'une grande importance de choisir le moment où la terre a le degré d'humidité convenable, celui qui favorise le plus l'action et la perfection du travail de la charrue. Et comme, soit dans de grandes soles, soit sur des champs séparés, on n'atteint pas ce degré partout d'une manière uniforme, l'on a besoin d'une attention soutenue pour saisir le moment le plus favorable à chaque place. C'est en ceci surtout que l'homme qui a de l'expérience et de la réflexion se distingue du cultivateur purement mécanique, qui trop souvent ne suit la répartition de ses charrues que d'après l'ordre établi par l'usage dans son exploitation. Cette seule circonstance peut quelquefois procurer à ce premier des récoltes infiniment supérieures à celles du dernier. Les places difficiles à labourer doivent être prises au moment le plus favorable, avec toutes les forces dont on peut disposer ; il est souvent d'une grande importance de ne pas renvoyer d'un seul jour.

Les Anglais expriment par le mot *tid* cet état du sol dans lequel il est parfaitement propre à être labouré. Ils disent « la terre a maintenant le *tid*, le sol a été labouré ou ensemencé au bon *tid.* » Nos laboureurs disent « la terre est maintenant de *prise ;* elle a été labourée au moment le plus favorable, *en bon tems.* »

§ 760.

Pour le hersage encore plus que pour le labour, il est nécessaire de saisir le moment propice ; c'est l'état dans lequel le sol se trouve, qui détermine la convenance d'exécuter le hersage ou de le renvoyer à un autre moment.

Sans doute il est avantageux de laisser le sol pendant quelque tems dans l'état où l'a mis la charrue ; de cette manière il est plus en contact avec l'atmosphère, et plusieurs espèces de mauvaises herbes, ainsi que leurs racines, s'y sèchent avec plus de facilité ; ordinairement donc on ne doit pas herser immédiatement après avoir donné le labour. Cependant aussi je ne saurais conseiller de différer le hersage jusqu'à un petit nombre de jours avant le labour suivant ; parce que les semences de mauvaises herbes renfermées dans les mottes, ne germent que lorsqu'elles ont été mises en contact avec l'air, c'est-à-dire, lorsque ces mottes ont été brisées et divisées ; d'ailleurs les racines de mauvaises herbes ne peuvent alors plus aussi facilement être séparées du sol et enlevées. Il convient donc de herser à peu près au milieu du tems qui s'écoule d'un labour à l'autre ;

mais

mais cette règle ne peut être suivie strictement que sur des terrains qui ne résistent plus à l'action de la herse dès qu'ils ont perdu leur trop grande humidité. Les terrains tenaces qui se durcissent d'autant plus qu'ils ont été imprégnés d'eau, demandent que, pour les herser, on saisisse le moment où ils peuvent le mieux être divisés; il est dangereux de laisser passer ce moment, surtout lorsque la température paraît s'être fixée à l'humidité ou à la sécheresse; aussi, quelquefois il convient de herser le jour même où le labour a eu lieu. C'est pour cela, sans doute, que dans certaines contrées où le sol est très-argileux, on a l'habitude d'attacher au palonier de celui des chevaux de charrue qui est à la droite, un troisième cheval qui traîne une petite herse et divise ainsi le sol à mesure qu'on le laboure : on emploie à ce travail des chevaux faibles, jeunes et qui doivent être ménagés.

DES DÉFRICHEMENS.

§ 761.

Ordinairement la charrue ne peut être mise en action sur un sol inculte, qu'après que le défrichement de celui-ci a eu lieu; cependant nous avons fait précéder l'instruction sur le labour, parce qu'elle était nécessaire au développement de ce que nous avons à dire sur les défrichemens, et que d'ailleurs on laboure les terrains qui sont déjà en culture, avant de s'en procurer de nouveaux par le défrichement.

Pour ne pas séparer les diverses parties de ce sujet important, nous devons examiner à la fois ici la manière d'opérer le défrichement, et les considérations économiques qu'il ne faut pas perdre de vue dans une telle entreprise.

§ 762.

Il n'y a aucun doute qu'on ne puisse tirer parti de la plupart des terrains incultes; les landes couvertes de bruyères, le sol d'anciennes forêts occupé par cette plante ou envahi par des eaux croupissantes, ces sables mouvans qui menacent leur voisinage et sont fréquemment transportés par les vents, ces terrains abandonnés dont on ne retire aucun profit, ou du moins qu'un bien chétif avantage; presque tous ces sols sont susceptibles de quelque genre de culture et de donner certains produits; mais les bonifications de ce genre ne procurent pas toujours des bénéfices, il arrive assez souvent que les terrains qu'on met en activité par ce moyen, sont payés tout aussi chèrement et plus, que si l'on eût acheté à prix d'argent un sol déjà cultivé.

Lors même qu'on n'emploie à de telles opérations que des moyens d'un succès non équivoque, quelquefois, cependant, les avances et le tems qu'elles exigent sont tellement considérables, que lorsqu'on veut entreprendre ces bonifications, on doit examiner avant tout si l'on pourra y suffire, et si, durant le cours de l'exécution, l'on n'aura pas de regrets d'y avoir consacré son capital et ses travaux. Le bien général et particulier veut qu'on s'abstienne d'opérations de ce genre plutôt que de les abandonner au milieu de leur cours, ou même de les exécuter d'une manière imparfaite. Souvent on n'obtient aucun résultat satisfaisant des sacrifices qu'on a faits pour mettre un sol en culture, lorsque ces sacrifices n'ont pas été faits dans toute la mesure qui était nécessaire; il n'est pas rare qu'alors la terre demeure plus misérable qu'elle ne l'était auparavant. Un patis de moutons, un sol qui portait encore quelques buissons, peut, par ce moyen, être réduit à l'état de désert aride. Alors un tel exemple effraie les fils et les petits fils de ceux qui avaient fait de telles entreprises; on reproche avec raison à ceux-ci d'avoir enlevé aux autres terrains de leur exploitation, des bras et des engrais qui leur eussent été extrêmement profitables.

Dans tous les tems les gouvernemens ont cherché d'encourager au défrichement des terrains vagues et abandonnés; cependant il est des cas où le bien général voudrait qu'on interdisît les opérations de ce genre, ou tout au moins qu'on les assujettît à certaines restrictions; parce que, si ces défrichemens avaient lieu, l'étendue du terrain cultivé serait trop considérable proportionnément au capital et aux bras dont on peut disposer, et parce qu'on trouve plus d'avantages à concentrer ceux-ci sur un moins grand espace, qu'à les disséminer sur une vaste étendue. C'est ainsi qu'il peut être très-désavantageux de diviser les pâturages communs et de les mettre en culture, si cette division ne doit pas être permanente, si elle n'établit pas une propriété absolue, et si les co-partageans sont rigoureusement assujettis à l'assolement triennal avec jachère; assolement qui enlèverait aux anciens champs, des pâturages qui contribuaient essentiellement à leur fécondité, en fournissant les moyens d'entretenir une plus grande quantité de bétail.

§ 763.

Ainsi donc lorsqu'on pense à une telle entreprise il faut examiner avant tout les circonstances de la localité où elle doit avoir lieu; il faut calculer avec soin ce que le terrain pourra valoir dans la situation où il se trouve; il faut aussi le considérer sous les rapports que nous avons indiqués dans le traité d'*Agronomie* et dans celui de l'*évaluation des terres*. Il faut se demander si l'on a la propriété absolue du sol; si c'est un fond transmissible par hérédité ou vente, ou bien si l'on n'en a que la propriété limitée. Des servitudes attachées au sol ou des contributions qui auraient la quotité du produit pour base, pourraient facilement emporter une partie du revenu qui dépasserait le produit de la bonification; ainsi anéantir les avantages qu'on devrait se promettre d'une telle amélioration; c'est absolument le cas de la dîme.

Il faut aussi s'assurer qu'on peut trouver autour de soi le nombre d'ouvriers nécessaire, et voir si le travail qu'on peut en attendre, est proportionné au salaire qu'ils exigent; si l'on doit à l'avance se pourvoir des attelages dont on a besoin, et les entretenir avec du fourrage acheté, ou bien si l'on peut se procurer dans le voisinage, à prix d'argent, les bêtes de trait que l'on doit employer; enfin, et c'est peut-être par-là qu'on doit commencer, si l'on a à sa disposition, et pour un tems assez long, le capital nécessaire pour ces avances, et si l'on peut se passer de sa rente pendant quelques années.

§ 764.

Il est deux cas surtout qui demandent à être bien distingués; ou le défrichement à faire doit avoir lieu dans le voisinage d'une exploitation rurale déjà établie, et être mis en rapport avec elle, par conséquent il peut être exécuté avec les attelages, les ouvriers et les moyens de cette exploitation, et dans le tems le plus opportun; ou bien on doit organiser, sur le sol à défricher, une exploitation rustique toute nouvelle, et l'on est réduit à chercher dans ce sol même les moyens de le mettre en valeur. *

§ 765.

Dans le premier cas on rencontre beaucoup moins de difficultés. Cependant il faut peser mûrement la manière de lier à l'économie rurale déjà existante, le terrain qu'on va mettre en culture, et déterminer jusqu'à quel point les terres nouvelles et les anciennes doivent s'entr'aider réciproquement; comment elles doivent être amalgamées les unes avec les autres, de manière à former un tout, un ensemble bien proportionné et bien calculé; surtout il faut bien examiner si la nature du sol nouvellement mis en culture, et sa situation, permettent qu'il soit soumis à un même assolement que les autres terres, ou si leur rotation doit être différente, bien que combinée et mise en rapport avec l'ensemble.

§ 766.

Souvent, dans cette combinaison, l'on tombe dans l'un ou l'autre extrême.

---

* C'est-à-dire qu'on est réduit à tirer parti des sucs que le sol contient encore, pour se procurer des récoltes à l'aide desquelles on fasse les engrais nécessaires à l'amendement du terrain nouvellement défriché. *Trad.*

Quelquefois on néglige les anciens champs en s'abandonnant à une prédilection pour les nouveaux; l'on voue exclusivement à ceux-ci tous les moyens de l'exploitation, au grand détriment de l'ensemble, dont alors la rente se trouve diminuée, souvent pour une longue suite d'années. Ou bien, et c'est ce qui a lieu le plus ordinairement, après avoir rompu le nouveau terrain, on n'en fait qu'un accessoire des anciens champs; on l'épuise, on le prive de ses sucs, de ses forces naturelles, en exigeant de lui des récoltes destinées à être vendues, ou qu'on consomme dans l'exploitation sans rendre au sol qui les a produites les engrais qu'elles ont procurés. L'on est conduit à cette méthode par l'opinion erronée que le terrain contient encore assez de sucs nutritifs pour pouvoir donner quelques récoltes, et que, pour lui rendre sa fécondité, il suffira alors de lui donner un amendement de fumier. Mais l'expérience a démontré que lorsque les terres nouvellement défrichées ont été appauvries à ce point, elles ne peuvent récupérer leur fécondité primitive qu'à l'aide d'amendemens réitérés, et que sans cela, elles ne donnent plus de rente réelle; le plus souvent alors on les abandonne dans leur état d'épuisement, on les envisage comme un sol ingrat et stérile, incapable de fournir à la nourriture d'une bête à laine, et l'on en fait un épouvantail contre les entreprises de ce genre.

§ 767.

La première règle à observer, celle qu'on ne transgresse jamais impunément, consiste à se procurer sur le terrain qu'on a ainsi rendu à la culture, des fourrages substantiels à l'aide desquels on puisse entretenir une plus grande quantité de bétail, en suivant pour cela les principes d'une sage économie. A moins donc que le sol défriché ne soit un terrain d'alluvion naturellement très-fertile, il faut s'y procurer, pour une récolte de grains, au moins deux récoltes de fourrage, ou deux années de pâturage, et rendre à ce terrain la totalité des engrais qui en proviennent; ou bien, en place du terrain nouvellement défriché, il faut consacrer au pâturage ou à des récoltes de fourrages, une égale étendue des anciens champs, en vouant aux nouveaux les engrais qui ont été produits par le bétail nourri de ce fourrage ou de ce pâturage. Cependant alors, et bien que ce moyen suffit à l'amendement des nouvelles terres, si le sol de celles-ci est très-léger et meuble, on ne le soumettra à l'action de la charrue, pendant plusieurs années successives, qu'en ayant soin d'y intercaller aux récoltes céréales des récoltes de trèfle ou d'autres plantes à fourrage, afin qu'il ne perde pas toute sa consistance. En un mot, dans la distribution du terrain nouvellement défriché, il faut chercher de rendre à l'ensemble de l'économie rurale ces bonnes proportions, cet équilibre, qui en assurent le succès, et ne pas courir le risque d'en troubler l'harmonie.

§ 768.

Les difficultés à surmonter sont bien plus grandes, lorsqu'on entreprend des défrichemens dans une situation éloignée, et que l'on doit y établir une nouvelle exploitation rustique. Pour pouvoir donner au sol les engrais dont il a besoin, on ne saurait se passer de bétail, et ce bétail ne peut pas être nourri sans fourrage; mais le fourrage ne croit point sans engrais, on ne se le procure pas sans cultiver le sol. L'une de ces choses repose sur l'autre; avant tout il faut mettre le sol en état de produire; c'est là la base de toute l'entreprise.

C'est donc une règle sans exception, qu'il faut commencer par mettre en produit une partie plus ou moins grande de l'étendue qu'on veut défricher, et continuer ensuite le reste peu à peu; qu'il faut mettre cette première partie dans le meilleur état qui se puisse, en lui donnant les labeurs et les engrais dont elle a besoin, afin qu'elle fournisse au terrain dont le défrichement doit suivre les secours nécessaires à son amélioration, et qu'elle serve ainsi de base à toute l'entreprise.

Si, pour exécuter les premiers travaux, on peut se procurer, à prix d'argent, des attelages dans les environs, on trouvera toujours mieux son compte à en employer de tels, quoiqu'à un prix élevé, qu'à avoir des attelages à soi, si d'ailleurs on n'a pas de quoi les occuper dans toutes les saisons. Si l'on a une exploitation rurale à une distance qui ne soit pas très-considérable, peut-être pourra-t-on y envoyer les attelages pour une partie de l'année.

Rarement dès les commencemens, peut-on tenir du bétail à cornes, parce qu'on n'a pas de fourrages qui lui conviennent, et que, dans de telles circonstances, si on les achetait, on devrait le plus souvent les payer à très-haut prix.

En revanche, presque toujours on a de quoi entretenir des bêtes à laine, car personne ne s'aviserait de vouloir mettre en culture un désert, qui ne pourrait pas même fournir une chétive nourriture à des moutons. Si l'on n'a pas encore des fourrages pour la nourriture d'hiver, on se bornera à tenir des moutons destinés à la boucherie; mais on ne tardera pas à avoir de tels fourrages, si l'on fait parquer ces moutons sur le terrain où l'on aura semé des plantes à fourrages, et si les plantes auxquelles on se sera arrêté sont d'une végétation prompte, comme c'est le cas de la spergule, des raves, de la navette, et du blé noir, et qu'on les fasse consommer en vert par des moutons à l'engrais; après la récolte de ces plantes on parquera de rechef, puis on sèmera des grains avec du trèfle rouge ou blanc, suivant la nature du sol, pour en tirer du fourrage ou le laisser en pâturage. Lorsqu'une partie de l'étendue qu'on veut mettre en culture a été préparée de cette manière, on peut continuer chaque année le défrichement; alors on ne tarde pas à pouvoir entretenir du bétail à cornes et à avoir des engrais d'étable. Lorsqu'on rompra le terrain qui aura été laissé quelques années en pâturage après avoir été ensemencé en trèfle, on en retirera de riches produits; cette première partie des terres fournira alors tout au moins la quantité de grains suffisante pour le pain, et les fourrages nécessaires pour l'entretien des chevaux de la nouvelle exploitation rustique; c'est alors qu'il faut organiser d'une manière plus complète les diverses parties de cette exploitation.

Dans les commencemens d'une telle entreprise il ne faut porter ses vues que sur les moyens de se procurer des fourrages et par eux des fumiers. D'ordinaire il faut pour quelque tems faire abstraction du produit net en argent; bien plus, il convient de consacrer un second capital au terrain qu'on améliore, en lui faisant des avances qui, cependant, vont chaque année en diminuant. Ce capital et la rente qu'il doit produire seront largement payés par l'augmentation du produit qu'on obtiendra du sol. *

§ 769.

De ce que nous venons de dire il résulte que, pour être conduits à une heureuse fin, de tels défrichemens, de telles bonifications, faits sur des terrains d'une bonté médiocre, exigent absolument des moyens pécuniaires, réunis à beaucoup de capacité, de zèle et de patience; ils ne sont donc point l'affaire de l'homme sans fortune et sans expérience, quoique trop souvent ce soit des personnes de ce genre qui les entreprennent. Divers cultivateurs ont été entraînés à leur ruine par des opérations de ce genre, bien que le sol sur lequel ils travaillaient fût de bonne qualité, ils ont dû abandonner leurs travaux sans pouvoir les accomplir. Dans les cas même les plus heureux, le sol demeure dans un état de fertilité très-médiocre, si l'on n'a pu lui consacrer qu'une partie des travaux et des avances qu'il aurait demandés; à moins cependant que le terrain ne soit naturellement d'une richesse presqu'inépuisable, comme c'était le cas des marais de l'Oder et de la Warthe.

Tout au moins les défrichemens ne sont-ils pas du ressort de pauvres colons, de simples journaliers. Lors même qu'on voudrait aider à des gens de cette classe, ils ne sauraient étendre leurs vues à une longue suite d'années; il faut que dès la première ils obtiennent le fruit de leurs travaux. Sans doute l'on

---

* Voyez dans les *Annalen des Ackerbaues*, 1808, vol. VII, Seite 313, où l'on trouve détaillé et calculé un projet de défrichement pour un mas de terres incultes. *A.*

peut espérer de rentrer bientôt dans ses avances, lorsqu'on défriche le sol d'une ancienne forêt ou d'un vieux pâturage, lorsqu'on se permet un système de culture épuisant, lors qu'à l'aide de labours réitérés, sans chercher les moyens d'entretenir du bétail et d'avoir des engrais, on multiplie les récoltes de produits destinés à la vente; mais alors le terrain qui auparavant donnait encore quelque produit, ne tarde pas à être réduit à un état de stérilité absolue, et, dans cet état, il peut bien porter des bêtes à laine affamées, mais nullement les nourrir.

Il n'est aucun pays où, depuis un demi siècle, on ait défriché autant de terrains incultes qu'en Ecosse et dans le nord de l'Angleterre. Là, cela a été exécuté avec succès, le plus souvent, par des sociétés instituées dans ce but, et dans lesquelles on s'intéressait par actions; ces sociétés achetaient un grand district, et faisaient exécuter le défrichement sous la direction d'un homme très-capable; puis, lorsque cette étendue de terrain avait été *dégrossie*, souvent aussi seulement lorsqu'elle avait été mise en pleine culture, on la vendait par parties, avec ou sans bâtimens, ou bien on l'affermait. En revanche ces défrichemens n'y ont presque jamais réussi, lorsqu'on avait divisé le terrain avant de les exécuter; dans ce pays là, comme chez nous, les colons ne tardaient pas à être entraînés à leur ruine.

§ 780.

Lorsqu'on trouve sur place quelque substance propre à l'amendement du sol, telle que de la marne, du terreau, ou de la tourbe, on peut accomplir le défrichement en bien moins de tems. C'est aussi le cas lorsque, en arrêtant le cours de petites rivières ou de ruisseaux, ou bien en recueillant des sources d'eau, on peut former des prairies arrosées; alors c'est toujours par là qu'il faut commencer.

§ 781.

Avant tout, il faut examiner avec attention quelle est la manière la plus avantageuse de tirer parti du sol à défricher; il faut se faire de toute l'opération un plan approprié à la nature du sol et aux vues économiques qu'on se propose; et lorsque ce plan a été arrêté, il faut le suivre avec exactitude et persévérance. Il est essentiel de commencer la bonification par la partie des terres qui peut être transformée en prairies, ou en pâturage abondant; lors même que, pour la suite, on serait déterminé à soumettre également ce terrain à la charrue. C'est par ce moyen qu'on se procurera des engrais, et qu'on augmentera la fécondité des autres parties du terrain à défricher.

§ 782.

C'est sur le sol d'anciennes forêts que les défrichemens ont le plus ordinairement lieu, et c'est là en effet qu'ils procurent les plus grands avantages, soit à l'entrepreneur, soit à la société en général. Ce n'est pas la conservation d'anciennes forêts détruites qui peut mettre fin aux plaintes qu'on ne cesse de faire sur la disette de bois; pour remédier au mal il faut au contraire arracher les arbres malsains et isolés, extirper les buissons, et établir des forêts bien peuplées et soigneusement closes. Il est des pays où la disette de bois ne se fait sentir nulle part mieux que dans les lieux où les forêts occupent une plus grande étendue de terrain. Souvent il conviendrait d'ensemencer en bois et de mettre en clôture des champs épuisés, mais bien cultivés, pour extirper peu à peu les forêts et les transformer en champs. Le sol des anciennes forêts contient ordinairement assez de sucs nutritifs pour rapporter des plantes à fourrage et des récoltes de grains, avant d'avoir été amendé avec des fumiers; par conséquent pour payer immédiatement les frais de son défrichement, sans pour cela se trouver épuisé.

§ 783.

Il n'est pas douteux que l'extirpement des racines d'arbres et de buissons ne donne souvent beaucoup d'ouvrage; aussi a-t-on cherché à inventer diverses machines pour le faire avec plus de facilité; mais jusqu'à présent ces inventions n'ont pas paru très-avantageuses, et il paraît aujourd'hui démontré qu'on ne peut attendre de la mécanique aucune machine qui fournisse assez de force pour arracher des arbres grands et fortement enracinés.

Pour de petits buissons on se sert d'un simple levier qui, à l'une de ses extrémités, est armé d'une fourche de fer à trois pointes et très-forte; ces pointes ont ordinairement vingt pouces de longueur, elles doivent pouvoir supporter un grand effort, par conséquent il faut que la partie de la fourche par laquelle elles tiennent à la douille, et cette douille elle-même, soient aussi très-solides. C'est dans cette douille qu'on introduit la perche', le levier, qui doit être épais, de bois dur, si cela est possible de frêne, et avoir quinze à vingt pieds de longueur. A l'extrémité postérieure de ce manche on attache une corde longue de huit à dix pieds, et à laquelle est suspendue une traverse, au moyen de laquelle plusieurs hommes peuvent employer à la fois leurs forces sur le levier. Après que les plus fortes racines latérales d'un buisson ont été retranchées, on chasse le trident sous la souche dans une position inclinée, puis on place au-dessous du manche ou levier, un bloc que l'on rapproche de la souche

jusqu'à

jusqu'à ce que l'extrémité postérieure de ce manche soit élevée de dix ou douze pieds ; alors, par le moyen de la traverse attachée à la corde , les ouvriers abaissent la partie postérieure du manche, jusqu'à ce que la souche cède à leurs efforts et soit arrachée. A l'aide de cet instrument, tout simple qu'il soit, on peut souvent opérer des choses surprenantes , et lorsque ce moyen est insuffisant , des machines plus compliquées courraient grand risque de se rompre.

Mais l'arrachement de grandes racines d'arbres se fait toujours plus facilement lorsque le tronc est encore en pied, que lorsqu'il en a été séparé, parce qu'on peut se servir de ce tronc en guise de levier. Dans ce cas on commence par entourer l'arbre d'un fossé, pour dégarnir les principales racines, en même tems qu'on coupe celles qui sont le plus rapprochées de la superficie du sol; quand l'arbre commence à s'ébranler, on cherche à déterminer sa chute par le moyen d'une corde , qu'on attache aussi haut qu'on le peut à l'une des principales branches de l'arbre ; alors , en l'entraînant à terre, on arrache ses principales racines. Souvent aussi l'on abandonne aux vents le soin d'accomplir ce renversement, et lorsque les arbres qui couvrent une certaine surface de terrain ont été déchaussés, de manière que leurs racines soient dégarnies de terre , il n'est pas rare qu'un seul coup de vent les renverse tous et les entraîne à terre. *

---

* Il est essentiel , pour attacher la corde au haut de l'arbre , de ne pas attendre que cet arbre commence à s'ébranler , parce qu'alors souvent il tombe d'une manière inopinée, et qu'ainsi l'homme qui y grimperait courrait les plus grands risques. Je verrais le même inconvénient à déchausser tous les arbres, pour abandonner ensuite aux vents le soin d'opérer le renversement, surtout si les arbres sont très-rapprochés les uns des autres; alors il pourrait facilement survenir d'affreux accidens, lorsqu'un coup de vent déterminant la chute des arbres, et les poussant les uns contre les autres, tandis que les ouvriers seraient encore à l'ouvrage, ne laisserait peut-être pas à ceux-ci le tems nécessaire pour échapper au danger.

J'ai vu arracher avec une grande promptitude les arbres très-gros et très-élevés d'une forêt de hêtres, au moyen d'un cable épais que, à l'une de ses extrémités, on attachait près de la sommité de ces arbres, et qui à l'autre extrémité était tiré à l'aide d'un cabestan placé à quelque distance et lié au pied d'un arbre. Pendant que quelques ouvriers faisaient tourner le cabestan, d'autres avec des instrumens tranchans, retranchaient les racines dont l'action de ce grand levier indiquait assez bien la position en terre, en les soulevant un peu du côté opposé à celui où l'arbre penchait. Souvent ainsi, en moins de demi-heure, le hêtre avait dû céder, et en se renversant, il avait soulevé une motte de quarante pieds de circonférence et plus ; cette motte se trouvait placée de champ, et était abandonnée à l'action de l'atmosphère et de la gelée. Cette méthode m'a paru assez expéditive; dans ce cas-ci elle fut ruineuse pour la personne à qui je la vis mettre en pratique, parce que, hors d'état de diriger elle-même ce travail, elle n'en avait pas non plus confié l'inspection à un homme capable; les ouvriers s'embarrassaient les uns les autres,

Dans le plus grand nombre de cas l'extirpement des bois est opéré à la
tâche, et alors le prix s'en règle par journaux, ou bien par cordes ou toises
du bois produit par cet extirpement. Dans ce cas on a soin de stipuler d'une
manière précise que le sol sera nettoyé de racines aussi parfaitement que
cela est possible ; souvent aussi l'on cède les têtes des arbres (la partie du bas
du tronc de laquelle naissent les racines, celle de laquelle on sépare la tige)
comme salaire pour le travail du défrichement.

Lorsque le sol est occupé par des racines d'épine noire, d'églantier, de ronces,
et même par des souches de chêne, d'ormeau, de frêne et d'érable, il est très-
difficile de le nettoyer à tel point que les racines ne poussent plus de nouveaux
jets. On peut s'épargner ce soin si l'on est dans l'intention de laisser le sol pendant
quelques années en prairies. Dans ce cas, après avoir arraché les principales
racines, on se borne à couper les plus petites à quelques pouces au-dessous de
la superficie du sol, et à régaler le terrain aussi bien que cela est possible. Si
ces racines poussent de nouveaux jets, ils sont ordinairement très-vigoureux la
première année, mais alors on les fauche en même tems que l'herbe, aussi
près de terre que cela est possible, et la quantité de foin n'en est que plus forte.
La seconde année ces jets sont plus nombreux, mais aussi plus faibles; et à la
troisième année, rarement ces racines survivent; ordinairement elles périssent,
pourissent et sont ainsi converties en engrais. Alors rien n'empêche plus que le
sol ne soit soumis à la charrue et qu'il ne soit bien labouré. Si au contraire,
dès le premier abord, on transforme ce terrain en champ, sans l'avoir auparavant soigneusement débarrassé de toutes ses racines; celles-ci, favorisées par
la culture, ne poussent qu'avec plus de vigueur, et sont alors très-difficiles à
extirper complétement.

§ 784.

Après le sol d'anciennes forêts, c'est le plus ordinairement des terrains
vagues, des pâturages communs, qu'on soumet au défrichement, après en
avoir fait la division entre les co-intéressés, ou après que ceux-ci ont été auto-
risés à mettre ces terrains en culture. Les sols de ce genre sont presque toujours
dans un état de désordre absolu; ils sont couverts de taupinières, de fourmi-

---

plusieurs perdaient leur tems à se disputer sur le meilleur parti à prendre, tandis que d'autres
couraient inutilement du cabestan à l'arbre qu'ils arrachaient, et de celui-ci au cabestan. Cependant au milieu de ce désordre je crus démêler que lorsque l'emploi du tems et la distribution
des manouvriers seraient confiés à un homme de tête, ce moyen pourrait être économique.
Au reste, de nos jours, et surtout en France et en Suisse, il est rare qu'on extirpe des forêts de
haute futaie. *Trad.*

lières, de vieilles souches d'arbres, ou de buissons; leur surface est raboteuse
et inégale. Si dans le défrichement des forêts ce sont les racines qui présentent
le plus de difficultés, ici au contraire c'est la couche de gazon, qui y est toujours
plus compacte, plus tenace, que celle qui s'est formée à l'ombre des arbres,
ou qui a été habituellement recouverte par des feuilles.

§ 785.

Plusieurs cultivateurs ont eu infiniment de peine à détruire une couche de
gazon tenace et raboteuse ; il en est même qui sont effrayés des difficultés d'une
telle entreprise. En conséquence on a imaginé et employé, pour atteindre ce
but avec plus de facilité, divers moyens dont les principaux sont :

1.° Et surtout, de procurer la destruction du gazon en donnant une jachère
de un et demi ou deux ans. On rompt le gazon en automne, ou après que la
terre a été suffisamment imprégnée d'eau par les pluies, et l'on cherche à ne
donner à ce premier labour, que la profondeur occupée par le tissu des racines,
si d'ailleurs l'inégalité de la surface du sol le permet. On a, pour opérer cet
écroûtement, une méthode qui m'a été infiniment recommandée et que je n'ai
cependant pas encore mise en pratique : l'on met en action d'abord une charrue
dont le coutre et le soc soient bien tranchans, mais qui n'ait pas de versoir;
qui, par conséquent, coupe la tranche verticalement et horizontalement sans
la renverser; puis derrière cette charrue, dans le même sillon et à la même
profondeur, on en fait passer une autre, munie de son versoir, qui détache
et renverse complétement la tranche de gazon. Il est évident que cette opération doit réussir à merveille ; mais je n'ai encore rencontré aucun gazon que
je n'eusse pu rompre du premier coup de charrue, surtout si, lorsque l'inégalité
de la surface du sol empêchait que la tranche ne fut toujours également bien
renversée, je faisais suivre la charrue par un ouvrier chargé d'aider à ce renversement avec le pied ou par le moyen d'une fourche. Quelque tenace que
fut cette couche de gazon, je n'ai jamais attelé plus de deux chevaux à la charrue
pour faire cet ouvrage ; souvent même j'ai fait exécuter ce travail avec des
bœufs seulement. Cependant les bœufs conviennent moins à cette opération
que les chevaux, lorsque le sol contient beaucoup de racines, parce que,
quoiqu'à la vérité ils tirent d'une manière égale, ils se laissent trop facilement
arrêter par les obstacles. Au reste, l'on conçoit que lorsque le bétail est
employé à ce travail, il est essentiel de lui donner une très-bonne nourriture
et de le tenir à l'ouvrage moins long-tems de suite. Si la couche de gazon est
un peu épaisse, il convient d'y passer d'abord la herse dans le sens même du
labour, puis un rouleau pesant, afin que la couche de gazon soit soustraite à

l'action de l'air et de la lumière, et qu'ainsi, au lieu de pousser de nouveau, elle entre en putréfaction et se décompose. Si, sur un sol dont la surface est inégale, quelques places ont échappé à l'action de la charrue, il faut ensuite les faire rompre avec la bêche ou avec la houe; dans bien des cas ce mal est inévitable, et il y aurait de grands inconvéniens à épargner ce travail.

On laisse alors le sol dans cet état pendant tout l'hiver, et jusqu'à ce qu'au printems il ait été imprégné d'une pluie chaude; cependant on peut y passer encore une fois la herse.

Lorsque le gazon renversé commence à reverdir, à pousser de nouveaux jets de ses racines, c'est un signe que sa partie inférieure est étouffée; cependant il faut s'en assurer d'une manière plus précise, avant de donner le second labour, car il ne serait pas convenable de biner avant qu'il en fut ainsi.

Alors on entreprend ce second labour, dans le même sens, mais un peu plus profondément, afin que les tranches de gazon se trouvent recouvertes d'une certaine quantité de terre de la couche inférieure. C'est une grande faute que de faire ce labour en travers, parce qu'alors les tranches de gazon sont coupées en pièces carrées, qui échappent à la herse et ne peuvent plus être divisées par elle; cette seule faute a souvent augmenté considérablement la difficulté de cette opération. Mais si ces tranches de gazon, dont la fermentation a souvent diminué la tenacité, ne sont que renversées, on obtient alors un succès complet de l'emploi d'une grande herse à longues et fortes dents, traînée par quatre ou six chevaux, qu'on maintient en action jusqu'à ce que le tissu formé par les racines soit divisé aussi bien que cela est possible.

On doit donner le troisième labour en travers et le faire également avec soin; et après y avoir passé la petite herse, on laisse le sol en repos, jusqu'à ce qu'il commence de nouveau à pousser de l'herbe; alors on lui donne le quatrième labour, sur lequel on sème les grains d'automne.

Cette jachère d'été complète suffira pour ameublir et nettoyer entièrement un terrain chaud, sec, et qui n'est pas excessivement infecté de mauvaises plantes; mais elle sera insuffisante pour un terrain humide, froid, d'une surface inégale, et fortement infecté de racines vivaces; cependant beaucoup de cultivateurs ne vont pas au-delà, et sèment leur terrain dès l'automne, quelque soit l'état dans lequel il se trouve. Alors les grains réussissent bien dans quelques places; dans d'autres ils manquent et sont étouffés par les mauvaises herbes. Satisfaits du succès qu'ils ont obtenu sur ces premières places, ils espèrent ne pas tarder à l'obtenir également sur les autres. Cependant il n'y a aucun doute que les dommages qui, pour la suite, doivent résulter d'une culture aussi défectueuse, ne dépassent infiniment les avantages que l'on retire de cette récolte anticipée, et qu'il n'eût été préférable de prolonger la jachère pendant encore une année, afin de rendre plus complets la préparation et l'ameublissement du sol. Tout au moins en pareil cas ne sémerais-je jamais des grains d'automne, je voudrais donner auparavant encore quelques labours, puis y cultiver pendant l'été une récolte de produits dont les racines pivotantes et l'ombre épaisse des feuilles ameublissent et enrichissent le sol. C'est le cas des récoltes légumineuses, du blé noir, et du lin qui réussit si bien dans les terrains nouveaux, quoiqu'en les épuisant un peu; ce l'est également des pommes de terre, des raves ou autres récoltes sarclées; après celles-ci, cependant, je ne sémerais pas des grains d'automne; mais seulement de l'orge de printems avec du trèfle que je laisserais subsister pendant deux ans. Je suis persuadé que c'est par cette méthode que le sol peut avec plus de certitude être porté à un état de prospérité durable. Je remarque que le trèfle réussit rarement sur les nouveaux défrichemens, lorsque la terre n'a pas été préparée par la culture d'une récolte jachère.

§ 786.

2.° De semer sur un labour unique et profond, une récolte de grains de printems : l'on comprend que non-seulement cela ne peut avoir lieu que sur un terrain dont la surface n'est pas trop inégale, et qui n'est pas excessivement infecté de mauvaises plantes; mais qu'outre cela le labour doit avoir été fait avec beaucoup de soin. Ordinairement pour cela on donne la préférence à l'avoine, qui, si elle a été semée épaisse, de bonne heure et sur raies, puis enterrée par un fort hersage, et pourvu qu'elle ait une température suffisamment humide, réussit souvent à merveille, et donne, si ce n'est de la paille en abondance, du moins beaucoup de grain; quant à l'orge elle ne réussirait point sur un terrain aussi peu ameubli. Plusieurs personnes assurent avoir obtenu le plus grand succès en suivant la méthode que je viens d'indiquer, et lorsque leur terrain avait été déchaumé après la récolte d'avoine, l'avoir trouvé mieux ameubli qu'il ne l'eût été par une jachère, en telle sorte qu'elles eussent pu l'ensemencer immédiatement en seigle. D'autres, dans le nombre desquels je me trouve, ont, après cette récolte d'avoine, trouvé les gazons tellement peu décomposés, et le sol si imparfaitement divisé et ameubli, qu'une jachère leur paraissait alors indispensable; outre cela la récolte de grains d'automne qui suivait celle d'avoine, était de beaucoup inférieure à ce qu'on aurait pu en attendre, si elle eût été semée immédiatement après le défrichement. Presque tous les essais comparatifs qui ont été faits à ce sujet, tendent à méconseiller l'avoine pour première récolte.

En revanche, ainsi que plusieurs autres cultivateurs, j'ai, avec l'avantage le plus décidé, semé du lin sur le gazon bien renversé d'un défrichement, dans un terrain sec et pas trop maigre. Ce lin devenait d'une longueur et d'une bonté extraordinaires; il étoit aussi abondant en filasse qu'en graine, et avait sur celui qu'on semait dans la jachère, le grand avantage de demander très-peu de sarclage. Pour cette récolte j'enterrais la semence avec la herse qui la recouvrait fort bien, lors même que la charrue n'avait ramené à la surface que peu de terre au-dessus de la couche de gazon proprement dite.

Lorsque le sol paraissait trop aride pour que le lin put y réussir, j'y semais du millet, lequel, cultivé avec la houe à main, nettoyé de la plus grande partie des mauvaises herbes qui y avaient cru, et un peu éclairci, y réussissait parfaitement bien,

Ces deux espèces de plantes laissaient le sol tellement meuble, que le labour de déchaumage suffisait pour le diviser complétement, et qu'on pouvait y semer des grains d'automne sans autre culture. Cependant, ce procédé ne peut avoir lieu que lorsque la couche de gazon n'a pas trop d'aspérités.

§ 787.

5.º De faire écrouter le terrain avec un instrument à main, ou avec une charrue propre à cet usage, d'en diviser les gazons en morceaux, et de les mettre en tas avec du fumier d'étable ou de la chaux, qui aident à la décomposition des végétaux, et de les laisser là jusqu'à ce que cette décomposition soit accomplie; pendant ce tems là de donner plusieurs labours au terrain écroûté, puis d'y épandre le compost, et de l'enterrer en semant sous raies, ou par un fort hersage. Cette méthode, que j'ai éprouvée plusieurs fois, procure des récoltes très-abondantes, et met le sol dans un état de prospérité admirable, parce qu'il en résulte la décomposition absolue du gazon, sa transformation en humus, et une *aération* plus complète que cela n'aurait lieu de toute autre manière. Mais il est évident que cette méthode est plus coûteuse, et ne peut être mise en pratique que sur des espaces peu étendus.

§ 788.

4.º D'écobuer, brûler la couche de gazon. Dans le premier, et surtout dans le troisième volume de mon agriculture anglaise, j'ai décrit cette opération dans son application aux terrains qui sont enherbés depuis quelques années, et telle

que, dès les tems les plus reculés, elle a été pratiquée dans quelques contrées;
j'y ai aussi indiqué comment elle peut être exécutée d'une manière plus accomplie : outre cela, dans le troisième volume de mes Annales d'agriculture, j'ai
donné un extrait détaillé de ce que, dans l'Almanach des fermiers, Arthur
Young a dit de l'emploi de ce moyen sur les diverses espèces de terrains
cultivés. Enfin l'on trouve une description de cette opération, dans le premier
volume de l'Agriculture pratique de Dickson. Je dois espérer que les cultivateurs
qui veulent recourir à ce moyen périodique de bonifier les terres, auront
déjà lu ces écrits; je crois donc superflu de rappeler ici leur contenu.

Mais ici je dois m'occuper de ce moyen, dans son application aux terrains
incultes, et montrer comment il peut être employé sur ces terrains, d'une
manière moins parfaite, il est vrai, mais aussi bien moins coûteuse, et quelle
est la méthode la plus économique qui puisse être mise en pratique sur les terrains
de ce genre.

D'abord on a recours à l'opération que, sous le nom de *demi-labour*, nous
avons décrite à § 765, pour lever des tranches de gazon; c'est-à-dire qu'on
lève une tranche et la renverse sur une autre tout à côté, laquelle n'a pas
été détachée du sol. Cette opération peut être exécutée avec toutes les charrues
qui ont le soc large et tranchant, pourvu qu'on les tienne un peu inclinées, de
manière que, du côté de la terre non remuée, le soc entre un peu plus en
terre, et que, du côté du versoir, la tranche qu'il détache se trouve très-mince,
à tel point même que l'angle postérieur du soc ne fasse qu'effleurer le sol. On
donne au soc une plus grande largeur, on le rend très-tranchant, et l'on
donne à sa base un angle plus obtus que s'il devait servir au labour proprement
dit. La tranche qu'on détache du sol doit avoir au plus deux pouces d'épaisseur
du côté de la terre non remuée, et, de l'autre côté, être tout à fait mince.
Lorsque le terrain ainsi préparé est demeuré pendant quelque tems dans
cet état, l'on y passe une forte herse en croix, pour déchirer et diviser les
tranches enlevées par la charrue; après cela on a recours à des herses petites,
mais à dents pointues et courbées en avant, pour détacher les racines des
plantes et leurs filamens de la terre dont ils sont encore entourés. Lorsque,
par ce moyen, le terrain a été de nouveau régalé, on enlève de la même
manière les bandes de gazon qui avaient été épargnées dans la première opération, et on les soumet également à l'action des herses. Alors le sol se trouve
couvert de racines et de la dépouille des plantes dont le gazon étoit composé.
Par un tems sec, car l'on conçoit que toutes ces opérations doivent avoir lieu
par une telle température, l'on rassemble toutes ces plantes et ces racines, et

l'on en fait d'abord des petits, puis de grands tas, destinés à être brûlés sur place. Pour mettre le feu à ces tas, on choisit un tems chaud et un moment où il y ait un peu de vent, et l'on emploie à cela de la paille, de la tourbe, ou des feuillages secs. Il est essentiel de diriger le *brûlement* de manière que ces tas se consument peu à peu sans donner de flamme, pour cet effet on les comprime, et on les recouvre au besoin avec de la terre, lorsqu'ils sont bien allumés. Quand l'opération est finie, on épand les cendres et on les enterre par un labour aussi superficiel que cela est possible. On peut alors y semer telle espèce de produit que le cours de l'assolement indique. Si, lorsqu'on extirpe des forêts, on a des branchages dont on ne puisse pas tirer parti comme bois de chauffage, des quels ainsi l'on cherche à se débarrasser, on en fait la base des tas destinés à être consumés par le feu; au moyen de cela le *brûlement* est facilité et accéléré, et l'on a une quantité de cendres d'autant plus grande. Au reste, l'écobuement peut très-bien s'effectuer sans le concours de combustibles étrangers.

Des essais comparatifs faits en grand, tant en Angleterre qu'en Ecosse, ont démontré que, pour le défrichement des terrains incultes, l'écobuement étoit préférable à toute autre méthode, surtout dans les terrains argileux et marécageux*.

---

* L'écobuement doit produire des effets variés, selon la nature et l'état des terrains auxquels il est appliqué. Ses avantages semblent se réduire aux suivans:

1.º Détruire les plantes, les racines et les semences de végétaux qui se trouvent à la superficie du sol, et les convertir immédiatement en une substance qui est non-seulement très-propre à servir d'aliment à d'autres végétaux, mais encore à mettre en activité les sucs que le sol contient d'ailleurs.

2.º Détruire l'acidité propre à certaines plantes, et diminuer celle que le sol peut avoir.

3.º Donner de la causticité au carbonate de chaux contenu dans le sol, par conséquent lui donner la faculté d'agir sur les sucs contenus dans ce sol, et de les approprier à la végétation.

4.º Diminuer l'attraction d'agrégation des molécules d'un sol argileux, en réduisant une partie, à la vérité peu considérable, de sa couche végétale, à l'état d'une sorte de sable, par le moyen du feu. Ce dernier effet n'est pas très-sensible, si, comme cela est à desirer à d'autres égards, le feu a été doux et lent.

Au reste, cette opération ne sauroit communiquer au terrain d'autres sucs que ceux qui sont contenus dans la matière combustible qu'on ajoute au gazon pour lui faire prendre feu, et la quantité en est toujours très-insignifiante. Il semble au contraire que le carbone qui s'évapore des tas sous la forme de gaz, doive laisser le sol réellement plus pauvre qu'il ne l'étoit auparavant.

Le premier des avantages ci-dessus peut être en grande partie atteint, quoique d'une manière beaucoup plus tardive, par un défoncement ou par un double labour qui enterre

Lorsque

§ 789.

Lorsque le terrain nouvellement défriché a des enfoncemens et des élévations sensibles, souvent on est obligé de l'aplanir et de le régaler avant tout, afin de rendre sa culture plus facile, et de donner à sa surface plus d'homogénéïté,

---

le gazon (qu'on a auparavant rompu et brisé comme cela est prescrit à § 785) à une profondeur où les plantes ne puissent pas reprendre leur végétation, et où par conséquent elles entrent en fermentation et se décomposent. Lorsque cette décomposition a eu lieu, il faut alors ramener à la superficie du sol l'humus qui en provient, pour y servir à l'alimentation des végétaux qu'on voudra s'y procurer. Mais s'il s'agit d'un défrichement pour lequel on n'ait aucun moyen de se procurer du dehors les premiers engrais dont le sol a besoin, cette méthode a de grands inconvéniens, en privant, pour une année au moins, des secours qu'on peut retirer de la couche supérieure du sol et de la dépouille qu'elle contient. Cette circonstance pourroit à elle seule souvent faire manquer l'entreprise.

Le second avantage peut être atteint par l'*aëration* et par les autres moyens indiqués au Tom. II de cet ouvrage; mais il en est peu d'aussi efficaces que l'écobuement.

Le troisième pourroit être obtenu d'une manière plus sûre en épandant une petite quantité de chaux vive sur le sol; au reste, comme il fournit les moyens de tirer immédiatement parti des sucs que le sol contient, et surtout de ceux que la couche de gazon recelait, il est essentiel de faire suivre les récoltes auxquelles il a été destiné, par des amendemens de fumier ou de terreau, à moins que le terrain écobué ne fut d'une richesse extrême.

L'intensité du quatrième avantage dépend absolument de la nature du sol; cet avantage se change même en dommage, si le terrain écobué est fortement chargé de silice. Lorsque le sol est très-argileux les avantages de l'écobuement y sont d'autant plus sensibles, que la couche de terre brûlée avait plus d'épaisseur, parce que la ténacité du sol est diminuée en raison de la quantité de cette sorte de sable ou gravier artificiel formé par le brûlement, qu'on mélange avec lui.

Il résulte de ce que je viens de dire,

1.º Que l'écobuement ne doit être mis en usage qu'avec beaucoup de circonspection sur des terrains légers, siliceux et maigres, et seulement avec l'intention de consacrer bientôt après à ces terrains un amendement de fumier ou de terreau, afin de réparer l'épuisement où les laissent les récoltes qui ont suivi cette opération.

2.º Que l'écobuement fournissant les moyens de tirer immédiatement parti du peu de sucs que le sol contient à sa superficie, il peut être employé avec avantage dans les défrichemens, pour favoriser la végétation de récoltes de fourrages, par conséquent la formation de nouveaux engrais.

Quant à la manière dont l'écobuage doit être opéré, celle qui est indiquée ici par l'auteur me paraît la plus convenable pour tous les terrains qui ne sont pas bien enherbés; comme c'est ordinairement le cas des sols où l'on fait des défrichemens. Si le terrain est couvert d'une couche de gazon qui ait quelque consistance, c'est-à-dire, si la terre qui est à la superficie du sol se trouve assez entremêlée de plantes et de racines, pour que, après qu'elle a été détachée et convenablement séchée, le feu puisse s'y communiquer avec facilité et agir

T. III.   16

c'est-à-dire des propriétés plus uniformes. Cette opération demande beaucoup de travail et de frais, la localité seule peut décider du mode le plus convenable de l'opérer. Lorsque les inégalités du sol sont très-rapprochées les unes des autres, leur applanissement peut ordinairement se faire en jetant, à bras, la terre des hauteurs dans les enfoncemens. Pour cet effet on place des ouvriers à des distances proportionnées à leurs forces, et on les charge de jeter la terre qu'ils ont puisée ou reçue de l'ouvrier qui les précède, à celui qui les suit; ainsi de la faire passer de la hauteur à la partie la plus basse du terrain qui doit être régalé. Si la distance est un peu considérable, il faut se servir de brouettes à bras; si elle l'est davantage il faut avoir recours aux chariots, ou mieux encore aux tombereaux à deux roues, ou charrettes à bascule.

Lorsqu'on applanit le terrain, il arrive trop souvent qu'on enlève aux places élevées toute leur terre végétale, pour l'accumuler dans les places les plus basses; c'est là un mal presqu'inévitable, auquel on ne remédie que difficilement et avec beaucoup de travail. Si l'on n'a pu prévenir cet inconvénient

---

sur toutes ses parties; alors il convient d'y mettre en usage la méthode indiquée pour les prairies et les terrains tourbeux, en ayant soin de donner aux gazons destinés à être brûlés, une épaisseur proportionnée à la quantité des dépouilles de végétaux qu'ils contiennent. Je vais donner la description de cette méthode telle que je l'ai vue pratiquer en Suisse.

1.º Après avoir enlevé les gazons avec une charrue à soc large et tranchant, ou avec des instrumens à main; on fait sécher ces gazons, en les plaçant de champ, ou à peu près, et appuyés à leur extrémité supérieure les uns contre les autres, de manière qu'ils jouissent, autant que cela est possible, de l'action du soleil et de l'air. Si ces gazons n'ont pas assez de consistance pour pouvoir demeurer dans cette position, on les tient étendus sur le sol, en les tournant, sens dessus dessous, aussi souvent que cela est nécessaire pour favoriser leur dessication complète.

2.º Lorsque ces gazons sont bien desséchés, on en fait des monceaux arrangés avec soin; l'on place au centre de ces monceaux un peu de tourbe ou de branchages secs, ou bien un peu de paille, et l'on y met le feu par une sorte de bouche ouverte du côté où souffle le vent.

3.º On ferme cette ouverture et les interstices avec d'autres gazons et de la terre, de manière que les gazons soient consumés par un feu lent et sans flamme. Si cette opération est bien faite, le résidu du brûlement, qu'en Suisse on qualifie de *brulin*, doit être ou gris foncé ou noir, ou d'un brun noirâtre. Si ce résidu tire beaucoup sur le rouge, c'est une preuve que le feu a été trop ardent, et qu'il a fait évaporer, sous la forme de gaz, la plus grande partie du carbone : alors le sol est appauvri sans fruit, ses sucs volatilisés, combinés avec l'atmosphère, sont allés féconder des possessions étrangères, au lieu de demeurer fixés sur le fond auquel ils appartenaient. Cette circonstance fait de l'écobuement une opération extrêmement délicate; on conçoit du reste qu'il ne sauroit avoir lieu que par un tems très-sec et dans une saison chaude; si, au milieu d'une telle opération, l'on est surpris par des pluies, elle devient d'une difficulté extrême, et alors ses frais dépassent de beaucoup ses avantages. *Trad.*

en rejetant en arrière la couche supérieure du sol , il faut dédommager les hauteurs en leur consacrant une plus grande proportion d'engrais et une culture plus soignée.

§ 790.

Souvent l'extraction de grosses pierres rend le défrichement d'un terrain inculte beaucoup plus difficile , et cependant cette extraction , du moins à toute la profondeur que la charrue atteint dans sa marche, est une condition essentielle d'une bonne culture ; car sans cela on perd beaucoup de tems en labourant , et l'on ne fait jamais qu'un travail inégal , outre que les instrumens aratoires sont fort exposés à y être brisés.

Lorsque les pierres trouvent un emploi dans l'établissement de grandes routes, dans la construction de clotures autour des possessions, ou dans la bâtisse de murailles et de maisons, souvent la valeur de ces pierres dédommage amplement des frais occasionnés par leur extraction et leur transport. Si cet emploi ne peut pas avoir lieu, on cherche à diminuer les frais que l'extraction et le transport de ces pierres occasionneraient, en enfouissant celles-ci dans le champ même , à une profondeur qui ne puisse pas être atteinte dans les divers labours. Pour cet effet on creuse tout à côté de la pierre qui devait être extraite , une fosse plus profonde qu'elle , dans laquelle on la fait tomber. Il est nécessaire que ce creux ait plus de largeur et de profondeur que la pierre, et qu'il ait la forme que demandent tant le volume de cette pierre, que la position qu'elle doit avoir après qu'elle aura été renversée , afin que quelques-uns de ses angles, quelques-unes de ses pointes, ne se représentent pas à la surface du sol. On prétend avoir remarqué que des pierres qui avaient été précédemment enterrées à une profondeur suffisante , reparaissaient ensuite près de la superficie du sol, ensorte qu'on était réduit à les enterrer de nouveau. Ce fait est vrai, mais il peut être expliqué pour une cause toute autre que celle du *relèvement* de la pierre ; en effet, une partie de la terre dont cette pierre étoit recouverte , peut avoir été entraînée par les eaux, ou bien l'action insensible de la culture aura étendu cette terre sur un plus grand espace ; ou enfin, comme c'est le cas dans mes champs, les pierres auront été enterrées à une profondeur suffisante pour qu'elles ne pussent pas être atteintes dans un labour superficiel, tel que ceux qui avoient lieu ci-devant, mais totalement insuffisante pour les labours profonds que je fais aujourd'hui. Il faut donc enterrer les pierres à une profondeur plus grande que cela ne paraît nécessaire, et d'autant plus qu'elles peuvent d'ailleurs nuire à la fécondité du sol dans les places où elles se trouvent près de la superficie.

Si l'on veut transporter les pierres hors du champ, il faut se procurer un chariot adapté à cet usage, à moins qu'on ne préfère exécuter ce transport en hiver, sur la neige, par le moyen de traîneaux.

On est réduit à faire sauter les plus grosses pierres, surtout lorsqu'on veut les employer à la construction des bâtimens. La méthode la plus usitée pour cette opération consiste à y employer de la poudre à canon ; mais cette méthode veut être confiée à des hommes qui en aient l'habitude et qui aient les outils convenables, sans cela elle peut être dangereuse ; plusieurs personnes imprudentes ont payé de leur vie ou de leur santé le défaut de précautions dans ce travail ; d'ailleurs le prix actuel de la poudre rend ce moyen très-coûteux. Il est une autre méthode qui, sans avoir ces inconvéniens, a souvent le même succès ; elle consiste à chauffer fortement la pierre par le moyen d'un feu très-ardent, concentré à une seule place, afin de donner à la pierre une forte dilatation ; la pierre ayant ainsi reçu un degré de chaleur très-intense, on l'arrose avec de l'eau pour la faire sauter, en aidant à cet effet par de grands coups donnés avec des marteaux très-lourds ; au reste, souvent ce dernier moyen n'est pas même nécessaire. Une troisième méthode consiste à percer la pierre dans la direction de ses veines et à introduire dans le trou un cylindre de fer fendu entre les deux parties duquel on chasse un coin de même métal. Ce moyen ne tarde pas à faire fendre la pierre à laquelle on l'applique, et quoiqu'il soit le plus long, celui qui donne le plus de travail, il a par dessus les autres l'avantage de procurer des pierres à bâtir beaucoup plus belles et d'une surface plus plane. Enfin aussi, dans l'hiver, on introduit de l'eau dans un trou creusé dans la pierre et auquel on a donné une profondeur suffisante, puis on ferme l'ouverture de ce trou avec un tampon fortement chassé ; dilatée par la gelée, l'eau renfermée dans le trou a la force nécessaire pour faire sauter les pierres les plus solides.

§ 791.

La chaux vive récemment calcinée est l'amendement le plus efficace qu'on puisse donner à un défrichement, surtout si la couche supérieure du sol contient beaucoup de substances végétales non décomposées. Ici l'on ne saurait guères employer la chaux en trop forte proportion ; des cultivateurs ont trouvé un grand avantage à en donner quatre jusqu'à cinq winspel par journal, lorsque la chaux était à un prix modéré. Lorsqu'on épand cette substance à la surface du sol, après avoir auparavant donné un labour, et qu'on répète les cultures pendant l'été, afin d'opérer le parfait mélange de la chaux avec la terre, celle-là décompose toutes les parties végétales et en forme un humus très-fécond ; outre

cela elle absorbe l'acidité du sol et le tannin, cette substance si nuisible à la végétation ; elle tue les vers et les insectes qui, dans un tel sol, se sont quelquefois multipliés au point de détruire absolument les premières récoltes qu'on y
sème après le défrichement. Lorsqu'on a amendé avec de la chaux un défrichement qui contient beaucoup de substances végétales, on peut s'y procurer
les récoltes même les plus épuisantes, en particulier le colza.

L'on conçoit du reste que la chaux ne produirait que bien peu d'effet sur
un terrain maigre et qui ne contiendrait qu'une chétive quantité de substances
végétales.

§ 792.

Le sol des terrains couverts de bruyères n'est pas toujours stérile ; souvent
il a dans sa couche inférieure une glaise féconde qui paie richement les frais du
défrichement. Ce sol contient aussi de l'humus ; mais cet humus est d'une nature particulière, il n'est pas favorable aux autres végétaux.

Une année avant de rompre un terrain couvert de bruyère et par un tems sec,
on met le feu à cette plante, que pour cet effet on a laissée dans toute sa
végétation. Pour éviter que le feu ne s'étende au-delà de l'espace qu'on veut
cultiver, et peut-être qu'il ne fasse de grands dommages en consumant des
forêts voisines, on a eu soin d'entourer cet espace d'un fossé large et peu
profond. Ce brûlement ne détruit pas la bruyère ; au printems suivant, au
contraire, elle pousse de nouveaux jets en abondance. Cette nouvelle pousse
est tellement agréable aux bêtes à laine que, dans quelques contrées, on met
le feu aux bruyères, sans autre but que de se la procurer. Cette année là on
charge fortement la bruyère de moutons, en ayant soin de choisir pour cela
une race qui s'accommode de cette plante. Pendant l'hiver on rompt ; dans le
cours de l'été suivant on donne quelques labours, et si l'on en a la possibilité,
un parcage de bêtes à laine ; cet amendement, ainsi que celui de fumier de
bergerie, est plus propre à décomposer l'humus de bruyère, parce que les
excrémens des moutons contiennent beaucoup d'ammoniaque. On n'obtient que
peu d'avantages de l'emploi de la chaux seule sur des défrichemens de bruyères ;
on en obtient de beaucoup plus sensibles de la cendre de bois et même de celle
de tourbe. La marne argileuse combinée avec des engrais animaux y produit
un grand effet.

Sur un défrichement de ce genre, le mieux est de semer avant tout du blé
noir, qui, de toutes les récoltes utiles, est celle qui s'en accommode le mieux
et qui contribue le plus à changer la nature du sol. Souvent on sème cette espèce de grain sur un second ou troisième labour, sans autre jachère ; d'ailleurs

cette plante a une végétation très-vigoureuse, surtout si on lui a donné un léger amendement avec du fumier d'étable ; c'est elle qu'on peut employer avec le plus d'avantage, soit en fourrage vert, soit en foin, pour se procurer les engrais nécessaires à l'amendement d'une bruyère qu'on vient de défricher. Après le blé noir, le seigle réussit ordinairement fort bien sur ces terrains ; mais après qu'on s'en est procuré une récolte, si l'on veut que le sol gagne en fertilité au lieu de s'épuiser davantage, il faut laisser le terrain pendant quelques années en pâturage ; pour cet effet, on a dû semer du trèfle blanc au printems parmi le seigle. Lorsqu'on veut tirer des terrains de ce genre tout ce qu'ils peuvent donner, ils tombent dans un état de stérilité plus fort que celui dans lequel ils étaient avant le défrichement.

§ 793.

Défricher un sable pur est une entreprise encore plus mauvaise que celle de bâtir sur le sable. Il n'y a que deux circonstances dans lesquelles la culture d'un sol de ce genre puisse donner des profits.

a) Auprès des grandes villes où le sol a un si grand prix qu'il vaut la peine de lui créer une couche de terre végétale nouvelle, en y transportant et mêlant de la glaise, du platras de vieux bâtimens, et des autres matières propres à la végétation, que ces villes fournissent en abondance.

b) Dans les lieux où l'on peut donner au sable une irrigation artificielle toujours suffisante, à l'aide de laquelle le sol puisse être mis en prairies, ou être approprié à la culture d'autres végétaux utiles. Sans cela, souvent il est non-seulement désavantageux, mais même très-dangereux d'entamer avec la charrue un sable sec recouvert d'une légère couche de gazon, et qui ne contient pas au moins 5 pour cent d'argile ; surtout lorsqu'il est situé sur une élévation ou dans une plaine découverte. Il n'est pas rare que pour avoir voulu se procurer une couple de chétives récoltes sur des sols de ce genre, on ait occasionné la dévastation d'une étendue de terrain fertile, que les vents couvraient de sables mouvans.

Si l'on veut mettre en culture un sable un peu moins stérile, une des choses les plus essentielles est de l'entourer et même de l'entrecouper de haies, afin que le vent lui enlève moins son humidité, afin d'empêcher ce qu'on appelle son refroidissement, et, en général, d'y protéger la végétation. Comme les terrains sablonneux, du moins aussi long-tems qu'on n'a pas changé leur nature, ne peuvent se maintenir par eux-mêmes dans un état de fécondité, qu'autant qu'on les laisse souvent en repos et en pâturage ; il est d'autant plus convenable de les diviser en clos et de les garnir de haies, que par ce moyen il est plus facile d'y garder le bétail, et que celui-ci y est aussi plus à l'abri des vents, circonstance qui lui est fort avantageuse. Il importe aussi beaucoup que de telles étendues de sables soient protégées par des forêts de haute-futaie contre les vents de nord et de nord-ouest.

§ 794.

Il n'est pas rare qu'on doive chercher à fixer la surface d'un terrain sablonneux, et à y établir une couche de gazon, quelque chétif que puisse être son produit, afin de protéger les champs voisins contre des ensablemens. On rencontre des difficultés extrêmes pour procurer cet enherbement ; on a proposé pour cela diverses espèces de plantes qui végétent dans le sable, telles que *l'élyme des sables*, elymus arenarius ; *la careiche des sables*, carex arenaria, le *chiendent* ou *froment rampant*, triticum repens ; l'*éternue drageonnée*, agrostis stolonifera ; cependant il est rare que ces végétaux s'établissent parfaitement sur ce sol, avant qu'ils aient été protégés par des haies, parce que la mobilité d'un sable toujours agité par les vents empêche que les semences ne puissent y germer, ou du moins que les germes ne puissent y prendre racine, à moins que, pour cette opération, l'on n'ait le bonheur de saisir un tems calme et humide.

Si le sable est entièrement nud, s'il est devenu mouvant, il n'y a plus, pour le fixer, d'autre moyen que de le couper par des clayonnages placés de distance en distance, et assez nombreux pour empêcher sa fuite. Cette espèce de digue doit être placée, non à l'endroit où l'on cherche à arrêter l'ensablement, mais à celui où le sable commence à devenir mouvant. En effet ce serait en vain qu'on voudrait opposer une digue à ses progrès, si celui qui avance derrière lui n'est pas arrêté, puisque l'on a vu des forêts de haute-futaie être ensablées de cette manière jusqu'à la sommité de leurs arbres. Mais si l'on commence à arrêter le sable du côté où le vent commence à s'en emparer, de sorte qu'il soit abrité contre l'action de celui ci, on réussit alors à prévenir l'ensablement.

Pour faire ces clayonnages, on emploie ordinairement des branches de sapin qui ont encore leurs pignons, afin d'opérer en même-tems la semaille du terrain en bois, et on les place à une distance de vingt ou trente pas les unes des autres. Aussitôt que le sable est un peu arrêté, on y établit des haies tressées du nord au sud et plus ou moins distantes les unes des autres, suivant que cela est jugé nécessaire. Si le sable n'est pas excessivement mouvant, et le cours du vent très-impétueux, on peut se dispenser de former ces haies, et faire du premier abord des tations de pins , afin que le terrain se garnisse d'arbres de cette espèce et se transforme en forêt, ce qui est incontestablement le meilleur moyen pour tirer parti des sols de ce genre. Ce serait envain qu'on sémerait en sapin un sable de cette nature sans avoir auparavant eu recours à ces précautions ; à moins cependant que ce sable ne fut enherbé ; dans ce cas ce semis peut encore y réussir. Il faut donc bien se garder de rompre complètement un sol de cette nature ; lorsqu'on veut l'ensemencer en bois ; on doit au contraire n'y renverser ou détacher que de deux tranches l'une, ce qu'on fait très-commodément avec le cultivateur à pommes de terre ou la houe à cheval.

§ 795.

Pour qu'on puisse enherber le sable avec des plantes utiles , il faut qu'il ne soit pas absolument mouvant, mais qu'au contraire il contienne un peu d'argile, environ huit pour cent. Alors les graminées les plus propres à former ce gazon sont les *petites fétuques*, celle *des moutons*, ovina, la *rouge*, rubra, la *droue*, duriuscula, et l'*inclinée*, decumbens ; la *flouve des Bressans* , anthoxatum odoratum; le *fléau noueux* et *celui des sables*, phleum nodosum et arenarium, les *bromes séglin et stérile*, bromus mollis et sterilis; les *houques molle* et *laineuse*, holcus mollis et lanatus; l'*avoine des prés secs*, avena pratensis; l'*alpiste des bois*, phalaris phleoïdes, et le *raygrass*, lolium perenne; si le sol n'est pas tout-à-fait dépourvu d'humus, on peut leur joindre le *trèfle jaune* ou *minette dorée*, medicago lupulina; le *lotier corniculé*, lothus corniculatus ; le *pied d'oiseau*, ornithopus perpusillus ; le *serpolet*, thymus serpillum ; l'*origan*, origanum vulgare ; la *pimprenelle sanguisorbe*, poterium sanguisorba, et le *trèfle blanc*, trifolium repens. Si, au bout d'un certain nombre d'années, il s'est formé une couche de gazon suffisante, et que ce terrain ait servi de de pâturage aux bêtes à laine, on peut, en usant de quelques précautions, en exiger une couple de récoltes de grains, mais jamais sans réparer, par un amendement de fumier, l'appauvrissement qui en est la suite. On doit commencer par y semer du blé noir ou de la spergule, mais dans une saison assez avancée pour que , au lieu de mûrir, ces plantes soient tuées par la gelée et pourrissent sur le sol.

Si , à portée d'un terrain composé entièrement de sable , l'on a de la marne argileuse ou du terreau , on peut, en y conduisant une abondante quantité de l'une ou de l'autre de ces substances, améliorer ce sol pour toujours, et le faire en quelque façon changer de nature.

§ 796.

§. 796.

Le défrichement des marais est d'une plus grande importance, et il n'est pas rare qu'il donne de grands bénéfices, mais comme le desséchement ou l'égoutement du sol en fait la partie la plus essentielle, je renvoie à m'occuper de cette matière, jusqu'à ce que nous ayons traité des desséchemens et de ce qui y a rapport.

Ordinairement on trouve un grand avantage à clore les terres en même tems qu'on opère leur défrichement, et d'ailleurs les haies sont assez souvent nécessaires pour protéger les terrains nouvellement mis en culture ; cette considération me détermine à placer ici ce qui se rapporte aux divers genres de clôtures.

HAIES, CLÔTURES.

§ 797.

On est extrêmement divisé d'opinions sur les avantages ou les inconvéniens que les haies occasionnent sur les terres labourables. Quelque zélés que soient les partisans de ces haies , il est cependant des agriculteurs qui , non contens d'en méconseiller l'établissement , vont jusqu'à recommander de détruire celles qui existent.

Les désavantages qu'on attribue aux haies sont principalement les suivans :

1.° Elles prennent beaucoup de place; elles occupent un espace qui est fort à regretter, si le sol est de bonne qualité.

2.° Elles empêchent que le terrain ne s'essuie , par conséquent elles retardent le moment des semailles.

3.° Surtout elles occasionnent la formation de grands amas de neige , amas qui souvent ne se dissipent que très-tard , et ainsi empêchent qu'on ne puisse labourer de bonne heure ; il n'est d'ailleurs pas rare que ces amas de neige étouffent les plantes qu'ils recouvrent.

4.° Ce sont des pépinières de mauvaises herbes. On ne parvient point à y détruire les plantes nuisibles et , de là , ces plantes étendent sur le sol voisin leurs racines et leurs semences.

5.° Elles servent également de refuge aux insectes et à divers animaux nuisibles, surtout aux moineaux et aux souris.

6.° Elles entravent la culture des champs et le labour en particulier, en empêchant que la charrue n'avance jusqu'à l'extrémité de ces champs, et en augmentant le nombre des tours que devait faire la charrue pour labourer un espace de terrain , ce qui est évidemment désavantageux.

7. Elles coupent la communication d'un champ à l'autre, et forcent souvent à faire de grands détours pour se rendre d'un clos à un autre qui est tout à côté.

8. Lorsqu'elles sont revêtues de fossés, souvent on n'a pas pu donner à ceux-ci la direction la plus favorable à l'écoulement des eaux, de sorte que ces eaux y refluent, entravent la culture, et nuisent aux récoltes ; il est rare qu'on puisse donner aux clos une division telle, que les fossés qui les entourent servent en même tems à égoutter les terres.

§ 798.

En revanche, en faveur des clôtures et surtout des haies vives, on allègue les motifs que je vais transcrire.

1) L'expérience de tous les tems et de tous lieux démontre la plus grande fertilité des champs entourés de clôtures. Ces clôtures y exercent de diverses manières leur influence bienfaisante ; en coupant les vents elles maintiennent la chaleur sur le sol. Dans la culture des jardins on reconnaît généralement les avantages d'un terrain protégé par des haies contre l'action des vents ; on sait que les produits sont incomparablement moins beaux dans les parties vis-à-vis desquelles la clôture se trouvait rompue. La colonne d'air réchauffée durant le jour par les rayons du soleil, y protège le sol et les récoltes contre le froid de la nuit ; d'ailleurs c'est dans la couche inférieure de l'air atmosphérique, qu'est contenue la plus grande quantité de ces sucs qui sont essentiels à l'aliment des plantes ; il est donc avantageux que le vent ne puisse pas déplacer cette colonne d'air et l'entraîner avec lui.

2. De quelqu'utilité que les clôtures soient pour protéger les plantes, l'influence favorable qu'elles ont sur la santé du bétail est plus considérable encore. Plus les bêtes sont abritées des vents, mieux elles se nourrissent au pâturage. En ceci l'expérience des Anglais ne laisse aucun doute ; aussi chez eux paie-t-on une rente incomparablement plus forte d'un pâturage, lorsqu'il est entouré de haies, et d'autant plus que les clos sont plus circonscrits, c'est-à-dire que les clôtures y sont plus multipliées. Selon l'opinion de certains agriculteurs, une sole de cinquante journaux, divisée en cinq clos, engraisse autant de bétail que soixante journaux en une seule pièce. *

3) Le maintien de l'humidité, par le moyen des clôtures, est plus utile que nuisible ; un terrain élevé et sec gagne beaucoup par ce moyen ; cette raison

---

* Parce que tandis que le bétail pâture dans l'un des clos, l'herbe repousse paisiblement dans les autres, sans être foulée par les pieds des animaux, comme cela aurait lieu si ces divers espaces de terrain n'étaient pas séparés par une clôture. *Trad.*

fait qu'un sol sablonneux obtient une valeur infiniment plus grande, lorsqu'on est parvenu à l'entourer et à le subdiviser par des haies vives de bonne qualité.

4.) L'espace que les haies enlèvent à la culture est largement payé par le bois qu'on en retire, surtout dans des contrées où le chauffage est coûteux; plus le sol est fertile, plus grande est la quantité de bois que ces haies produisent, et plus aussi les forêts sont rares ; de sorte que, si l'on n'avoit ce secours, on manquerait réellement de combustible.

Les autres inconvéniens qu'on reproche aux haies sont insignifians ; ils peuvent facilement être levés, pourvu qu'on se donne quelques soins pour empêcher que les haies ne s'infectent de mauvaises herbes, et pour les tenir en bon état.

§ 799.

De ces opinions contradictoires on peut tirer les résultats ci-après.

1. Des haies multipliées peuvent être nuisibles à un terrain naturellement humide, en empêchant qu'il ne s'essuie promptement. Dans un tel terrain les haies devraient être retranchées partout, excepté auprès des fossés. En revanche, ces haies sont infiniment utiles dans les contrées sèches, sur les sols légers et sablonneux, et d'autant plus qu'elles y sont plus nombreuses. Dans les terrains de ce genre leurs avantages dépassent de beaucoup les inconvéniens qu'elles peuvent avoir à quelques égards.

2. Si le terrain est constamment en culture, et doit être ensemencé chaque année, l'utilité des haies est moins grande, et peut même être dépassée par les retards qu'elles apportent dans l'exécution du labour. Mais si le sol est consacré alternativement au pâturage du bétail, ou tranformé en prairies artificielles à demeure, les avantages des haies y sont prépondérans, parce qu'elles facilitent beaucoup la garde du bétail, et qu'elles procurent à celui-ci un abri bienfaisant. Cette dernière circonstance invite à choisir, pour tailler les haies par le pied, l'année où l'on prépare le sol pour la première récolte de grain; afin que ces haies aient le tems de recroître pour l'époque où le terrain sera de nouveau laissé en pâturage. Pour que cela puisse s'effectuer, il faut que le cours de l'assolement embrasse plusieurs années, par exemple de 10 à 12 ans.

Ce sont ces mêmes considérations qui décident de la convenance de donner aux clos plus ou moins d'étendue : si le sol en est humide et doit être consacré principalement à la culture des grains, il convient que les clos aient beaucoup d'extension ; si, au contraire le terrain en est sec, et s'il doit être consacré principalement au pâturage du bétail, il est avantageux qu'il soit réparti en divisions moins considérables.

§ 800.

Il est deux principaux genres de clôtures; les *clôtures mortes*, et les *vives*, que nous appelons plus particulièrement *haies*.

Toutes les clôtures mortes ont sur les vives ce désavantage, qu'elles se détériorent à mesure qu'elles s'éloignent du moment où elles ont été construites; tandis que, pourvu qu'on donne quelques soins aux haies vives, elles s'améliorent de jour en jour.

§ 801.

Les clôtures mortes les plus ordinaires sont les suivantes.

1. Les *murs*. On ne peut avoir recours à ce genre de clôture, que dans les lieux où l'on a en surabondance des pierres propres à cet usage.

Ce n'est guère qu'autour des cours et des jardins qu'on trouve des murs construits avec du mortier; il est très-rare qu'autour des champs on les fasse de cette manière.

En revanche on voit souvent des possessions entourées de murs secs, construits avec des pierres ramassées dans ces possessions ou dans leur voisinage, et unies les unes aux autres avec de la mousse ou du gazon. Pour que ces murs soient de durée, il faut qu'ils soient en partie composés de pierres larges et plates, à l'aide desquelles on puisse donner aux côtés extérieurs du mur quelqu'uniformité; si l'on a des pierres assez longues pour qu'elles puissent embrasser toute l'épaisseur du mur, celui-ci y gagne beaucoup en solidité : l'on peut se servir des pierres roulantes pour l'intérieur du mur et pour remplir des espaces vides. Si l'on n'a que peu de pierres plates, il ne faut pas donner au mur beaucoup d'élévation; alors on couvre ce mur avec du gazon, puis on y plante des groseliers ou des ronces, qui y réussissent fort bien, ces arbustes pénètrent avec leurs racines dans la terre qu'on a mise entre les pierres, et par là ils donnent au mur plus de solidité, mais surtout ils élèvent la clôture et arrêtent les hommes et les animaux.

§ 802.

D'autrefois on se borne à construire avec ces pierres des remparts larges à leur base, étroits et le plus souvent arrondis à leur extrémité. Alors on unit également les pierres avec de la terre ou du gazon, et on les recouvre de même, en plantant dessus des arbustes qui puissent y réussir et former une haie.

Le principal mérite de ces murs et de cette sorte de digue, consiste à occuper peu de place, et à permettre que le terrain soit labouré jusqu'à leur pied. Si même ils ne sont pas d'une très-longue durée, du moins leur entretien et leur réparation sont bien faciles, lorsqu'une fois les matériaux en sont sur place :

il est donc très-convenable d'en établir partout où, pour mettre le sol en valeur, on doit enlever les pierres des champs, sans pouvoir leur donner une destination plus avantageuse que celle-là.

Quelquefois on se borne à placer à l'extrémité des champs une ligne de pierres assez élevées pour arrêter les attelages ; peut-être aussi pour protéger une haie plantée derrière, et quelquefois pour servir de sentier aux piétons, afin que, lorsque le chemin est plein d'eau, ils ne foulent pas aux pieds le terrain ensemencé.

§ 8o3.

Les *murs de terre ou de pisé*, qu'on trouve dans certaines contrées, cependant plutôt autour des cours et jardins que des terres labourables, sont de peu de durée, et doivent souvent être rétablis à neuf. Quelquefois, on n'a pas de répugnance à les renouveler souvent, parce que la glaise qui, dans ces murs, est exposée aux influences de l'atmosphère, acquiert une grande fécondité, et est très-propre à amender les terres sur lesquelles on la transporte ; surtout lorsque ces murs étaient placés dans des villages, ou auprès de places à fumier, où ils absorbaient des substances fertilisantes. Mais pour cela il faut avoir la glaise dans le voisinage, car si on devait la faire charrier d'une distance un peu considérable, la dépense occasionnée par de tels murs deviendrait excessive, à cause du peu de durée qu'ils ont.

§ 8o4.

2. *Les clôtures de bois mort.* Ces clôtures sont construites quelquefois avec des pieux plantés en terre, dont on forme des palissades de diverses espèces. De simples pièces de bois refendu, introduites dans une traverse qui les fixe à leur sommité, ou attachées à cette traverse par des clous, ou enfin liées les unes aux autres par une sorte de clayonage, sont, de tous les genres de clôtures, celui qui absorbe la plus grande quantité de bois, en même tems qu'il est de peu de durée. Des poteaux plantés en terre, pour soutenir des perches ou des lattes lesquelles s'étendent de l'un à l'autre et entrent dans des trous ou mortaises qu'on y a pratiqués à cet effet, arrêtent bien le gros bétail, mais pas les animaux des petites espèces, à moins que les traverses ne soient très-multipliées et rapprochées, et, dans ce cas, les poteaux sont excessivement affaiblis par le rapprochement des trous qu'on doit y pratiquer. Cette raison fait que souvent on se borne à mettre deux pieux l'un à côté de l'autre, en les réunissant par des blocs de bois qui séparent les traverses et les soutiennent.

Je ne parlerai pas ici des autres cloisons de lattes, et des palissades plus compliquées, parce que, en raison des frais d'établissement et d'entretien qu'elles coûtent, elles ne peuvent guères être employées qu'autour des jardins ; je m'arrêterai encore moins à celles qui sont faites de planches jointes les unes aux autres.

Quelquefois aussi l'on fait des cloisons de bois entrelacé. Lorsqu'on a des branchages en surabondance, cette espèce de cloison est assez solide et assez durable, surtout lorsque les pieux en sont d'un bois qui prend racine et continue à végéter pendant quelque tems. Les cloisons de ce genre se font aussi de différentes manières.

Toutes ces espèces de cloisons en bois mort, que cependant on rencontre encore fréquemment dans diverses contrées de l'Allemagne , ne tarderont pas à être proscrites ; parce que la disette des bois, ou du moins la grande économie qu'on apporte dans leur aménagement, ne permettra pas qu'un tel usage soit prolongé. Dans les villages, où le plus souvent on voit des cloisons de ce genre, elles ont le grand inconvénient de communiquer, avec une promptitude à peine croyable, le feu d'une chaumière à l'autre, de sorte que, dans un incendie, si l'on ne met la plus grande célérité à abattre promptement ces premières, en peu de momens un village tout entier est en proie aux flammes.

§ 805.

3. *Les remparts ou parapets de terre.* Ordinairement des deux côtés ils sont défendus par des fossés d'où l'on a tiré la terre dont ils ont été formés. Le plus souvent ils sont couverts d'une haie, qu'on a plantée à leur sommité ou, si le terrain est bien égoutté, à leur pied, au bord du fossé.

Les remparts de ce genre qui sont les plus solides, sont formés avec des gazons placés les uns sur les autres ; et, sur les terrains sablonneux, ils ne sauraient guères être faits d'une autre manière. Mais comme il ne serait que rarement praticable de se procurer ailleurs les gazons nécessaires pour une telle opération, il faut que le terrain sur lequel le rempart doit être construit soit déjà enherbé et ait demeuré tel pendant quelques années, afin que la couche de gazon ait pu prendre quelque consistance. Ce genre de clôture a donc plus ordinairement lieu, là où il s'agit de mettre en culture de vieux pâturages, et d'en défendre l'entrée.

Ces remparts absorbent sans contredit un grand espace de terrain, puisque, y compris les fossés, une telle clôture occupe la largeur de 16 ou 18 pieds ; cependant le fossé intérieur peut en être retranché peu à peu.

Les principaux procédés de leur exécution consistent aux suivans. A l'aide du cordeau et de la bêche, on trace les lignes qui comprennent l'enceinte du rempart; 8 pieds sont la largeur qu'on donne à la base de celui-ci. On trace de la même manière l'espace destiné aux fossés, desquels la largeur, dans leur partie supérieure, doit être de 4 à 5 pieds; alors on écroûte, l'espace destiné au rempart; on lève la couche supérieure en gazons d'un pied carré environ, et de l'épaisseur qu'indique la couche occupée par les racines de végétaux, puis on secoue la terre qui s'en détache. Au bord de la base du rempart, on laisse environ un demi pied de gazon intact; sur cette bordure et des deux côtés du rempart, on commence à placer une première ligne de gazons, le côté de l'herbe tourné en bas, parfaitement allignés et serrés les uns à côté des autres, et tant soit peu plus en arrière que le bord du rempart, de manière qu'ils commencent le talus. On remplit l'espace qui est entre les deux lignes avec de la terre qu'on aura prise dans les fossés, après en avoir auparavant levé les gazons; on a soin de tenir la terre qui est dans cet espace toujours bien battue et au niveau des gazons. Sur cette première ligne on en pose une seconde placée de manière que ses gazons recouvrent les jointures de ceux de la ligne précédente, comme cela se fait en plaçant les tuiles plates sur les toits. Cette seconde ligne, ainsi que les suivantes, doit également être un peu reculée, afin qu'elle continue le talus. Le meilleur moyen de donner à celui ci la forme qui lui convient, consiste à fournir aux ouvriers des *calibres* formés avec des liteaux rassemblés, qui déterminent tant cette forme que les dimensions du parapet, et qu'on place à quelque distance, en tendant un cordeau de l'un à l'autre. Si le parapet doit avoir environ trois pieds et demi d'élévation dès sa base, la largeur de sa sommité peut être de trois pieds, de sorte que le talus diminue jusqu'à cette largeur les 8 pieds qui forment la base du parapet. En posant les gazons il faut avoir soin de placer en dehors le côté qui a la coupure la plus nette, il est aussi convenable que ce côté ait été coupé en biais, de manière à former naturellement le talus; si cela n'a pas eu lieu, après que le parapet a été achevé il faut en couper les ondulations. Chaque ligne de gazon doit être battue et comprimée avec soin sur la précédente, cependant pas au point d'être brisée. Ainsi que je l'ai dit plus haut, l'espace qui est entre les deux lignes de gazons doit être être rempli de terre et bien battu, de manière à former toujours une surface plane.

Ordinairement on commence ce travail en automne, et on le pousse jusqu'à ce que le parapet ait atteint la hauteur d'un pied et demi à deux pieds; alors on le laisse dans cet état pendant tout l'hiver, afin que la terre ait le tems de s'affaisser. On achève le reste au printems, cependant d'aussi bonne heure que cela est possible, et avant que la sécheresse prenne le dessus, afin que le gazon ait le tems de rentrer en végétation. Les gazons qu'on a levés peuvent, sans inconvénient, être laissés tout l'hiver dans cet état, seulement il ne faut pas les entasser les uns sur les autres, mais au contraire les étendre sur la terre, dans leur position naturelle.

Si les gazons enlevés à la base du parapet et à la superficie des fossés ne sont pas suffisans, ce qu'on ne peut pas déterminer ici d'une manière générale, puisque cela dépend du plus ou moins d'épaisseur de ces gazons, il faut alors écroûter une plus grande étendue de terrain, ou se procurer des gazons ailleurs. On est aussi réduit à ce moyen pour former le parapet dans les places qui ne sont pas enherbées. Si, des deux côtés du parapet, on donne la pente convenable, la terre qu'on aura tirée du fossé suffira précisément pour remplir l'espace vide qui est entre les gazons.

Lorsque le sol est très-argileux et tenace, on peut se dispenser de former le parapet avec des gazons, il suffit alors de l'en revêtir, après qu'on l'a formé avec la terre enlevée des fossés. Lorsque le terrain est naturellement humide, cette dernière méthode est même plus sûre, parce que les gazons provenans de tels terrains étant ordinairement spongieux et pleins de mousse, ne tarderaient pas à se décomposer et à tomber en pièces, si on les plaçait les uns sur les autres. Lorsqu'on se borne à ce revêtement, les gazons enlevés de la surface des fossés suffisent le plus souvent; alors il n'est pas nécessaire de toucher au terrain enherbé qui forme la base du parapet; on peut le recouvrir immédiatement avec la terre qu'on tire des fossés, et former le parapet, en lui donnant la forme que nous avons indiquée : mais alors il faut donner d'autant plus de soins à lever les gazons dont le parapet doit être revêtu, et, surtout lorsqu'ils sont épais, les tailler en biais, de manière que, pour former le talus, ils se joignent parfaitement les uns aux autres, et que la partie inférieure de la bordure du gazon supérieur, entre sous la bordure supérieure du gazon inférieur. L'on comprend que ce revêtement doit être commencé par le bas, d'ailleurs il faut non-seulement que sa première ligne conserve une même largeur dans toute son étendue, mais que, de plus, chacun des gazons dont elle est composée soit aussi d'une même largeur. Lorsque cette première ligne est achevée, on pose alors la seconde, en ajustant les gazons, aussi bien que cela est possible, de manière qu'ils soient parfaitement joints les uns aux autres, et qu'ils entrent un peu sous le bord de la ligne inférieure; puis on en fait autant pour la troisième ligne, et ainsi

de

de suite jusqu'à ce que l'opération soit achevée. Avant d'apliquer les gazons on a dû avoir soin de bien battre la terre, de manière qu'elle présente une surface unie, et qu'il ne s'y forme pas des enfoncemens.

On plante alors sur ce parapet une haie, qu'on place ordinairement à sa sommité, ou quelquefois sur le côté, de la manière que nous indiquerons bientôt.

Dans les contrées humides, de simples fossés sont préférables pour clôtures. Quant à la manière d'établir ces fossés, nous en parlerons plus en détail, lorsque nous aurons à nous occuper du desséchement et de l'égouttement des terres.

§ 806.

L'établissement de haies vives a lieu de diverses manières, tant sur des parapets ou remparts de terre, que sur le terrain plat. On forme ces haies de diverses plantes, et on les compose ou d'une seule espèce, ou de plusieurs entremêlées les unes avec les autres.

Parmi les plantes que l'on choisit pour cet usage, les suivantes sont les plus ordinaires et les plus convenables.

L'Aubépine, Crategus oxiacantha.
L'Epine noire, Prunus spinosa.
La Rose des haies, Rosa canina.
Le Coudrier, Corylus avellana.
Le Sureau ordinaire, Sambucus nigra.
Le Charme, Carpinus betulus.
Le Groselier, Ribes grossularia.
Le Bouleau blanc, Betula alba.
L'Ormeau, Ulmus campestris.
Le Saule et les Osiers, Salix.
L'Acacia, Robinia pseudacacia.
Les Genets, Genistæ . . . . . } *
Le Fréne, Lugustrum vulgare }

Autrefois on employait fréquemment à cet usage *l'Epine vinette*, Berberis vulgaris, mais on y a absolument renoncé ; en effet on s'est aperçu que cette plante est très-nuisible aux grains qui l'avoisinent, et qu'elle exerce cette mauvaise influence jusqu'à une distance de cinquante pas.

----

* L'auteur ajoute que, dans le nord de l'Allemagne, la gelée détruit assez souvent la partie de ces deux plantes qui se trouve hors de terre, mais qu'elles repoussent ensuite de nouveaux jets.

T. III. 18

Dans le nombre de ces plantes, il faut choisir celles qui sont le plus appropriées au sol. Celles qui y croissent d'elles mêmes sont sans doute celles qui s'en accommodent le mieux, et celles sur la réussite desquelles on peut le mieux compter. Cependant, avec des soins convenables, et sur un sol bien préparé, on parvient souvent à faire réussir des arbustes qui ne semblent pas devoir s'y plaire. Lorsqu'on a des doutes à ce sujet, la prudence veut qu'on mélange ces plantes avec d'autres, qui puissent remplir leur place, si elles viennent à manquer.

§ 807.

De toutes les plantes qu'on emploie à la formation des haies, l'*Aubépine* est sans doute la plus convenable. C'est elle qui procure la clôture la plus impénétrable; elle se tient serrée; ses racines ne jettent pas de nouveaux drageons dans les champs; elle n'étouffe pas les récoltes qui sont dans son voisinage; elle n'étend pas ses branches outre mesure, et on peut la diriger de manière qu'elle n'ait besoin d'être taillée que rarement et peu à la fois. Tous les animaux la redoutent à cause de ses piquans. Elle ne fournit pas azile aux oiseaux et aux insectes, et lorsqu'elle est bien établie dans le sol, elle souffre peu de mauvaises herbes autour d'elle; mais elle veut un sol bon et glaiseux, ou une terre de jardin, et ne s'accommode ni d'un terrain trop sec, ni d'une excessive humidité.

L'on trouve quelquefois cette plante dans des taillis, où elle croit spontanément; mais cela n'est point général; les semis artificiels qu'on en fait dans les pépinières, ont un grand avantage sur les autres moyens de se procurer cette plante. Les jeunes aubépines qu'on en tire réussissent beaucoup mieux que celles qu'on arrache dans les forêts, et qui ont végété à l'ombre; c'est au reste le cas pour tous les arbustes qu'on emploie à la formation des haies. Cette circonstance doit engager les cultivateurs à établir des pépinières pour en tirer les plantes nécessaires à la formation de leurs haies. A la vérité ces pépinières demandent quelques soins; mais si on a pu les leur consacrer, dans le plus grand nombre de cas les plantons qu'on se sera procurés par ce moyen, quoique beaucoup meilleurs, coûteront moins que les sauvageons tirés des forêts.

L'aubépine est, de tous ces arbustes, celui dont l'éducation demande le plus de détails, mais elle vaut la peine qu'on lui consacre les soins qui assurent sa réussite.

En automne on recueille sa semence renfermée dans un fruit rouge, et, déjà alors, on sème ce fruit par lignes, dans une terre bonne et meuble, cependant pas trop grasse ; ou bien on la mêle avec de la bonne terre dans des vases, et on la tient pendant tout l'hiver dans un état d'humidité et de chaleur tempérées. On assure qu'un arrossement avec de la saumure de cochon contribue à la germination de cette semence.

En préparant ainsi la semence d'aubépine, et en la mettant en terre dès le printems, on obtient quelquefois que, déjà la première année, elle lève et forme de petites plantes ; tandis que, si l'on néglige cette précaution, elle ne lève qu'à la seconde et quelquefois qu'à la troisième année. Pour protéger la semence qu'on a mise en terre contre les atteintes des souris et des insectes, on la mêle avec du verre concassé ou d'autres matières de ce genre ; après quoi seulement on la recouvre de terre. La pépinière doit être tenue soigneusement nettoyée de mauvaises herbes, pour cet effet il convient que les lignes du semis soient bien distinctes, afin qu'on puisse labourer à la bêche l'intervalle qui les sépare.

A la seconde année après la germination, les jeunes plantes doivent être transportées dans la bâtardière. On leur retranche le pivot ainsi que les racines qui s'étendent trop horisontalement, afin qu'elles poussent d'autant plus de chevelu autour de la souche. *

On les place serrées les unes près des autres, dans des lignes assez éloignées pour que les plantes puissent jouir des influences du soleil et de l'atmosphère. Plus souvent l'intervalle qui sépare les lignes est cultivé, mieux les plantes réussissent. Dans les jardins, cette culture doit avoir lieu avec la bêche ou la houe à main, mais dans les grandes plantations faites en rase campagne, on la donne aussi avec la charrue ou la houe à cheval. La première année il convient d'approcher avec la charrue, ou avec la bêche, aussi près des lignes que cela se peut, afin de couper les racines horizontales des plantes ; mais, la seconde année, il convient de ne pas en approcher autant : du reste il ne convient pas d'amasser sensiblement la terre contre les plantes. Les jeunes aubépines doivent demeurer trois ou quatre ans dans la bâtardière, pour atteindre le point le plus favorable à leur transplantation à demeure.

L'on a recommandé de choisir pour ces pépinières un terrain maigre, afin de ne pas habituer les jeunes plans à un terrain trop fertile ; d'autres culti-

---

* Je ne saurais croire qu'il soit avantageux de retrancher le pivot à des arbrisseaux dont il importe que les racines latérales ne s'étendent pas trop. *Trad.*

vateurs sont d'une opinion toute opposée, et préfèrent les plantes qui ont acquis de la vigueur sur un sol riche et fécond.

Lorsque les plantes d'aubépine doivent être placées à demeure dans le lieu qui leur est définitivement destiné, il faut avoir soin de bien préparer celui ci. Si l'aubépine doit être plantée sur un parapet de terre préparé de la manière que nous avons indiquée plus haut, cela peut se faire aussitôt que ce parapet est achevé ; dans ce cas on a dû réserver la meilleure terre, celle qui était immédiatement sous les gazons, ou qui s'en est détachée, pour la placer au haut du parapet, autour des racines de l'aubépine.

Mais si la haie doit être plantée sur un terrain plat, le mieux est de défoncer une bande de terrain à deux pieds de profondeur, sur une largeur de six pieds, environ. Dans les lieux où une telle opération serait trop coûteuse pour la mettre à exécution sur une grande étendue, on pourra se borner à donner pendant l'été à cette bande de terrain, plusieurs cultures à la charrue, en faisant le premier labour aussi profond que cela est possible ; par ce moyen on ameublira le sol et on le nettoiera de mauvaises herbes.

Avant l'hiver on ouvrira le petit fossé où les jeunes plantes doivent être placées ; on lui donne ordinairement un pied de profondeur ; de cette manière la terre sera complétement ameublie et aérée tant par la gelée que par l'influence que l'atmosphère exerce sur elle durant l'hiver. Il convient de planter au printems, d'aussi bonne heure que cela est possible, lors même qu'on aurait à craindre des gelées ; on se hâte de planter les jeunes aubépines, aussitôt qu'elles ont été arrachées de la bâtardière ; mais, cette fois, on ne retranche pas leurs racines, on se borne à couper l'extrémité des branches. On a soin d'associer, autant que cela est possible, des plantes d'une même force ; quant à celles qui sont plus faibles, on les laisse dans la bâtardière, ou bien on les réunit dans une même partie de la haie, afin de leur consacrer des soins particuliers. La méthode, recommandée par quelques auteurs, d'entremêler les plantes faibles avec les fortes, est sans contredit vicieuse ; car alors les plantes les plus faibles sont apauvries et étouffées par les plus fortes.

Si l'on a à sa disposition un peu de terre noire de jardin, ou un peu de compost bien consommé, pour le mettre dans le fossé par dessus les racines, cela est fort avantageux aux plantes ; sur ce terreau, l'on ne craint pas de mettre de la terre maigre tirée du fond du fossé, afin d'empêcher, que les mauvaises herbes, dont le germe est contenu dans la terre, ne prennent le dessus.

On met, dans la ligne, les plantes à une distance de 6 à 12 pouces l'une de l'autre. Si les plantes sont fortes et saines, il suffit de les mettre à cette dernière distance. Quelquefois, pour obtenir une haie plus forte, l'on plante deux lignes d'aubépines; mais dans ce cas, il faut que les deux lignes soient éloignées à deux pieds l'une de l'autre. La plupart des cultivateurs plantent les jeunes aubépines dans une position inclinée, et presque couchées sur la terre, de sorte qu'elles se touchent les unes les autres et s'entre-croisent; ils font cela dans l'espérance de les voir croître dans cette direction oblique, et s'entrelacer spontanément les unes avec les autres; mais ils sont trompés dans leur attente, les nouveaux jets n'en poussent que d'une manière plus perpendiculaire, outre que les tiges se frottent et s'endommagent réciproquement. J'ai toujours trouvé plus avantageux de planter les aubépines dans la direction verticale ordinaire; les pousses latérales seules peuvent être réunies les unes aux autres.

L'on accélère beaucoup cet entrelacement, lorsqu'on tresse les nouveaux jets les uns avec les autres, en les attachant avec des joncs ou des petits osiers; mais cette opération est pénible et, par cette raison, elle n'est guères mise en pratique qu'autour des jardins, ou de possessions de peu d'étendue. Au reste on peut l'épargner, puisque peu à peu les branches d'aubépine s'entrelacent d'elles-mêmes les unes avec les autres, pourvu seulement qu'on soigne convenablement la haie, et qu'on ne la resserre pas outre mesure, en la taillant trop près de sa tige.

Afin que la haie se garnisse fortement de branches près de terre, il convient, une année après la plantation à demeure, de tailler les aubépines à un ou deux pouces de terre; alors elles jettent de leur souche un d'autant plus grand nombre de pousses latérales; mais il faut laisser croître ces pousses avec un peu plus de liberté, et ne pas trop les resserrer lorsqu'on les taille avec des ciseaux à la manière des jardiniers; il suffit de retrancher les pousses qui s'élèvent dans une position trop verticale, et de laisser croître les branches latérales. Il ne faut pas même se permettre, pour faire épaissir la haie dans sa partie inférieure, de ravaler trop bas et trop souvent les principales branches, lors même qu'elles s'élèveraient en l'air : autrement, à la place où l'on a fait ces tailles fréquentes, il pousse une touffe de branches, et il se forme une sorte de couronne; de cette manière la partie supérieure des plantes devient trop pesante proportionnément à la tige, et cette disposition opère un effet précisément contraire à celui

qu'on se propose : les branches inférieures s'affaiblissent , et la haie se
dégarnit près de terre. Ainsi donc , pendant les premières années , il
ne faut retrancher la sommité des aubépines que modérément, en laiss-
sant aux branches latérales toute leur longueur. Ensuite il devient nécessaire
de tailler , mais il ne faut pas le faire à la manière usitée pour les haies de
jardins , lesquelles forment une sorte de muraille perpendiculaire , ou qui,
dans leur partie inférieure, sont encore moins épaisses que dans la supérieure;
il faut, au contraire, les tenir épaisses au bas , en diminuant peu à peu cette
épaisseur à mesure qu'on s'approche de la sommité. Par ce moyen on obtient
que la haie conserve sa forme, qu'elle demeure épaisse et bien garnie près
de terre, et impénétrable. Dans la suite il suffit que cette haie soit taillée
une fois tous les cinq ou dix ans; si ce n'est qu'on juge convenable de retrancher les pousses trop vigoureuses de la sommité. On peut laisser monter
une telle haie jusqu'à 5 pieds et $\frac{1}{2}$ de hauteur, sans qu'elle cesse d'être suffisamment garnie ; à cette hauteur elle est une clôture parfaitement bonne ,
et d'autant meilleure que , près de terre, elle est plus large. Une haie de ce
genre dure très long-tems ; on en voit qui ont au-delà d'un siècle , et qui
sont encore dans le meilleur état.

§ 808.

Les haies d'*Épine noire* et de *Rosiers de haies* sont rarement dues à des
plantations faites avec intention; ordinairement elles se sont formées naturellement , par le moyen des nouveaux jets qui sortent en abondance des racines
de ces plantes. On peut les transplanter; ces arbustes reprennent facilement,
quoiqu'ils soient déjà passablement gros. On les laisse croître en liberté ; la
difficulté ne consiste qu'à les retenir dans certaines bornes , car ils ont beaucoup de disposition à s'étendre, et à prendre possession du terrain qui les
environne, par le moyen des nombreuses pousses qui naissent de leurs racines. Pour faire des haies, on emploie plus souvent ces deux espèces d'arbrisseaux entremêlées avec d'autres, que seules et sans mélange.

§ 809.

On forme les haies de *Coudrier* ordinairement en semant des noisettes
en lignes, à demeure, c'est à dire dans le lieu même où doivent séjourner
les plantes auxquelles elles donnent naissance. Ces haies réussissent très-bien
sur les parapets de terre nouvellement établis; parce que le terrain en est
comme défoncé, parce que le gazon renfermé dans ces parapets , les protége contre la sécheresse en se décomposant, et que là elles sont ordinaire-

ment à l'abri des mauvaises herbes. Mais, en rase campagne, tout comme pour l'aubépine, le terrain doit avoir été préparé à la bêche ou à la charrue, après quoi l'on fait la raie où les noisettes doivent être déposées. Il convient de faire cette raie aussitôt que cela est possible, afin que le terrain qui est autour ait le tems de s'aërer. En automne on prend le limon amassé dans les fossés, ou des feuilles à demi pourries, et on les mêle avec la terre qu'on a tirée de la raie.

Les noisettes qu'on destine à être semées doivent être parfaitement mûres; le mieux est de prendre pour cela celles qui, en automne, tombent d'elles-mêmes lorsqu'on secoue les branches qui les portent. Ces noisettes doivent être conservées pendant l'hyver dans du sable sec. *. Au printems on les dépose dans la raie qni leur a été préparée, en les mettant en lignes à 4 pouces l'une de l'autre ; ou bien, si la raie est assez large, on les range en deux lignes, après quoi on les recouvre d'environ trois pouces de terre. J'observe qu'il ne convient pas de les planter avant l'hiver, parce qu'elles courraient grand risque d'être mangées par les souris. Ordinairement les noisettes lèvent en mai, et, à la fin de l'été, elles ont atteint plus d'un pied de hauteur ; si les plantes se trouvent trop rapprochées, on en arrache de deux une, pour en transporter dans les places où il y a des vides.

Les haies de coudrier ne demandent des soins que dans les premières années ; durant ce tems elles veulent être, de tems en tems, nettoyées de mauvaises herbes. Dans la suite on les taille ras terre, de neuf en neuf, ou de dix en dix ans ; de cette manière elles fournissent beaucoup de bois, qui sert surtout aux tonneliers, et elles ne tardent pas à repousser vigoureusement.

§ 810.

On se procure des *Charmes* dans les pépinières établies à cet effet. Jadis cet arbre étoit fort recherché pour en former des haies régulières dans les jardins ; en effet, lorsqu'il est soumis à une taille rigoureuse, il forme une paroi verte serrée ; sans cela il se dégarnit dans sa partie inférieure, et tend à s'élever ; dans ce cas, et surtout si les lignes en sont doubles, il forme une clôture en guise de pieux, mais à proprement parler pas une haie. Il en est de même de l'*Ormeau*, du *Bouleau* et du *Sureau*, si on ne les recèpe pas souvent, pour leur faire pousser de nouveaux jets, ou si on ne les arrange pas de la manière que nous indiquerons à § 814

---

* N'y auroit-il pas erreur ici, et ne doit ce pas être du sable légèrement humide ? *Thad.*

§ 811.

La promptitude de la végétation de *l'Acacia*, et les piquans dont ses branches sont armées, semblent le rendre très-propre à la formation des haies, et plusieurs auteurs l'ont fortement recommandé pour cet usage; cependant je ne suis pas parvenu à en obtenir des haies serrées. En effet l'acacia pousse des jets si vigoureux, qu'ils ne tardent pas à devenir tout à fait ligneux, et ne peuvent que difficilement être retenus dans les dimensions d'une haie. Si en revanche on le laisse s'élever, il ne tarde pas à se dégarnir complètement vers le bas de sa tige. Il se pourrait cependant que je n'eusse pas saisi la vraie méthode de le diriger.

Dans les haies composées d'arbustes de divers genres, l'acacia peut produire un très-bon effet par ses piquans; cependant ceux-ci rendent le travail beaucoup plus difficile, lorsqu'on veut tailler les haies, ou qu'on en plie et incline les branches, afin de rendre ces haies plus solides.

§ 812.

En semant à demeure les haies de *Genet épineux* peuvent facilement être formées de la graine de cette plante afin de rendre ces haies plus solides; elles font une clôture assez solide, et n'ont d'autre inconvénient que celui de geler dans les hivers rigoureux.

Les haies de *Frêne* ne fournissent point une bonne clôture.

§ 813.

Les diverses espèces de *Saule* ne forment à la vérité pas des haies bien serrées, cependant elles font une sorte de clôture qui peut être utile pour contenir le bétail. On s'en sert avec avantage pour protéger immédiatement contre les atteintes des bestiaux un rempart ou parapet de terre nouvellement construit; pour cet effet on les plante entre le pied du parapet et le bord du fossé; ou bien sur la pente du premier, si l'on veut introduire à sa sommité une autre jeune haie. Dans ce cas on prend des jets de saule de deux ans, et on les coupe en morceaux d'un pied à un pied et demi de longueur, qu'on plante à environ deux pieds l'un de l'autre, et de manière qu'ils ne sortent de terre que de 5 ou 4 pouces. Dès la première année ils poussent des jets qui peuvent être attachés les uns avec les autres. Lorsque la haie du milieu du fossé peut se défendre elle même, on retranche alors celle de saule.

Dans les contrées qui ont peu d'humidité, l'espèce de saule qui convient le mieux à cet usage est le saule cassant, mais dans les lieux humides, où l'on n'a guère d'autres moyens pour former des haies, on choisit l'espèce de saule qui est la plus apropriée au sol, et on la traite de la manière que nous allons expliquer.

§. 814

§ 814.

Pour former la clôture des champs, tant sur un terrain plat, que sur un rempart ou parapet de terre, on a, le plus souvent, recours à des haies mêlées, composées des diverses espèces d'arbres ou arbustes dont nous venons de parler, à l'exclusion de l'aubépine ; ou seulement de chênes et de hêtres entremêlés ; alors on les arrange de la manière suivante, que les Allemands désignent sous le nom de *Knickmethode*.

Lorsque les plantes dont la haie doit être composée, ont parfaitement repris, on les ravale à quelques pouces au dessus de terre ; seulement on laisse de quatre en quatre pieds, une tige d'environ trois à quatre pieds de longueur pour servir de pieu ; si à une place il manque de pousses propres à à cet usage, on y plante une branche de saule ; les uns, comme les autres, doivent être en ligne aussi droite que cela est possible : de douze en douze pieds, on abandonne une pousse à sa pleine végétation, sans la raccourcir. Alors on cure les fossés, et l'on en rejette la terre contre la haie. Il est essentiel de bien observer ce dernier précepte, toutes les fois qu'on répare les fossés ; l'on commet une grande faute, lorsqu'on donne une autre destination à cette bonne terre, qui, de droit, appartient à la haie, et doit lui servir d'engrais.

Lorsque la pousse qu'on a laissée dans toute sa longueur a pris son accroissement, on lui fait deux entailles, la première très-près de terre ; la seconde à un pied plus haut. Ces entailles doivent être faites d'une profondeur telle qu'il ne reste que peu de bois avec l'écorce à l'un des côtés. L'on plie alors l'arbre entaillé, du côté opposé à l'entaillure, et on l'entrelace ou on le lie aux pieux qu'on a conservés. Cet arbre couché continue à végéter, et produit une clôture très-forte ; le jeune bois croit autour de lui, et en obtient un appui très - utile. L'on met en usage cette méthode surtout pour les haies composées essentiellement de bouleau et de coudrier. J'ai vu, par ce moyen, former des haies très-serrées, même sur des terrains très-sablonneux ; mais dans les lieux où la végétation a beaucoup de vigueur, on y a renoncé, parce que l'eau de pluie qui dégouttait de la tige coudée, nuisait aux jeunes pousses, et empêchait que la haie ne devint serrée.

§ 815.

Sur les terrains très - fertiles, on croit se trouver mieux de tailler une telle haie tous les 10 ou 12 ans près de terre, puis de la laisser recroitre à volonté. Non-seulement cette méthode demande moins de travail, mais encore elle procure une plus grande quantité de bois, et pour les terres soumises à un assolement dans lequel le pâturage occupe quelques années, cette manière est d'autant plus convenable, que les haies ne sont pas nécessaires pour les années où le sol est en culture, et qu'au contraire on préfère en être débarassé pour ce tems là.

§ 816.

Si l'on veut établir une haie vive sur un terrain uni, sans parapet et sans fossé, il faut absolument que, durant sa jeunesse, elle soit protégée contre les dommages du bétail et quelquefois aussi contre les hommes ; pour cela il faut établir devant elle une clôture sèche ; mais cette clôture n'a besoin d'autre solidité, que de celle qui est nécessaire pour protéger la haie vive jusqu'au moment où elle pourra se défendre elle-même. Quelle que soit la nature de cette haie morte , il convient de la placer à quelque distance de la haie vive, ainsi à 2, 3, et même 4 pieds ; car, si elle étoit plus rapprochée, elle priverait un côté de cette haie, de la lumière nécessaire à sa végétation, et lorsqu'on enlèverait la cloison morte, le côté de la haie verte qui était abrité par elle, serait fort éprouvé par la quantité d'air et de lumière à laquelle il serait tout à coup livré ; ainsi ces plantes faibles pourraient prendre des maladies. Si, en revanche, la clôture morte était trop éloignée et trop claire, elle ne protégerait pas les pousses de la jeune haie contre les atteintes du bétail ; cette haie serait ainsi fortement retardée dans sa végétation, et demeurerait rabougrie. Il faut aussi empêcher qu'il ne s'établisse un sentier près de la jeune haie, parce qu'une jeune haie, et surtout pas une d'aubépine, ne saurait réussir, lorsquelle est habituellement comprimée ou heurtée par les pieds des passans.

§ 817.

Des clôtures solides, et une répartition convenable des terres opérée par le moyen de haies vives, fortes et suffisamment garnies, contribuent essentiellement à la bonne administration d'un fonds, en facilitant les moyens d'en tirer des produits divers, et de le faire pâturer par dn bétail de divers genres ; c'est surtout dans les lieux qui offrent une variété des uns et des autres qu'elles sont avantageuses. Les vols et les dommages sont beaucoup plus rares dans les lieux où ces haies sont établies, que dans des champs ouverts. Outre cela une province toute entrecoupée de fossés et de remparts de terre plantés de haies , me parait présenter des obstacles presqu'invincibles à de invasions hostiles, surtout si le pays est convenablement défendu par une bonne infanterie légère. La cavalerie et l'artillerie ennemies doivent y être absolument arrêtées. La contrée toute entière devient une forteresse non

interrompue; et si, comme cela serait très-faisable, la distribution des clos
et des fossés était tant soit peu soumise à des considérations militaires, le
pays pourrait être défendu, par ce moyen, beaucoup mieux que par des for-
teresses proprement dites, et cependant il en coûterait bien moins à l'Etat
pour faire ainsi de toute une contrée une forteresse non interrompue, que pour
établir autour des villes ces fortifications qui sont une calamité pour elles.

MOYENS D'ASSAINIR ET EGOUTTER LES TERRES.

§ 818.

Les moyens de faire écouler les eaux surabondantes et dommageables doivent
être classés parmi les sujets les plus importans de l'agriculture. L'assainissement
des terres doit précéder tout perfectionnement dans la culture; puisque, sans
cet assainissement, le perfectionnement demeurerait sans aucun effet. Un égouttement convenable des eaux protége la récolte en végétation et contribue essentiellement à sa réussite; ce seul moyen a suffi pour rendre la fécondité à des
plaines stériles, et pour leur faire atteindre une grande fertilité. Mais aussi l'art
de l'assainissement et de l'égouttement des terres, est-il un des plus difficiles et
des plus compliqués de ceux qui appartiennent à l'agriculture. Les cas y sont
d'une variété infinie, tant à l'égard des causes, qu'à celui des moyens à employer; vouloir les prévoir et les désigner tous serait une entreprise inutile,
puisque chacun d'eux a ses particularités. Il suffit sans doute d'avoir une idée
claire des lois que l'eau suit dans ses mouvemens, et de sa manière de se com-
porter envers les corps solides; en un mot, des diverses causes de l'excès d'humidité; pour pouvoir bien distinguer, pour pouvoir saisir avec précision chaque
cas particulier, avec les causes auxquelles il est dû. Alors les moyens les plus
efficaces et les plus appropriés au local se présentent d'eux-mêmes. L'enseignement de tout ce qui se rapporte aux conduits d'eau de grandes dimensions,
devrait, sans aucun doute, être précédé de la théorie de l'hydraulique, de
l'hydrodynamique, de l'hydrostatique, et des principes mathématiques sur lesquels cette partie de la science repose. Mais comme ici je ne dois prendre
pour base que les connaissances qu'on peut attendre de tout agriculteur doué
de réflexion, je me bornerai à développer ici ce qui peut l'être indépendamment de ces branches de la science; c'est-à-dire ce qui ne sort pas de la sphère
d'activité du cultivateur proprement dit, et, dans cette classe, nous ne pouvons
point ranger le desséchement de districts étendus, et les moyens de les
protéger par des digues de grandes dimensions; ni le creusement et l'établissement de canaux considérables. Ces choses doivent être confiées à des ingénieurs

très-habiles, qui aient fait de la conduite et de la direction des eaux leur étude principale ; encore, même chez ceux là, la science a-t'elle rarement été poussée à ce degré, qui seul peut mettre à l'abri des fautes, et épargner de grands mécomptes.

§ 819.

L'on sait que l'eau, en raison du peu d'adhérence que ses parties ont entr'elles, circonstance qui constitue la fluidité, que l'eau, dis-je, a la propriété ou la disposition d'occuper, avec chacun de ses molécules, la place la plus basse qu'elle puisse atteindre, et de se mettre ainsi de niveau ; autrement, de former une surface horizontale. Ce fluide n'agit pas, avec une force égale à sa pesanteur, uniquement sur sa base, comme le font les corps solides ; mais aussi sur les côtés qui le renferment. Sa pression se prolonge aussi long-tems que l'adhérence des parties de l'eau n'est pas interrompue. C'est par cette raison que, lorsqu'on introduit de l'eau dans deux tubes qui communiquent l'un avec l'autre dans leur partie inférieure, cette eau se met dans une position horizontale, c'est-à-dire qu'elle monte dans un tube, précisément à la même hauteur que dans l'autre, ou qu'elle se place de niveau. Les dimensions des tubes n'ont en cela aucune influence ; lors même que l'un d'eux serait beaucoup plus grand que l'autre, l'eau n'y conserverait pas moins le même niveau, par ce que cette pression n'est en général point empêchée par le frottement. Au contraire dans un tuyau d'un très-petit diamètre, l'eau pourrait s'élever davantage que dans un autre de plus grandes dimensions, qui lui serait réuni ; cette circonstance a pour cause l'attraction que les corps solides exercent sur l'eau, d'après la loi connue des tubes capillaires. La terre meuble agit de la même manière que ces tubes capillaires ; pour se convaincre de ce fait, il suffit de placer un pot rempli de terre et percé de trous à son fond, dans une aiguière où l'on a mis de l'eau ; on ne tardera pas à voir que l'humidité se communique à la terre, à une élévation beaucoup plus grande que le niveau de l'eau dans l'aiguière.

§ 820.

Le sol est formé de couches de terre et de pierre, desquelles les unes sont pénétrables à l'eau et par conséquent s'unissent à elle, tandis que les autres sont impénétrables à ce fluide, et empêchent son passage. Le terreau, la tourbe, le sable, le gravier, la chaux pulvérulente ou la craie, toutes les pierres d'un tissu poreux, les schistes et les rochers entrecoupés de fissures, sont des corps perméables. Les rochers denses, divers autres fossiles, et surtout l'argile et la glaise tenace, sont au contraire des corps imperméables, qui arrêtent la communication de l'eau, et enferment ce fluide. Lorsque ces derniers ont été comprimés et qu'ils sont saturés d'eau à leur superficie, ils ne laissent point passer l'eau, ils lui résistent au contraire, comme le métal et le bois dur. Les terres mélangées laissent plus ou moins passer l'eau, selon la proportion de leurs combinaisons, et la grandeur de leurs pores.

Toute l'eau que nous avons à la surface du sol, nous la devons à ces couches alternatives et interrompues, aux diverses stratifications et aux conduits de ces corps perméables et imperméables, qui s'étendent dans notre sol à une profondeur à laquelle on n'a point encore pénétré. Si ces couches perméables n'étaient pas interrompues, l'eau s'enfoncerait de plus en plus jusqu'au centre de notre globe, ensorte que les fleuves et la mer elle-même ne tarderaient pas à disparaître. Si, au contraire, la surface de la terre était formée d'une surface imperméable, l'eau s'écoulerait à la mer, immédiatement après être tombée de l'atmosphère ; alors il n'y aurait ni sources ni fontaines. Mais les terres imperméables sont mêlées de perméables, tout comme les corps animaux sont garnis de veines, et il n'y a guères de places où l'on ne rencontre de l'eau, quoique souvent à une grande profondeur.

Dans les corps perméables, l'eau pénètre aussi profondément, et s'étend sur les côtés aussi loin qu'elle en a la possibilité, c'est-à-dire, jusqu'à ce qu'elle rencontre un corps imperméable qui s'oppose à son passage. Ainsi donc un terrain perméable, qui repose sur une couche imperméable, et est entouré à ses côtés jusqu'à une certaine hauteur par un sol qui refuse également le passage aux eaux, un tel terrain, dis-je, forme un réservoir d'eau, ses pores sont remplis de ce fluide.

Ce réservoir absorbe l'eau jusqu'à ce qu'il en soit saturé, et que le liquide regorge par dessus les parois ; lorsqu'il tombe d'enhaut une quantité d'eau plus grande que le réservoir n'en peut contenir, l'excédent doit nécessairement se répandre au-dehors. Si les parois étaient partout d'une hauteur égale, et que la bordure en fut parfaitement horizontale, l'eau surabondante s'écoulerait d'une manière égale de tous les côtés. Mais comme ce cas n'a lieu que rarement ou jamais, l'eau s'écoule ordinairement par la place où les parois sont plus basses. Souvent cette place est très-étroite ; comme par exemple cela se voit à un bassin dont le bord a été cassé, ou auquel on a fait une entaille, ou bien comme le canal par lequel un ruisseau sort d'un lac. Par le moyen de cette ouverture, le réservoir se décharge de son eau surabondante ; à moins que la quantité d'eau qu'il reçoit d'enhaut, ou la pression qu'il éprouve, soient telles que cette ouverture devienne insuffisante pour laisser le passage à l'eau. Dans ce cas l'eau peut s'élever dans le réservoir à une hauteur plus grande que celle qui lui est habituelle, et s'écouler encore par d'autres places plus élevées.

§ 821.

Le résultat est le même, soit que ces réservoirs aient leur écoulement à la surface du sol et se présentent à notre vue, comme les lacs, les étangs ; soit qu'ils se trouvent à une plus grande profondeur, et recouverts par une couche considérable de terre.

Il est également indifférent que ces réservoirs ou leurs débouchés soient formés par des espaces vides et ne contiennent que l'eau, ou bien qu'ils soient remplis de terres et de pierres poreuses, lesquelles reçoivent et laissent passer l'eau dans leurs fentes et dans leurs pores. Toute la différence consiste en ce que ces dernières reçoivent et laissent passer une quantité d'eau moins considérable, et qu'elles ne lui laissent pas un cours tout à fait aussi libre, que si cette eau n'y étoit mélangée avec aucun corps, c'est-à-dire, qu'elle occupât seule l'espace. Mais la pression et l'addition par dessus cette eau, d'une autre eau qui soit en communication avec elle ou avec le réservoir en général, doivent, à la longue, nécessairement faire opérer cet écoulement. De même lorsqu'un réservoir placé dans une position plus élevée communique avec un réservoir inférieur par le moyen d'un tuyau ouvert, ou, ce qui revient au même, par une couche de terre perméable, ce dernier réservoir reçoit la pression et l'écoulement du premier, jusqu'à ce que l'eau de tous deux se trouve de niveau, c'est-à-dire en ligne horizontale, comme cela a lieu dans deux tuyaux placés verticalement et qui communiquent l'un avec l'autre dans leur partie inférieure.

Quoique ces faits soient assez universellement connus, j'ai cru devoir les rappeler ici, afin de pouvoir me faire comprendre dans les paragraphes qui vont suivre, sans courrir le risque d'être trop verbeux.

§ 822.

Je passe maintenant aux considérations et aux précautions aux quelles on doit s'arrêter, toutes les fois qu'il s'agit d'opérer l'écoulement de quelqu'eau nuisible.

Pour procurer cet écoulement, il faut, tirer le niveau c'est-à-dire mesurer la hauteur du point où est située l'eau qu'on veut emmener, celle du lieu où l'on veut la conduire, et celle de tous les points intermédiaires où elle doit passer. L'art du nivellement s'applique à cette opération. *

§ 823.

Pour se débarasser des eaux, on a ordinairement recours aux fossés ou tranchées.

Ces fossés ou tranchées se distinguent en deux classes, selon le but ou l'usage au quel ils sont destinés.

1°. Fossés destinés à rassembler les eaux.

2°. Fossés destinés à leur procurer un écoulement; à en purger et débarasser les terres; fossés ou tranchées d'égouttement ou assainissement.

Les premiers, par le moyen des quels on se rend maître de l'eau qui s'écoule d'une colline, et empêche qu'elle ne se répande sur la plaine qui est au dessous, doivent couper en travers la pente du terrain. Le plus souvent il convient qu'ils soient parfaitement horisontaux à leur base; qu'ils aient, comme l'on dit, un niveau mort. Cependant il est nécessaire que la ligne horisontale qui forme le fond du fossé, soit un peu plus profonde que la couche du sol sur la quelle repose ou coule l'eau qu'il s'agit d'emmener.

Les fossés d'écoulement, soit qu'ils aient pour but d'emmener immédiatement les eaux qui s'écoulent du sol, soit qu'ils soient destinés à fournir un chemin aux eaux rassemblées par les fossés de la première espèce; ces fossés d'écoulement, dis je, doivent incliner vers le bas de la pente, et avoir quelque chute. Mais, dans le plus grand nombre de cas, cette chute ne doit point être très sensible; un pouce sur 20 perches est la pente que l'on admet comme convenance moyenne; souvent même il est nécessaire d'éviter de donner à ces fossés une pente plus sensible, de peur qu'il ne courrent risque d'être endommagés par les eaux; quelquefois même il est nécessaire de donner plus de longueur au fossé, afin qu'il ait une pente plus douce.

§ 824.

Lorsqu'on veut creuser un tel fossé, il faut, avant tout, déterminer la profondeur et la largeur qu'il doit avoir dans sa partie la plus basse, dans celle sur la quelle l'eau repose. La profondeur qu'il doit avoir au dessous de la superficie du sol, doit être déterminée de place en place, à l'aide d'un nivellement, on donne alors au fossé un profil ou une largeur proportion-

---

* L'Auteur renvoie les agriculteurs qui n'ont pas la pratique du nivellement, à l'ouvrage intitulé : *Gillys praktische Anleitung zur Anwendung des Nivellirens oder Wasserwägens in den bey der Landescultur vorkommenden gewæhnlichsten Fællen.* Berlin 1804.

nés au volume d'eau qui doit y passer. Comme le fossé doit quelquefois être
horisontal, d'autrefois avoir quelque chûte; suivant que la surface au travers
de laquelle il passe, va en remontant, ou qu'elle a de la pente; on lui donne
une profondeur plus ou moins grande, qu'on détermine avec précision à chaque ondulation du sol, par le moyen du niveau. La largeur du fossé, à sa
sommité, doit être déterminée d'après la largeur qu'il a à sa base, et d'après
sa profondeur, afin que ses côtés aient toujours un talus convenable. Lorsque
le terrain est solide, on adopte ordinairement pour proportion, que la sommité
du fossé ait le double de sa hauteur, plus la largeur de sa base. Si donc un fossé
a 3 pieds de hauteur et 2 de largeur dans le fond, il devra avoir à sa sommité 3+
3+2=8 pieds. Si la surface au travers de laquelle le fossé doit passer s'élève d'un
pied, ce fossé aura à sa sommité 10 pieds de largeur; si elle s'élève de 2 pieds,
cette largeur sera poussée à 12 pieds, afin que les côtés du fossé conservent partout la même inclinaison ou le même talus, et forment, avec la base
de ce fossé, un angle obtus de 135 degrés. Dans des terrains sablonneux ou
marneux qui se détachent facilement, ce talus n'est souvent pas suffisant ;
à tel point même que l'on est obligé de rélargir le fossé à sa sommité,
d'une moitié ou d'un tiers; il n'est même pas rare qu'on doive donner aux
fossés une forme tout à fait arrondie, dont le profil soit semblable à
un arc renversé, et dans ce cas là on le laisse enherber, de sorte qu'il
fournit de l'herbe pour la nourriture du bétail.

§ 825.

Le plus souvent on fait exécuter le creusement des fossés, à la tâche,
en en réglant le prix d'après la mesure cubique de la terre à enlever; mais
le travail est plus ou moins difficile, suivant la nature du sol où le creusement doit être opéré. Lorsque le sol est sablonneux et menble, le creusement
d'une surface de 144 pieds de Rhin carrés, sur une épaisseur d'un pied, ne
coute ordinairement que 3 gros; si le sol est très-argileux et très-fort, le double, et dans les terres moyennes, en proportion du plus ou moins de tenacité
qu'elles ont. Au reste ce prix ne dépend pas moins de la profondeur à laquelle
on doit creuser, car, comme l'extraction de la terre est d'autant plus difficile
que cette terre est à une plus grande profondeur, il faut que le salaire des
ouvriers soit plus fort lorsqu'ils doivent creuser plus bas; autrement ils ne se
tireraient point d'affaire.

Lorsqu'on creuse un fossé, il est très-essentiel d'en jetter la terre assez
loin, non seulement pour qu'elle n'exerce par sur les bords de ce fossé une
pression nuisible, mais encore pour que, dans le cas assez fréquent où l'on
serait

serait obligé de rélargir ce fossé, la terre enlevée la première fois n'y apporte pas d'empêchement.

Je dois observer ici qu'il ne suffit pas de tracer un fossé et de le creuser, mais qu'il faut encore avoir soin de le curer et de l'entretenir; que, par-conséquent, il faut prévoir non‑seulement les frais d'établissement, mais encore ceux d'entretien, lesquels varient suivant les localités et les circonstances.

Je parlerai plus bas des aqueducs et tranchées souterraines.

§ 826.

Pour débarrasser le sol de l'humidité qui lui est nuisible, il faut, avant tout, bien distinguer parmi le grand nombre de causes auxquelles cette humidité peut être due, quelle est la véritable; afin de saisir, pour y remé-dier, les moyens les plus efficaces et les plus adaptés à la localité.

Les causes qui produisent une humidité excessive dans le sol, peuvent être rangées sous les quatre classes suivantes; c'est-à-dire que cette humidité peut provenir

A. De l'eau que l'atmosphère a déposée et cumulée à cette place, et qui n'a pu, ni pénétrer dans la couche inférieure du sol, ni s'écouler suffisamment dans quelque lieu inférieur.

B. De l'eau qui s'écoule d'une contrée plus élevée, et qui est retenue à la superficie du sol par des aspérités ou par des élévations, lesquelles la forcent à rester en place jusqu'à ce qu'elle soit évaporée.

C. De l'eau qui vient des hauteurs en passant dans les couches inférieures du sol, et qui reflue à la surface de celui-ci, ou forme de véritables sources, qui, cependant, n'ont pas un écoulement libre.

D. De cours d'eau qui, de tems en tems, ou d'une manière permanente, couvrent d'eau les terres qui les avoisinent, soit en se débordant, soit en suintant peu à peu, ou qui, par a hauteur de leur lit et de leur superficie en général, empêchent l'écoulement des eaux qui sont descendues dès les hauteurs, et se sont amassées dans les bas fonds.

§ 827.

A. L'eau qui est tombée immédiatement de l'atmosphère devient nuisible, lorsqu'elle est en trop grande abondance, et qu'elle manque d'écoulement prompt.

Si la couche de terre végétale est composée d'argile, de chaux, ou de glaise tenace; cette couche n'est labourée qu'à sa surface, et, d'ordinaire, très-superficiellement, à cause de la difficulté dont est le travail dans les sols de ce genre : la couche inférieure est, le plus souvent, fortement durcie; de sorte qu'elle laisse d'autant moins écouler l'eau qui se trouve au-dessous d'elle, et que la couche supérieure en est saturée promptement et à tel point que, lorsqu'il s'y joint une nouvelle quantité d'eau, la terre se trouve transformée en une espèce de bouillie, état dans lequel elle est extrêmement nuisible aux plantes, et occasionne bientôt la putréfaction de leurs racines, parconséquent leur mort.

Ce n'est pas ici le cas où des tranchées souterraines, c'est-à-dire des fossés recouverts, puissent être d'une grande utilité ; car, comme ces tranchées sont recouvertes de tout au moins 9 ou 10 pouces de terre, cette couche est trop épaisse pour que l'eau puisse passer au travers, pour entrer dans la tranchée. Toutes les fois que l'on n'a pas eu égard à cette circonstance, les tranchées souterraines sont demeurées sans effet, ou, du moins, elles n'en ont eu qu'un de très-courte durée, parce que la terre dont on les avait recouvertes, quoique meuble alors, n'avait pas tardé à se durcir, et à former au-dessus de la tranchée une masse imperméable.

Pour assurer à un champ les avantages qu'on cherche à lui procurer par ces tranchées souterraines, il faut, avant tout, recourir à des labours profonds, et à des amendemens de fumier qui bonnifient et ameublissent la terre, et qui la rendent perméable, sur une épaisseur au moins égale à celle de la couche qui recouvre les tranchées.

§ 828.

Dans ces cas là les tranchées ouvertes sont souvent préférables aux souterraines. Quelquefois on a recours à ces tranchées ou fossés découverts, pour l'assainissement d'un sol uni, et alors on leur donne la direction où la pente est la plus sensible, c'est-à-dire celle qui conduit plus promptement l'eau dans le lieu où elle doit arriver ; d'autrefois, dans les travaux du labour, on divise le terrain en planches médiocrement relevées et bombées, séparées par des rigoles d'écoulement profondes, qu'on a soin de tenir bien ouvertes. Outre cela, lorsque le besoin le demande, on réunit ces rigoles par des raies d'écoulement transversales, qui coupent les planches ou billons, et empêchent la stagnation des eaux ; de cette manière on conduit celles-ci dans les lieux où elles doivent trouver leur écoulement, dans quelque fossé, ruisseau ou étang. Lorsque les champs sont conservés plats, il importe beaucoup que les raies d'égouttement aient la distribution, la direction et la pente la plus convenables. Il est toujours désavantageux de multiplier trop ces raies, non-seulement parce qu'il en résulte plus de travail, et parce qu'elles font perdre de la place, mais aussi parce que, lorsqu'elles n'ont pas un écoulement suffisant, elles sont nuisibles plutôt qu'avantageuses, et que, dans la suite, il en résulte des aspérités sur le sol. Lorsque ces raies d'écoulement partent d'une place basse et qu'elles traversent des lieux plus élevés, elles produisent un effet tout contraire à celui qu'on en attendait, c'est-à-dire qu'elles servent de canal pour amener de nouvelles eaux stagnantes à la place qu'il s'agissait d'égoutter. Dans ce cas il vaut beaucoup mieux pratiquer un fossé tout autour de la hauteur qui entoure le bas-fond, afin de couper les eaux qui, sans cela, s'écouleraient dans celui-ci, et de les emmener avant qu'elles soient descendues au-dessous de la place où elles doivent passer. Tout comme un défaut de pente suffisante pour l'écoulement de l'eau pourrait être nuisible, de même une chute trop sensible doit être soigneusement évitée; parce que, lorsqu'il tombe des pluies abondantes, elles pourraient entraîner avec elles la terre sur laquelle l'eau passe, et occasionner des ensablemens au pied des collines. Dans des positions de ce genre il faut prolonger le cours des conduits d'eau, afin de leur donner une pente très-douce, et que l'eau, s'écoulant d'une manière plus lente, n'occasionne pas de dommages sensibles. Ordinairement plus la superficie d'un champ est, de sa nature, difficile à égoutter, plus sa culture demanderait de réflexion et de sens, plus on y voit de travaux absurdes et mal combinés. Plusieurs cultivateurs croient donner des preuves frappantes de leur activité et de leur industrie, en coupant leur champ dans tous les sens et dans toutes les formes, par le moyen de raies d'écoulement, de sorte que ce terrain ressemble presque au modèle d'une place de guerre entourée de nombreux ouvrages avancés; mais cet excès est également sans utilité, et produit des inconvéniens de divers genres.

Le plus souvent on se sert d'une charrue pour former les raies d'écoulement, et ordinairement d'une charrue à deux versoirs, qui, complétant la raie en un seul trait, permet d'en faire une en allant et une seconde en revenant; mais on a aussi des charrues faites pour ce but particulier. Le soc de ces charrues, dans sa partie antérieure, a la forme d'un coin, tandis que sa partie postérieure est quadrangulaire; elles sont munies de deux versoirs élevés, un de chaque côté. Ces charrues forment une raie rectangulaire, et les deux versoirs étendent la terre qui en a été extraite, sur les bords tout à côté, de manière qu'elle ne retombe pas dans la raie. Mais lorsque les raies d'égouttement doivent avoir quelque profondeur, ces instrumens présentent une grande résistance, ils demandent une grande force de trait, et comme le fond de la raie qu'ils tracent est toujours parallèle à la superficie du sol, elles deviennent inefficaces, lorsqu'elles traversent une surface raboteuse ou qui a des ondulations;

alors l'eau y est arrêtée dans sa course, à moins qu'on ne lui fraie une voie, en approfondissant la raie avec la pelle, dans les places où cette raie va en remontant *. Les raies destinées à l'égouttement des terres réussisent bien mieux lorsque, pour les faire, on se sert de notre charrue à deux versoirs mobiles. On peut mieux faire pénétrer cet instrument plus profondément, toutes les fois que cela est nécessaire. D'abord on ouvre moins les versoirs, et l'on donne moinsde terre à la charrue; puis, pour passer une seconde fois dans la raie aux places où le sol plus relevé le demande, on ouvre ces versoirs, et l'on introduit l'instrument plus profondément; ensorte que le fond de cette raie, prenant une pente uniforme, fournisse aux eaux un écoulement suffisant. Cette charrue forme une raie anguleuse dans sa partie inférieure, tandis que ses deux côtés ayant une inclinaison très-convenable, tiennent d'eux-mêmes et n'ont, le plus souvent, pas besoin d'être réparés avec la pelle; seulement il faut ne pas tarder à étendre avec le râteau et d'une manière uniforme, la terre amassée par les versoirs sur les bords de la raie, surtout lorsque cette raie a été faite d'abord après la semaille, de peur que la semence ne soit étouffée sous cette couche de terre.

Plusieurs cultivateurs font ces raies uniquement à la main, à l'aide de la bêche et de la pelle.

De quelle manière que soient faites les raies d'égouttement, il est indispensable de leur donner des soins, et de les réparer de tems en tems, surtout à l'époque critique de la fonte des neiges, parce qu'on ne peut jamais prévenir entièrement leur ensablement.

§ 829.

L'on ne saurait nier cependant, que des raies d'égouttement très-multipliées, ne laissent quelquefois sur le terrain de petites aspérités, qui ne peuvent pas facilement être effacées. Lorsque le sol est tenace, ces aspérités sont désavantageuses dans quelques places, elles nuisent au succès des semailles. Cette circonstance me fait donner la préférence aux billons larges et légèrement bombés pour les terrains dont la surface est unie et a peu de pente, surtout si l'on peut donner à ces billons une direction telle, que l'eau s'écoule facilement par les rigoles qui les séparent. Mais je ne voudrais pas que, sur une largeur de deux à trois perches, ces billons eussent, au milieu, plus de 6 à 8 pouces d'élévation au de-là de ce qu'ils ont auprès des rigoles; encore faudrait-il que la terre n'y fût pas amoncelée en côte, mais, qu'au contraire, en labourant, on eût soin de repartir la courbure ou le bombement d'une manière uniforme et insensible sur toute la largeur du billon.

---

* Voyez *Beschreibung der nutzbahrsten Ackerwerkzeuge.* Part. I. Pl. I. *A.*

Comme ici les rigoles, et particulièrement pour les grains d'automne, se trouvent toujours à la même place, leur direction doit être déterminée avec plus de soin, et l'on doit disposer les choses de manière qu'il ne reste sur les sillons aucun enfoncement, surtout pas plus profond que les rigoles. Les rigoles qui séparent les billons doivent être soigneusement achevées, et tenues toujours parfaitement ouvertes, par tout où l'écoulement des eaux l'exige ; elles doivent être mises en communication les unes avec les autres par le moyen de fossés transversaux. Au reste, pour que les raies d'égouttement en général produisent leur effet, un canal d'écoulement qui reçoive leurs eaux et ait une pente suffisante, est absolument nécessaire. Dans les lieux dépourvus de cet avantage il faut creuser dans la partie la plus basse et la plus humide du champ, une fosse assez profonde pour recevoir les eaux, et sacrifier cette portion du terrain pour sauver le reste.

§ 830.

Il arrive le plus souvent, que, quoique la couche de terre végétale soit assez meuble pour laisser passer l'eau, elle a au-dessous d'elle une couche imperméable, qui ne permet point à cette eau de s'égoutter; si la couche de terre végétale est profonde, elle peut mieux supporter une quantité de pluie assez forte, parce que l'eau y trouve de l'espace, et qu'ainsi elle ne reflue pas sitôt jusqu'à la surface du sol ; mais si la quantité d'eau devient assez grande pour ne pouvoir plus être contenue dans les interstices de la partie du sol qui forme la couche végétale, la terre souffre alors d'autant plus long-tems de l'humidité, et cette surabondance d'eau se dissipe d'autant plus tard, que la couche qui en est saturée sera épaisse.

En parlant des labours, nous nous sommes occupés des moyens d'aprofondir la couche de terre végétale.

Plus la couche cultivée est épaisse, plus les raies d'égouttement doivent avoir de profondeur; car, pour produire l'effet qu'on en attend, il faut qu'elles descendent jusques dans la partie imperméable du sol. Si l'on n'a pas eu soin de donner cette profondeur à ces raies, l'eau, au lieu de s'écouler par leur moyen, pénétre au contraire dans la terre meuble : au reste si elles étoient disposées dans la direction de la pente, elles produiraient peu d'effet, puisqu'elles n'attireraient tout aux plus que l'humidité renfermée dans la terre qui est auprès de leurs bords, tandis que l'autre pénétrerait plus avant, jusque sur la couche imperméable, sans atteindre les raies d'écoulement.

Il faut donc que ces rigoles soient presque horizontales, et coupent transversalement la pente, afin de prendre à son passage l'eau qui s'égoutte, et de la conduire dans un canal d'écoulement qui l'emmène. Si les parois et le fond des rigoles ne sont pas assez compacts pour ne pas laisser pénétrer l'eau, celle-ci rentre dans le sol et , suivant les lois de la pesanteur, se répand dans une nouvelle portion du champ, jusqu'à ce qu'elle soit arrêtée par une autre raie d'écoulement.

Des raies d'égouttement aussi profondes, présentent de grands inconvéniens, puisque à chaque labour elles sont détruites, et que, surtout lorsqu'il s'agit de préserver de l'humidité un terrain qui y a de la disposition, après chaque labour il faut les faire de nouveau ; à la vérité rarement on se donne ce soin, à cause du travail considérable que cela occasionne et de celui qu'il en coûte pour épandre sur la superficie du sol la grande quantité de terre qu'on sort de ces raies. D'ailleurs à la place où étoient les anciennes raies d'égouttement il reste des enfoncemens, et si les nouvelles raies ne se trouvent pas à la même place, il se forme, à la place de ces premières, des amas d'eau qui nuisent essentiellement aux récoltes ; cela a lieu surtout après la fonte des neiges. Lorsque ces neiges fondent rapidement, et lorsqu'il tombe des pluies d'orage très-abondantes, les raies d'égouttement ainsi profondes , quelque soin qu'on ait pris pour les bien accomplir, occasionnent assez souvent de petits éboulemens sur leurs bords, et entrainent des terres voisines : aussi dans les cas où des raies d'écoulement profondes sont nécessaires, les tranchées souterraines, ou fossés d'écoulement couverts , sont particulièrement avantageux ; il n'est pas rare même que les frais d'établissement qu'ils ont coûtés, se trouvent payés en un ou deux ans , lorsqu'ils ont été appliqués à un sol humide, froid et aqueux. Si ces tranchées ont été disposées convenablement, on peut laisser le champ absolument plat, et le labourer alternativement dans tous les sens, et presque par tous les tems et dans toutes les saisons, sans qu'il souffre de l'excès d'humidité.

§ 831.

Dans l'établissement des tranchées souterraines, il y a principalement deux choses à observer. 1°. Si le terrain a une pente sensible, pour produire leur effet, elles ne doivent jamais être disposées dans le sens de cette pente, elles doivent au contraire la couper transversalement, parce que, sans cela, elles ne rassembleraient pas toutes les eaux qui découleraient de ce sol. Dans leur direction transversale, elles doivent cependant avoir une légère inclinaison vers le point où l'eau a son écoulement ; mais cette inclinaison ne doit pas aller au delà d'un pouce sur 10 perches, autrement elles pourraient facilement se combler. Il s'entend de soi-même qu'on ne doit point se régler d'après les aspérités de la surface du sol, mais d'après sa base horizontale.

Le mieux, pour ces tranchées souterraines est de leur donner issue dans un fossé ou canal d'écoulement , qu'on garnit de pieux, afin qu'il ne s'écoule pas, et qu'on puisse toujours le reconnaître. Quelquefois on réunit plusieurs tranchées souterraines dans une seule ; cependant il faut éviter cela autant qu'on le peut, parce qu'il n'est pas rare qu'elles se bouchent, et qu'alors on ne découvre pas facilement où est le mal.

Le canal d'écoulement doit avoir une pente telle , que jamais l'eau qu'il contient ne reflue jusqu'à la sommité de la tranchée, à la place où celle-ci se décharge de ses eaux.

On donne à ces tranchées des profondeurs variées ; si, sous une couche de terrain poreux, il s'en trouve une qui soit imperméable, il faut pénétrer jusqu'à celle-ci, et y creuser le canal dans lequel l'eau doit couler ; si, au contraire, la couche de terre argileuse a peu d'épaisseur, il suffit que la tranchée soit recouverte d'un pied de terre, ou même seulement de 10 pouces, lorsque la terre qui est à la surface du sol est passablement tenace ; bien entendu cependant que le labour ne doive pas excéder 6 pouces de profondeur. Dans les terres légères et meubles, il faut quelquefois que la tranchée soit recouverte de 18, et même de 24 pouces de terre. Au reste cette épaisseur subit des modifications, si la tranchée passe au travers d'un élévation , circonstance que cependant on doit éviter autant que cela est possible. Il suffit que la partie de la tranchée qui est destinée au passage de l'eau ait de 9 à 10 pouces de hauteur. Quant à la largeur de cette partie , le plus souvent une fort peu considérable suffit ; cela dépend de la nature des matériaux avec lesquels on doit remplir la tranchée , si celle-ci doit être garnie avec des pierres brutes ramassées dans les champs, elle doit avoir à sa sommité 16 pouces, et au bas 10. Si on la remplit avec des branchages, on lui donne au plus 12 , et souvent seulement 9 pouces dans sa partie supérieure, et dans l'inférieure 2 ou 3 pouces.

En creusant ce fossé, l'on donne à son ouverture, à la superficie du sol, assez de largeur pour qu'on puisse travailler commodément dans le fossé, et creuser à la profondeur nécessaire.

Dans les grandes entreprises, il est d'usage de commencer l'ouverture du fossé avec la charrue. L'on jette deux tranches de terre, l'une à la droite, l'autre à la gauche, en laissant entre les deux raies une bande de terre d'environ 15 pouces de largeur. L'on fend ensuite cette bande avec une forte charrue à double versoir. Au premier trait de cette charrue on l'introduit à environ un pied de profondeur ; au second trait on s'efforce de fouiller le sol à 6 ou 8 pouces plus bas, et on éloigne la terre du bord, de peur qu'elle ne retombe dans le fossé durant le travail.

On accomplit alors le creusement avec des instrumens à main, en ayant recours d'abord à une bêche de l'espèce ordinaire, qui est un peu plus étroite en bas qu'en haut, puis à une autre qui, dans sa partie supérieure, n'a pas plus de largeur que la première n'en avait dans l'inférieure, et qui, à son extrémité, n'a que trois pouces de largeur. En creusant successivement, à l'aide de ces deux instrumens, et avec un peu de soin dans le travail, le fossé se trouve, du premier abord, avoir atteint la régularité convenable. On unit alors les parois, puis à l'aide d'une pelle creuse et recourbée, on enlève du fond toute la terre meuble qui y est tombée.

Ensuite on garnit la partie du fossé qui doit servir au passage de l'eau, ordinairement avec des pierres ou avec des branchages, suivant que l'on peut plus facilement ou plus économiquement se procurer des unes ou des autres. Si l'on a, dans le champ même, des pierres répandues à sa surface, on leur donne la préférence. On mêle alors les grosses avec les petites *, en les jetant dans la tranchée, et en ayant la précaution de placer les plus larges et les plus plates le long des parois. Si l'on a recours aux branchages, on en forme des fascines ou, mieux encore, on les place un à un, en ayant soin de mettre les plus gros au fond du fossé, et les plus minces au-dessus.

L'expérience a appris que les bois légers et aquatiques sont plus avantageux pour cet usage, et plus durables que les bois durs; qu'ainsi les branches d'aulne, de saule, de peuplier, sont préférables à celles de sapin, de genevrier et d'autres bois résineux. Mais il est essentiel que ces branchages soient fraîchement coupés, c'est-à-dire verts et en pleine sève. Au reste l'on fait usage de ce qu'on peut avoir.

En général on a trouvé que les tranchées remplies avec du bois, demeu-

---

(*) Toutes les fois que la tranchée n'a qu'une pente insensible, je crois plus convenable de placer les pierres les plus grosses au fond de la tranchée, et, autant que cela se peut, de manière qu'elles laissent entr'elles un canal vide, pour le passage de l'eau; on recouvre alors ces pierres avec de moins grandes, en réservant les plus petites pour le dessus. Si l'on a du gravier pour fermer la partie supérieure avant d'y rejeter la terre, ces tranchées souterraines ont une durée infinie.

Pour rendre plus efficaces les fossés d'écoulement couverts, j'ai coutume de recouvrir le gravier, jusqu'à la superficie du sol, avec de la terre sablonneuse, s'il y en a de l'assez rapprochée pour que son transport ne devienne pas très-coûteux.

Au reste, dans les terrains qui n'ont pas de pente, je crois les fossés ouverts à tous égards préférables aux tranchées souterraines. *Trad.*

raient

raient mieux ouvertes et duraient plus long-tems que celles qui l'avaient été avec des pierres ; lors-même que le bois se pourrit, si la terre est argileuse la tranchée ne se bouche point.

On recouvre les pierres ou les branchages dont on a rempli la tranchée, avec de la paille, de la bruyère, des joncs, ou autres choses semblables, pour empêcher que la terre ne s'introduise dans les interstices ; d'autres fois on se borne à recouvrir les pierres ou le bois avec les gazons qu'on a enlevés à la surface du fossé, en ayant soin de les renverser sens dessus dessous, et de les presser avec les pieds, pour leur donner de la solidité.

Lorsqu'ensuite on veut recouvrir la tranchée, il faut avoir soin, non-seulement de ne pas mettre, sur la partie qui doit rester ouverte, de la terre trop meuble qui puisse boucher les interstices au travers desquels l'eau doit couler ; mais aussi de ne pas y placer de l'argile tenace, qui, lorsqu'elle aurait pris son assiète, empêcherait le passage de l'eau. On jette ensuite le reste de la terre par dessus, de manière qu'elle demeure meuble, et conserve sa fécondité. La terre doit demeurer sur la tranchée un peu plus élevée qu'ailleurs, parce qu'elle diminue de volume en s'affaissant ; mais comme, malgré cela, il reste toujours un excédent de terre, on l'épand alors dans le champ.

Lorsque le terrain est très-argileux, on ne donne aux tranchées que fort peu de largeur et on les remplit avec de la paille liée que l'on réunit en forme de cordes ; quelquefois aussi on les laisse vides, en se bornant à les recouvrir avec des gazons ; la terre argileuse ne tarde pas à se serrer, et à former une croûte sur la tranchée, ensorte que la partie inférieure de celle-ci demeure ouverte, lors-même que la paille est tombée en pourriture.

Dans quelques endroits on fait passer en terre des espèces d'instrumens qu'on appelle *charrues taupes*, et l'on est satisfait de l'effet qu'elles produisent pour l'assainissement du sol.

Dans les terres mouvantes, surtout dans les terrains tourbeux, on se sert de moëllon ou de briques fabriquées exprès, ou d'autres inventions de l'art, pour soutenir les parrois, et quelquefois on laisse ces tranchées tout à fait découvertes. * Les tranchées de desséchement doivent être plus ou moins rapprochées, selon le degré d'humidité du champ, ou du pré auquel on les applique ; ordinairement on les place à 3 ou 4 perches les unes des autres. Si le sol est très-argileux et n'a qu'une couche de terre végétale très-mince, il faut les rapprocher davantage.

---

* Voyez l'ouvrage de l'auteur intitulé *Anleitung zur englischen Landwirthschaft*, vol. 11, part. Ire page 50, et la traduction du Comte de Podewils, de l'ouvrage intitulé *Johnstone über Austroknung nach Elkingtons Art*. Berlin 1789. *A.*

Si l'on a à sa disposition, dans le voisinage, les matériaux nécessaires pour garnir ces tranchées, les frais de cette bonification ne sont nullement proportionnés à l'avantage qu'on trouve à assainir le sol d'une manière durable. En Angleterre on voit entreprendre et exécuter un tel travail à des fermiers qui ne sont assurés de leurs baux que pour un petit nombre d'années, et souvent les frais leur en sont remboursés par l'augmentation que ce travail occasionne à la première des récoltes qui le suivent. Cette opération a coûté à un de mes amis, qui l'éxécuta d'après mon conseil, 1 Rixdaler 16 gros par journal, et, dès l'année suivante, sa récolte fut augmentée de 2 ½ scheffels de froment.

Une précaution qu'il ne faut pas omettre dans les champs assainis par ce moyen, c'est de ne pas laisser passer des chariots fortement chargés, *précisément* dans la direction des tranchées.

La construction de canaux souterrains en maçonnerie destinés à conduire de grands volumes d'eau, appartient à l'architecture.

§ 832.

B La seconde cause de l'humidité se réalise principalement dans les vallées qui sont entourées de collines, d'où l'eau s'écoule, ou bien à la superficie du sol, ou réunie en forme de ruisseaux, sans trouver un passage pour passer outre, ensorte qu'elle doit nécessairement rester dans les lieux qui la reçoivent, jusqu'à ce qu'elle soit évaporée. Lorsque ces vallées n'ont pas un sol très-perméable, ou des canaux souterrains naturels pour l'écoulement de leurs eaux; elles sont par là réduites à l'état de marais, d'étangs ou même de lacs. Le plus souvent il est très-difficile d'apporter un remède à cet état de choses, cependant il y a des nuances dans le plus et dans le moins; il est des cas où les avantages qui résulteraient du remède dépassent les frais qu'il peut occasionner, et où il ne faut que choisir la partie la plus basse des hauteurs qui entourent le bas fond, ou bien, s'il y en a de telles, quelque place creusée par les eaux, pour y pratiquer un fossé d'une profondeur suffisante, qui conduise les eaux sur des terrains plus bas, et de là dans une rivière ou un lac. Avant de commencer une telle opération il faut bien calculer les frais qu'elle doit coûter, pour les comparer avec les avantages qu'on peut en attendre et se décider en conséquence.

Quelquefois il n'est pas praticable d'emmener l'eau de la partie la plus basse de la vallée, parce que de là il n'y a pas assez de pente pour qu'on puisse lui fraier une route. Lorsqu'on est assuré que ces eaux découlent des hauteurs, il peut convenir de les couper au penchant de la colline, en y creusant un canal pour les rassembler. Ce canal doit être placé à une hauteur qui permette son écoulement par dessus ou au travers de l'une des places les plus basses de celles qui ferment la vallée. De cette manière on peut dissiper tout au moins une grande partie de l'humidité.

Il est une troisième manière de remédier à ce mal; elle a lieu lorsque, sous une couche peu épaisse de terre imperméable, il y en a une de gravier ou de sable perméable. Dans ce cas on creuse au travers de la couche imperméable un ou plusieurs fossés, ou des puits revêtus de pieux, ou enfin, avec une grande tarrière à terre, des trous dans lesquels l'eau elle-même maintient le passage libre, et par le moyen desquels elle s'écoule dans la terre perméable. A l'aide de cette méthode, on a souvent desséché des marais, des marres et même des lacs, et transformé le sol qu'ils occupaient en terrain très-fertile. Mais avant que d'entreprendre une telle opération, il est nécessaire d'examiner soigneusement la possibilité du succès, et de se bien convaincre que, lorsque l'eau aura atteint la couche de sable, elle pourra s'y fraier un passage, et que ce sable, au contraire, ne se trouvera pas déjà rempli d'eau, comme cela arrive quelquefois lorsque la couche de sable communique avec les hauteurs qui l'environnent. Dans ce dernier cas l'eau contenue dans le sable pourrait s'y trouver comprimée à tel point, qu'elle remontât au travers de la communication nouvellement pratiquée, bien loin de fournir une issue aux eaux qu'on aurait voulu dissiper.

On peut apporter quelque remède à ce mal dans les champs qui y sont exposés, en les coupant par de nombreux fossés, et en haussant la superficie du sol par le moyen des terres qu'on a extraites de ces fossés, ou peut-être à l'aide de sables transportés dès les hauteurs voisines. La fécondité du sol des vallées peut souvent payer les frais d'une telle bonification.

§ 833.

C Les sources, tout au moins dans le très-grand nombre de cas, se forment de la manière suivante : l'eau de l'atmosphère qui tombe en plus grande quantité sur la sommité des montagnes et sur les collines, descend, selon les lois de la gravité, perpendiculairement dans le terrain poreux, jusqu'à ce qu'il soit arrêté par une couche de terre imperméable : elle coule ensuite sur cette couche et s'ouvre une issue dans le lieu où la couche vient à la surface du sol. Si ici elle ne trouve pas d'issue, elle jaillit en forme de source; si elle trouve une pente suffisante, elle se forme un lit, et, sous la forme de ruisseau, elle descend sur la contrée qui est au dessous, sans pour cela communiquer de l'humidité au terrain qui en est à quelque distance. Mais lorsque, à la place ou finit la couche de terre imperméable, sur la pente, ou au pied d'un mont, il s'est amassé un terrain poreux, l'eau y pénètre, le rend humide et marécageux sur une grande étendue, et, forcée par la pression qu'elle reçoit d'enhaut, s'ouvre des passages, et vient paraître à la surface du sol, en y formant des sources ou des marres, ou bien en suintant au travers de l'herbe.

C'est là une des causes les plus fréquentes auxquelles on doive l'humidité des champs, et la formation des diverses espèces de marais.

Dans des terrains de ce genre on recourt souvent à des moyens qui, quoique très-coûteux, demeurent sans effet ou n'en produisent qu'un insignifiant.

L'on y creuse de nombreuses tranchées qui n'assainissent le sol guères que tout à fait sur leurs bords; alors même qu'on leur a donné la direction convenable, si on ne les a pas creusées jusques sur la couche de terre imperméable, l'eau pénètre et passe par dessous elles, et elles deviennent alors inutiles. C'est une condition absolue de l'efficacité des tranchées, que, dans leur partie inférieure, elles reposent sur une couche imperméable, et si l'on n'en rencontre pas une telle, les tranchées doivent alors avoir une profondeur excessive; il est donc de la plus grande importance de bien distinguer les divers cas qui peuvent se présenter, et qu'on trouvera se réduire à un petit nombre, si l'on veut bien faire attention à la position des diverses couches de terre qui donnent naissance aux sources d'eau dont on a cherché à se débarasser.

§ 834.

Sur la pente ou au pied des collines, l'eau ne découle le plus souvent pas directement de la couche horizontale ou inclinée de terre imperméable qui empêche qu'elle ne s'enfonce en terre; quoiqu'il en soit, on trouve presque toujours que, dans la partie inférieure des montagnes, même de celles qui sont composées de gravier ou de pierres, il s'est formé une *avant-couche* de terre argileuse qui, ordinairement, est d'autant plus mince, qu'elle remonte vers la sommité de la montagne, et d'autant plus épaisse qu'elle se rapproche du pied de celle-ci. Probablement, entr'autres causes, cette avant-couche doit-elle sa formation surtout aux molécules d'argile que l'eau a enlevés aux terrains supérieurs, que cette eau charie avec elle, et dont elle s'est peu à peu séparée. On trouve communément la base des montagnes ainsi entourrée d'une couche de terre argileuse de plus ou moins d'épaisseur. De cette manière l'eau qui s'écoule dans la terre poreuse, se trouve renfermée entre la couche imperméable et cette avant couche; il se forme ainsi un réservoir dans lequel l'eau s'amasse en plus ou moins grande abondance, suivant la quantité qu'il en tombe de l'atmosphère. Alors cette eau prend son écoulement dans le lieu où l'avant-couche argileuse finit, ou bien, et assez ordinairement, elle se forme une issue au travers des places où cette avant-couche est la plus mince. Dans ces cas là l'eau ne se présente pas d'abord à la superficie du sol, parce que, le plus souvent, au-dessus de cette avant-couche argileuse, il s'est amassé de la terre poreuse, ordinairement spongieuse et marécageuse, telle qu'une humidité excessive la forme. L'eau qui sort de la couche argileuse s'écoule au travers de cette terre poreuse, rend humide et fangeuse une étendue de terre plus ou moins grande, et forme ainsi des marais.

La source proprement dite, ou le lieu où l'eau sort de la couche argileuse, est souvent beaucoup plus élevée que la place ou l'humidité commence à se montrer à la superficie du sol; car lorsque la couche de terre poreuse est considérable et la pente très-sensible, l'eau s'écoule au-dessous de cette couche, en glissant sur la couche argileuse, et ne se laisse point apercevoir d'une manière positive à la surface du sol, du moins pas lorsque la température est sèche. L'eau ne se présente à la superficie du sol qu'au pied de la colline; là où le terrain cesse d'avoir de la pente, ou bien dans des places où une élévation dans la couche d'argile retient l'eau et la force à remonter, ou enfin dans d'autres où la couche de terre poreuse devient très-mince. Ces dernières circonstances font que quelquefois l'humidité se fait apercevoir déjà vers le haut des montagnes.

§ 855.

Ce que je viens de dire deviendra plus sensible à l'aide des deux figures de Pl. I, dont, ainsi que des suivantes, la supérieure donne le plan, et l'inférieure le profil d'une colline au pied de laquelle on trouve des sources. Dans le profil

a Est la couche de terre poreuse et perméable de la colline.

b Est la couche horizontale d'argile, sur laquelle la couche précédente repose, et qui empêche que l'eau ne pénètre plus profondément en terre.

c L'avant-couche argileuse, qui s'élève du pied de la colline.

L'eau qui reflue jusqu'à la hauteur de q, s'est pratiquée une ouverture au travers de l'avant-couche argileuse, dans une place où celle-ci lui présentait moins de résistance, et elle sort par là. Si, à cette place, la couche d'ar-

gile est recouverte par une épaisse couche de terre poreuse, l'humidité ne
se laissera point encore apercevoir là, mais seulement dans une place inférieure.

Si, au contraire, cette couche d'argile n'a au dessus d'elle qu'une légère
couche de terre poreuse, comme cela est supposé ici, l'eau paraîtra bientôt à la
superficie, et formera, comme cela est indiqué dans la planche en $Q Q Q Q$,
des sources que, le plus souvent, on ne verra point jaillir hors de terre,
mais qui seront seulement indiquées par l'humidité du sol poreux au travers
duquel l'eau descendra. Ces sources se trouveront ordinairement à une même
hauteur et sur une même ligne, et elles donneront une humidité excessive
à tous les terrains placés au dessous de leur orifice, jusqu'à ce que l'eau
trouve son écoulement dans un ruisseau indiqué sur la planche en **F f.**

Dans le cas que j'ai supposé ici, l'eau remonte dès le pied de la colline sur
sa pente, et peut se montrer également ou vers le haut, ou seulement au
pied de la colline, dans le lieu où la surface du sol commence à être
horizontale.

§ 836.

Mais quelquefois l'eau perce la couche argileuse vers le pied de la colline,
et quelquefois là seulement, où tout à la fois au pied de la colline et sur
sa pente. Ce cas est représenté dans la Pl. II. Le réservoir sablonneux, graveleux ou pierreux, repose sur la couche imperméable et, recouvert par
l'avant couche argileuse, il pénètre assez avant sous la plaine. L'eau forcée
par la pression d'enhaut a formé en diverses places, et à diverses hauteurs,
des ouvertures au travers desquelles elle se fait jour. Suivant que l'humidité
de la température a amassé dans le réservoir une quantité d'eau plus ou
moins grande, et que cette eau reflue à une plus grande hauteur, ou qu'elle
ne s'élève que peu, on voit sortir cette eau à la fois par les orifices supérieurs
inférieurs, ou par ces derniers seulement. Si l'eau diminue dans le réservoir, elle cesse de jaillir par les orifices supérieurs, et ne sort que par ceux
qui se trouvent plus bas. Dans ce cas là, lorsque la température est sèche,
l'on n'aperçoit aucune trace d'eau à la superficie du sol, tandis que, dans celui
que nous avons supposé au § précédent, elle se montre à une hauteur toujours
égale. Une simple inspection suffit assez souvent pour distinguer ces deux cas,
ou pour conduire à leur découverte; cependant quelquefois, pour atteindre plus
de certitude, il faut avoir recours à une tarrière à terre, ou au creusement
de fossés, et cette certitude est d'autant plus nécessaire, que, dans ces
deux cas, le fossé destiné à réunir et emmener les eaux, doit être placé

d'une manière toute différente, et qu'une erreur sur ce point peut rendre les travaux qu'on aurait fait absolument inefficaces.

§ 837.

Dans le premier cas, en effet, on retirerait peu d'avantages du fossé, s'il était placé dans la partie la plus basse de la colline où, sans contredit, l'eau donne plus de traces de sa présence; tout le terrain supérieur n'y gagnerait point son assainissement, car, à cette place, le fossé ne peut plus atteindre le réservoir dans lequel l'eau s'est rassemblée; cette eau continue donc à refluer vers la sommité, et à couler au travers de la couche perméable. Si l'on ne creuse pas le fossé jusques sur l'avant couche argileuse, ce qui souvent n'est pas trop praticable, à cause de la profondeur du terrain marécageux qui s'est amassé dans cette place, ou du défaut de pente, l'humidité pénètre au travers de la base du fossé, et entre dans le sol qui est au-dessous, ou bien dans la terre spongieuse qui l'environne et par laquelle elle est ramenée à la superficie. Si, en revanche, on creuse le fossé plus haut, peu au-dessous de la ligne où l'eau s'échappe de dessous l'avant couche argileuse, dans le lieu où l'humidité commence à donner des signes de sa présence, et si l'on donne à ce fossé une profondeur telle, que le conduit de l'eau soit creusé dans l'avant couche argileuse même, ce que le peu d'épaisseur qu'a ici la couche supérieure de terre perméable rend assez facile, alors on se rend facilement maître de l'eau, on a la pente nécessaire pour l'emmener, et l'on parvient à assainir complétement les terres qui sont au-dessous.

§ 838.

Dans le second cas, au contraire, un fossé placé dans une position aussi élevée serait de peu d'utilité, parce qu'il ne prendrait que l'eau qui coule par les orifices supérieurs, celle qui ne se montre que lorsque le réservoir contient de l'eau en surabondance; il ne couperait point l'eau qui s'échappe par les orifices inférieurs. Dans ce cas il faut, au contraire, mettre le fossé dans la position la plus basse de celles où l'eau perce au travers de l'avant-couche argileuse.

Si, en creusant ici le fossé, on peut aller assez avant dans le sol pour atteindre le réservoir de terre poreuse qui se trouve au-dessous de l'avant-couche argileuse, ou les veines inférieures de ce réservoir; on donne par ce moyen issue aux eaux qui étaient renfermées dans celui-ci, lesquelles peuvent ainsi s'écouler entièrement par cette issue unique. De cette manière l'eau ne refluant plus jusqu'aux orifices, ils cessent de donner de l'humidité, et tout le terrain qui recevait cette eau se trouve assaini.

§ 839.

Mais il est rare que l'on puisse aller ainsi jusqu'au réservoir, soit parce que, dans une telle position, l'avant couche argileuse est ordinairement très-épaisse, soit parce qu'alors il ne resterait plus assez de pente, pour que l'eau du fossé eût un écoulement suffisant. C'est par cette raison que la méthode attribuée au Docteur Anderson, quoique inventée par Elkington, cette méthode qui, si souvent, a excité la surprise et l'admiration de toute l'Angleterre, et qui consiste à ouvrir un passage à l'eau au moyen d'une tarrière à terre, a été jugée d'une si grande importance, que le Parlement d'Angleterre a cru devoir, non seulement attribuer une grande récompense à l'inventeur, mais encore ordonner qu'il fut fait des expériences sur sa méthode, et l'inviter à l'enseigner à des élèves.

Lorsqu'en creusant le fossé, l'on est parvenu jusqu'à l'avant couche argileuse, on doit, ou faire avec la bêche des creux dans le fond du fossé, ou bien, à l'aide d'une grosse tarrière à terre, y percer des trous qui traversent la couche d'argile, et aillent jusqu'au réservoir sablonneux ou graveleux; alors l'eau jaillit par ces trous, souvent avec une grande force, et, conduite par le fossé, se rend dans les lieux inférieurs où on lui a préparé son écoulement, ordinairement dans un ruisseau. On sent que pour cela il faut que le fond du fossé soit encore plus élevé que la contrée inférieure.

Ce fut par hasard qu'Elkington fit cette découverte. Il était debout dans un fossé qu'il avait fait creuser sans succès, et, dans son découragement, il frappait la terre avec un pieu de fer qui était là; lorsqu'ayant percé la couche d'argile qui avait été amincie par le creusement du fossé, il vit jaillir l'eau par le trou qu'il avait formé, avec une force telle, qu'il dût se retirer promptement du fossé. Lorsqu'il eût fait écouler cette eau, il fit d'autres trous avec une tarrière, et, par ce moyen, eut bientôt assaini tous les terrains environnans. Il a ensuite opéré de la même manière un grand nombre de desséchemens tout à fait étonnans, et il s'est acquis par là une grande célébrité. Dans le creusement des fossés, ce cas se présente assez souvent, il n'est pas d'ouvrier habitué à ce genre de travail qui n'ait, plus d'une fois, vu l'eau s'élever ainsi d'une couche d'argile au fond d'un fossé. Le mérite d'Elkington fut d'avoir su tirer parti de ce qu'il avait découvert accidentellement.

Au

Au moyen de ces fossés et des trous qu'on a ainsi pratiqués à l'aide de tarrières, on fournit, même dans les places les plus basses, une issue aux eaux amassées dans les couches de sable, de gravier ou de pierre qui se trouvent dans la partie inférieure du sol, et comme ces eaux communiquent les unes avec les autres par le moyen des couches perméables et des veines que la terre contient, lesquelles ont de la disposition à s'ouvrir toujours plus, lorsqu'une fois l'eau s'y est frayé un passage, la contrée ne tarde pas à être ainsi complétement débarrassée de ses eaux surabondantes.

A l'aide d'un fossé ainsi percé de trous dans sa partie inférieure, et si l'on a bien atteint le réservoir où l'eau est contenue, on peut assainir et débarrasser d'eau toutes les places qui se trouvent au dessus du niveau de ce fossé, dans une contrée même assez étendue; ainsi faire baisser toutes les sources qui se montraient à une plus grande hauteur, pourvu cependant que ces sources se trouvent en communication les unes avec les autres, par le moyen des veines et des couches perméables du sol, comme cela a ordinairement lieu. On a même vu l'emploi de ce moyen sur l'un des côtés d'une montagne ou d'une colline, opérer le desséchement de l'autre côté, au point d'arrêter des sources qui donnaient naissance à des ruisseaux; de sorte qu'il en résultait là une disette d'eau, tandis que dans le fossé nouvellement construit, on avait inopinément une quantité d'eau suffisante pour mettre en action des moulins. Quelquefois l'eau dont on s'est ainsi rendu maître, se laisse employer avec succès à l'irrigation de ces mêmes terrains qui, auparavant marécageux et maintenant assainis, peuvent ainsi être transformés en prairies arrosées, de bonne qualité.

Ainsi que nous venons de le dire, les trous formés avec une tarrière ne se bouchent pas facilement; tout au contraire l'action de l'eau tend à les agrandir, et ils se transforment ainsi en sources artificielles. L'on en perce un plus ou moins grand nombre, selon la quantité d'eau à laquelle ils doivent donner passage. Cependant il est bon de les entourer d'une cloison, afin que, si les parois du fossé venaient à s'ébouler, ces trous ne courrent pas le risque d'être bouchés. Au reste ce moyen ne saurait opérer l'assainissement des terrains dont le niveau est plus bas que le fond du fossé; à moins que l'eau ne perçât au travers de l'avant couche d'argile, dans une place plus élevée que le fossé; quoique, en raison de l'épaisseur de la couche poreuse dont l'argileuse était recouverte, l'humidité ne se montrât que dans une place inférieure.

Je crois que, dans ce peu de mots, j'ai suffisamment éclairci la méthode qu'on doit suivre, tant pour se rendre maître des sources, que pour assainir

les terrains auxquels elles donnent une humidité excessive. Le principe en
lui même est très-simple, mais il faut y joindre une connoissance parfaite de
la localité, un examen soigneux de la contrée, et des notions exactes sur les
diverses couches dont son sol est composé, non seulement à sa superficie,
mais encore à une assez grande profondeur. On découvre la nature de ces
couches quelquefois par hazard, auprès d'éboulemens qui se sont formés dans
le voisinage des fossés, mais on peut toujours s'assurer de cette nature à l'aide
d'une tarrière à terre. *

§ 840.

D. Pour empêcher le débordement des cours d'eau et des riviéres hors
de leur lit, et rétrécir ce lit lorsqu'il est trop large, l'on a recours à la construction de *Digues.*

Malgré les efforts d'hommes très-habiles tant théoréticiens, que praticiens, qui
se sont occupés de l'art très-difficile et très-compliqué de l'établissement des
digues et des moyens de les rendre sures et durables, cet art est encore
très-chancellant dans ses principes et dans leur application. L'établissement
et l'entretien de digues considérables, et tout ce qui concerne leur exécution
et leur direction, est rarement l'affaire de l'homme privé, mais plutôt celle
de l'Etat ou de communes, qui la confient à des ingénieurs habiles et expérimentés, habitués aux travaux de ce genre. Cependant pour le cultivateur
qui habite près de tels cours d'eau, il peut être intéressant et utile d'acquérir
une connoissance fondamentale de cette matière, en étudiant les ouvrages qui
la traitent **

§ 841.

A l'aide des digues, on protège ainsi les terres contre le renflement excessif des rivières, et contre leur débordement éventuel, ou bien on rend à

---

* En Allemagne on a l'ouvrage de Johnston, intitulé, *Traité du desséchement des marais et
de l'assainissement des terrains froids, selon la méthode d'Elkington, traduit par le Comte de
Podewils, Berlin* 1799 ; où cette matière est traitée au long, quoique d'une manière incom-
plète et un peu embrouillée. A l'aide de ce qui a été dit plus haut, on pourra se faire une
idée claire de divers cas qui y sont indiqués. Je parlerai plus bas de l'application de cette
méthode aux marais qui recèlent des sources. A.

** *Hunrichs* praktische Anleitnng zum Deich, Siel und Schleusenbau, Bremen 2 Theile,
1770, 1782.

Kirchmanns Anleitung zum Deich » Schleusen und Staakbaukunst. Hannover 1786.

Riedels Anleitung zur Stromund Deichbaukunde. Berlin 1800. A.

la culture, des terrains qui, jusques là, étaient le plus souvent occupés par les eaux.

On connait maintenant les moyens de construire des digues qui soient d'une solidité parfaite. Mais ce n'est qu'au tems, et aux plus épouvantables malheurs, qu'on a du la découverte des principales dispositions qui assurent cette solidité. On peut aujourd'hui habiter sur de telles digues ou tout auprès, sans avoir rien à redouter de ces accidens, qui sont si fréquens dans notre climat et sous sa température, et qui, auprès de digues faites d'une manière imparfaite, exigent une attention et un travail si soutenus, lorsque les eaux ont dépassé leur niveau habituel. Mais les digues ne peuvent présenter une telle sécurité, que lorsqu'elles sont opposées aux inondations qui ont pour cause le reflux de la mer et le battement des vagues, dont l'expérience et la théorie apprennent à calculer le volume et la force : elles ne sauraient rassurer entièrement contre le renflement excessif des fleuves, et contre les amas de glaces qui ont quelques fois lieu à la suite des dégels, et dont on ne saurait calculer ni le volume ni la force.

Dans le dernier cas on a, sans aucun doute, beaucoup moins à redouter, lorsque, entre la digue et le courant du fleuve, on a laissé un espace de terrain très-large, et qu'on a donné à ce courant une direction, ou parfaitement droite, ou du moins très-peu sinueuse, et l'on doit à ces dispositions bien plus de sureté qu'aux digues les plus élevées et les plus fortes.

Malheureusement, pour l'ordinaire, dans l'établissement des digues, ou l'on s'est hâté trop et l'on n'a point attendu que le terrain se fut bien assis, ou bien l'on a usé de trop de parcimonie, dans l'étendue de terrain qu'on a consacré au passage des eaux, afin d'en réserver d'autant plus à la culture. Ainsi l'on s'est exposé à des dangers et à des dommages, qui dépassent de beaucoup l'épargne qu'on a cherché à se procurer.

§. 842.

Alors même qu'on s'est préservé de l'inondation et du débordement des eaux, par le moyen des digues, l'on n'a point, pour cela, remédié à l'humidité excessive du sol ainsi garanti.

L'eau qui descend des hauteurs pour se rendre dans le cours d'eau renfermé entre les digues, doit avoir son écoulement, il faut empêcher qu'elle ne séjourne ou ne s'étende sur les terres voisines. Les dispositions qu'on fait pour cela sont variées, et doivent l'être, selon les circonstances de la localité. Quelquefois on conduit ces eaux dans la rivière par le moyen de canaux auxquels on donne une direction aussi droite que cela est possible, et on les fait passer sous la digue, au moyen d'écluses qui s'ouvrent pour les laisser passer. *

Ordinairement ces écluses ont des sortes de portes, que l'eau extérieure ferme à mesure qu'elle s'élève, et qui sont ensuite ouvertes par la pression des eaux intérieures, lorsque celles de la rivière ont baissé.

§ 843.

Par ce moyen les terrains humides qui sont dans une situation très-élevée, se débarrassent ordinairement fort bien de leurs eaux surabondantes; mais il n'en est pas ainsi des terrains qui se trouvent placés dans des bas-fonds, lesquels, souvent, sont encore moins élevés que le lit de la rivière ne l'est, au moment où il serait le plus nécessaire de pouvoir se débarrasser des eaux.

Pour ces cas-là on a employé divers moyens imparfaits; par exemple on a entouré ces bas-fonds de fossés et de digues, pour emmener les eaux qui coulaient des terrains supérieurs, et l'on a élevé sensiblement au-dessus du sol, des canaux destinés à conduire ces eaux dans la rivière voisine.

Quelquefois cependant, ne pouvant pas tenir l'eau suffisamment élevée, on a recours à des machines à puiser pour se débarrasser des eaux contenues derrière les digues dont le bas-fond est entouré. Du reste des digues de cette nature ne sauraient être utiles que là où l'on a un sol argileux et solide, car dans un terrain poreux et perméable, elles seraient sans effet.

On est bien plus sûr de la réussite, lorsque, par le moyen d'un canal de dimensions suffisantes, on coupe les eaux qui descendent de la colline, dans une position plus élevée que le lit de la rivière, dans une situation assez haute, quelqu'éloignée qu'elle soit, pour qu'on puisse conduire ces eaux dans le courant qui doit les emmener. Si un tel canal a assez de pente, il n'y a aucun doute du succès: mais quelquefois il se forme, dans le canal lui-même, ou dans la rivière, des ensablemens qui élèvent tellement le lit de l'eau, que le canal perd cette pente, et ainsi l'eau y reflue; l'on a vu assez souvent des terrains complétement assainis, être de cette manière, transformés en marais.

---

* Les Allemands qualifient de *Auswaesserungs Schleuse*, ou *Siele*, et les Italiens d'*Emis-sario* cette espèce d'écluse destinée à retenir les eaux sur un terrain ou dans un fossé, et à leur donner ensuite issue dans un canal de plus grande étendue. Nous ne traduirions pas mal l'expression italienne par le mot *Emissaire*, qui nous épargnerait une périphrase. Trad.

Quelques fois alors il ne reste d'autre parti à prendre, que de construire autour de ces terrains des digues avec une terre solide, et de se débarrasser des eaux qui y pénètrent, par le moyen de machines à puiser.

§ 844.

On a diverses sortes de machines à puiser; mais la plupart d'entr'elles sont mises en mouvement par des ailes à vent. Les Hollandais ont devancé tous les habitans des contrées basses, par leurs inventions et leurs modèles en ce genre.

Les qualités les plus essentielles des machines à puiser l'eau sont, de n'avoir pas besoin de beaucoup de vent pour être mises en mouvement, et une construction qui les mette à l'abri de fractures ou de dérangemens fréquens. Sans cela elles seraient mises hors de service, souvent au moment où elles seraient le plus nécessaires. C'est pour cela que celles qui demandent une grande force motrice, qui sont très-compliquées et contiennent beaucoup de fer, ont toujours de grands inconvéniens. La *roue à puiser*, *la roue à jetter*, et la *limace d'archimède* remplissent plus ou moins leur but, Le *Bélier hydraulique* nouvellement inventé, n'est applicable qu'à certaines positions. La machine de *Montgolfier* qui depuis peu a si fort excité l'attention des mathématiciens et des naturalistes est inefficace. Dans les derniers tems on a commencé à se servir, dans ce but, des machines à vapeur, et l'on en a obtenu de grands effets, mais, il est vrai, à grands frais.

Souvent on est obligé de mettre en œuvre à la fois plusieurs de ces machines, pour pouvoir élever l'eau à la hauteur convenable.

§ 845.

Les mêmes moyens, ou à peu près, dont on se sert dans les contrées basses préservées par des digues, pour réunir et emmener des eaux qui y arrivent dès les hauteurs, peuvent aussi être mis en œuvre pour se débarrasser des eaux qui suintent ou transudent dans les terres, des eaux croupissantes ou de marres. Cette humidité est due à des eaux placées dans des positions plus élevées, qui filtrent aux travers des couches perméables du sol, et s'amassent dans les bas fonds. Lorsque les rivières s'enflent, les eaux de ce genre pénètrent dans le sol, et n'en sortent pas facilement, lors même que ces rivières baissent; au contraire il semble que ce soit alors seulement que la terre en est saturée; souvent l'eau ne reflue à la surface du sol, que lorsque les rivières ont repris leur hauteur habituelle. Cette circonstance fait que ces eaux peuvent être emmenées, non seulement par les canaux qui passent sous les digues et dont les portes ou écluses s'ouvrent, lorsque la rivière a baissé, à l'aide de la seule pression des eaux du canal; mais encore par ceux auxquels on a donné une direction oblique relativement au cours de la rivière, afin de de les réunir à celle-ci, dans un lieu où l'eau du canal a atteint un niveau égal, si ce n'est plus élevé.

§ 846.

Lorsque l'excès d'humidité est du, non à des eaux souterraines ou croupissantes, mais au débordement et au suintement de rivières qui manquent de pente parce qu'elles ont un cours tortueux, le mieux est de redresser le cours de ces rivières, et de lever tous les obstacles qui peuvent se trouver à leur passage. Plus le cours est droit, plus il est rapide, et plus il est rapide, moins le volume d'eau qu'il contient à la fois dans son lit se trouve considérable : moins il rencontre d'obstacles, plus il coule avec tranquillité, et plus il coule tranquillement, moins il cause de ravages. On opère ce redressement de deux manières; ou l'on coupe les sinuosités des bords de la rivière, pour redresser son lit, et par ce moyen on raccourcit quelquefois son cours des trois quarts et au-delà, en même tems qu'on donne à l'eau plus de pente, parconséquent plus d'écoulement; de cette manière, on gagne souvent une assez grande étendue de terrain excellent pour la culture des grains et pour former des prairies, et ainsi l'on retrouve au complet les frais que cette opération a occasionnés.

Ou bien, sans fermer l'ancien lit, on conduit une partie de la rivière au moyen d'un canal que l'on creuse dans le voisinage de l'ancien, et qui a plus de pente, par cela même qu'il est plus droit. Au premier abord ce canal supplémentaire n'a pas besoin d'être large et profond, peu à peu l'action de l'eau l'agrandit d'elle-même, de manière qu'il puisse contenir et emmener la totalité de l'eau de la rivière, et que l'ancien lit devienne inutile; c'est ce qui a eu lieu au nouveau lit de l'Oder, dès Güstebinse jusqu'à Niederwutzen.

Il n'est pas rare que les prairies souffrent de l'humidité, lorsqu'elles sont situées le long d'une rivière ou d'un ruisseau qui serpente beaucoup et dont, quelquefois, les eaux s'élèvent au-dessus de la surface des terres qui l'avoisinent; souvent on peut remédier à ce mal en creusant un fossé dans la longueur de la prairie, dès sa partie supérieure à l'inférieure, et en lui donnant son embouchure dans un lieu où le lit de la rivière est plus bas que la superficie du pré. Ce fossé emmène promptement les eaux débordées ou qui ont suinté sur le pré, pour cet effet on a soin de favoriser leur écoulement dans ce fossé, par le moyen de tranchées qui y aboutissent. La terre qu'on extrait du fossé en le creusant, suffit quelquefois pour former une digue le long de la rivière, si celle-ci est assez rapprochée pour qu'il ne faille pas transporter les terres à une trop grande distance.

§ 847.

Dans des contrées entrecoupées de nombreux cours d'eau, il n'est pas rare de trouver, auprès des rivières, des bas-fonds plus profonds que le lit de celles-ci, ensorte qu'il est impossible de procurer, par le moyen de la rivière, aucun écoulement aux eaux qui refluent dans ces bas-fonds. Dans ce cas-là, pour opérer un assainissement qui paraissait impraticable, après avoir encaissé par le moyen de digues le cours plus élevé de l'eau, on fait passer l'eau sous les digues et sous le lit de la rivière, soit par le moyen de tuyaux ou de conduits en bois, soit par celui de canaux en maçonnerie couverts, à l'aide desquels on conduit l'eau dans quelque ruisseau inférieur. Cretté de Paluel, l'un des agriculteurs les plus distingués de la France, a mis en pratique cette méthode pour une couple de cas de ce genre; j'extrais des mémoires de la Société d'Agriculture de la Seine, Tome IV, le détail de ses travaux, pour servir d'exemple d'une opération qui, cependant, ne se représente pas souvent; ces deux cas sont fort instructifs, à cause du nombre et de la nature variée des circonstances qui s'y rapportent.

§ 848.

Avant l'an 1779, la prairie BC * étoit presque toujours sous l'eau; le cours de la rivière voisine appelée le More, dans son état ordinaire, étoit, à peine de 5 à 6 pouces, inférieur à la superficie du pré, ensorte qu'il se débordait très-fréquemment. Le sol était constamment mou et plein d'eau, il ne produisoit que des joncs et des roseaux.

Le Croust, autre rivière, passe entre deux digues élevées KK, et sépare ainsi les prairies A et B. Lorsque Cretté se vit propriétaire de ces pièces de terre, sa première pensée fut de dessécher ces marais. La simple inspection puis un nivellement positif, montrèrent bientôt que la prairie A était plus basse que la prairie B, et que cependant cette première donnait du foin beaucoup meilleur, parce qu'elle avait une pente naturelle qui facilitait l'écoulement de l'eau. Après s'être assuré de la pente, Cretté fit établir sous le Croust, à la place C, un canal en bois de chêne, de 52 pieds de longueur et de 1 pied de largeur et profondeur, cet arrangement donna à la prairie B une pente de 2 pieds.

---

* Voyez Pl. III.

Ensuite il fit fortifier les deux digues du More, dès le moulin jusqu'à la place M, partie la plus basse de cette rivière. En F il fit établir une écluse, au moyen de laquelle il peut faire passer un excédent d'eau sous le Croust.

Lorsque, par le moyen des digues F jusqu'à G, il eût élevé le More de 5 pieds, il fit établir, sous un toit, un moulin avec deux rouages; ceux-ci sont mus par deux rivières différentes.

L'assainissement de la prairie C, fut exécuté à peu de frais, comme on le voit au premier coup-d'œil. La rivière serpente et est de beaucoup plus longue que le fossé OO qui traverse la prairie en ligne directe; ainsi l'eau de la partie supérieure arrive beaucoup plus promptement en N que celle de la rivière auprès de M. Un conduit de 18 pieds de longueur et qui passe sous la digue en N, et le fossé OO sont donc les seuls frais que cet assainissement ait coûté.

Les fossés, qui auparavant se rendaient dans la rivière, sont fermés de ce côté là et se déchargent maintenant dans le grand fossé. Cette prairie donne aujourd'hui, dans toute son étendue, du fourrage excellent; la partie supérieure R est tellement assainie, qu'on l'afferme à haut prix pour y cultiver des légumes.

La petite île L, autrefois marais, a été relevée au moyen de la terre du canal qui l'entoure, et plantée en peupliers; par ce moyen le terrain inférieur Q a été complétement égoutté.

Le canal qu'on voit ici est probablement un réservoir d'eau pour le moulin.

P était un marais, aucune plante ne pouvait y réussir, parce que la superficie du sol n'était pas plus élevée que celle de l'eau. En y creusant des fossés, on l'a relevé de 8 pouces; il n'y a qu'une seule et unique pente, vers la place G.

Le pâturage H, qui autrefois était tout à fait marécageux, a maintenant un très-beau gazon, et est planté en peupliers.

Les champs voisins QQQQ sont de 15 à 18 pieds plus hauts que les prairies.

§ 849.

La prairie AA * manquait d'écoulement pour ses eaux, elle était autrefois en marais, quelques parties un peu plus élevées que les autres, seulement, servaient, dans les tems les plus secs, de pâturage chétif et malsain à trois communes du voisinage. Au moyen d'un arrangement très-simple et très-peu

---

* Voyez Pl. IV.

coûteux, on en a transformé environ 70 arpens, 140 journaux, en prairie ; cette partie donne aujourd'hui de l'excellent fourrage, outre un pâturage abondant. Le champ voisin DDDD, était de 8 à 9 pieds plus élevé, et les bords de la rivière Croust de 6 à 7 ; de sorte que l'eau n'avait nullement son écoulement.

Le *Rouillon*, rivière assez éloignée, fournit l'occasion d'assainir cette prairie. On fit construire, sous le lit du Croust, un canal en maçonnerie FF, et creuser au travers d'une autre prairie EE, un fossé de 8 pieds en largeur I, destiné à recevoir et conduire dans le Rouillon, la totalité de l'eau du fossé qui traverse la prairie A.

Avant d'exécuter cette opération, il fallut procéder au partage de cette étendue de marais qui n'appartenait à personne en particulier. Les deux propriétaires voisins, et les trois communes, tombèrent bientôt d'accord, et chacun eut sa part distincte. Cretté de Paluel en eut 14 arpens.

Les frais furent les suivants :

Le conduit en maçonnerie, fait à la tâche. . . . . : Livres 600
Le fossé au travers de la prairie E, de 8 pieds de largeur
 avec une digue. 450
Le fossé au travers de la prairie AA 360

       En tout. . Livres 1410

Chacun de son côté fit à ses frais, sur son terrain, les petites tranchées nécessaires.

Pour donner une idée des avantages qui résultèrent de cette opération, en comparaison des frais qu'elle avait couté, Cretté dit, qu'une des communes afferma sa part à 42 livres l'an, pour chaque arpent.

Une partie d'une autre prairie H, qui était encore plus basse que la précédente, a été assainie de la même manière, au moyen d'un fossé et d'un conduit K, qui passe sous le conduit F ; ainsi trois cours d'eau passent les uns sur les autres, sans avoir de communication.

Il y a peu d'années encore, la prairie M formait un marais fangeux que le bétail ne pouvait point parcourir ; elle ne produisait que des herbes marécageuses et des joncs. Aujourd'hui elle donne un produit égal à celui des autres prairies. Cretté fit établir en L un conduit de bois sous le Croust, et, par ce moyen, fit baisser de 4 pieds l'eau de cette prairie. Les joncs disparurent et, à l'aide de quelques engrais, Cretté obtint bientôt la plus belle herbe. Les arbres qu'il a plantés sur ce fonds réussissent à merveilles et, depuis 2 ans, il y fait extraire de la tourbe, sans que le travail y soit interrompu par les eaux.

La prairie EE a plus d'une lieue en longueur, et est confinée par deux rivières dont le lit est plus haut que le sol de la prairie ; mais elle est préservée de l'humidité par le fossé K qui prend l'eau de tous les côtés. Comme la direction en ligne droite qu'on a donnée à ce fossé, accélère le cours de l'eau, celle-ci arrive beaucoup plus promptement que celle qui a suivi les sinuosités de la rivière, et elle a aussi sensiblement plus de chute.

« Voilà, » dit Cretté, « ce que j'ai exécuté et que chacun peut voir de ses propres yeux. »

« Un de mes principes, » dit-il dans un autre endroit, « est de ne mettre aucune parcimonie dans mes dépenses agricoles. La terre paye toujours généreusement les avances que le cultivateur lui consacre, pourvu qu'elles aient été faites avec sagesse. Mais celles qui ont été faites d'une manière rétrécie se retrouvent rarement ; ce sont les généreuses, seulement, qui rentrent à celui qui les a faites, c'est particulièrement le cas dans les desséchemens *.

---

* L'observation de M. Cretté de Paluel est parfaitement juste, mais énoncée en termes beaucoup trop laconiques pour les personnes qui commencent l'agriculture sans avoir fait des études approfondies. L'agriculture a cela de commun avec les manufactures, que c'est avec la plus sévère économie seulement, et avec l'ordre le plus absolu dans les dépenses, qu'on y obtient des bénéfices, et que les fautes en apparence les plus légères, y ont des conséquences ; mais, dans l'une comme dans les autres, il importe de ne pas faire les choses d'une manière imparfaite, parce qu'alors elles présentent des résultats totalement disproportionnés aux frais qu'elles ont coûté, tandis que, avec quelque chose de plus, on eut obtenu un succès complet et des avantages qui eussent dépassé de beaucoup toutes les dépenses qu'on aurait faites. C'est ici la première source de mécompte pour les cultivateurs qui n'ont pas encore d'expérience. Après avoir compulsé ou étudié quelque journal ou cours d'agriculture, dans lequel un cultivateur aura, suivant l'usage, indiqué comme résultat habituel d'un procédé, le succès dû à un sol particulier, à des circonstances ou à une température particulièrement favorables, sans supposer la possibilité de mécomptes, et surtout sans fournir aucune note de la dépense qu'il a faite pour cette opération ; après s'être, dis-je, bien monté l'imagination par le calcul des bénéfices que va lui procurer une telle découverte, un jeune agriculteur commence son opération ; et comme son expérience n'a point atteint la maturité nécessaire, il exécute mal ou d'une manière trop dispendieuse ; il s'en doute, il consulte des voisins ennemis des nouveautés, qui l'effraient sur son entreprise. Ne pouvant plus retourner en arrière, il veut au moins mettre toute la parcimonie qui est possible, dans la continuation de cette opération, d'une opération dont le succès dépendait entièrement de la perfection avec laquelle elle serait

DU DÉFRICHEMENT DES DIVERSES ESPÈCES DE MARAIS.

§ 85o.

Nous rangeons sous la dénomination de marais les terrains non-cultivés, qui sont spongieux, humides et habituellement pleins d'eau.

Ces terrains peuvent devoir leur humidité aux trois causes indiquées ci-dessus sous les lettres BCD; Ils contiennent ou une matière semblable au terreau, limoneuse et adhérente à elle-même, ou bien cette substance que nous nommons *Tourbe.* Voyez vol. II § 528.

On les distingue 1.° en *marais verds, prés marécageux,* cette espèce comprend ceux qui sont recouverts par une couche de gazon, ou d'herbages souvent assez élevés, lesquels trouvent dans une première couche de terreau une nourriture abondante, et 2.° en *marais à tourbe, marais stériles* ou *marais à bruyères,* sur lesquels il ne croit guères que les plantes qui forment la tourbe, et un petit nombre d'autres, telles que l'*Ornithogale jaune* (Ornithogalum luteum), le *Lidier à feuilles étroites* (Ledum palustre), le *Piment royal* (Myrica gale) et la *Bruyère,* tant la *commune* celle *à feuilles que disposées en croix* (Erica vulgaris et tetralix.)

Les marais de la première espèce, quoique demeurant dans un état d'humidité, donnent le plus souvent un produit en foin; mais ce foin est peu nourrissant, pour l'ordinaire désagréable au bétail, et souvent malsain; outre qu'on ne peut le récolter que dans une saison sèche. Ces marais ne permettent également le parcours du bétail que rarement et pas sans danger.

Les marais à tourbe ne donnent presque aucun produit, si ce n'est peut-

---

accomplie. Cette opération alors, loin de lui procurer des bénéfices, est pour lui un sujet de ruine, en le privant des moyens qui eussent été nécessaires pour accomplir des bonifications avantageuses. Dès ce moment, il marche de demi opérations en demi opérations, de demi récoltes en demi récoltes, et arrive peu à peu près de sa ruine. Il s'arrête alors, et se persuade que l'agriculture est une vocation maudite, qui n'est bonne que pour le grossier manant, et qui précipite à une perte certaine, l'homme plus instruit qui s'y voue. De combien de gens ceci n'est-il pas l'histoire ?

Jeunes cultivateurs qui ambitionnez les succès que la terre reconnaissante ne refuse point à ceux qui lui donnent des soins, entreprenez peu jusqu'à ce que l'expérience puisse vous servir de guide, mais achevez bien ce que vous aurez entrepris; vous aurez plus de satisfaction et de profit de la récolte d'un journal de terre bien préparé, que de celle de cent journaux cultivés imparfaitement; et ce principe se rapporte également aux bonifications. *Tr.*

être un misérable pâturage; cependant quelquefois la tourbe qu'on en extrait leur donne une grande valeur.

Le défrichement des uns et des autres doit être précédé par le desséchement ou l'assainissement du sol; et pour opérer ce desséchement, on doit recourir aux moyens qui sont indiqués par la cause à laquelle l'humidité est due. L'on a souvent dépensé des sommes considérables sans fruit, pour n'avoir pas connu la cause qui occasionnait cette humidité excessive.

§ 851.

Si, comme à § 832, l'humidité excessive du sol provient de la stagnation des eaux qui s'écoulent des hauteurs dans les bas-fonds voisins, où elles ne trouvent point d'issue, et où une couche de terre imperméable les empêche de pénétrer plus avant dans le sol; il s'agit de savoir si l'on peut creuser sur la pente de la colline voisine, un fossé d'écoulement dont le fond soit encore aussi élevé que le marais, et auquel, par conséquent, on puisse donner la pente nécessaire. Si les frais d'établissement de ce canal n'excèdent pas les avantages qu'on peut attendre de l'assainissement du marais, il ne faut pas hésiter; le canal doit être exécuté, et dirigé, comme nous le dirons bientôt, sur le marais qui est au-dessous.

§. 852.

Mais si ce moyen n'est pas praticable, parce que le sol du marais est dominé de tous côtés par des terrains élevés, on peut également avoir recours au troisième moyen indiqué pour ce cas, au même § 832 B, qui consiste à procurer à l'eau une issue par les couches inférieures du sol; mais cela ne saurait guères avoir lieu que dans les marais qui se trouvent dans une position élevée relativement à la contrée qui les environne, ou à la nape d'eau la plus voisine, quoique cependant dominés de tous côtés par des élévations; ce cas se présente quelquefois sur les montagnes. Quant aux marais placés dans la plaine, il est rare qu'on puisse y opérer l'écoulement de l'eau par les couches inférieures du sol; mais si l'on a pu recourir à ce moyen, et si l'on a pratiqué aux fossés des trous par lesquels l'eau doive s'écouler, on peut remplir ces trous avec des pierres brutes, et les recouvrir ensuite avec de la terre; l'eau a, pour s'écouler, suffisamment d'espace entre ces pierres. Lorsque le marais est égoutté, l'on conduit à ces fossés d'autres tranchées qu'on peut également recouvrir, après les avoir remplies avec des branchages.

§ 853.

Si, comme cela arrive souvent, l'humidité est due à des sources, l'essentiel consiste à découvrir la ligne, c'est-à-dire la hauteur, où ces sources s'ouvrent un passage. Quelquefois elles se montrent au bord du marais dans une position plus élevée que celle qu'a atteint la substance spongieuse. Là elles peuvent être détournées par un fossé, à l'aide de trous fait avec la tarrière, et le marais peut ainsi être desséché, sans qu'on soit réduit à le percer dans toute son épaisseur. Par ce moyen on obtient l'avantage, souvent important, de recueillir l'eau dans une position plus élevée, et de pouvoir l'emmener avec plus de facilité, ce qui, peut-être, n'aurait pu s'effectuer sans cela, que par le moyen d'un canal considérable qui passerait par le fond du marais. Si au contraire les sources sortent, ne fut-ce qu'en partie, du fond du marais, il n'y a point d'autre moyen à employer que d'établir au travers de ce marais un grand canal d'écoulement, qui soit de niveau avec le fond de la couche spongieuse, et de travailler dans le sol humide, de la manière que nous allons indiquer, afin de conduire l'eau dans ce canal, et de la mener ainsi hors du fonds, encaissée dans la couche de terre solide.

§ 854.

Si le marais doit son humidité à quelqu'eau, ou voisine, ou même assez éloignée, dont la superficie habituellement, ou seulement de tems en tems, plus élevée que le marais, ait communication avec lui au travers des couches perméables ou par le moyen des veines du sol; circonstance qui peut avoir lieu quoique le marais soit séparé de cette eau par quelque colline, même très-élevée; il s'agit de savoir si l'on peut donner à l'eau du marais son écoulement dans un lieu, ou dans un cours d'eau encore plus bas; comme cela a eu lieu dans les deux cas de M. Cretté que nous venons de citer. Quelquefois on est réduit à conduire l'eau par un canal ouvert, vers l'endroit même d'où l'humidité venait par dessous terre. C'est le cas dans les lieux où les rivières s'enflent, puis rentrent dans leur lit ordinaire. Lorsque ces rivières sont enflées, une partie de leur eau, comprimée par celle qui est au-dessus d'elle, pénètre dans les terres qui les bordent, et y filtre peu à peu, pour se rendre dans des bas fonds quelquefois assez éloignés; souvent le moment où cette eau est le plus apparente est celui où la rivière a déjà baissé, alors l'eau demeure dans les marais spongieux, à moins que, peu à peu, elle ne retourne en arrière. Dans ce cas on peut remédier au mal, en creusant une tranchée qui reconduise promptement l'eau à la rivière, ou directement, ou obliquement, dans une place inférieure , lorsque le cours de cette rivière a baissé. Alors toutes les fois que la rivière enfle , on ferme l'embouchure du canal au moyen d'une écluse, à moins cependant qu'on ne veuille arroser une portion de terrain, et on l'ouvre de nouveau, lorsque l'eau a baissé. Ainsi que je l'ai dit plus haut, l'on a pour cela des écluses qui, d'elles mêmes , s'ouvrent et se ferment selon le besoin.

Telle est l'application que j'ai cru devoir faire aux marais en particulier, de ce que j'ai dit plus haut sur le desséchement des terres en général.

§ 855.

C'est seulement lorsqu'on a établi le principal conduit d'écoulement au travers de la terre solide, qu'on peut entreprendre de couper le marais par des fossés. Lorsque ce marais est grand et profond, cela ne peut que bien rarement se faire en une seule fois, mais au contraire seulement dans le cours de plusieurs années, parce que la substance spongieuse et pleine d'eau dont le marais est composé ne permet pas qu'on creuse les fossés à toute profondeur. On commence par donner au fossé principal quelques pieds de profondeur, en allant aussi loin que l'humidité le permet. L'année suivante l'on approfondit ce fossé, et non seulement on le prolonge en ligne directe, mais encore on lui fait jeter des rameaux sur ses côtés et dans différentes directions. La troisième année l'eau est tellement dissipée et la surface du sol est tellement desséchée , que l'on peut donner au principal fossé toute la profondeur qu'il doit avoir, et qu'on peut prolonger toujours plus avant, tant ce fossé, que ses divers rameaux. La matière spongieuse qui avait été gonflée par l'eau, diminue alors de volume et s'abaisse, de sorte que le fossé perd de la profondeur qu'on lui avait donnée; à tel point même qu'il semble qu'il ait été en partie comblé.

Cette substance se retrécit aussi latéralement à mesure qu'elle se sèche, de sorte que, dans sa partie supérieure, le fossé acquiert plus de largeur, et prend un talus qu'on ne lui avoit point donné et qui n'est point d'usage pour les fossés de ce genre.

§ 856.

Les marais qui contiennent une certaine épaisseur de tourbe, sont mis en culture ou, après qu'on y a exploité la tourbe ou, sans que cela ait eu lieu.

Quant à l'exploitation de la tourbe , je m'abstiendrai d'en parler ici * :

---

* Parce que nous avons sur cette matière un ouvrage classique *Eiselens Handbuch oder theoretisch praktischer Unterricht zur nœheren Kentniss des Forstwesens. Zweite Auflage.* Berlin 1812. *A.*

Je dois me borner à ce qui a rapport au défrichement et à la culture proprement dite ; mais cette culture ne peut avoir lieu que dans les tourbières qui ont été exploitées régulièrement et par places.

Lors même qu'il ne s'agit plus d'exiger d'un marais de la tourbe, et qu'on veut au contraire le mettre en culture, l'on a cependant coutume d'y laisser une épaisseur de 9 à 12 pouces * de tourbe. Dans tous les cas on a soin de rejetter sur le sol et d'y bien mélanger toute la terre noire qu'on trouve sur la tourbe ou dans ses intervalles. Autant que cela se peut, on mêle cette espèce de terreau avec une terre franche quelconque, qu'on s'est procurée dans le voisinage ou sur le sol même, soit sur les bords du canal, soit en fouissant de place en place, et faisant des fossés au dessous de la tourbe. Par ce moyen on donne à la terre tourbeuse la consistance convenable, et on la rend bientôt propre à toutes sortes de récoltes. Si, dans le même tems, on peut lui donner un amendement avec du fumier, ou, ce qui est presque aussi efficace, un fort amendement avec de la chaux, ce terrain atteint promptement une fécondité extraordinaire : cependant ce n'est jamais impunément qu'on en exige plusieurs récoltes de grains consécutives, sans lui donner de nouveaux engrais. En Hollande et dans la Frise, chacun sait que, pour conserver à un tel sol toute sa fécondité, il faut, ou ne pas tarder à le mettre en paturage, ou lui procurer une abondance d'engrais d'étable, en y faisant alterner les récoltes de fourrages. Les grands produits que rendent les terrains où l'on a exploité de la tourbe, lorsqu'ils sont bien administrés, font qu'ici l'on se hâte de mettre en culture les parties où l'on a enlevé cette substance, plutôt que d'attendre la lente et petite rente que procurerait une nouvelle pousse de tourbe.

Si l'assainissement a été bien exécuté, le sol se trouve également propre à la culture des grains et à être transformé en prairie, et celle-ci, à l'aide de quelques dispositions plus ou moins faciles, peut alors recevoir des arrosemens. Mais si l'assainissement n'est pas complet, on préfère transformer ce terrain en bois d'aulnes et de saules, espèces d'arbres qui y croissent avec le plus de rapidité, et qui donnent, en combustible, un produit plus prompt et meilleur que celui d'une nouvelle pousse de tourbe.

Si l'on n'a pas la possibilité de fumer ce terrain, dans les commencemens on y verra encore des plantes tourbeuses ; mais peu à peu ces plantes cèderont la place à de meilleures, sur tout si le sol est sec dans sa partie inférieure et

---

* Environ 30 centimètres.

qu'on donne de tems en tems, à sa superficie, un arrosement avec de l'eau.

§ 857.

Lorsque les marais dont on n'a point exploité la tourbe, ceux qui sont couverts de joncs, de bruyère et de plantes marécageuses en général, ont été suffisamment assainis, ils peuvent être labourés ou avec la charrue, ou bien avec le hoyau s'ils ne peuvent pas encore supporter la pression des pieds des chevaux.

Lorsqu'on a atteint une saison sèche, on met alors le feu à la terre qu'on a ainsi remuée, en commençant du côté du vent, et elle ne tarde pas à être réduite en cendres, ainsi que les racines des plantes marécageuses. Quelquefois aussi l'on entreprend le brûlement sans avoir labouré; mais alors le succès est bien plus incertain et bien moindre, parce que le feu ne pénètre pas aussi profondément, ni d'une manière aussi uniforme, et qu'il ne détruit pas aussi bien les racines des plantes tourbeuses. Si le marais est excessivement spongieux et ne consiste qu'en substances végétales, il ne convient pas d'attendre un dessèchement complet, ou tout au moins l'on doit faire remonter l'eau jusqu'à une certaine hauteur, en bouchant le fossé, afin que le brulement ne s'opère pas à une trop grande profondeur. Cependant on ne saurait éviter complètement cette inégalité dans la profondeur du brûlement, ni que, par cette raison, il ne se forme quelques aspérités à la superficie du sol, mais ces aspérités peuvent facilement être applanies.

Après avoir opéré le brûlement, il ne faut pas tarder à enterrer la cendre, pour la mélanger avec la couche de terre qui était immédiatement au dessous. Ci devant on ensemençait un terrain ainsi préparé, durant plusieurs années consécutives en blé noir (sarrasin), qui y réussissait à merveilles et ameublissait le sol tourbeux; mais, à présent, on y cultive ordinairement des pommes de terre et des navets, qui donnent un grand produit; ensuite on y sème du sèigle ou de l'avoine, qui y réussissent fort bien, et donnent une farine particuliérement blanche; cette dernière circonstance est due à la cendre. La navette de printems réussi également sur les terrains de ce genre. L'orge, le froment, le colza d'automne, ne réussissent point sur un tel sol, jusqu'à ce qu'il ait été mélangé avec de la terre proprement dite, soit argileuse, soit marneuse, ou même avec du sable pur. Lorsqu'on y a fait cette addition de terre, on peut y cultiver toutes sortes de produits.

Cependant, après un certain tems, si l'on n'amende ces terrains avec des engrais d'étable, et à des époques convenablement rapprochées, ils ne manquent

pas

pas de donner des signes d'épuisement, et l'on est alors réduit à les laisser en paturage ; celui-ci donne un produit plus ou moins grand, selon que le sol a été plus ou moins épuisé par les récoltes de grains qu'on en a tirées. Quelquefois on tient ces terrains en culture jusqu'à ce qu'ils ne produisent plus rien, alors on ne peut leur rendre leur fertilité, qu'en les laissant long-tems en repos, et en leur donnant des labours et des amendemens reitérés. On s'est aussi avisé de les bruler de nouveau, et, à la suite de cette opération, ils se sont montrés de rechef fertiles.

LES ARROSEMENS.

La plus part des auteurs agronomiques ont associé le développement de ce qui se rapporte aux arrosemens, avec l'enseignement sur la culture des prairies. Cependant il est des arrosemens qui ont un autre objet que la fécondation des prés ; dans les climats chauds en particulier, et dès les tems les plus anciens, on y avoit recours pour la culture des terres à grains et pour divers autres produits. Nous parlerons donc d'abord de ce qui se rapporte aux arrosemens en général, et nous traiterons de leur application aux prairies, lorque nous nous occuperons de celles-ci en particulier.

L'arrosement se trouve lié, de plus d'une manière, avec la matière que nous venons de traiter, le dessèchement des terres ; soit parce que l'une et l'autre de ces opérations doit être précédée des mêmes recherches sur le niveau et sur la chute de l'eau, et que les règles prescrites pour le tracement des fossés, doivent également être observées ici ; soit parce que, dans le plus grand nombre de cas, l'assainissement, l'égouttement et le dessèchement des terres, doivent précéder l'arrosement, et dans tous, lui sont étroitement liés. En effet une des choses les plus essentielles à un sol qu'on veut faire jouir des avantages de l'arrosement, c'est, s'il souffre de l'humidité dans sa couche inférieure, qu'il soit auparavant assaini et parfaitement égoutté ; sans cela, loin de pouvoir se promettre de bons effets des arrosemens, on doit au contraire s'attendre à voir le mal empirer. Mais il est aussi beaucoup de cas, où l'on peut se rendre maître de l'eau qui croupit au dessous de la superficie du sol, ou qui s'y écoule, et où l'on peut l'élever assez pour l'employer, avec le plus grand avantage, à l'arrosement du même terrain qu'elle rendait auparavant humide, mal sain et marécageux, et qu'elle couvrait de joncs.

Enfin, une condition sans laquelle tout arrosement ne produira que peu d'avantages, c'est que l'on puisse ôter l'eau à volonté, et égoutter le terrain immédiatement après qu'il a été arrosé.

T. III.

§ 858.

L'arrosement est sans contredit une des plus utiles et des plus importantes opérations qui puissent être entreprises en agriculture. Il est connu de chacun que l'humidité est une condition nécessaire de la végétation, et que l'eau, tant directement qu'après sa décomposition, contribue essentiellement à la nutrition des plantes. La différence de fécondité des diverses espèces de terrain dépend essentiellement du plus ou moins de disposition qu'elles ont à retenir l'humidité. Le terrain sablonneux qui, à cause de la facilité avec laquelle il perd son humidité, est envisagé comme tout à fait stérile, peut devenir aussi fécond qu'un riche sol argileux, pour tout au moins un grand nombre des plus utiles de nos végétaux, si l'on a soin de lui conserver un degré d'humidité convenable ; pourvu seulement qu'il contienne une portion suffisante d'humus soluble. Dans ce cas ci, le sol sablonneux sera même sensiblement plus avantageux à plusieurs de nos plantes les plus profitables; il favorisera particulièrement la végétation de celles qui ont de la disposition à souffrir de l'humidité. Lorsqu'on a fait les dispositions convenables pour arroser un sol à volonté, l'on est toujours maître du degré d'humidité qu'on veut donner ou prendre à son terrain.

La plupart des eaux charient avec elles des parties fécondantes, qui influent avantageusement sur la végétation. L'eau qui a coulé pendant un certain tems à la superficie du sol, contient toujours des substances nutritives, que, peu à peu, elle a recueillies sur les terrains où elle a passé, et la quantité de ces substances est d'autant plus grande, que les terrains étaient plus fertiles et plus riches en engrais. Cette matière nutritive, qui, sans cela, va se précipiter dans les abîmes de la mer et qui, ainsi, se trouve perdue pour les terrains cultivés, est retenue au moyen des arrosemens, et est contrainte à se précipiter en plus grande partie sur le sol qui jouit de ces arrosemens ; ainsi elle y contribue à la reproduction des nouvelles plantes. Quant à l'eau qui sort de terre, elle charrie ordinairement avec elle de la chaux ou du gypse (sulfate de chaux) dissous dans de l'acide carbonique, parconséquent divisés en molécules impalpables. Lorsque l'acide carbonique se dégage dans l'air, ces deux substances ordinairement si favorables à la végétation, se précipitent alors sur le sol arrosé. C'est par cette raison que l'eau se montre d'autant plus efficace qu'elle est plus près de sa source, parce qu'elle a perdu une moindre quantité de sa chaux.

Par le moyen des arrosemens, nous nous approprions donc des engrais que nous n'eussions point obtenus, et nous procurons un produit qui nous donne de nouveaux engrais, sans qu'il nous en coute aucune consommation de ceux ci. Ainsi nous créons à notre sol de nouveaux élémens de végétation.

A l'aide des arrosemens, nous nous rendons en quelque façon indépendans de la température, et nous prévenons ses défaveurs à plus d'un égard. Car, par leur moyen, nous pouvons, non seulement nous passer de pluie pendant longtems, comme le prouve la fécondité des terrains arrosés sous le climat sec de l'Italie, où, quelquefois en 4 mois, il ne tombe pas une goutte de pluie et souvent pas même de rosée ; mais, de plus, diminuer considérablement les dommages occasionnés par les gelées blanches du printems, et par les gelées proprement dites, parce que l'eau des sources fraiches en particulier, par sa température plus élevée, réchauffe plutôt le sol, le couvre de verdure, et présente des prairies nourrissantes, alors que, dans les terrains non arrosés, on n'aperçoit pas encore un brin d'herbe, et parce que l'eau, de quelqu'espèce qu'elle soit, atténue le mauvais effet des gelées blanches, et même de la gelée, sur les plantes, lorsque, au printems, elle passe par dessus celles-ci ; ou que, du moins, cette eau les guérit, lorsqu'après ces accidens de température, elle ne tarde pas à les atteindre.

Par le moyen des arrosemens, nous poussons quelquefois à une fécondité très-grande, un sol qui, auparavant, ne donnait que des produits tout à fait insignifians.

Ce sont là des motifs suffisans pour nous engager à former des établissemens pour l'arrosement des terres, dans tous les lieux où nous en avons la facilité.

§ 859.

La possibilité de former des établissemens pour l'arrosement, même d'une grande étendue, n'est point une chose rare. Si nous voulons réunir nos moyens pour cela, il est beaucoup de districts, et même de provinces entières, où il n'est presque aucun lieu, quelqu'élevé et éloigné des eaux qu'il soit, qu'on ne puisse faire participer aux avantages de cette bonification. Si tous les cours d'eau naturels étaient coupés dans leur partie la plus élevée, et que l'eau fut retenue dans des canaux à une élévation convenable, on pourrait souvent conduire de l'eau dans des contrées où, aujourd'hui, l'on a à peine l'idée d'eaux coulantes.

Mais lors même que ces grands établissemens pour l'arrosement des terres, qui exigent un concours général des volontés et des moyens, ne sauraient avoir lieu, il n'est cependant pas rare qu'on puisse opérer l'arrosement de surfaces considérables, dans des lieux où on n'en avait pas d'idée auparavant. Jusqu'à présent, lorsque des propriétaires fonciers ont pensé à opérer des arrosemens, ils n'ont, le plus souvent, jeté leurs yeux que sur des terrains bas, voisins de quelque rivière ou de quelque ruisseau, quoique ce soit précisément dans une telle position que cette opération présente le moins d'avantages, et qu'il en résultât un beaucoup plus considérable, si l'on appliquait l'arrosement à des contrées plus élevées, quoique inférieures au point où l'on aurait pu se rendre maître de l'eau. C'est un fait démontré en mathématiques et en physique, quoique souvent méconnu, que l'eau qui coule sur une hauteur, doit nécessairement s'étendre latéralement et horisontalement, lorsqu'on l'arrête et qu'on l'empêche de descendre sur la contrée inférieure, et que, par conséquent, cette eau peut être conduite sur tous les points qui ne sont pas plus élevés que celui auquel elle a été arrêtée, pourvu seulement qu'on parvienne à empêcher que, jusques-là, cette eau ne s'enfonce en terre.

§ 860.

Ordinairement l'eau qui descend d'un point supérieur sur un inférieur, avec plus ou moins de chute, c'est-à-dire avec une vitesse plus ou moins grande, et au travers d'une contrée quelconque, a frayé sa route dans la partie la plus basse de cette contrée, et y a formé diverses sinuosités. Tout ruisseau coule donc dans une vallée plus ou moins large et bordée d'élévations. Lorsque, dès le lit du ruisseau ou de la rivière, l'on considère ces hauteurs, elles paraissent quelquefois tellement élevées, que bien des gens ne sauraient concevoir comment on pourrait y faire arriver l'eau qui coule dans la vallée : Cependant un nivellement démontrera que le lieu où l'eau entre dans la vallée est infiniment plus élevé que ces hauteurs qui, de premier abord, paraissent si fort inaccessibles à l'eau. Si donc, par le moyen d'une écluse, on coupe l'eau au point le plus élevé, que nous supposerons par exemple de 800 perches de hauteur, et si, au-dessus de cette écluse, on creuse un canal qui, prenant l'eau dans le lit du ruisseau, la conduise aussi haut et avec le moins de pente que cela est possible, cette eau pourra être amenée sur tous les points des collines qui bordent la vallée, lesquels se trouveront de quelque chose inférieur au point où l'on a arrêté l'eau.

A fig. 1 Pl. VII, l'eau descend de a en b, et, sur une longueur, d'environ 800 perches, a 40 pieds de chute. Si l'on descend auprès de la rivière, la colline semble s'élever de plus en plus, et en x elle est de 30 pieds plus élevée que l'eau en b. Si donc on désire l'élever au-dessus de l'espace contenu entre a, d, b, afin de pouvoir l'étendre sur toute cette surface, ou seulement sur quelqu'une de ses parties, il faut y creuser le canal a d, qui ne doit avoir qu'une très - petite chute. En c l'on établira une écluse au travers de la rivière, et on l'élèvera même, ainsi que les bords de celle-ci, au-dessus du cours de l'eau, si l'on a besoin de donner à l'eau une plus grande élévation. Ainsi l'eau s'écoulera dans le canal à une hauteur presque égale à celle de a, et parconséquent en d elle se trouvera presque de 40 pieds plus élevée qu'en b; elle se trouvera donc de 10 pieds plus haute que la colline x.

Si, maintenant, sur toute la surface a d b il ne se trouve aucune hauteur qui s'élève au-dessus de la nape d'eau, on peut, à l'aide de canaux secondaires tirés du canal principal, arroser toute cette surface. Si, au contraire, cet espace est inégal et raboteux, s'il y a des élévations et des enfoncemens, pour l'ordinaire l'eau ne peut en atteindre qu'une partie. Dans ce cas, les canaux secondaires, les raies qui prennent l'eau dans le canal principal pour la conduire dans ces places, doivent suivre les diverses sinuosités des élévations du sol et leurs diverses directions, afin qu'on ne soit pas contraint de faire passer l'eau, au travers des bas-fonds, par le moyen de digues et de canaux relevés au - dessus du sol. Lorsque, comme cela a ordinairement lieu, la surface présente, dans la direction de d en b, une pente inégale, quoique pas absolument interrompue, on peut conduire l'eau tirée du canal principal, d'une surface supérieure à une infé- rieure, en se servant du fossé d'écoulement de la nape supérieure, comme canal pour conduire l'eau sur la surface inférieure; ainsi l'on emploie à dif- férentes reprises la même eau, comme nous le montrerons bientôt d'une manière plus détaillée.

§ 861.

Lorsqu'on projette un établissement de ce genre qui doive avoir quelqu'étendue, il est absolument nécessaire, non-seulement de prendre avant tout les niveaux dans les diverses directions, et à différentes reprises; mais encore de s'orienter de la manière la plus complète sur toute la contrée, comprise ici entre les points a d b, et de s'en former un tableau, soit dans la tête, soit sur le papier, afin de dé- terminer avec précision la quantité d'eau que cette contrée doit et peut recevoir, et dans quelle direction et quel ordre cela peut le mieux avoir lieu. En ceci l'on ne saurait trop éviter de précipiter ses opérations; la circonspection dans les travaux de ce genre procure souvent de très-grands avantages, et le contraire entraîne fréquemment à des dépenses considérables et sans fruit. Il sera donc toujours plus sage, lorsqu'une telle opération devra être appliquée à une surface d'une étendue un peu considérable, de consacrer une année à parcourir celle-ci dans tous les sens, avec les instrumens de nivellement, à en remarquer toutes les aspérités et les points les plus élevés, et à observer dans les diverses saisons, surtout à la fonte de neiges, la direction qu'y prennent les eaux dans leur course. Car si l'on vérifiait que le creusement du canal, dans la position la plus élevée et la plus éloignée de la rivière qu'on pût lui donner, ne procurât que des avantages chétifs, ou seulement inférieurs aux frais qu'une telle opération devrait coûter; si par exemple entre la ligne o x et a d, il y avait plusieurs élévations ou bas-fonds, ou tout au moins s'il n'y avait pas de places où l'on jugeât l'irrigation avantageuse, et qu'ainsi elle ne put être utile qu'à l'espace placé au-dessous de e x, il y aurait alors de la prodigalité à creuser le canal couteux de a en d, et à en tirer de nombreux canaux secondaires; il serait peut-être suffisant de creuser le canal plus court de e en x, et d'autant plus que les canaux secondaires, qui devraient conduire l'eau dans chaque place, seraient beaucoup plus courts.

De cette manière, et dans chaque cas particulier, à la suite d'un soigneux examen de la position des terres, on découvrira la direction qu'il convient le mieux de donner, tant au canal principal, qu'aux canaux secondaires qui doivent en tirer l'eau. Il arrive souvent que ce premier ne doit point être droit, mais qu'il doit au contraire avoir des courbures et des zig-zags, indiqués par les sinuosités du terrein, au niveau par lequel ce canal doit passer. Pour ceci il faut avoir également en vue et la convenance de pouvoir arroser la plus grande étendue de terrain, et une judicieuse épargne de tous les frais infructueux.

Les établissemens de ce genre, surtout lorsque le sol est sablonneux, donnent la facilité de faire transporter par l'eau des terres dans les bas-fonds, et de former une surface unie et inclinée propre à l'irrigation. Nous reviendrons ensuite sur cette matière.

Il faut, autant que cela est possible, chercher à donner l'eau aux positions les plus élevées; là elle est incomparablement plus profitable que dans les bas-fonds.

Avéc un œil exercé, on peut, il est vrai, se faire un plan des meilleurs moyens de tirer parti de l'eau et du terrain dont on dispose. Cependant quelque pratique qu'on ait acquise en ce genre, il ne faut jamais se reposer entièrement sur elle, il faut au contraire, avant d'en venir à l'exécution d'un plan, tirer les niveaux vers tous les points et dans tous les sens, avec

la plus grande attention et, en vérifiant chaque observation par sa contre
épreuve, c'est-à-dire en répétant le nivellement, mais en le recommençant
dans le lieu où on l'a fini pour la première fois. On verra alors à quel
point l'œil peut induire en erreur; l'on se convaincra de la possibilité de
conduire l'eau sur des hauteurs que, auparavant, on jugeoit plus élevées qu'elle;
en revanche on vérifiera quelquefois le contraire, c'est-à-dire qu'on trouvera
trop élevées des places où l'on croyait pouvoir facilement conduire l'eau.

Il ne suffit pas de s'assurer de la hauteur des lieux où l'on se propose de
conduire l'eau, il faut encore connaître celles des places où cette eau doit
passer. Autant que cela se peut, il faut éviter les places basses, dût-on même,
pour cela, faire des détours considérables; quelquefois, pour conserver à l'eau sa
hauteur, on n'a d'autre moyen que de la faire passer sur des conduits élevés,
formés avec de la terre ou des matériaux amenés à cet effet. On a recours
à ce moyen lorsque le lieu où l'on prend l'eau se trouve séparé de celui où
on veut la conduire, par des enfoncemens de peu de largeur. Il faut seulement
examiner avec soin si les avantages que l'on retirera de l'eau, conduite au delà
de ces enfoncemens, sont assez considérables, pour dedommager des frais que
le conduit occasionne, et s'il y a dans le voisinage une quantité suffisante de
terre argileuse, avec laquelle on puisse former un canal solide.

Quelquefois un canal en bois est moins couteux, mais il ne faut pas oublier
qu'il est fort sujet à se détériorer, et exposé à divers dangers. Dans certains
cas, et lorsque l'eau doit passer sur un terrain très-profond, ou peut être
par dessus un autre cours d'eau, il vaut la peine d'établir une arcade en
maçonnerie, et de construire un acqueduc par dessus. Ici, encore, il faut
mettre en comparaison l'avantage qu'on peut espérer d'une telle opération,
avec les frais qu'elle doit occasionner.

§ 862.

Lorsqu'on a pris les niveaux de la conduite d'eau, la première chose sur
la quelle on doive porter son attention, c'est la quantité d'eau qu'on peut
se procurer; afin de donner au canal des dimensions et l'étendue convenables.
Pour cela il faut examiner attentivement la quantité d'eau que l'on a dans
les diverses saisons de l'année, et prendre pour mesure celle que l'on conserve
dans la saison la plus sèche; car ce serait en vain qu'on ferait les frais d'une
plus grande étendue de canal, s'il n'y avait pas de l'eau pour la remplir.
Cependant, souvent il suffit qu'au printems on ait de l'eau en suffisance, et
qu'en été l'on puisse profiter de toutes les ondées. Dans ce cas là, on ne peut,

à la vérité, pas toujours donner les arrosemens dont le sol aurait besoin dans les tems secs; mais on peut toujours lui procurer, durant l'hyver et dans les pluies abondantes, beaucoup de sucs nutritifs; ainsi le bonifier peu à peu, et lui donner, par ce moyen, une humidité durable.

Quoique la quantité d'eau dont on dispose soit petite, on peut cependant en tirer un grand parti; pour cela il ne faut que lui donner l'emploi le plus économique, et s'en rendre maître aussitôt qu'elle a produit son effet, pour l'employer de nouveau sur une place inférieure, puis sur une troisième place et ainsi de suite; mais cela même demande beaucoup de reflexion, car il faut donner, à chaque portion de terrain, une pente suffisante pour que l'eau descende et puisse être recueillie de nouveau, et cependant pas trop forte, afin qu'on perde le moins qu'il est possible de la hauteur que l'on a, et qu'on puisse étendre l'eau sur toutes les places où cela est praticable, avant que cette eau entre définitivement dans son précédent lit, ou dans le canal qui doit l'emmener.

L'on a tenté de déterminer mathématiquement le volume d'eau, et l'étendue qu'on peut arroser par son moyen. Hypothétiquement parlant, cela peut sans contredit avoir lieu; mais, dans la pratique, rarement on arrive au même résultat; parce que l'on ne peut calculer avec précision, ni la vitesse, ni la force du cours de l'eau, ni la faculté d'absorption du sol. Un certain coup d'œil acquis par l'exercice, ou un certain sentiment pratique, conduisent en ceci plus sûrement, que des mesurages, des profils ou coupes des cours d'eau, et le calcul de leur vitesse. Lorsque, dans la contrée même, l'on n'a pas eu l'occasion d'acquérir cette pratique, parce qu'il n'y a pas d'établissemens de ce genre, il faut aller soi même chercher des directions dans les lieux où ils sont en grand nombre, ou appeler à conseil des personnes qui aient acquis de l'habitude dans l'évaluation de l'eau. Souvent on augmente le concours de l'eau, qui sort, sur tout des lacs ou des lieux remplis de sources, en agrandissant l'ouverture ou le canal par lequel ces lacs ou cette réunion de sources se vident, parce qu'on diminue par là la contrepression que l'eau stagnante exerce contre celle qui cherche à s'y réunir. Au moyen de cet agrandissement de l'orifice par lequel l'eau doit s'écouler, les sources et leurs veines s'ouvrent d'avantage, l'eau se précipite des hauteurs avec plus de force, et elle s'ouvre plus facilement un passage, au travers des obstacles qu'elle rencontre. C'est particulièrement le cas auprès de ces lacs qui n'avaient aucun écoulement apparent, et qui, depuis qu'on leur en a donné un, se remplissent avec une promptitude plus grande qu'auparavant, et fournissent au canal une quantité d'eau qu'on n'eut point attendue avant cette opération.

§ 863.

Une troisième circonstance , dont , dans divers cas, on doit avant tout
s'assurer , c'est la possession illimitée de l'eau , et du sol qu'elle occupe ; il
faut être sans crainte d'aucun empêchement de la part des voisins dont les
possessions sont au dessus ou au dessous du lieu où l'on veut travailler. Ces
empêchemens, ne sont que trop fréquens auprès des moulins, parce que les
meuniers dont les établissemens sont immédiatement au dessus de la place où
l'on retient l'eau, craignent que cette eau ne reflue vers leurs rouages, et
que ceux qui sont en dessous, au contraire, craignent qu'on ne leur ôte
l'eau qui leur est nécessaire. Souvent ces craintes sont sans aucun fondement;
mais si l'on est réduit à administrer la preuve qu'un établissement pour l'arrosement des terres n'est pas nuisible aux moulins qui sont dans le voisinage,
il devient difficile d'établir cette preuve devant les tribunaux, d'une manière
qui soit à portée de l'entendement des juges, et comme ces tribunaux se
tiennent trop à la lettre de priviléges et de rescrits, qui, dans les tems
d'enfance de l'agriculture, sacrifiaient tout à l'avantage et à la sûreté des propriétaires de moulins, on court ordinairement le risque de succomber, dans un
tel procès, contre l'égoïsme et l'envie d'un meunier. Souvent aussi d'autres
voisins croient avoir des motifs et le droit de présenter des oppositions, par
exemple, ceux qui sont au-dessus, sont en proie à la crainte qu'on ne ferme les écluses lorsqu'il viendra une abondance d'eau, et qu'ainsi ils ne soient exposés à des
inondations, quelqu'absurde que soit cette idée; ceux qui sont au-dessous, au
contraire manifestent la crainte qu'on ne diminue, qu'on ne gâte ou qu'on ne
salisse leur eau, ou bien qu'on ne leur conduise un limon dont ils ne veulent
point. Bien qu'aujourd'hui l'on ait des motifs d'espérer qu'une meilleure législa-
tion rurale, lèvera les entraves de ce genre, il faut cependant être très-circons-
pect en ceci, et se garder de mettre la main à l'œuvre, avant d'être complétement rassuré contre les oppositions mal fondées qu'on pourrait rencontrer.

§ 864.

Enfin, pour chaque place que l'on désire soumettre à l'arrosement, il reste
encore à examiner si l'on pourra en faire écouler l'eau aussi promptement qu'on
la lui a donnée, et d'une manière complète ; sans cet écoulement on peut
rarement se promettre un grand avantage des arrosemens, au contraire le
terrain arrosé pourrait même être transformé en marais. Au reste, dans le
plus grand nombre de cas, cette facilité d'écoulement existe.

§ 865.

Les divers fossés ou canaux dont on se sert pour les arrosemens, se rangent sous les classes suivantes :

1. *Le principal canal d'arrosement*, celui qui fournit l'eau à la contrée où l'on veut établir des arrosemens de diverses espèces, et qui maintient cette eau à l'élévation convenable. Dans sa partie inférieure, dans le fond, il ne doit avoir que peu de pente ; un pouce sur 20 perches est bien assez. La largeur que doit avoir le fond du canal est déterminée par le volume d'eau qui doit y passer ; quant à la profondeur que le canal doit avoir, elle dépend du plus ou moins d'élévation que le sol a, dans chaque place, au-dessus de la surface horisontale qui sert de base au fond du fossé ; c'est de cette profondeur que dépend le talus que les parois du canal doivent avoir.

2. *Les canaux secondaires d'arrosement*, ceux qui, prenant l'eau dans le canal principal, ou dans quelqu'autre fossé, la conduisent dans les ·places qu'on a l'intention d'arroser.

3. *Les raies d'arrosement*, sont celles qui laissent échapper l'eau sur quelque partie du sol qu'on arrose, lors même. que ces raies seraient une continuation du canal secondaire. Comme l'eau doit y être maintenue plus élevée que l'embouchure inférieure de la raie, toutes les fois, du moins, que l'irrigation doit avoir lieu ; ordinairement ces raies sont garnies d'un petit revêtement ou d'une petite digue, au travers de laquelle on pratique,

4. *Les ouvertures* par lesquelles l'eau doit être distribuée ; comme il ne serait pas possible de donner, au bord de la raie d'arrosement, une régularité telle, que l'eau s'échappat d'une manière uniforme sur toute la longueur de cette raie ; on est obligé d'avoir recours à ces ouvertures qui, ayant à supporter un effort de l'eau assez grand, doivent être bien garanties, et garnies avec des gazons épais, ou avec un revêtement en bois : souvent on forme ces ouvertures par le moyen de tuyaux en bois ; quelquefois d'une tige de saule creusée et qu'on passe au travers de la petite digue du bord de la raie. Il faut pouvoir diminuer à volonté la quantité d'eau qui passe au travers de ces ouvertures ; cela peut avoir lieu au moyen de gazons qu'on place au passage de l'eau, ou au moyen de petites planches qu'on pose devant l'ouverture. Lorsque la prairie n'a pas une hauteur uniforme, on place ces ouvertures dans les points les plus élevés. De ces ouvertures, du moins dans les prairies soumises à l'irrigation, l'eau passe dans

5. *Les rigoles d'irrigation.* Ces rigoles sont, ou derrière la petite digue

de la raie d'arrosement, ou à peu près à angle droit avec elle. C'est dès ces rigoles que l'eau s'étend sur la superficie du pré.

Ces rigoles ne doivent pas être trop longues; 21 perches sont la plus grande longueur qui leur convienne, si elles en ont davantage, elles sont bientôt comblées par la prompte végétation de l'herbe, et leur extrémité ne reçoit plus d'eau ; plus elles sont longues, plus elles doivent être larges à leur commencement, parce que l'espace qu'elles doivent arroser, celui qui est compris entre la rigole d'irrigation ou la raie d'arrosement et le fossé d'écoulement, est d'autant plus considérable, et demande une quantité d'eau d'autant plus grande. Il est inutile de dire que les ouvertures qui communiquent l'eau à ces rigoles doivent être proportionnées avec elles. On fait ces rigoles à l'aide d'une espèce de bêche légèrement recourbée, que nous appelons pelle à rigoler, et d'une espèce de grand couteau destiné à trancher la terre des deux côtés de la rigole, et que nous appelons traçoir, ou bien avec une charrue adaptée à cet usage *.

6. *Les canaux d'écoulement.* Il est nécessaire qu'ils soient proportionnés à ceux d'arrosement, et ils doivent toujours correspondre avec eux. Il n'est aucune partie du terrain arrosé dont l'eau ne doive être recueillie par une rigole d'écoulement, pour être conduite dans une raie d'écoulement destinée à l'emmener. Ce sont ces moyens d'écoulement prompts, qui distinguent un terrain arrosé, d'un terrain humide et marécageux, et ils sont une condition absolue du haut produit qu'on peut espérer des établissemens d'arrosement.

Les canaux destinés à l'écoulement des eaux sont distingués de la même manière que ceux qui sont destinés à les amener. Le *principal canal d'écoulement* est celui qui reçoit et emmène toutes les eaux qui s'écoulent de l'étendue de terres qui est soumise à l'arrosement. Quelquefois c'est le lit même du ruisseau ou de la rivière même d'où, à une place supérieure, l'on avait tiré l'eau par le moyen du canal principal. Les *canaux secondaires d'écoulement* sont ceux qui emmènent l'eau d'une partie de la contrée arrosée, et la conduisent, ou immédiatement dans le principal canal d'écoulement, ou sur une nouvelle étendue de terrain, pour y servir à l'arrosement; dans ce dernier cas, ce canal *secondaire d'écoulement* devient *canal secondaire d'arrosement.* Il n'est pas rare que les canaux de cette espèce remplissent à la fois ces deux buts, c'est-à-dire

---

* Celle qui est représentée dans mon ouvrage intitulé *Beschreibung der nutzbarsten neuen Ackergeraethe,* 3 *Hefte Pl. II fig.* 2 *et 3, et Pl. III fig.* 1 *et* 2, peut servir à cet usage. (A.)

que, d'un côté, ils reçoivent l'eau qui s'écoule des terres supérieures, tandis que, de l'autre, ils fournissent l'eau aux terrains inférieurs, par le moyen des ouvertures qu'on a pratiquées à la petite digue qui leur sert de bordure et leur aide à retenir l'eau.

Quelquefois on garnit aussi les raies d'écoulement sur leurs bords avec de petites digues, afin que l'eau ne s'en échappe pas trop promptement, et l'on pratique alors, au travers de ces digues, des ouvertures, qui peuvent être fermées plus ou moins, à volonté ; cependant ceci a lieu plutôt dans les arrosemens par inondation, que dans ceux par irrigation.

7. On donne le nom de *fossés* ou *tranchées de réunion*, à ceux qui sont destinés à rassembler les eaux qui coulent d'un terrain supérieur, pour les réunir dans un canal relevé au-dessus du sol, ou dans un espace plus large, comme par exemple un étang ou un réservoir, dans lesquels on les retient par le moyen d'une digue suffisamment haute et forte, afin de les conduire, à un niveau plus élevé, sur des terrains qui, sans cela, n'eussent pas pu jouir de leur influence. Lorsque les fossés d'écoulement doivent remplir aussi ce second but, ils demandent incomparablement plus de soin dans la manière de les établir.

§ 866.

Aucun établissement d'arrosement tant soit peu considérable ne saurait se passer entièrement d'*écluses* de diverses espèces.

La construction de ces écluses est du ressort de l'architecture hydraulique, je crois en conséquence devoir renvoyer mes lecteurs aux différens ouvrages qui traitent de cette matière *.

La *principale écluse*, celle au moyen de laquelle on arrête l'eau de la rivière, pour la forcer à entrer dans le principal canal d'arrosement, est ordinairement la plus considérable et la plus coûteuse; quelquefois même elle forme à elle seule la plus grande partie de la dépense. On a, en conséquence, cherché à en faire l'épargne, et à lui substituer une digue réelle. Mais il n'y a que peu de cas; où il n'y ait pas de graves inconvéniens de couper ainsi le cours de l'eau d'une manière permanente, et bien moins encore où il fut praticable de percer, au besoin, ces digues pour les rétablir ensuite. Si l'on ne peut étendre les avantages de l'arrosement qu'à une surface peu considérable,

---

* On trouve dans les *Annalen des Ackerbaues*, Vol. II p. 529, une description assez précise des écluses et autres constructions nécessaires pour les arrosemens de peu d'étendue; voyez le mémoire intéressant intitulé *Abhandlung ueber eine Wiesen bewaesserung*. (A.)

les frais de construction d'une telle écluse, répartis sur cette surface, se trouveront peut-être excessifs; tandis que, si l'étendue de terrain qui pourra être arrosé est très-grande, ce qu'il en coûtera pour chaque journal de terre, se réduira à peu de chose.

Les autres écluses nécessaires dans les canaux principal et secondaires, tant d'arrosement que d'écoulement, peuvent être d'une construction plus simple et plus légère, parce qu'elles n'ont que rarement à supporter une grande pression de la part de l'eau. Selon les circonstances, il en faut un nombre plus ou moins grand; cependant, pour l'ordinaire, chaque étendue de terre qui a sa raie d'écoulement particulière, doit avoir son écluse. Quelquefois ces écluses sont établies de manière à faire refluer l'eau jusqu'à la sommité du fossé ou canal, d'autrefois de manière que l'eau n'arrive qu'à une certaine hauteur, et que tout l'excédent retombe au-dessous de l'écluse. Dans ce dernier cas, une digue peut souvent remplacer l'écluse.

En général ici il faut se faire une loi, de ne pas pousser l'économie au-delà de ses justes bornes, de peur que les frais d'entretien et de réparation ne dépassent de beaucoup l'épargne qu'on aurait voulu faire dans l'établissement, et qu'il n'en résulte d'ailleurs diverses incommodités et des dérangemens.

Dans bien des cas, soit pour les arrosemens, soit pour l'écoulement des eaux, on est obligé d'avoir recours à des conduits ou encaissemens souterrains, soit en bois, soit en maçonnerie, pour faire passer l'eau sous une digue, un chemin, ou peut-être sous un autre cours d'eau. Quelquefois ces conduits souterrains sont également fournis de portes, de glissoirs ou de bouchons, afin qu'on puisse, à volonté, retenir l'eau par leur moyen, ou la laisser écouler.

Il n'est pas rare qu'on soit obligé d'établir des ponts pour le passage de l'eau, soit en bois, soit en maçonnerie; dans ce dernier cas on fait porter le canal par une voûte; cependant comme les constructions de ce genre sont exposées à de fréquens dommages, et que leur rupture dans des momens où les eaux sont très-abondantes, peut occasionner de grands désastres, il faut éviter, autant que cela est possible, d'avoir recours à ce moyen.

Les digues ou parapets en terre, élevés au-dessus du sol pour porter un canal qui doit transmettre l'eau d'une hauteur à une autre, coûtent souvent beaucoup, et s'ils ne sont pas faits avec un soin extrême, ils exposent également à de grands dommages. Souvent, en détournant le canal, on peut s'en passer, et cela est toujours préférable, lors même que ce moyen paraîtrait tout aussi coûteux.

§ 867.

Il est trois manières différentes d'opérer l'arrosement.

1. *Par inondation.*
2. *Par irrigation.*
3. *En faisant refluer l'eau dans les fossés.*

Il est des localités où l'on peut arranger les choses de manière à employer alternativement ces trois genres d'arrosement, selon le but qu'on se propose dans chaque cas particulier.

§ 868.

L'inondation exige que, par nature ou par art, le sol qui doit la recevoir soit entouré, tout au moins de trois côtés, d'une petite digue qui retienne l'eau sur la place inondée.

Quelquefois on opère l'inondation en arrêtant le cours naturel de l'eau, par le moyen d'une écluse établie au-dessous de la place qui doit être arrosée, et en forçant ainsi cette eau à refluer et s'étendre sur la surface à laquelle on la destine; mais cela ne peut avoir lieu que dans certaines localités, et le plus souvent d'une manière imparfaite, parce que, de cette manière, l'on n'a pas à sa disposition la fixation de la quantité d'eau, la durée de l'arrosement, ce prompt égouttement qui est d'une grande importance, souvent aussi la fixation du point jusques où l'eau doit s'étendre, et que souvent dans les crues d'eau subites, le rétrécissement que l'écluse produit au lit de la rivière, occasionne des débordemens inopportuns, et fait que l'eau entraîne des terres, ou forme des ensablemens.

Les inondations qui sont opérées au moyen d'un canal d'arrosement, lequel prend l'eau dans la rivière à un point plus élevé, sont infiniment préférables, et d'autant plus que c'est seulement de cette manière qu'on peut procurer les avantages de l'arrosement, à des places plus hautes, quoique inférieures au niveau qu'a l'eau, dans la place où elle sort de la rivière pour entrer dans le canal. Aussi ce n'est guères que de cette manière, qu'on peut égouter, promptement et à la fois, toute l'étendue du terrain inondé.

L'inondation a quelques avantages même sur l'irrigation; durant les abondantes eaux de l'hiver et du printems, on peut employer l'eau, qui alors est plus fortement chargée de parties fertilisantes, et la retenir sur le sol jusqu'à ce qu'elle y ait déposé tout le limon substantiel qu'elle charrie avec elle. Par ce moyen, non-seulement le terrain s'imprègne complétement d'eau, mais de plus un sol spongieux, s'il a son écoulement par sa couche inférieure, prend plus de consistance et de solidité.

En revanche, cette espèce d'arrosement ne peut avoir lieu qu'en automne, en hiver et au printems, et doit cesser aussi-tôt que la végétation et la chaleur commencent. Après la récolte des foins de première coupe seulement, on peut quelquefois y avoir recours, encore pendant un tems très-court. Lorsque je m'occuperai de la culture des prés en particulier, j'entrerai dans plus de détail sur l'importance d'assurer l'écoulement de l'eau et le prompt égouttement des terres. Ici je me bornerai à rappeler que les raies et canaux d'écoulement doivent être établis d'une manière convenable, être proportionnés à la quantité d'eau dont on doit se débarrasser, et avoir assez de pente dès tous les points de la surface qu'ils doivent assainir, pour que, nulle part, il ne reste des places humides et où l'eau séjourne; si du moins on veut atteindre tout le bon effet qu'on peut attendre de l'arrosement.

§ 869.

Mais comme, en été, on ne peut pas faire usage de ce genre d'arrosement pour empêcher que les terrains qui en ont joui en hiver, ne se dessèchent trop; dans sa totalité, l'arrosement par irrigation a cependant de plus grands avantages, surtout pour tout terrain qui, de sa nature et par sa position, est très-exposé à souffrir de la sécheresse. Le dépôt des substances fertilisantes que l'eau charrie, a lieu, dans l'irrigation, d'une manière presque aussi complète que dans l'inondation, surtout si l'on se sert de la même eau à réitérées fois, quoique sur des places différentes; circonstance qui ne peut guères avoir lieu que dans ce seul genre d'arrosement.

Mais le principal avantage de l'irrigation est que l'on peut, dans tous les tems sans inconvénient, donner de l'humidité au sol et aux plantes qui y croissent, et cela précisément dans la mesure qui leur est nécessaire.

L'irrigation a lieu en automne, en hiver et au printems, pour limoner et engraisser les terres, mais on peut aussi la continuer depuis que la végétation s'est mise en activité, et quoique les plantes soient grandies, aussi souvent et aussi long-tems que la température et la nature du sol et des plantes le demandent. Quelquefois on continue l'irrigation, la nuit même qui précède le jour où l'on doit faucher, afin de donner plus de fraîcheur à l'herbe. Chaque nuit qui succède à un jour très-chaud et desséchant, on ranime l'herbe à l'aide d'un arrosement, au moyen duquel elle tire le plus grand avantage de la chaleur du jour suivant; tandis que, sur les terrains qui ne jouissent pas de cet arrosement, les plantes se fanent et se dessèchent. C'est seulement à l'aide de ce genre d'arrosement, que le cultivateur peut se soustraire aux défaveurs de la température et du climat; car par ce moyen, il remédie aux mauvais effets des nuits froides et des blanches gelées, ainsi qu'aux inconvéniens de la sécheresse. Comme, pour l'irrigation, l'eau est dans un mouvement continuel; cette eau ne peut pas y provoquer la putréfaction, ni occasionner des miasmes, comme c'est le cas des eaux stagnantes dans les tems chauds.

L'herbe qui a cru dans ce genre d'humidité convient à toutes les races de bestiaux, et celle qui est consommée en vert au pâturage, ne nuit point au bétail, comme le font les herbages qui ont cru sur les terrains naturellement humides *. L'on conçoit, du reste, que, avant qu'on puisse mettre pâturer les bêtes dans un terrain ainsi arrosé, il faut que le sol ait eu le tems de s'égouter convenablement. Lorsqu'on a une quantité d'eau suffisante et qu'on donne à l'irrigation toute l'attention qu'elle mérite, on peut pousser au plus haut produit les sables même les plus stériles, et c'est souvent les sols de ce genre qui sont les plus propres à être convertis en prairies.

A la longue, l'irrigation communique des parties fertilisantes aux sols même les plus stériles et les plus dénués de substances nutritives, et cette communication est d'autant plus prompte, que l'eau contient une plus grande proportion de ces substances. Si l'eau n'en a que peu ou point, et qu'on abandonne la bonification à la seule action de la nature, cette bonification du sol se fait sans doute attendre pendant long-tems.

Cependant le concours de l'eau ne tarde pas à faire naître sur le terrain des lichens et des mousses, qui entrent en putréfaction, et produisent peu à peu l'humus nécessaire à l'alimentation d'autres plantes. L'expérience a démontré qu'à l'aide d'une eau dépourvue de toutes substances étrangères, on pouvait, dans un espace de 10 ans, faire naître, sur le sable le plus infertile, un gazon très-épais, et, en continuant l'irrigation, transformer ce sable en une prairie fertile qui s'améliore de plus en plus; mais cette formation du gazon, cet enherbement, peuvent être sensiblement accélérés, si l'on charrie sur le sol des engrais de quelque nature; le terreau ou les substances tourbeuses qu'on peut trouver dans des bas-fonds voisins, lors même qu'ils auraient un

---

* Les bêtes à laine gagnent très-facilement la cachexie aqueuse, lorsqu'on les nourrit pendant quelques tems sur les pâturages de ce genre. (Trad.)

peu

peu d'acidité, pourraient être suffisans par eux-mêmes; quoique sans doute l'addition de fumiers animaux leur donnât beaucoup plus d'activité. Si l'on fait pâturer le terrain ainsi enherbé par du bétail à cornes et des bêtes à laine, après l'avoir cependant laissé suffisamment essuyer, ou si on le fait brouter par des bêtes en les y faisant parquer; il atteint bien plus vite sa perfection, qu'en le soumettant à la faulx aussi-tôt que l'herbe qu'il produit en vaut la peine. Mais à l'aide d'un riche amendement de fumier, on peut, en une année, transformer les sables les plus stériles et les plus arides en herbage des plus épais, pourvu seulement qu'on les arrose et qu'on y épande la semence de plantes qui conviennent au sol.

§ 870.

Pour l'irrigation, il faut que la superficie du sol soit aussi unie que cela est possible, et qu'elle ait une pente douce; les rigoles d'irrigation qui reçoivent leurs eaux des raies d'arrosement, doivent passer sur les parties les plus élevées, afin de pouvoir répandre l'eau sur la totalité de la surface. Avec ces rigoles d'arrosement correspondent celles d'égouttement, placées dans la partie la plus basse, pour y recueillir les eaux qui ont servi à l'arrosement, et les conduire dans le fossé ou canal d'écoulement; mais quelquefois ces raies d'égouttement deviennent elles-mêmes rigoles d'arrosement pour un autre terrain placé au-dessous.

Quelquefois les rigoles d'irrigation sont plus ou moins parallèles à la raie d'arrosement; d'autres fois elles font avec elle un angle plus ou moins ouvert; je dis plus ou moins, car souvent la disposition du sol ne permet pas de suivre l'une ou l'autre de ces directions d'une manière absolue.

Les rigoles d'arrosement doivent être parallèles à la raie d'arrosement, lorsque l'espace de terrain auquel elles sont destinées, forme une surface unie, et qu'il a une pente uniforme qui commence à la raie d'arrosement; on en voit un exemple à Pl. VII, fig. 2.

a. est la raie d'arrosement.

b. son revêtement ou sa digue.

cc. deux ouvertures.

dd. les rigoles d'arrosement supérieures, qui versent leur eau sur la surface I.

ee. les rigoles d'irrigation inférieures, qui, après avoir recueilli l'eau de la surface I, la répandent sur la surface II.

f. La raie d'écoulement, en cas cependant que l'eau ne dût pas servir à l'irrigation d'une troisième surface.

T. III.   26

gg. Les espaces qui séparent les rigoles d'arrosement.

J'ai déjà dit que les rigoles d'arrosement ne devaient guères avoir que vingt perches de longueur, parce que, sans cela, elles seraient bientôt comblées par la végétation de l'herbe; l'on comprend que, pour chacune, il doit y avoir une *ouverture* dans la raie d'arrosement; cependant il faut se garder de trop multiplier ces ouvertures dans les places les plus élevées.

Il faut éviter que la surface sur laquelle l'eau doit s'étendre, soit trop considérable; mais on ne saurait guères en déterminer la grandeur. Si la pente est très-sensible, l'espace qui doit être arrosé par une même raie d'arrosement doit être plus étroit, parce que, autrement, l'eau y creuserait des sillons, dans lesquels elle coulerait exclusivement, au lieu de s'étendre en nappe et de couvrir la superficie du sol. Ainsi donc, à un éloignement de dix à vingt perches, on recueillera l'eau par le moyen d'une nouvelle raie, destinée à l'étendre de nouveau sur la surface qui est au-dessous, et l'on continuera de la même manière, jusqu'à ce qu'on ne puisse plus faire usage de l'eau.

On dispose les rigoles de manière qu'elles forment des angles à peu près droits avec les raies d'arrosement, soit lorsque le terrain n'a pas une pente naturelle, soit lorsque la surface qu'on veut arroser n'a pas une hauteur égale auprès de la raie d'arrosement, et qu'en s'en éloignant, elle va, tantôt en s'élevant, tantôt en s'abaissant. Dans le premier cas, l'eau n'aurait pas d'écoulement et pourrait facilement séjourner sur le sol, il convient ainsi de recourir à l'art pour élever le milieu de chaque division.

A fig. 3, Pl. VII, l'eau coule de la raie d'arrosement *a* dans les rigoles d'arrosement bbbb, qui se retrécissent à mesure qu'elles s'éloignent du point où elles reçoivent leur eau de la raie d'arrosement. Les surfaces à égayer I, I, II, II, III, III et IV, ont la forme de planches ou billons de champs légèrement bombés; on leur a donné cette forme, soit avec la charrue, soit avec la bêche, lorsqu'on a établi la prairie. L'eau coule maintenant, dès la rigole pratiquée à la sommité de l'ados, sur les plans inclinés qui sont de chaque côté, et est recueillie par les rigoles d'écoulement cccc, qui séparent ces parties de la prairie, comme cela a lieu pour les billons de champs bombés, elle est ainsi conduite dans la raie ou canal d'écoulement d, qui a lui-même une issue quelconque. Si la surface qu'il faut débarrasser d'eau a, dans quelques places, des élévations naturelles, on fait passer les rigoles d'irrigation à leur sommité, et les rigoles d'écoulement dans leurs enfoncemens; ainsi ces rigoles sont, tantôt parallèles à la raie d'arrosement, tantôt à angle droit avec elle, et d'autres fois obliques ou contournées; souvent, en effet, il faut faire plusieurs détours pour attein-

dre le but qu'on doit toujours avoir en vue, que chaque espace de terrain placé
à un niveau inférieur à celui de la raie d'arrosement, reçoive, autant que cela
est possible, de l'eau en suffisance, sans que cependant cette eau s'arrête et
séjourne au delà de l'espace de tems nécessaire, dans aucune des places, même
les plus basses. Pour pouvoir conduire l'eau sur les points les plus élevés, il
est souvent nécessaire de pratiquer des *ouvertures* au travers de la digue de la raie
d'arrosement, plus haut qu'on ne l'eut fait sans cela; ou même de boucher les
inférieures, afin d'élever et faire refluer l'eau dans la raie d'arrosement. Il
arrive aussi souvent que, à leur passage dans des places basses, les rigoles ont
besoin qu'on rehausse leurs bords avec des gazons, afin que l'eau puisse atteindre
les places plus élevées. Plus la surface qui doit être arrosée est unie, moins on
est obligé d'avoir recours à ces moyens; aussi, dans l'établissement d'une prairie,
ne doit on rien négliger pour unir et regaler le sol aussi bien que cela est
possible; ce but ne saurait être mieux atteint que par le moyen des *terremens*
ou *limonemens*, c'est-à-dire que par l'addition de terres qu'on y fait transporter et déposer par les eaux, opération que nous décrirons bientôt d'une
manière plus particulière.

<h3 style="text-align:center">§ 871.</h3>

Dans l'irrigation, il arrive le plus souvent que, non-seulement on conduit l'eau,
tantôt dans une place, tantôt dans l'autre, mais encore qu'on emploie la même
eau plusieurs fois et dans le même tems, en la conduisant sur une autre place,
à mesure qu'elle a opéré sur une précédente. La multiplicité des cas est ici
tellement infinie, qu'à peine en trouve-t-on deux qui soient en rapport l'un
avec l'autre.

Je développerai cependant ici, à l'aide de planches, quelques-uns des principaux cas, dans la classe desquels la plupart des autres pourront être rangés;
je dois seulement observer que les figures ne représentent que le cours de
l'eau, et ne sont nullement un plan régulier, les raies et les rigoles y ayant
été, pour plus de clarté, tracées beaucoup plus larges qu'elles n'eussent dû
l'être, proportionnément à l'étendue du terrain.

<h3 style="text-align:center">§ 872.</h3>

Il n'est pas rare que, sur la pente d'une colline, au pied d'une montagne,
en arrêtant le cours d'un ruisseau qui en descend, on ne puisse, par le moyen
d'un canal, conduire l'eau autour de cette élévation, et la retenir à cette
hauteur. De cette manière tout l'espace de terrain qui est au-dessous du canal,

se trouve dominé par l'eau, et susceptible d'être arrosé. Afin qu'on puisse faire usage de toute l'eau du ruisseau, et cependant arroser et laisser égoutter successivement toute la prairie, celle-ci a été divisée en six parties. Voyez Pl. VIII, fig. 1.

Le principal canal d'arrosement b prend l'eau du ruisseau au niveau auquel elle est retenue par l'écluse a et il la conduit autour de la colline, aussi loin que les circonstances le permettent. Là il se réunit au fossé ou canal cc qui descend cette colline, et duquel partent cinq raies, parallèles, ou à peu près, au canal b; ces cinq raies divisent en six parties la surface qui est destinée à être arrosée. Ces six parties peuvent, à volonté, être arrosées ou égouttées les unes après les autres, et l'on peut même les arroser toutes à la fois, si l'on a de l'eau en quantité suffisante. Lorsque ce dernier cas doit avoir lieu, on ferme les petites écluses placées dans le canal cc; si en revanche on veut mettre à sec tout l'espace qui est susceptible d'être arrosé, l'on ouvre ces cinq petites écluses, et l'eau trouvant dans le canal d'écoulement dd une pente plus rapide, va se jeter de nouveau dans le ruisseau. Au reste, nous avons dit que chacune des six parties peut être arrosée séparément; il ne faut pour cela que fermer la petite écluse qu'elle a dans le canal cc; tout comme lorsqu'on veut mettre cette partie à sec, il ne faut qu'ouvrir cette écluse. Si par exemple, on ferme les écluses 1, 3, 5, les parties I, III, V, recevront l'eau; tandis que les parties II, IV, VI demeureront à sec. Si, en revanche, on ferme les écluses 2, 4, 6, et qu'on ouvre les autres, les parties II, IV, VI recevront l'eau.

Dans ce cas les raies 2, 3, 4, 5, 6, serviront à la fois de raies d'arrosement et de raies d'écoulement, parce qu'elles recueilleront l'eau des divisions ou parties supérieures, et que, si l'on ferme l'écluse qui est au-dessous d'elles, l'eau y refluera et s'étendra sur la partie ou division inférieure. Il est sous entendu que le bord de ces raies, du côté inférieur, doit être relevé et renforcé, et qu'il est percé d'ouvertures destinées à distribuer l'eau sur le terrain qui est au-dessous.

§ 873.

Souvent, et surtout lorsque la totalité de l'espace qu'on veut arroser a une pente moins sensible, cette surface ne peut se passer de raies d'écoulement séparées, qui recueillent l'eau d'une partie supérieure de la prairie, pour la conduire sur une partie inférieure, parce que, sans cela, la totalité du terrain ne pourrait point être suffisamment égouttée.

La fig. 2, Pl. VIII, est destinée à démontrer ce cas. Le canal qui reçoit son

eau du principal canal d'arrosement, la répand sur l'espace I, lorsqu'on ferme
l'écluse 1. La raie d'écoulement c recueille cette eau, et, s'il n'y a pas de place
inférieure à laquelle on puisse l'appliquer, l'emmène en x. Mais si l'on ouvre
l'écluse I, et qu'on ferme l'écluse 2, l'espace II sera arrosé par b. La raie d'é-
coulement p recueillera alors l'eau qui s'écoulera de cet espace, et la con-
duira dans la raie d'arrosement, par le moyen de laquelle l'espace IV sera
arrosé, lorsqu'on fermera l'écluse 3. L'eau s'écoulera alors par r en x, si l'on
n'a pas d'autre place inférieure où l'on puisse en faire usage.

D'autres fois ces dispositions pour l'arrosement éprouvent diverses modifications, comme cela se voit à Pl. IX. Le canal d'arrosement a fournit l'eau à
la raie d'arrosement b; si maintenant, à l'aide de l'écluse 1, on fait refluer
l'eau, cette eau est étendue sur l'espace I, en avant vers x, par des rigoles
perpendiculaires à la raie, et en arrière par des rigoles parallèles à cette raie,
puis emmenée en d. Si l'on ferme l'écluse 2, l'eau tombe de f en g, et
arrose l'espace II, II, en s'écoulant par les deux côtés de g. De là l'eau est recueillie par h et i, et conduite de la première par l en k, qui, pourvu que
l'écluse 3 soit fermée, arrose des deux côtés l'espace III, III; i conduit l'eau
qu'il a reçue par m en n, qui, lorsqu'on ferme l'écluse 4, arrose l'espace IV,
par le moyen des rigoles perpendiculaires à la raie, qui y ont été tracées. L'eau
est alors recueillie par le principal canal d'écoulement o, qui la rend à sa destination naturelle, en cas que l'on n'ait pas d'autres terrains où l'on puisse en faire
usage. Si l'on ouvre les diverses écluses 1, 2, 3 et 4, la prairie est bientôt
mise à sec, et toute l'eau s'écoule par o; au reste dans ce cas là il faut ouvrir
la principale écluse, qui forçait l'eau à entrer dans le canal d'arrosement.

§ 874.

Dans des prairies dont la surface n'est pas unie, les rigoles et les raies, tant
d'arrosement que d'écoulement, doivent souvent avoir des directions très-
variées. Là il faut, autant que cela est possible, donner aux places élevées une
quantité d'eau plus grande qu'aux places basses, et pour celles-ci, il faut surtout avoir soin qu'elles puissent être suffisamment égouttées. Le plus souvent
on parvient à ce but en variant la direction des raies. C'est pour cela qu'on
voit alterner les raies et rigoles d'arrosement parallèles au canal d'arrosement,
avec celles qui font avec lui un angle droit ou plus ou moins aigu, et que ces
raies reçoivent des courbures et des sinuosités, selon que l'exigent les ondulations de la surface du sol.

§ 875.

Lorsque l'eau doit passer au travers d'une place basse, pour être conduite à une plus élevée, le canal doit être relevé dans toute la durée de ce bas fond, de manière à conserver le niveau qu'elle avait avant d'y arriver. Alors, pour communiquer l'eau à la place du terrain qui se trouve plus basse, on pratique des ouvertures au travers des bords du canal, en ayant cependant soin que ces ouvertures n'aient pas au-delà de la largeur et de la profondeur qui est nécessaire pour laisser passer la quantité d'eau convenable; et comme, par sa chute, l'eau pourrait facilement occasionner des déchiremens, il faut que ces ouvertures soient pourvues de petites écluses, et que l'eau qu'elles fournissent soit reçue dans des encaissemens.

Pour expliquer ce que je viens de dire, je vais en donner un exemple à Pl. X.

L'espace I, est de deux pieds inférieur au niveau que l'eau acquiert, après avoir été relevée par l'écluse principale i, et par conséquent qu'elle a, dans le principal canal d'arrosement a.

L'espace II, à la place où est le n.º est de 2 pieds 6 pouces plus bas, et va de là en descendant.

L'espace III, est d'un pied 6 pouces plus bas que le niveau de l'eau.

L'espace IV, seulement de 8 pouces.

L'espace V, d'un pied 6 pouces.

L'espace VI, de deux pieds.

Le fond du principal canal d'arrosement a est horisontal dans la place où il touche à l'espace I; il a besoin d'une digue forte; cette digue peut être moins solide à la place où il atteint l'espace III. Il faut que, dans toutes deux, cette digue, ce renfoncement, soit assez élevé pour maintenir l'eau dans toute la hauteur qu'elle peut acquérir, lorsque la principale écluse i, se trouve fermée; de sorte qu'on puisse conduire cette eau sur la surface IV. En b, l'on a placé dans la digue ou bordure du canal, une petite écluse, par le moyen de laquelle on peut prendre l'eau à volonté, pour arroser cet espace et celui marqué II comme ce premier espace a une pente douce dans sa partie inférieure, on] en opère l'irrigation par le moyen de rigoles parallèles, qui recueillent l'eau de la partie supérieure, pour l'étendre sur l'inférieure. Au bas, l'eau est recueillie par la raie x, dès laquelle 4 rigoles qui sont à angle droit avec elle, répartissent cette eau et l'étendent sur l'espace II.

L'espace III, est arrosé par trois raies ou grandes rigoles, qui sortent du principal canal d'arrosement et lui sont perpendiculaires; cet arrosement a lieu lorsque les trois petites écluses c, d, e, sont ouvertes ; les trois rigoles divisent cet espace en quatre bandes de terre longues et étroites.

L'espace IV, reçoit l'eau lorsque, outre les écluses a et f, on ferme encore b, c, d, e, ou entièrement, ou du moins assez, pour que l'eau demeure suffisamment élevée dans le canal principal ; outre cela l'écluse g, dans le canal p doit aussi être fermée.

L'espace V reçoit quelque peu d'eau, de celle qui s'écoule de l'espace IV, dans la raie o, lors même que l'écluse g est aussi fermée ; mais si l'on veut qu'il ait de l'eau en plus grande abondance et pour lui seul, on ouvrira l'écluse g, en tenant l'écluse h fermée ; alors la raie o recevra la totalité de l'eau.

Le canal pp, sert essentiellement au desséchement complet de la prairie et à l'écoulement du canal principal ; pour cet effet, on lui a donné assez de profondeur et de pente. Si l'on ouvre les deux écluses g et h, toute l'eau du canal principal s'écoulera par ce moyen.

L'espace inférieur VI, qui se trouve presque en ligne horisontale avec l'espace I, reçoit l'eau lorsqu'on ouvre l'écluse f et qu'on ferme les précédentes, parce que, comme il est le plus bas, toute l'eau y descend.

Dans les planches, les canaux et les raies ont été tracés en lignes et angles droits, ce qui, sans doute, est plus convenable, mais ne peut cependant pas toujours avoir lieu. La disposition du sol exige souvent que ces canaux et raies aient différentes courbures, et que leurs angles soient plus ou moins aigus ou obtus ; au reste, pour le fond, cela ne change rien aux principes que je viens d'établir.

§ 876.

Pour présenter un exemple de la manière dont, en prolongeant horisontalement un canal autour de collines inaccessibles à l'eau, on distribue, sur la contrée inférieure, les eaux qui viennent d'un bassin supérieur, je vais transcrire un cas dont j'ai conservé le souvenir, et qui est représenté à Pl. XI.

Les parties n.° 4, 5 et 14, étaient autrefois arrosées par un fossé qui partait de o, et qui n'avait d'autre destination que d'arroser de même les parties 3, 2 et 1, situées près du ruisseau. En prenant à cet effet le niveau, on trouva qu'au dessus de a, l'eau pouvait être relevée assez, pour qu'on pût prolonger son cours autour de la colline.

L'on creusa donc le canal principal au-dessus de a jusqu'en c, puis on établit l'écluse b. Par ce moyen l'eau put recevoir successivement deux destinations différentes ; l'une avait lieu lorsque a et b étaient fermés et que c était ouvert ; alors cette eau se rendait sur l'espace 1, de celui-ci en 2, puis en 3, 4 et 5, d'où elle retombait dans le ruisseau ; ou en cas que les espaces 5 et 4, qui étaient déjà passablement humides, se trouvassent avoir une trop grande quantité d'eau, cette eau pouvait s'écouler en o; mais en même-tems 6, 7 et 8 recevaient une partie de l'eau, qui leur était communiquée par le moyen d'une écluse établie en d, et cette partie se réunissait avec l'autre au-dessous de 4. Sur cet espace, l'arrosement avait lieu par le moyen de rigoles, dont la direction se trouvait à angle droit avec le fossé, parce que le sol ayant trop de pente dans le sens du canal, des rigoles parallèles avec celui-ci n'auraient pas étendu l'eau d'une manière satisfaisante.

Pour la seconde destination de l'eau, le canal passe derrière la colline, laquelle divise la surface, presque par le milieu ; ce canal reçoit l'eau lorsque b est ouvert et que c, au contraire, se trouve fermé. Les parties 9, 10, 11, 12, 13, 14, sont mises sous l'eau ou laissées à sec, selon que les petites écluses qu'elles ont dans le canal de communication, sont fermées ou ouvertes. Comme elles sont passablement bien régalées, et qu'elles ont une pente douce de 9 en 14, les raies servent à la fois pour l'arrosement d'une partie, et pour l'égouttement de l'autre ; pour l'arrosement, l'eau est étendue en nappe par le moyen de rigoles parallèles, excepté sur quelques places plus relevées, où l'on conduit l'eau par le moyen de petites digues ou de rigoles particulières.

Lorsqu'il y a abondance d'eau, tout peut être arrosé à la fois ; sinon l'eau reçoit successivement ces destinations l'une après l'autre. Si l'on ouvre à la fois toutes les écluses, toute cette étendue de terrain est promptement égouttée.

§ 877.

La troisième manière d'arroser, qui consiste à faire refluer l'eau dans les tranchées, ordinairement sans qu'elle se répande à la surface du sol, a lieu principalement sur les terrains marécageux et spongieux, après qu'ils ont été convenablement assainis et égouttés. Quelque nécessaire que soit, à cette espèce de terrain, un desséchement complet, dans les tems de sécheresse les sols de ce genre perdent, surtout à leur superficie, leur humidité à tel point, que les plantes s'y fanent. Dans cet état ces terrains tirent un grand avantage de l'eau que l'on fait refluer dans les canaux, fossés, ou raies d'irrigation, jusqu'à deux ou trois pouces de la superficie du sol, en fermant le principal canal d'écoulement. Alors on laisse séjourner l'eau dans ces canaux ou raies, jusqu'à ce que la terre spongieuse en soit suffisamment imprégnée, et que les plantes soient rafraîchies, après quoi l'on ferme l'entrée du principal canal d'arrosement, et ouvre les canaux d'écoulement, pour donner à l'eau un écoulement prompt,

et

et essuyer le sol. Cette opération ne peut produire un effet très-sensible, que dans les terrains qui sont assez meubles et spongieux, pour pouvoir absorber l'eau latéralement.

§ 878.

Cependant il est des lieux où la culture est extrêmement soignée et où l'on applique cette méthode, même à des terrains solides; là on étend avec la pelle sur les champs à bled, l'eau qu'on a ainsi fait refluer dans les fossés, et par ce moyen on rafraîchit les plantes à volonté. Cette méthode est surtout usitée dans les climats les plus chauds et les plus secs. L'ouvrier se place au milieu du fossé, et jette, avec sa pelle, l'eau à droite et à gauche, à mesure qu'elle avance contre lui, au moyen de cela les billons voisins sont arrosés promptement et d'une manière égale *.

Il n'est pas rare qu'on puisse réunir ce genre d'arrosement avec celui qui a lieu par inondation; pour cela il faut pouvoir, en ouvrant le canal d'arrosement et fermant celui d'écoulement, élever l'eau à une hauteur suffisante.

§ 879.

Pour pouvoir arroser les terres, on a quelquefois recours aux mêmes machines, que pour procurer l'écoulement de leurs eaux surabondantes. On emploie dans ce but surtout des roues à puiser, qui sont mises en mouvement par le cours d'eau même, qui doit fournir à l'arrosement. L'eau est ordinairement conduite par des chénaux dans la raie d'arrosement, et de celle-ci par des ouvertures, dans des rigoles qui l'étendent sur la prairie. Quelqu'utiles et ingénieuses que soient les inventions de ce genre qu'on rencontre en divers lieux, leur construction et leur entretien sont cependant incomparablement plus couteux, que l'établissement et l'entretien des arrosemens qu'on opère par le moyen de simples canaux, et d'autant plus que ces premiers, quelles que soient leurs dimensions, ne peuvent jamais suffire qu'à de petites étendues. Il n'y a peut-être qu'un petit nombre de positions où l'on ne puisse, d'une manière moins couteuse, opérer davantage en arrêtant l'eau, et en la détournant par le moyen de canaux; mais souvent les droits d'autrui ne permettent pas qu'on s'étende assez loin, pour prendre l'eau au niveau nécessaire; ils forcent ainsi à avoir recours à ces moyens artificiels. Du reste, j'ignore si le *bélier* et d'autres inventions hydrauliques récentes, ont déjà été mises en usage pour l'arrosement.

---

* Voyez l'Agriculture Toscane de Simonde, imprimée à Genève chez J. J. Paschoud.

En Angleterre on est allé jusqu'à proposer, pour ce but, des machines à vapeur ; je ne sais si on les aura effectivement mises en œuvre ; cependant je serais disposé à croire que cela a eu lieu dans quelques cas particuliers.

LE TERREMENT *; MÉTHODE POUR NIVELER ET RÉGALER, PAR LE MOYEN DE TERRES QU'ON FAIT TRANSPORTER ET ÉTENDRE PAR LES EAUX ; PRAIRIES ARROSABLES FORMÉES PAR CE MOYEN.

§ 880.

Dans diverses contrées on trouve des exemples de cette opération qui, souvent, est d'un avantage inappréciable ; par exemple en Suisse, selon Bernhard, on jette quelquefois dans les torrens qui descendent des montagnes, des terres, pour les faire transporter dans les vallées, et les y étendre, afin de relever le sol selon le besoin. On voit cette opération plus en grand dans la Toscane, où, selon ce que nous dit *Simonde* dans son *Agriculture Toscane*, l'on comble par ce moyen des marais considérables, et les transforme en terrains très-fertiles.

Mais jusqu'à présent cette méthode n'a été mise en pratique nulle part sur d'aussi grandes étendues, que dans les contrées sablonneuses et dans les bruyères des duchés de Lunebourg et de Brême, où, durant l'ancien bien être de ces pays, elle s'est propagée en peu de tems, et à tel point, que chaque paysan qui en avait la facilité, s'y livrait sans hésiter, et sans s'effrayer des débours dont elle demandait l'avance. Cette opération y fut facilitée en ceci, qu'il se forma des compagnies d'entrepreneurs, qui allaient d'un lieu à l'autre, et prenaient le travail à la tache, pour un prix proportionné tant à l'étendue du sol, qu'à la difficulté de l'opération. La pratique acquit successivement aux chefs de ces entrepreneurs un coup-d'œil si juste, qu'ils n'avaient besoin d'aucun autre instrument de nivellement, que d'une règle et d'un plomb ; qu'ils réussissaient le plus souvent dans leurs dispositions, et

---

* J'entends par *Terrement* l'opération de couvrir et relever un bas-fond, par le moyen de terres qu'on enlève à des hauteurs, et qu'on fait charrier et déposer par les eaux.

Par *Limonement*, au contraire, j'entends l'acte de relever des terres, ou de combler des bas-fonds, par le moyen du limon que quelques rivières charrient naturellement avec elles, et dont on procure la précipitation, en arrêtant le cours ou le mouvement de l'eau. *Trad.*

estimaient avec assez de précision, tant le travail que chaque opération devait occasionner, que les difficultés qui pouvaient la traverser.

Cette opération n'a jusqu'ici été décrite que par feu mon ami J.-F. Meyer, dans un écrit couronné intitulé, *Ueber die Anlage der Bewaesserungswiesen, besonders derjenigen, welche durch Schwemmen hervorgebracht werden,* c'est-à-dire, *Sur l'établissement des prairies arrosables, surtout de celles qui sont formées à l'aide de terres qu'on y fait transporter et déposer par les eaux.* Cet écrit se trouve consigné dans les Annales d'Agriculture de Basse-Saxe, deuxième année, troisième partie; mais il n'est pas assez clair pour donner, de toute l'opération, une idée précise à celui qui ne l'a pas vue exécuter.

§. 881.

Cette opération consiste à transporter les terres d'une élévation qui domine une vallée, sur les terres les plus basses et, le plus souvent, marécageuses de cette vallée, et à faire, dans ce but, charrier ces terres par des eaux qui, coulant d'un point plus élevé, les entrainent avec elles à leur passage; à former ainsi, tant de cette élévation que du bas-fond qui est au-dessous, un plan doucement incliné, qui puisse toujours être arrosé, à l'aide du canal qui a servi à la conduite des eaux, et au quel, pour cet effet, on a donné, du côté de la pente, une digue, un bord d'une solidité suffisante. L'irrigation de ce terrain peut alors avoir lieu avec d'autant plus de commodité, et d'une manière d'autant plus parfaite, que les terres ainsi charriées et épandues par le moyen de l'eau, forment une surface plus ou moins inclinée, plus unie qu'on ne peut la rendre par le travail manuel.

§ 882.

J'essaierai de décrire cette opération aussi clairement que cela me sera possible avec des mots, et à l'aide de quelques figures. Un simple coup-d'œil, jeté sur son exécution, en procurerait, sans doute, une idée beaucoup plus nette que celle que je pourrai en donner par cette description; cependant, dans celle-ci, j'appellerai l'attention sur des choses qui pourraient facilement échapper à celui qui verrait exécuter cette opération, sans en avoir une connaissance préliminaire.

§ 883.

Le canal destiné à procurer l'eau nécessaire, sort d'une rivière ou d'un lac, et on le prolonge jusqu'au point de l'élévation où il y a assez de chute pour que l'opération puisse être commencée. Ce canal ne doit avoir que très-peu de pente, au plus un pouce sur 20 perches. La pente du terrain, prise en moyenne, dès le fond du canal jusque dans le bas-fond que l'on veut relever, doit être d'environ un pouce par perche, ou $\frac{1}{144}$, si le fond de ce canal a deux pieds de largeur, et que l'eau s'élève à un pied et demi. Si les dimensions du canal sont plus grandes, cette pente peut être moindre; cependant une plus forte ne nuit pas, au contraire, elle accélère l'ouvrage; au reste cela dépend aussi de la nature du sol; lorsque le terrain est argileux et difficile à entraîner, la pente doit être double de ce qui suffirait pour un sable léger. On peut, en quelque manière, suppléer au peu de pente qu'on a dans la place où l'on commence, en augmentant le nombre des ouvriers qui se jettent la terre avec des pelles, et la mettent en mouvement au-devant de l'eau.

Lorsqu'on a poussé le canal qui conduit l'eau jusqu'à l'élévation dont on veut prendre la terre pour la faire transporter sur le bas-fond, on creuse une ouverture qui s'étende dès le fond du canal, du côté de la pente, jusqu'à la place où, en demeurant de niveau avec le fond du canal, ce fossé latéral vient à la superficie du sol. A Pl. V, fig. 1. a est le canal qui donne l'eau, et qui pénètre dans une élévation jusqu'en b.

Je trouve ici que, du fond du canal jusqu'au bas-fond O, sur un éloignement de 25 perches, j'ai 2 pieds de pente, et une hauteur d'un pied et $\frac{1}{2}$ d'eau. Je fais, en conséquence pratiquer, dès le point b, un fossé latéral, dans la direction c d, et à travers la colline, en le prolongeant jusqu'à ce que, tout en conservant une légère pente, le fond de ce fossé atteigne la superficie du sol. Ce fossé n'a que faire d'avoir beaucoup de largeur. L'eau qu'on a introduite dans le canal se jette par ici, et ne tarde pas à rélargir son passage; j'emploie des ouvriers avec des bêches et des pèles à tenir le passage des eaux libre des terres qui y sont tombées. On y jette alors avant tout, la terre qu'on a enlevée pour former le fossé, ensuite l'on y fait tomber celle d'entre les points e et f, si l'eau ne l'emmène pas d'elle-même. L'eau entraîne avec elle la plus grande partie de cette terre, et les ouvriers placés en e c f d, dans le lieu même où l'eau opère, mettent la terre en mouvement avec leurs pelles. Une autre partie de la terre détachée de e f est entraînée auprès de la ligne c d, de sorte qu'il s'y forme un nouveau banc de terre, qui a environ trois pouces d'élévation au-dessus du fond du canal, et, du côté de la pente, une inclinaison douce. L'enlèvement de ce banc se fait en quelque façon de lui-même, et l'eau qui coule en nappe sur le sol, forme

cette surface unie et légèrement inclinée, qu'on a en vue dans cette opération. Lorsque l'espace sur lequel l'eau opère est devenu assez large, l'on
commence à former une digue dans la direction du canal en c avec de la
terre qu'on y jette dès e ; au moyen de cela l'eau se jette avec plus de force
vers e f. Ainsi à mesure que l'eau avance de ce côté, on poursuit l'opération
de e en g et de f en h, et l'on continue la digue ou parapet de c en e, et
l'eau, qui s'échappait d'abord entre c d et e f descend alors entre g e
et h f. Cependant il ne faut pas s'imaginer que l'eau saute directement d'un
espace à l'autre, au contraire, l'opération avance peu à peu dans l'élévation
de terre qu'il s'agit d'emmener, et, à mesure que l'espace sur lequel on avait
opéré (au premier abord en c d) se trouve diminué par la digue formée entre
e c, il s'augmente à l'autre extrémité.

Ordinairement on n'a pas besoin de continuer à creuser le canal, il se forme
comme de lui-même, à mesure que l'opération avance, pourvu qu'on établisse, du
côté de la pente, la digue qui doit faire avancer l'eau, et qu'on lui donne
assez de solidité pour qu'elle ne soit pas rompue ou entraînée. C'est ainsi
qu'on continue cette opération, et qu'à mesure qu'on pénètre dans l'élévation
de terre qu'on vouloit enlever, on forme un plan incliné, égal et non interrompu, qui s'étend dès le canal jusqu'à la partie la plus basse du terrain
inférieur.

Dans cette opération, une partie des ouvriers doivent être placés sur le
bord du cours d'eau, dans le lieu même où il a le plus de force, afin de
détacher la terre avec des bêches et de la jeter dans les places où cela est nécessaire. Les autres doivent l'être sur l'espace même où l'eau opère, ou sur
le plan incliné nouvellement formé, munis de larges houes ou de pelles,
tant afin de diviser les mottes et de les pousser en avant, qu'afin de retirer
à eux vers la partie supérieure, une partie de la terre, lorsque l'eau en entraîne une trop grande quantité à la fois. Je dis vers la partie supérieure,
car, vers le bas du plan incliné, cet inconvénient ne saurait plus avoir lieu.

En général, les ouvriers doivent être répartis sur la totalité de l'espace où
l'eau opère, mais plus rapprochés vers le haut, dans la place où il y a beaucoup de terre à enlever, que vers le bas où il n'y en a plus qu'une petite
quantité, et où, au contraire, celle charriée par l'eau va se déposer ; en
particulier il faut qu'un ouvrier actif et soigneux soit placé en haut, à l'entrée
du fossé latéral, soit pour séparer et jeter dans l'eau la terre qui doit être
emmenée par elle, soit pour conserver la profondeur convenable à ce fossé
latéral. Dans le bas-fond où, non-seulement on ne doit point enlever de

terre, mais où, au contraire, celle qui a été enlevée à l'élévation doit se rendre, l'eau opère d'elle-même avec une grande perfection, sans qu'on ait besoin de l'aider à épandre, d'une manière uniforme, la terre qu'elle charrie. Lorsque le sol est meuble, qu'on dispose de beaucoup d'eau et qu'on a beaucoup de chute, l'on a, à la vérité, besoin de moins d'ouvriers pour exécuter cette opération, qu'il n'en faudrait dans le cas opposé, c'est-à-dire que le travail coûte moins. Cependant alors, il convient d'employer un plus grand nombre de ces ouvriers à la fois, pour que le travail avance plus promptement, en effet l'eau qu'on a, suffit alors pour entraîner une grande quantité de terre.

La largeur sur laquelle on doit opérer à la fois, dépend de la quantité d'eau dont on dispose et de la nature du terrain. Si le volume d'eau est grand et que la terre soit de nature à être facilement transportée par cette eau, on peut opérer à la fois, c'est-à-dire qu'on peut étendre l'eau, sur 10 ou 12 pieds de largeur; parce que la terre est suffisamment entraînée, et qu'elle se répartit et se dépose plus également, sans l'intervention des bras. Mais si le cours d'eau est petit et que la terre présente plus de résistance, il ne faut donner à la nape d'eau que 4 ou 5 pieds de largeur, afin que la force y soit plus concentrée.

§ 884.

La direction qu'on doit donner à cette bonification, et la profondeur en laquelle on doit pénétrer dans l'élévation, où l'on prend la terre, dépendent, après la pente ou chute que l'on a, principalement de la quantité de terre dont on a besoin pour combler le bas-fond et former, tant de l'espace où la terre aura été enlevée, que de celui où elle aura été transportée, une superficie unie et légèrement inclinée, telle qu'on doit la désirer pour que l'irrigation ait un plein succès. Si on allait trop avant, on n'aurait pas assez de place pour la terre qu'on aurait remuée, et ainsi, faute de pente, l'eau et avec elle la terre, reflueraient dans le canal. Si cependant cette opération doit s'étendre jusqu'à une rivière ou un ruisseau, comme c'est ordinairement le cas, on peut assez souvent se débarrasser de la terre surabondante qu'on a, en la faisant aller dans cette rivière, et entraîner par son courant. Cependant dans ce cas, il faut bien prendre garde qu'il n'en résulte pas des ensablemens dans quelque lieu inférieur, et que des canaux de moulins ou des étangs n'en soient pas comblés. Si cela était à craindre, il ne faut laisser entrer aucune terre dans le lit de la rivière, il faut en conséquence établir un parapet ou une digue sur le bord de cette rivière, en employant à cela des fascines qui , tout en retenant la terre, laissent passer l'eau. Mais souvent on trouvera plus à propos de combler l'ancien lit de la rivière, pour lui substituer un canal qui soit en ligne droite. Dans ce cas on établit, dans la rivière, une forte clôture qui ne permette pas à la terre de s'étendre au-delà de la place à laquelle elle est destinée.

Il n'importe pas moins de s'assurer la quantité de terre qui est nécessaire pour relever suffisamment le bas-fond.

Pour déterminer positivement qu'elle serait cette quantité, il faudrait mesurer et calculer, à chaque place, le profil, tant de l'élévation de terre qu'on peut enlever, que du bas-fond qu'on veut combler, afin de juger s'ils sont proportionnés l'un à l'autre. Mais comme la hauteur et la largeur changent fréquemment, en pratique, il serait à peine faisable de recourir à ce moyen, de sorte que l'on doit le plus souvent juger de cela à la simple vue. Outre cela souvent on ne peut point calculer la quantité de terre qui se déposera en effet, d'après celle qu'on fera entraîner par l'eau; par ce que les parties argileuses et limoneuses s'en vont avec l'eau et ainsi ne se précipitent pas, à moins qu'on ne puisse arrêter le cours de l'eau pendant quelques momens. Dans une opération de ce genre, faite sur un terrain argileux et marneux, la quantité de limon entraînée par l'eau se trouve telle, qu'à un mille de là encore, les bords du ruisseau en étaient tous couverts, et cependant la pente du terrain sur lequel on opérait était très-douce, l'eau y coulait d'une manière très-égale, elle y était assez étendue pour n'avoir que peu d'épaisseur, et l'on avait établi diverses cloisons pour arrêter le limon. Les terrains de cette espèce ne comblent donc pas le bas fond autant qu'ils le devraient. De même, si la terre chariée par l'eau est déposée sur un sol marécageux et spongieux, comme c'est fréquemment le cas, ce sol s'affaisse très-fortement, après qu'il a été desséché, sous la pression de la terre qui lui a été ajoutée, et il en résulte un enfoncement, alors même qu'au premier abord la superficie était tout-à-fait unie. Enfin, dans la masse de terre qui doit être transportée par l'eau, il pourrait se trouver une quantité de grosses pierres qui devraient nécessairement être déblayées, c'est souvent le cas sur les hauteurs, et ces pierres occasionnent un grand déficit dans la quantité de terre sur laquelle on aurait compté. Au reste, lorsque, dans le cours de l'opération, on s'aperçoit qu'à une place il manque de la terre pour combler le bas fond, ou qu'on en a en surabondance, on peut toujours y porter remède. Dans le premier cas , on donne une direction oblique un peu rétrograde à la bande de terre sur laquelle on opère , laquelle sans cela doit être perpendiculaire au canal , et de cette manière, on fait passer de la terre dans

les places où il en manque. En revanche, dans le second cas, on donne à l'eau
une direction contraire, c'est-à-dire qu'on donne à la bande de terrain sur laquelle on opère, une direction oblique, mais dirigée vers la partie qui n'a point
encore été comblée. Si alors la coupe, (le profil) de l'élévation qu'il s'agit
d'enlever et celle du bas fond qu'il s'agit de combler, demeurent les mêmes, il
faut, dans le cas où il manque de terre, faire entrer le canal plus avant dans
l'élévation, afin d'obtenir une plus grande quantité de terre ; au contraire,
dans le cas où l'on a de la terre en surabondance, il faut changer la direction
du canal pour le tirer plus en dehors, de sorte qu'on ait une moindre quantité
de terre à transporter. Il résulte de cela, sans doute, que souvent le canal n'est
pas entièrement alligné, qu'au contraire il forme des zigzags, des sinuosités, ce
qu'on aimeroit à éviter ; mais dans ces cas là, il n'est guère possible qu'il en
soit autrement ; il faut sacrifier l'avantage d'avoir un canal bien alligné, à celui
qui est le but de cette opération, celui de former un plan doucement incliné
et parfaitement uni. Lorsque le terrein est sablonneux ou a de la disposition à
se diviser, la plus grande quantité de terre, ou la plus grande élévation qu'on a
à faire transporter par l'eau, n'est nullement un obstacle ; sans doute il en résulte plus de travail, mais comme l'étendue de bas fond comblée est plus
grande, les frais de ce travail sont en effet proportionnément moins grands,
qu'ils ne l'eussent été sans cela. Si l'on a de l'eau en quantité suffisante pour
transporter cette terre, et un espace assez grand pour la recevoir ; on peut
très-bien enlever de cette manière une élévation de vingt pieds de hauteur.
C'est seulement lorsque le terrein est tenace et argileux, et qu'il faut remuer
une pellée de terre après l'autre, pour la jeter dans l'eau, que l'ouvrage est
difficile. Si l'on a une hauteur considérable de terrain sablonneux, ce terrain
se détache de lui-même, quelquefois même trop facilement, lorsque l'eau vient
heurter au pied de l'élévation ; il faut alors procéder avec quelque circonspection : la bande de terre sur laquelle on veut opérer à la fois doit être large,
et l'on doit éviter de faire passer le principal courant d'eau trop près de l'élévation de terre que l'on veut enlever. Il faut commencer à remuer la terre du
haut, la jeter dans le courant, avoir soin de tenir en talus, la pente de l'élévation qui est du côté du courant et aviser à ce que la pente n'en soit pas trop rapide.
La même chose est nécessaire pour la pente qui est derrière le canal, il faut, en
lui enlevant la terre du haut en bas, lui donner un talus très-doux, afin que la
terre n'éboule pas dans le canal et ne l'obstrue pas. Dans la suite, il devient
souvent nécessaire de donner au canal, un rempart du côté de l'élévation, afin
que l'eau qui s'y précipite dans les grandes fontes de neige et les pluies d'orage

n'en

n'en endommage pas les bords. Dans ce cas, il faut donner à cette eau des issues pratiquées avec soin, par lesquelles elle puisse s'écouler et entrer dans le canal.

Si l'élévation qu'il s'agit d'enlever pour combler le bas fond qui est au-dessous, est occupée par des souches d'arbres, il n'est pas nécessaire de les arracher avant de commencer l'opération; leurs racines mises à nu par l'action de l'eau, se détachent dans le cours de l'opération, ou bien, au besoin, on les retranche, et si la force de l'eau est suffisante, la souche toute entière est entraînée dans le bas fond. Il en est de même des pierres d'une grandeur moyenne, si le terrain sur lequel l'eau s'étend à assez de pente. Les très-grosses pierres, seulement, doivent être roulées jusques dans le bas fond, ou être transportées sur la place où le sol a déjà été aplani. Cette circonstance augmente, sans aucun doute le travail, cependant pas au point où cela serait, si l'on devait creuser dans le sol pour en extraire les pierres, parce que celles-ci sont détachées par l'eau, sans autre intervention, et laissées à la superficie du sol. Dans le plus grand nombre de cas, la valeur de ces pierres paie largement l'augmentation de travail qu'elles occasionnent.

Lorsqu'on arrive au-dessous du niveau du terrain qui doit être enlevé, l'on n'a que faire de plus s'occuper de la terre que l'eau entraîne, cette eau donne d'elle-même au terrain une superficie plus unie qu'on ne pourrait la rendre par le travail manuel. Seulement, quelques-fois, lorsque le cours de l'eau est détourné par quelque obstacle, et prend une direction qu'il ne devrait pas avoir, on porte remède à ce mal au moyen de fascines que, à cet effet, on a toujours sous la main.

§ 885.

En plaçant ainsi des fascines sur les bords de l'ancien lit de la rivière, l'on empêche que ce lit ne s'obstrue, et on le conserve ouvert et libre pour l'écoulement des eaux; ou bien, si l'on veut, on forme un nouveau canal pour cette rivière, dans la partie la plus basse de l'enfoncement, en y établissant une haie alignée, tressée et garnie de fascines, devant laquelle la terre s'amasse, et forme le bord du canal; après cela, sans doute, il faut rendre ce canal plus profond, et le curer.

Mais, dans le plus grand nombre de cas, et surtout lorsque l'eau et la terre ne doivent être jetés que d'un seul côté, il sera plus convenable de commencer par creuser un nouveau fossé d'écoulement, un peu plus haut que l'ancien lit de la rivière, et dont le fond soit cependant plus profond que le lit de celle-ci.

T. III. 28

§ 886.

Il faut avoir soin que, dans sa partie supérieure, l'espace de terrain sur lequel on aura opéré, demeure de niveau avec le fond du fossé latéral qui lui transmet l'eau du canal; parce que, sans cela, pour l'arrosement qui doit s'ensuivre, on ne pourrait que difficilement étendre l'eau d'une manière uniforme, sur toute la superficie du terrain. J'ai dit dans la partie supérieure de cet espace, parce que, dans le bas fond, la terre déposée par l'eau se place d'elle-même, de manière à former une surface unie très-légérement inclinée, et des plus favorables à l'irrigation. Si l'on a observé ce précepte, il suffit alors de donner une même profondeur aux ouvertures pratiquées dans la bordure du fossé latéral ou canal secondaire; c'est par le moyen de ces ouvertures que l'eau doit être répartie dans des rigoles parallèles à ce canal, pour être étendue d'une manière égale, sur toutes les parties dn sol qu'il s'agit de rigoler.

C'est seulement dans les places où le fossé latéral à une longueur considérable, et où toute la prairie doit être arrosée par le moyen de ce seul canal, cependant pas, en une seule reprise, mais alternativement de place en place, qu'on y pratique différens escaliers ou chutes, et qu'on laisse baisser, nonseulement l'eau dans le fossé, mais encore la surface du terrein à arroser; ces chutes sont alors d'un demi-pied à chaque coupure, on les détermine par le moyen de petites écluses, qu'on établit au travers du canal d'arrosement. Lorsque l'écluse est fermée; l'eau s'élève dans la partie du canal qui est au-dessus, elle reflue, et s'étend sur les terrains qui sont à côté. Si, au contraire, on ouvre l'écluse, l'eau se jette dans la partie du canal ou raie d'arrosement qui est au-dessous, et elle ne conserve pas assez d'élévation, pour avoir une issue par les ouvertures latérales qu'on a pratiquées à ce canal, pour opérer l'arrosement des terrains qui le bordent. De cette manière l'eau s'étend sur la seconde partie du terrain, sur celle qui est un peu plus basse et qui avoisine la seconde partie de la raie d'arrosement; on procède de même pour une troisième partie, pour une quatrième, et ainsi de suite. On voit, sans qu'on ait besoin de le dire, combien, par ce moyen, on épargne de travail, pour l'irrigation alternative des diverses parties de la prairie; puisqu'il ne s'agit que de fermer ou ouvrir une écluse, tandis que, sans cela, il faudroit ouvrir ou boucher chacune des ouvertures, suivant que telle ou telle autre partie de cette prairie devrait recevoir l'eau, ou être mise à sec.

§ 887.

Comme les vallées formées ou traversées par des ruisseaux sont presque toujours bordées par deux élévations, il s'agit souvent de savoir si, pour combler le bas fond et régaler le sol, on doit prendre de la terre des deux côtés, ou d'un côté seulement. Les circonstances de la localité seules peuvent décider cette question, et comme ces circonstances varient à l'infini, on ne peut donner là dessus qu'un petit nombre de règles.

Les considérations ci-à-près sont les principales auxquelles il faille s'arrêter.

a. Y a t-il assez d'eau pour qu'on puisse arroser des deux côtés d'une manière suivie, même dans la saison la plus sèche de l'année?

b. La largeur de la vallée, jusqu'au milieu du bas fond, est-elle assez grande des deux côtés, pour que l'espace de terrain qu'on aura ainsi bonifié, paie suffisamment les frais d'une telle opération?

c. Ou peut-être la vallée, n'est-elle pas trop large pour qu'on puisse, d'un seul côté et par le moyen de l'eau, faire étendre la terre sur toute cette vallée?

A cet égard il faut observer que l'eau ne peut guères porter ainsi la terre au-delà de quarante perches.

d. Le sol est-il, des deux côtés, également propre à subir cette opération?

Lorsque l'opération devra être entreprise des deux côtés du bas fond, il faudra diriger, sur les deux élévations, deux canaux différens, ou diviser le canal en deux branches, et pourvoir l'une et l'autre d'une écluse, afin qu'on puisse, à volonté, faire passer l'eau de l'un ou de l'autre côté. Ordinairement on n'a besoin que d'un seul canal d'écoulement, qu'on fait passer dans le milieu du vallon, ou dans sa partie la plus basse. Si le terrement ne doit avoir lieu que d'un seul côté, on éloigne le canal d'écoulement autant qu'on le peut, en le portant du côté opposé, cependant de manière que son bord soit plus bas que la partie la plus enfoncée de l'espace auquel on a donné le terrement.

§ 888.

Lorsqu'on opère sur une grande étendue de terrain, il n'est pas toujours possible et nécessaire de donner le terrement à toute cette étendue. L'on trouve souvent des places, où toute la surface du sol est déjà assez dominée par l'eau, pour n'avoir pas besoin de terrement, et où cette surface présente déjà ce plan incliné et uni, qui favorise l'arrosement. Là il suffit d'établir une digue ou un encaissement au canal d'arrosement, afin qu'il ne perde pas son niveau.

Quelquefois, au contraire, l'on rencontre des hauteurs que l'on ne peut pas enlever, soit parce que la nature du sol dont elles sont composées le rendrait inconvenant, soit parce qu'il manquerait de place pour loger la terre qu'on en aurait tirée. Il faut alors creuser le canal au travers de l'élévation, à la profondeur qu'il doit avoir ; ou bien, si cette élévation est trop considérable pour que cela puisse avoir lieu, il faut conduire ce canal circulairement autour d'elle.

§ 889.

Le travail et les frais qu'un établissement de ce genre occasionne, ne peuvent être évalués, ni par approximation, ni en moyenne ; car la localité y apporte des variations à l'infini. Il est des prairies faites de cette manière dont l'établissement a coûté à peine cinq rixdalers par journal, tandis que, pour d'autres, ces frais sont allés jusqu'à cinquante rixdalers. Cette différence est occasionnée surtout par les circonstances ci-après.

a. Si la rivière dont on veut tirer l'eau a une grande largeur, les frais d'établissement de la principale écluse sont très-considérables. Cependant cette écluse est nécessaire pour dix journaux de prairie comme pour cent, et l'on conçoit que, selon que les frais seront répartis sur l'une ou sur l'autre de ces deux étendues, le résultat sera tout-à-fait différent.

b. Il en est de même pour le canal principal, lequel doit, souvent sur une grande étendue, passer au travers d'une élévation considérable et alors devient très-coûteux.

c. Cette différence a également pour cause le plus ou moins grand volume d'eau, et le plus ou moins de pente. Plus l'un et l'autre sont considérables, moins il en coûte de travail.

Au commencement de l'opération du *terrement*, on a ordinairement moins de pente, et alors il faut plus de bras pour faire que la terre soit entrainée par l'eau. A mesure qu'on avance, et que la pente augmente entre le canal latéral qui amène l'eau, et celui par où elle s'écoule, comme cela a ordinairement lieu, puisque le lit des ruisseaux a toujours de la chute, l'opération du terrement devient plus facile, et l'eau agit mieux par sa propre force. L'on peut alors entrer plus avant dans la hauteur, et opérer le terrement à la fois sur une plus grande largeur. La première partie est donc presque toujours la plus coûteuse.

d. La nature du sol apporte également en cela une grande différence ; car, si le terrain est sablonneux, il faut à peine le tiers de la main-d'œuvre qui serait nécessaire pour mettre en mouvement une pareille quantité de terrain argileux.

e. Les frais seront d'autant moindres, par chaque journal, que le bas fond qu'il s'agit de combler, sera large, en proportion de l'élévation de terre que l'on veut enlever ; car le travail se borne presqu'uniquement à cette dernière, le *terrement*, c'est-à-dire le transport et la répartition de la terre, se font d'eux-même, ou avec très-peu d'aide. L'on peut étendre le *terrement* d'un seul côté jusqu'à une largeur de quarante perches ; pourvu que la pente soit suffisante, la terre pourra fort bien être transportée par l'eau jusqu'à cette distance. Si donc j'ai à enlever une élévation de dix perches, et à combler un bas fond de trente perches de largeur, et que, dans un autre cas, ou seulement à une autre place, j'aie à remplir un bas fond de dix perches seulement, l'étendue sur laquelle j'aurai opéré me coûtera, dans ce dernier cas, proportionnément le double de ce qu'elle coûtera dans le premier.

f. Cela dépend essentiellement du plus ou moins d'habileté et de pratique qu'ont les ouvriers. Lorsque ceux-ci ont beaucoup d'expérience, et qu'en particulier le maître-ouvrier, celui qui dirige tant l'opération en général, que surtout les travaux du canal latéral, et ceux qui ont lieu sur la partie supérieure de l'espace où l'eau opère, lorsque cet ouvrier, dis-je, a de l'expérience et de la justesse dans le coup-d'œil, le travail peut être sensiblement abrégé, sans que la peine soit augmentée, et l'on peut éviter bien des fautes, dont la réparation coûterait beaucoup de travail et de frais.

Cette dernière circonstance est tellement importante, que les sociétés d'entrepreneurs, qu'on trouvait dans les Duchés de Lunebourg et de Brême, pour les opérations de ce genre, les exécutaient à un prix sensiblement plus bas que celui auquel elles pouvaient l'être par des ouvriers beaucoup plus mal payés, lors même que le propriétaire mettait la main à l'œuvre avec ceux-ci. A la simple vue, et après un examen soigneux de la localité, ils se faisaient une idée tellement juste du travail que l'opération devait occasionner, qu'ils entreprenaient celle-ci à la tâche, et fixaient l'époque à laquelle elle devait être achevée. Lorsque l'accord avait lieu par journal, celui-ci coûtait ordinairement de 8 à 20 rixdalers. On doit observer du reste que le sol y était sablonneux, ou du moins fortement mélangé de sable.

L'établissement d'une prairie de ce genre, que j'ai entrepris ici sous les circonstances les plus défavorables, et, au premier abord, avec des ouvriers tout-à-fait inexpérimentés, me coûte, jusqu'à ce moment, 500 rixdalers, et il y a, actuellement vingt-huit journaux d'achevés. De tous mes ouvriers, il n'y en avait pas un seul qui eut vu une telle opération, et moi-même je n'y avais jamais assisté, je dus donc deviner et étudier ici sa manipulation.

Dans les premières années, un établissement de ce genre exige toujours quelques réparations, soit parce que, quelquefois, les canaux se comblent, et que, dans les abondances d'eau de dégel ou de pluie, les digues et bordures crèvent; soit pour changer les ouvertures des raies d'arrosement et les rigoles; soit pour combler des places basses, et marécageuses; soit enfin pour assainir ces places. Dans la suite, lorsque tout a pris son assiète et a acquis sa solidité, les frais d'entretien d'une prairie arrosée de cette espèce, sont de beaucoup moins forts que pour toute autre, à cause de l'uniformité de la superficie, qui rend un petit nombre de rigoles suffisant, et de la douceur de la pente, qui est précisément telle qu'il la faut, de sorte que les frais annuels doivent en être calculés à 6 gros, au plus, par journal. Ces frais sont d'autant moindres, que l'opération a été mieux dirigée dès le commencement. Dans l'évaluation de ces frais, je n'ai pas compris ceux de la principal écluse, qui doit être faite à neuf tous les vingt ans.

§ 890.

L'enherbement d'un terrain sur lequel on a ainsi opéré le terrement, et surtout de sa partie supérieure, est une chose très-longue, si on en laisse le soin à la nature, et qu'on ne fasse rien pour l'avancer.

Dans ce cas on ne peut pas arroser, du tout, pendant les premières années, ou du moins que très-peu et avec une grande circonspection, parce que, autrement, l'eau entraînerait la terre de la superficie non herbée et y creuserait des sillons. Il ne faut donc attendre d'un tel sol mort, que quelques plantes qui s'y complaisent, peut-être même que de la *Canche blanchâtre* (Aira canescens). Lorsqu'ensuite l'on commence à arroser d'une manière suivie, il s'y forme des mousses, des lichens, et un petit nombre d'autres plantes, et plus, dans le commencement, une telle prairie se garnit de mousse, mieux c'est; lorsque les arrosemens continus qu'on donnait pour opérer le terrement cessent, et qu'alternativement on donne l'eau et laisse essuyer le terrain, la mousse se résout en terreau, et ainsi sert de nourriture aux plantes qui naissent sur le sol. Lorsque l'herbe devient épaisse, la mousse disparaît tout-à-fait, alors même qu'on n'a fait autre chose pour l'enherbement de la prairie, que de lui donner des arrosemens fréquens, aussitôt que cela pouvait avoir lieu, sans que l'eau courut le risque de déchirer ou sillonner la terre. Ordinairement, à la cinquième année après le terrement, on a une récolte de foin qui vaut la peine qu'elle occasionne; dix ans après le terrement on a récolté, sur un sol tout-à-fait sablonneux, vingt quintaux de foin par journal. Si, lorsque le terrain vient seulement de s'affermir, il donne quelque peu d'herbe, l'on atteint plus promptement le but, en ne fauchant pas la prairie, mais plutôt en la faisant pâturer, ce qui peut avoir lieu sans aucun inconvénient, même par des bêtes à laine, pourvu qu'on ait soin de faire, avant tout, bien assainir et essuyer le terrain.

Mais la fertilité du sol et son enherbement sont bien plus promptement atteints, si l'on consacre à ce terrain des engrais de quelque espèce. Toutes les matières fécondantes qu'on consacre ordinairement aux prairies, conviennent également ici, et l'on y a retiré des avantages particuliers d'un léger parcage de bêtes à laine. J'ai connaissance d'une circonstance où l'on employa avec beaucoup de succès le parcage des oies. Mais la nature met ici ordinairement à portée, une autre sorte d'engrais, le terreau ordinaire et le tourbeux, la croute de gazon qu'on trouve dans le bas fond, qui le plus souvent est acide et garnie de joncs, et qui devrait également être recouverte par le terrement. Après que le canal d'écoulement a été creusé, l'on enlève ce terreau avec la bêche, dans les places où il est le meilleur et le plus abondant, et avec d'autant moins d'inconvéniens que, par le moyen du terrement, les fossés ou trous qui auront été faits, pourront facilement être comblés. L'on transporte alors ce terreau dans les parties les plus élevées de l'espace amélioré, où on le met en tas, mêlé, autant que cela se peut, soit avec des engrais animaux, soit avec de la chaux ou des cendres. Quelque tems après on l'épand à la superficie du sol qui a reçu le terrement. Si l'on a donné à la nouvelle prairie un tel amendement, on peut, quelquefois dès l'année suivante, attendre de cette prairie un produit considérable, et l'on contemple alors avec étonnement, sur une ligne tranchée, une riche végétation d'herbe, à côté d'un sable mobile des plus arides, lequel vient d'être déposé par le terrement.

Il n'y a aucun doute que si, après avoir amendé le terrain qui a reçu le terrement, on y sème des graines de prés, on hâte le moment où l'on peut en obtenir des produits. Mais pour cela, le choix des espèces de semences demande une attention particulière. Les plantes qui croissent le plus vigoureusement avant qu'on puisse donner à la prairie des arrosemens continus, se perdent ensuite, lorsque ces arrosemens se succèdent. Sur un terrain qui, à la vérité, n'était pas sablonneux, mais glaiseux et marneux, j'ai semé, d'abord et sans amendement préalable, *du trèfle rouge*, du *Fromental* (Avena elatior), de la *grande Fétuque* (Festuca elatior), du *Fléau des prés* (Phleum pratense), du *Dactyle plotonée* (Dactylis glomerata), de la *Houque laineuse* (Holcus lanatus), et dans les places les plus basses, *du Vulpin des prés* (Alopecurus pratensis). Ces plantes prirent un accroissement prodigieux durant la première année, celle qui suivit la semaille ; la seconde année leur végétation fut plus foible, au bout de quatre ans elles disparurent et firent place à d'autres herbes. Les places où l'on n'avoit rien semé, semblent aujourd'hui presque surpasser celles où l'ensemencement avoit eu lieu. Ce qui est remarquable, c'est que, de toutes ces plantes, celle qui s'est le mieux conservée, malgré les arrosemens considérables qui ont été donnés à cette prairie, c'est le trèfle rouge, qui perce, même à travers la mousse épaisse. Cependant on conçoit qu'il se trouve clair-semé. Je ne conseille donc pas, si l'on ne borne pas ses vues aux premières années, de semer des plantes aussi vigoureuses; mais au contraire d'abandonner l'enherbement à la nature, ou bien de choisir des plantes que l'expérience indique comme donnant l'herbe la plus épaisse et le produit le plus abondant, sur les prairies également formées par le terrement et qui ont un sol de même nature. L'on peut à peine concevoir, quoique l'expérience l'ait souvent démontré, que, sur les prairies arrosées, où cependant on n'a épandu aucune semence, il naisse précisément les espèces de plantes et d'herbes, qui conviennent le mieux au terrain, et qui s'accommodent le mieux de l'arrosement. Plusieurs plantes qui demeurent chétives, sur un sol non arrosé, sont précisément celles qui donnent le plus grand produit lorsqu'elles ont de l'eau en suffisance. Si l'on n'épand pas à la superficie du sol des engrais ou du terreau, sans doute, le gazon ne se forme qu'à la longue ; mais si l'on amende cette superficie, il se forme beaucoup plus vîte, et l'on conçoit à peine alors où a pu se trouver cette quantité de semences et de germes. Lorsque nous parlerons de la culture des prairies, nous reviendrons sur la manière de les ensemencer.

Cependant il est essentiel de donner de la consistance à la superficie du sol, de manière qu'on puisse promptement y laisser courir l'eau ; pour cela je n'ai rien trouvé de mieux que d'y semer de la *Spergule*. Lorsque le sol aura reçu le *terrement* au commencement de l'été, il conviendra de semer la spergule, si l'on veut avec des graines de prés, à la fin de l'été, et par un tems humide. Aussitôt que cette plante est levée, elle donne au sol assez de consistance pour qu'on puisse le soumettre à l'arrosement. La spergule ne peut plus atteindre sa maturité ; il faut la laisser sur plante, la gelée la tue, elle pourrit. Si cependant ce terrain était solide et durci, l'on pourrait faire consommer cette spergule par du bétail au pâturage ; ce qui non-seulement donnerait au sol plus de consistance, mais de plus le fumerait, et il en résulterait que, l'année suivante, il y naîtrait beaucoup d'herbes; surtout si, d'ailleurs, on y avait épandu quelque peu d'engrais.

§ 891.

Les personnes qui n'ont encore fait aucune expérience sur les prairies de ce genre, ont, souvent, beaucoup de peine à croire qu'on puisse jamais pousser le plus mauvais sable graveleux, à un produit abondant. Mais nous en avons eu des preuves trop incontestables, pour qu'il puisse rester là dessus l'ombre du doute. Le terrain le plus sablonneux et le plus graveleux est précisément celui qui convient le mieux pour ce genre de prairies, bien entendu cependant qu'on puisse toujours lui procurer des arrosemens suffisans. On peut lui donner des arrosemens continus, sans courir le risque de le rendre marécageux ; l'eau dépose à la superficie du sol ses parties fécondantes, et le surplus pénètre dans l'intérieur. Aussitôt qu'on a arrêté l'irrigation, ce terrain s'essuie, et lors qu'on lui donne l'eau, il en est d'abord imprégné. L'herbe ne demande, pour sa végétation, que de l'humidité, de la chaleur et du terreau ; le genre de terrain lui importe peu, pourvu qu'il reçoive de l'eau en quantité suffisante. La nuisible aridité du sable devient sans conséquence, lorsque ce sable peut être arrosé à chaque instant ; la couche de gazon et le tissu que les racines des plantes y forment, lui donnent de la consistance.

§ 892.

Il n'y a aucun doute que les sols qui ont ainsi reçu un *terrement*, surtout lorsqu'une fois il s'y est formé une riche couche de gazon et de terreau, ne puissent être mis en labour et employés à produire d'autres récoltes, auxquelles l'arrosement soit également avantageux dans les tems secs ; mais si le terrain était sablonneux, on pourrait bien ne retirer aucun profit durable d'une telle opération ; parce qu'elle obligerait, avant tout, à détruire le gazon, et à rendre le terrain trop meuble. Sur un sol glaiseux cela pourrait-être plus convenable. Je sais que quelques personnes, voyant que les arrosemens avaient produit beaucoup de mousse, dans les places où l'on n'avait pas épandu d'engrais, ont eu recours à ce moyen, et l'ont jugé nécessaire pour détruire cette mousse. Mais la mousse est ici un bienfait de la nature ; elle se dissipe d'elle-même, dès que l'herbe trouve une nourriture suffisante dans le terreau qui s'est formé à la superficie du sol, et que les arrosemens deviennent plus modérés. Au reste, il n'est pas douteux qu'elle ne soit encore plus promptement détruite, lorsqu'on épand quelque fumier sur le sol, afin de donner plus d'intensité à la végétation de l'herbe.

§ 893.

Il y a quelque rapport entre le *terrement* dont nous venons de parler,

Tome III.   29

et le *limonement* (*Warping*) des anglais. Cette dernière opération ne peut
avoir lieu que dans des places où un cours régulier d'eau, qui charrie du
limon, se jette dans un cours d'eau plus considérable, et où, à côté de ce
premier, à un éloignement plus ou moins grand, et à un niveau inférieur, il
y a une étendue de terrain sur laquelle on peut conduire l'eau. Au
moyen d'une écluse qu'on ouvre à cet effet, cette eau bourbeuse est introduite
sur le terrain qu'on se propose de limoner, où on la retient par le moyen d'une
autre écluse, *émissaire*, qu'on ouvre ensuite, lorsque l'eau a déposé son limon,
pour laisser écouler celle-ci, dans le lit qui doit l'emmener. Lorsque le terrain
s'est passablement essuyé, l'on y introduit de nouveau l'eau limoneuse, et l'on
continue ainsi durant un été ou même deux. Je connais un cas, où l'on a
ainsi, dans le cours d'un été, fait déposer sur un terrain sablonneux ou marécageux des plus stériles, une couche de 18 pouces de terre limoneuse, comblé
des enfoncemens, effacé des aspérités et formé le sol le plus fertile. Il y a peu
de tems que, dans le Lincolnshire, on a couvert de cette manière 212 acres anglais
de bruyères marécageuses, de 18 à 42 pouces de limon, selon que la surface
du sol se trouvait plus ou moins élevée. On peut comparer à ceci les limonemens qui ont lieu en Toscane, ainsi que nous l'avons dit plus haut *.

---

* Dans le Bolonais et la Romagne cette opération est souvent mise à exécution, et comme
je l'emploie moi-même avec un plein succès dans ce dernier pays, j'essaierai d'en donner
ici quelqu'idée.

Les fleuves qui coulent de la partie septentrionale des montagnes, et surtout des collines des
Apennins, charrient toutes, ou à peu près, une plus ou moins grande quantité de limon;
Un canal qui reçoit son eau du *Santerno*, assez au-dessus de la ville d'Imola, a été construit
pour mettre en mouvement une série de moulins. Ce canal traverse mes possessions et leur
fournit de l'eau, au besoin, soit pour l'arrosement, soit pour la culture des riz, soit pour
remplir les étangs de rouissage.

Lorsqu'il est tombé des pluies abondantes, l'eau qui a lavé les vignes et les terrains fumés
des collines, se précipite dans le fleuve et lui communique un limon gras tel que, vis à vis
de mes possessions douze pouces d'eau en fournissent un de limon. Le canal des moulins
est, dans ce lieu, élevé de 10 à 15 pieds au-dessus du niveau du sol. De petites écluses ou
glissoirs, qui s'ouvrent et se ferment par le moyen d'une clef, fournissent l'eau aux possessions
qui y ont droit.

Lorsqu'on veut donner le limon à une étendue de terre; l'on construit, au-dessus du niveau
du sol, au moyen de deux petites digues parallèles, un canal d'arrosement destiné à recevoir l'eau du canal principal, et à la conduire dans les espaces à limoner. Le long de ce
canal secondaire, l'on forme alors par le moyen de petites digues, des quarrés de, au plus, un
journal de terrain, lesquels communiquent avec le canal secondaire par le moyen de petites

§ 894.

Pour donner plus de clarté à ce que j'ai dit sur l'établissement des prairies arrosables, formées à l'aide de terres qu'on y a fait charrier et transporter par les eaux pour régaler le sol et lui donner la pente douce qui lui est nécessaire, j'ai présenté à Pl. XII et XIII un exemple d'une bonification de ce genre, qui me paraît très-propre à donner une juste idée de cette opération exécutée en grand.

La Pl. XII représente la contrée dans l'état où elle était avant la bonification; la Pl. XIII au contraire montre l'opération accomplie. Je dois observer que, dans ces planches tout comme dans les autres figures de ce volume, les cours d'eau, et surtout les fossés, ne sont point tracés d'après les proportions réelles qu'ils doivent avoir, relativement à la surface du terrain auxquels ils sont appliqués; mais qu'au contraire ces cours d'eau et ces fossés sont représentés sur les planches, avec une largeur plus grande, afin qu'on puisse s'en faire une idée plus claire. A Pl. XIII, comme il ne s'agissait que de développer l'opération de l'aplanissement et arrangement du terrain, on n'a indiqué ni les digues des canaux, ni leurs ouvertures, ni les petites écluses qui doivent être établies dans les fossés, ni les rigoles qui doivent étendre l'eau sur la nouvelle

---

écluses ou ouvertures, et avec le canal d'écoulement, par d'autres écluses ou *émissaires*. Lorsqu'on veut donner le limon, on introduit l'eau dans un de ces quarrés jusqu'à ce qu'elle se soit élevée à, au moins, un pied ou un pied et demi de hauteur. Si l'on veut un dépôt léger et meuble, on ne laisse séjourner l'eau dans le quarré que le moins qu'il est possible, et on la laisse promptement écouler. Si, au contraire, l'on veut un dépôt plus argileux, on retient l'eau encaissée, jusqu'à ce qu'elle ait déposé toute son argile, laquelle étant plus légère, serait, sans cela, emportée dans le canal d'écoulement. Tandis qu'un quarré se vide, l'on fait remplir l'autre, de sorte qu'il n'y a pas d'interruption à ce travail. Si les quarrés ne sont pas trop grands, le limon s'y répartit d'une manière assez uniforme, et le sol en demeure bien régalé; si au contraire ces quarrés sont d'une grandeur excessive, auprès de l'ouverture qui fournit l'eau, le dépôt devient et plus abondant et plus sablonneux, que dans les parties qui en sont le plus éloignées. Afin que, dans son cours, l'eau perde le moins qu'il est possible du limon qu'elle charrie, jusqu'à ce qu'elle le dépose au lieu qui lui est destiné, il importe, non-seulement que le canal secondaire soit droit et uni, mais encore qu'il y ait un volume d'eau assez grand, pour que la course de cette eau soit prompte.

De cette manière nous élevons, en une année, de 7 à 8 pouces la couche de terre végétale, et cette partie que nous lui ajoutons, dénuée de toute espèce de pierres ou gravier, produit un sol non-seulement très-favorable à toutes sortes de produits, aussitôt qu'il a été suffisamment égoutté et un peu amendé, mais encore d'une culture très-facile. L'agriculture présente peu d'opérations plus belles que celle-là. TRAD.

prairie, et dont, sur un plan incliné de ce genre, la plupart doivent être parallèles aux raies d'arrosement.

§. 8g5.

La Pl. XII montre la contrée dans son état naturel. a Est un lac
abondant en sources d'eau, et duquel sort le ruisseau b, qui serpente entre
deux hauteurs, et rend marécageux les terrains qui l'environnent. d Est un
petit lac marécageux, qui s'était formé à cette place. Ce ruisseau se réunit
avec un second c, qui coule également au travers d'un bas fond bordé par
deux élévations. Après la réunion, le ruisseau c coule également dans un
vallon marécageux bordé par deux collines, et se jette dans le lac ou étang f.
Ce dernier est bordé d'un côté par une digue ou chaussée, au travers de laquelle
l'eau passe sous une voûte, lorsqu'on ouvre l'écluse établie à l'entrée de celle-
ci. L'eau entre alors dans le ruisseau g, qui passe au travers d'un bas fond
marécageux, dont la pente est très-sensible. La chute dès le lac a jusqu'à
l'extrémité postérieure de g était d'au-delà de 5o pieds.

On commença l'opération par donner un écoulement plus rapide aux eaux
du ruisseau gg, cc, bb, en lui creusant un lit nouveau et aligné x; l'ancien lit
est indiqué à Pl. XIII par des lignes ponctuées. On conduisit dans ce canal
3, 2 2, 1, l'eau du petit lac d, et par ce moyen déjà, tout le bas fond se
trouva assaini, de sorte que la terre spongieuse dont il était formé s'abaissa,
et que l'eau qui y séjournait trouva son écoulement. On commença alors l'opération du *terrement* sur la partie inférieure, en faisant à la chaussée, aux points
4 et 6, deux ouvertures qu'on garnit d'écluses. Du point 4, on conduisit l'eau
en 5 dans l'élévation; par le moyen de cette eau, et après avoir protégé le
canal 3 par une digue ou une haie en clayonnage, on transporta sur le bas fond
placé au-dessous, la terre enlevée à l'élévation. Si l'on compare les Pl. XII
et XIII, l'on verra du premier coup-d'œil l'effet de cette opération; l'ancien
cours du ruisseau indiqué par des points à Pl. XIII se trouva entièrement
comblé, et l'on eut le plan régulièrement incliné I.

On procéda de même au moyen de l'eau introduite en 6, et l'on forma le
plan incliné II. L'on ne put pas pousser ce terrement au-delà du point 7, parce
que, autrement, des deux côtés on eut pu manquer d'eau pour l'irrigation dans
les tems de sécheresse. L'on établit, en conséquence, sur le canal d'écoulement 3; une écluse 8, au moyen de laquelle on pouvait y arrêter l'eau; et,
comme le terrain avait beaucoup de pente, on tira du canal d'écoulement 3,
le canal d'arrosement g, et on le conduisit dans l'élévation, jusqu'à ce que l'on
eut de rechef assez de pente, pour pouvoir commencer de nouveau le terrement;

l'on ferma alors les écluses 4, 6 et 8, en ouvrant celle du milieu de la chaussée, au moyen de quoi la totalité de l'eau se trouvait forcée d'entrer en 9. Ainsi l'on forma le plan incliné III que l'on peut prolonger par la pensée, le défaut d'espace ayant forcé à le tronquer ici. Le but qu'on atteignit par ce moyen fut, de pouvoir employer une seconde fois l'eau qui s'écoulait des plans I et II, en s'en mettant de nouveau en possession par le canal 3, et ainsi d'arroser le plan III. Afin de pouvoir dessécher entièrement le canal d'écoulement entre 6 et 7, on creusa le canal 10, par le moyen duquel l'eau avait son écoulement lorsqu'on ouvrait l'écluse 7.

Lorsque ce terrement fut accompli, l'on tourna ses vues vers le lac a, et après avoir établi en 11 une écluse sur le canal 1, on creusa le canal d'arrosement 12, et on lui donna une écluse; de cette manière, et au moyen de la forte pression de l'eau du lac, on put bientôt entreprendre le terrement, qui fut accompli jusqu'en 13, par l'abaissement d'une élévation considérable. Le petit lac d et la partie de l'ancien lit du ruisseau qui se trouvait de ce côté du nouveau, furent comblés par ce moyen. A l'aide du canal d'écoulement 14, et en ouvrant l'écluse 13, le canal d'écoulement supérieur pouvait être vidé. On forma ainsi le grand plan incliné IV, lequel, dans la partie inférieure où il est le plus large, ne put à la vérité pas être complétement rempli, mais qui cependant, au moyen de la chute donnée au grand canal d'arrosement, pouvait être entièrement égoutté, même à cette place.

De l'autre côté l'on entra également, en 15, dans l'élévation, et l'on commença le terrement. En 16, l'enfoncement au travers duquel le cours d'eau c passait, exigea la construction d'une forte digue, ou d'un canal relevé au-dessus du sol, afin que cette eau ne perdit pas de son élévation, et qu'elle put être conduite, en 17, dans toute la hauteur dont elle était susceptible. Ici l'on dut également élever l'eau dans le ruisseau c, par le moyen d'une digue ou d'un bord relevé, de sorte que le canal pût la recevoir, et la conduire sur la hauteur, en 17. L'établissement de cette digue et de cet épaulement, fut une des parties les plus difficiles et les plus coûteuses de toute cette opération. On eut pu se dispenser d'élever l'eau dans le lit du ruisseau, si on l'eut conduite par-dessous la digue, dans le canal d'écoulement, mais l'on ne voulait perdre aucune partie de l'eau qu'on pouvait consacrer à cette grande étendue d terrain.

L'on accomplit ainsi le terrement jusqu'en 18, et, à l'aide du canal d'écoulement 19, le canal supérieur put être vidé dès 15 en 18. De cette manière furent formés les plans inclinés V et VI.

L'espace naturellement plane VII, se trouvait au-dessous du niveau de l'eau en 20, et était assez égoutté pour qu'il n'eut besoin d'autre chose que de pouvoir jouir de l'irrigation. L'on établit en conséquence l'écluse 21, et l'on creusa la raie d'arrosement, dans le canal d'écoulement de 22 à 24; celle-ci reçoit l'eau lorsque 21 et 24 sont fermés. En 25 cette raie se vide dans l'étang f.

Au moyen de cet arrangement, une partie de l'eau peut être mise quatre fois en œuvre. La plus grande partie de celle qui s'est écoulée des plans IV, V et VI, est employée pour la seconde fois, et conduite sur VII, et va de là sur les plans I et II, puis est reprise en 8 et va arroser le plan III, lequel est très-considérable, quoique tronqué ici. Lorsqu'on fait des établissemens de ce genre, il faut faire une grande attention, surtout à cette possibilité de tirer parti de l'eau à diverses reprises pour l'arrosement; je dis pour l'arrosement, car pour le *terrement*, on conçoit que l'eau doit être concentrée en un seul point. Lors même que, dans les tems pluvieux, on a de l'eau en surabondance, et que l'on n'a que faire de l'employer plus d'une fois, souvent cependant on en manque dans les tems de sécheresse, où l'on aimerait à arroser promptement, quoique seulement pour peu de tems.

CULTURE DES PRAIRIES.

§ 896.

Par prairies j'entends des pièces de terre couvertes d'un gazon composé d'une variété de plantes ou herbes, et qu'ordinairement, on fauche pour en tirer du foin. On distingue les prairies en *naturelles* et *artificielles*; quelques personnes comprennent sous la dénomination de prairies artificielles un champ labouré et ensemencé, pour une ou plusieurs années, en trèfle, luzerne ou sainfoin, lequel, à mon avis, n'appartient pas à la cathégorie des prairies. Je ne range pas même dans cette cathégorie les champs semés d'herbes variées, de diverses sortes de plantes, lors qu'ils ne sont pas destinés à demeurer dans cet état, à conserver cette destination, et qu'ils ne sont pas couverts d'une couche de plantes serrées; circonstance qui a rarement lieu dans les places sèches où l'on a semé des herbes à faucher, et où ces plantes ont effectivement été fauchées; parce que ces herbages périssent au bout de quelques années, et font place à des plantes d'une qualité inférieure. Pour former une prairie, il faut une pièce de terre qui, à cause de son humidité naturelle, ne soit pas propre au labour. Une pièce de terre ne peut être qualifiée de prairie artificielle, que lorsque, par le moyen de l'art, on lui donne le degré d'humidité qui est convenable à la prairie, et qu'on peut employer ce terrain comme tel, d'une manière durable; au reste, elle mérite ce nom, soit que l'enherbement ait eu lieu à la suite d'un ensemencement positif fait de diverses espèces de semences, soit qu'on en ait abandonné le soin à la nature. Nous avons parlé de ces prairies artificielles lorsque nous nous sommes occupés des arrosemens.

§ 897.

Les prairies naturelles ont toujours un sol plus humide que celui des champs, ou bien elles se trouvent placées dans une position plus humide. On les distingue dans les cinq principales espèces ci-après.

1. Les prairies situées auprès des grandes rivières, et qui ont été formées ou par un *terrement* tiré d'un sol limoneux, ou en grande partie par la décomposition des plantes aquatiques rejetées par l'eau. Souvent elles occupent de larges vallées, et sont sous l'influence du cours d'eau qui, de tems en tems, les inonde et les couvre d'un limon fertile, ou qui transpire et leur communique l'humidité nécessaire.

2. Celles qui, bordant des rivières moins considérables ou des ruisseaux, et en tirant leur humidité, sont arrosées de tems en tems lors du renflement de l'eau, ou par des établissemens artificiels qui font refluer à volonté l'eau de ces ruisseaux, pour l'étendre sur ces prairies, par inondation ou irrigation.

Ces deux espèces sont connues sous le nom de *prairies basses*, parce qu'on ne les trouve que dans des vallées, ou dans des bas fonds, près du lit des rivières.

3. Les prairies qui sont situées ou sur des hauteurs, ou même dans des bas fonds, et lesquelles reçoivent les eaux qui découlent des champs plus élevés, et avec celles-ci souvent beaucoup d'engrais. On trouve aussi des prairies d'un grand produit, au pied des hautes montagnes; ces prairies tirent parti de l'abondante quantité d'eau que ces montagnes tirent de l'atmosphère.

4. Les prairies dont le sol recèle des sources, et où l'eau qui filtre dans la terre se montre à la superficie, en y formant des places humides, qui empêchent que la terre ne soit propre à être soumise au labour.

5. Les prairies marécageuses, qui se sont formées de la même manière, mais qui se sont élevées à l'aide de la putréfaction des plantes aquatiques que le sol avait produites, et qui ont ainsi une substance spongieuse.

§ 898.

Le sol des prairies varie avec leur position. Celui des prairies de la première espèce est, ou argileux et imprégné de beaucoup d'humus, ou composé en majeure partie d'humus. Lorsque cette dernière espèce de terrain ne contient aucune humidité surabondante, et n'est pas marécageuse, son humus est ordinairement doux et soluble, mais si ce sol est marécageux, ces prairies se rapprochent alors de celles de la cinquième espèce, soit pour leur genre, soit pour la nature du sol.

Les prairies de la seconde espèce, ont, en général, un sol plus sablonneux, et moins riche en humus ; du moins jusqu'à une certaine profondeur. Mais lorsque ce sol y est bien garni de plantes, qu'il est bien enherbé, et qu'il est convenablement arrosé, le plus ou moins de richesse du terrain qui est au-dessous des racines, est de peu d'importance, et même si l'humidité est suffisante, un terrain sablonneux et perméable, est préférable à un terrain argileux.

Les prairies de la troisième espèce ont un sol semblable à celui des collines dont elles sont environnées, et leur fécondité est assez ordinairement proportionnée à celle de ces collines. Lorsqu'une eau chargée de substances fécondantes, arrive des hauteurs sur ces prairies, celles-ci donnent souvent un produit extraordinaire ; surtout lorsqu'elles reçoivent toujours une quantité d'eau suffisante, et qu'elles ont un sol préméable, à travers lequel l'humidité surabondante puisse s'écouler. C'est à cette espèce qu'appartient la fameuse prairie du Wiltshire, dont j'ai parlé dans le troisième vol. de mon Agriculture Anglaise, et dont la fécondité ne serait pas croyable, si, depuis des siècles, elle n'eut été constatée par une foule de témoins oculaires. Mais si ces prairies se trouvent situées entre des champs maigres, dont elles n'obtiennent les émanations que dans les tems humides, et alors quelquefois reçoivent une surabondance d'eau qui les rend marécageuses, leur fait produire des plantes aquatiques, et empêche qu'elles ne puissent être mises en culture ; et si dans les tems chauds, au contraire, elles souffrent de la sécheresse, elles sont alors de peu de valeur, et ne donnent qu'un chétif produit, outre que leur exposition et l'inconvénient qu'elles ont d'être entremêlées avec des champs labourables, les rend très-incommodes ; cette raison a souvent engagé des cultivateurs industrieux à en détourner ou faire écouler les eaux, et à y conduire de la terre, pour les assainir complétement et les transformer en terres arables ; alors, dans les commencemens, ces terres se sont montrées particulièrement fertiles. Lorsque les prairies de cette espèce le méritent par leur position et par une humidité uniforme, durable et modérée, l'on trouve un grand avantage à les amender avec du fumier ; il n'est pas rare que, par ce moyen, on ait triplé leur produit habituel.

§ 899.

Lorsque, sur les prairies de la quatrième espèce, prairies qu'on trouve le plus souvent au pied des montagnes et des collines, l'eau coule à la superficie du sol sans y séjourner, ces prairies sont quelquefois très-fertiles, et couvertes d'une herbe serrée, à brins fins et d'une saveur douce ; surtout lorsque l'eau est calcaire ou gipseuse. Si, en revanche, l'eau s'étend peu à la superficie du sol, mais au contraire descend bientôt dans sa couche inférieure, et y séjourne, il y naît une herbe de mauvaise qualité et peu nourrissante, composée surtout de joncs et d'autres plantes de marais. Si cependant on assainit le sol, en recueillant et en emmenant les eaux qu'il recèle, on transforme quelquefois ce terrain en prairies arrosées fertiles.

§ 900.

Les prairies de la cinquième espèce ne sont pas toujours absolument mauvaises. Lorsque par la cumulation de couches successives de plantes mortes, elles se sont assez élevées, et que l'eau y a assez d'écoulement pour que la couche supérieure du sol n'en soit pas trop imprégnée, l'humus que ce sol contient en quantité devient plus doux et plus fécond ; il produit alors de l'herbe de bonne qualité, et en abondance ; lors même que la couche inférieure du sol serait encore tellement spongieuse et remplie d'eau, qu'on dut avoir recours à des moyens particuliers, comme par exemple aux charriots à larges-jantes, pour en exporter le foin. Mais si ces prairies n'ont pas cette position avantageuse, et ce désirable degré d'humidité, elles ne produisent que des plantes de marais, dépourvues de sucs nourrissans, âpres et souvent nuisibles au bétail, des herbages dont on ne tire parti que, faute de meilleurs fourrages, et parce que, dans cette localité, le bétail est contraint de s'y habituer.

L'on caractérise souvent les prairies de cette espèce, sous le nom de prairies aigres ou acides. L'eau qui s'y rassemble dans les fossés est souvent recouverte d'une peau de couleurs variées, et elle dépose une matière rouge, brune, ocreuse, qui, ordinairement, contient du phosphate de fer. Si l'on y creuse profondément, on rencontre ordinairement aussi des rognons de fer de marais plus ou moins pierreux et durci, d'où paraît venir cette matière ocreuse que l'eau ramène jusqu'à la superficie du sol. Les prairies marécageuses où séjourne une eau de cette nature, donnent du mauvais fourrage, surtout lorsque l'on ne prévient pas, par le creusement de fossés d'écoulement, le refluement, de cette

eau acide et ferrugineuse à la superficie du sol. Lorsque ces prairies ne rendent pas
une eau de cette espèce, elles sont toujours plus fécondes et meilleures.

Ces prairies peuvent être considérablement améliorées, ou par l'assainissement,
surtout lorsqu'on conserve les moyens d'y faire refluer l'eau au besoin, ou par
une addition de terre, qu'on s'est procurée ailleurs pour l'y transporter.

§ 901.

Pour les prairies de la première et seconde espèce, il faut faire une attention
toute particulière à leur plus ou moins de sureté. Car, autant un débordement
des eaux leur est favorable en hiver, et au printems avant que la végétation
ait commencé, autant il leur est nuisible, lorsqu'il atteint, soit l'herbe dans
sa pleine végétation, soit la récolte des foins, ou enfin lorsqu'au printems l'eau
en séjourne sur le sol, assez longtems pour occasionner la putréfaction des
bonnes herbes. Ceci dépend de la nature des rivières sous l'influence desquelles
sont ces prairies. En parlant de l'assainissement et du desséchement des terres,
nous avons indiqué les moyens de remédier à ce mal.

§ 902.

La valeur des prairies dépend en partie de la quantité, et en partie de qualité
du foin qu'on en obtient. Ordinairement, si l'humus que leur sol contient est
doux, cette quantité et cette qualité sont en rapport l'une avec l'autre. Lors
qu'une prairie donne du foin en abondance, elle porte aussi des herbes de
bonne espèce, et si, naturellement ou par l'effet de bonifications, la fécondité
augmente, les bonnes plantes y compriment les mauvaises. La seule exception
à cette règle a lieu dans l'humus acide des prairies marécageuses et des terrains
à joncs, lesquels, quelquefois, produisent beaucoup, mais des herbes de mauvaise qualité. Il peut aussi se faire que, dans une bonne prairie, il se soit
établi une espèce particulière de mauvaises herbes, qui détériore la qualité
du foin.

Pour les prairies, la nature du sol importe moins que pour les champs. Si
d'ailleurs ces prairies jouissent d'une humidité convenable, et contiennent une
proportion suffisante d'humus doux et soluble, il est, à quelques égards, indifférent que le sol en soit argileux ou sablonneux. J'y ai mis ces conditions, car
s'il leur manquait d'humidité, le sol argileux serait préférable; si au contraire
il y avait trop d'eau, un terrain sablonneux serait plus convenable. D'ailleurs,
si le sol est suffisamment humide, il n'est point nécessaire qu'il soit imprégné
d'humus à une profondeur très-grande, parce que les herbes tirent la plus

grande partie de leur nourriture de la superficie du sol, et ne pénètrent en terre avec leurs racines, guère à plus de quatre pouces de profondeur. Dans les prairies plus sèches, en revanche, une terre profonde et féconde contribue indubitablement à l'abondance des récoltes, en conservant plus long-tems l'humidité.

§ 903.

Les meilleures plantes de prés, celles dont les prairies les plus fécondes favorisent la reproduction, et qui, par leur croissance rapide, montrent le mieux la fertilité du sol, sont les suivantes.

Le Vulpin des prés,	Alopecurus pratensis.
Le Paturin des prés,	Poa pratensis.
Le Paturin à feuilles étroites,	Poa trivialis.

L'abondance de ces espèces est le signe le plus certain de la grande fécondité d'une prairie.

Le Paturin annuel,	Poa annua.
Le Paturin aquatique,	Poa aquatica.

La meilleure des herbes dans les places humides, malgré sa ressemblance avec les roseaux.

La grande Fétuque,	Festuca elatior,
La Fétuque flottante,	Festuca fluitans,
Le Dactyle plotonnée,	Dactylis glomerata.
Le Cynosure à créte des prés,	Cynosurus cristatus.
Le Fleau des prés,	Phleum pratense,
L'Avoine jaunâtre.	Avena flavescens,
Le Fromental, ou Avoine Fromentale,	Avena elatior.
Le Trèfle rouge des prés,	Trifolium pratense.
Le Trèfle blanc,	Trifolium repens,
Le Lotier odorant,	Trifolium melilothus.
Diverses espèces de *Lotiers,* surtout le *Corniculé,*	Lothus corniculatus.
La Gesse des prés,	Lathyrus pratensis.
La Vesce multiflore,	Vicia cracca.
La Vesce des haies,	Vicia sepium.
La Minette dorée,	Medicago lupulina.
Le Trèfle à fleur jaune,	Trifolium procumbens, agrarium.
Le Mille feuilles,	Achilea mille-folium.
Le Cardi des prés, ou Cumin des prés,	Carum Carvi.

Que cependant on cherche à détruire dans les prés, parce que les cochons en étant extrêmement friands, on ne peut les empêcher d'aller à sa recherche, et ainsi d'endommager les prairies dans les places où il s'en trouve.

§ 904.

Les suivantes donnent un produit moins considérable, cependant elles appartiennent encore à celles qu'on peut qualifier de bonnes.

Le Raygrass,	Lolium perenne.
La Brize tremblante,	Briza media.
La Houque laineuse,	Holcus lanatus.
La Flouve des Bressans,	Anthoxantum odoratum.

Cependant ces deux dernières ne méritent pas toute la réputation qu'on leur a accordée.

La Fétuque des brebis,	Festuca ovina.
La Fétuque diuruscale,	Festuca diuriuscula,
L'Avoine velue,	Avena pubescens.
L'Eternue geniculée,	Agrostis canina.
Le Brome mou,	Bromus mollis.
Le Vulpin geniculé,	Alopecurus geniculatus.
L'Avoine des prés.	Avena pratensis.
Le Fleau noueux,	Phleum nodosum.
La Canche,	Aira cœrulea.

Ne paraît que sur les prairies marécageuses, et en fait souvent le principal produit.

Le Tréfle des Alpes,	Trifolium alpestre, et diverses espèces de Tréfle.
Le Cerfeuil des bois.	Chaerophyllum Sylvestre.
La Primevère,	Primulaveris.
La Scabieuse,	Scabiosa.
La Pimprenelle sanguisorbe et saxifrage,	Poterium sanguisorba, officinalis et Pimpinella saxifraga.
La petite Centaurée,	Gentiana centaureum.
La Brunelle commune,	Brunella vulgaris.
L'Origan commun,	Origanum vulgare.
Le grand Serpollet,	Thimus serpillum.
Les Plantins à feuilles de lance (grand et moyen,)	Plantago lanceolata, media, major.

§ 905.

Aux plantes de prés mauvaises, ou du moins douteuses, appartiennent les suivantes :

Les *Prêles* de diverses espèces, Equiseta, ne conviennent pas au bétail à cornes, mais quelques-unes sont un excellent fourrage pour les chevaux, et même pour les bêtes à laine, lorsqu'elles ont cru dans un terrain sec. Par-dessus toutes la *Prêle des rivières*, Equisetum fluviatile, donnée, soit en vert, soit en sec, est très-avantageuse aux chevaux.

Les diverses espèces de *Renoncules*. Elles ont toutes une acreté, qui, chez quelques-unes cependant, se perd dans l'état de siccité. La renoncule rempante est la plus douce, aussi la voit-on volontiers dans les prairies.

La Crête de coq, Rhinantus cristagalli. Lorsque cette plante est jeune ou en fleur, elle est un fourrage bon et doux ; mais au tems où l'on fauche les foins, elle est déjà entièrement sèche, et n'entre dans le foin que comme une paille. Elle laisse de bonne heure tomber sa semence, cette circonstance fait qu'elle multiplie dans les prés jusqu'à l'excès ; le meilleur moyen de la détruire est de la faire brouter par le bétail, au printems.

Le *Souci d'eau* ou *de marais*, Caltha palustris, est également agréable au bétail, lorsqu'on le lui donne jeune, et il pare les prairies par sa brillante couleur jaune ; mais ensuite il devient dur, et désagréable aux bestiaux.

Les diverses espèces de *Rumex*, Rumices, surtout les Oseilles, occupent souvent, à elles seules, la principale partie du terrain, dans les prés élevés et secs ; lorsqu'elles sont fauchées jeunes, elles donnent un fourrage passablement abondant. Cependant elles appartiennent aux plus mauvaises plantes des prés.

Les différentes variétés de *Tussilage*, Tussilago, lesquelles, avec leurs larges feuilles, étouffent les autres plantes, et ne procurent au bétail qu'une mauvaise nourriture.

La *Persicaire d'Orient*, Polygonum persicaria, est mangée par le bétail lorsqu'elle est encore tendre, cependant elle détériore le foin.

La *Tanézie vulgaire*, Tanacetum vulgare, est une plante à grande racine, qui a des vertus médicinales très-utiles pour les chevaux et les bêtes à laine, mais qui donne au fourrage une saveur désagréable. On ne la trouve guère que dans les bords les plus élevés des prairies.

L'*Oenanthe fistuleuse*, Oenanthe fistulosa, au contraire, se propage beaucoup dans les places humides, le bétail ne la mange qu'avec beaucoup de dégoût. C'est aussi le cas de l'*Eupatoire*, Eupatorium cannabinum.

Le Calament des marais, Mentha arvensis, a une influence nuisible sur le lait.

Le Pied de lion ou *Alchemile à feuilles longues*, Alchemilla, et celui à *feuilles rondes*, couvrent le terrain avec leurs feuilles, et ont, outre cela, une acreté suspecte. Il en est de même de l'*Epervière Piloselle*, Hieracium Piloselia, qui est désagréable au bétail, et doit avoir une fâcheuse influence sur le lait.

Enfin toutes les *Careiches* et les *Joncs*, Carices et Junci, appartiennent aux plus mauvaises plantes de prés.

Il faut donc chercher à débarrasser les prairies de ces plantes, soit en empêchant que les graines de celle-ci n'arrivent à maturité, soit en bonifiant le terrain.

Les mêmes objections se présentent contre les mousses et les lichens.

§ 906.

Les plantes ci-après sont réellement vénéneuses et, par conséquent, dans bien des cas, infiniment nuisibles, lorsqu'elles se trouvent parmi le fourrage.

La Jusquiame noire,	Hyoscyamus niger.
La Pomme épineuse,	Datura stramonium.
La Cigüe aquatique,	Cicuta aquatica.
Le Phellandre aquatique,	Phellandrium aquaticum.
La Laitue Sauvage à côte épineuse,	Lactuca virosa.
L'Ache d'eau,	Sium latifolium.
La petite Cigüe,	Aethusa cinapium.
Les Euphorbes,	Euphorbia.
Les diverses sortes d'Anémones,	Anemone.
Le Colchique d'Automne,	Colchicum autumnale.

Il faut donc donner des soins à les détruire et, pour cet effet, les faire arracher dans les prairies et partout où elles se trouvent.

La bonté d'un grand nombre des plantes de nos prairies, et leur salubrité pour les diverses espèces de bétail, dans l'emploi en vert, ou en état de siccité, mériterait bien un examen plus approfondi ; *Hasselgreen*, à la vérité nous a transmis une notice des essais que les élèves de *Linné* firent, avec un grand nombre de plantes, sur le bétail à cornes, sur les chèvres, les bêtes à laine, les chevaux et les cochons, dans la vue de découvrir jusqu'à quel point le bétail les mangeait avec plaisir ; mais cette notice contient des données tellement fausses, que l'on ne peut porter aucune confiance au reste. C'est ainsi qu'il dit entr'autre, que la *Spergule des champs*, Spergula arvensis, est rejetée par le bétail ; tandis qu'il n'est aucune herbe que celui-ci lui préfère.

§ 907.

Ces premières plantes et d'autres encore , car je n'ai désigné que les plus nombreuses et les plus remarquables, forment, avec le tissu épais de leurs racines, la croûte de gazon ou d'herbages. Cette croûte est composée de racines, tant vivantes que mortes, et du terreau produit par ces dernières. On n'obtient pas facilement une croûte ainsi épaisse, de plantes uniques ou mélangées, semées avec le secours de l'art. Il faut pour cela, non-seulement des plantes qui s'accommodent les unes avec les autres, mais encore que ces plantes soient dans une proportion réciproquement convenable ; encore faut-il que cette proportion soit en rapport avec la nature du sol et ses propriétés. En conséquence, on est bien parvenu, par le moyen de semailles faites avec intention , à se procurer des champs à herbe, mais rarement des prairies proprement dites ; on a obtenu une herbe élevée, mais pas épaisse et durable , et nullement un véritable gazon ; ou bien les plantes qu'on avait semées ont dû disparaître, pour faire place à d'autres. Lors même que des champs ainsi semés en espèces de plantes choisies , après que, par le labour, on avait détruit leur croûte d'herbages naturelle, lors même dis-je, que ces champs ont, dès la première ou seconde année, dépassé le produit de prairies naturelles d'un sol de même qualité, ils ne se sont point soutenus à la longue ; ils ont, au contraire baissé de produit, et, de longtems, n'ont pu atteindre celui des autres prairies.

§ 908.

Si, lorsqu'on sème des herbages pour former une prairie , 'on atteignoit la véritable proportion de chaque espèce de plantes, tant entr'elles réciproquement , que relativement à la nature du sol, on obtiendrait, sans aucun doute, cette couche ou croûte d'herbages, que l'on doit désirer, bien plutôt qu'en abandonnant ce soin à la nature. Mais cette proportion ne peut que très-difficilement être déterminée à l'avance. Ce qui importe à cet égard , est une juste proportion des herbes longues avec les courtes ; des hâtives qui donnent le premier foin, avec les tardives qui, surtout, donnent le second ou regain. Quelques cultivateurs qui avaient assez bien atteint cette proportion, ont formé de bonnes prairies ; d'autres, qui ne l'avaient pas découverte, ont eu de mauvais prés, qu'ils ont bientôt dû rendre à la charrue. Pour les meilleures prairies dont j'aie eu connaissance , la semence avait été recueillie dans le lieu même, de prairies de même nature ; cette opération, au contraire, a manqué le plus souvent chez les cultivateurs qui avoient choisi leurs semences d'après une combinaison de diverses plantes, qu'ils avoient jugée devoir être la meilleure , et qui s'étaient, en conséquence, procuré leurs graines chez des marchands. Ces derniers cultivateurs ont atteint d'une manière beaucoup plus imparfaite la proportion convenable des herbes, tant entr'elles que relativement au sol.

Jusqu'à présent , j'envisage le procédé que je vais décrire, comme le plus convenable pour se procurer de bonnes graines de prés. Je distingue la culture des prés, de celle des plantes à fourrages d'une durée limitée.

L'on choisira , dans une prairie, une place dont le sol soit en rapport avec celui du pré qu'on veut former , surtout quant à la proportion d'humus et à l'humidité , une place qui donne un fourrage particulièrement bon, et dont l'abondance et la réussite soient satisfaisantes relativement à la nature du sol de la prairie. L'on cherchera à nettoyer cette place des mauvaises herbes qui pourraient s'y trouver, et on la réservera pour en tirer la semence , en ayant soin de maintenir sa fécondité par quelqu'amendement de fumier. On y laissera l'herbe en pied , jusqu'à ce que la semence des plantes les plus hâtives commence à mûrir; alors on la fauchera et on la fera sécher pour en faire du foin, en observant de la remuer peu. On laissera en pied une autre partie , jusqu'à ce que les semences plus tardives aient atteint leur maturité, et l'on en fera la récolte de la même manière. L'on mêlera ensuite le produit de ces deux parties ensemble , on battra le foin sur l'aire, et l'on sémera sur la prairie qu'on veut former, la poussière qui contient la semence. Cette méthode me paraît être non-seulement la plus sûre , mais encore la moins coûteuse pour se procurer de bonnes semences de prés, par ce que le foin qui a été battu pour en séparer la graine, quoique sans doute la prolongation de sa végétation lui ait fait perdre de sa qualité, peut cependant toujours être employé. Si le sol de la nouvelle prairie est favorable au trèfle rouge, il conviendra, le plus souvent, de mêler de la graine parmi celle qu'on y sème , parce qu'il donne, déjà la seconde année, époque à laquelle les autres herbes n'ont ordinairement point encore tallé ; seulement il faut se faire une règle de faucher le trèfle dès qu'il commence à fleurir, ainsi de ne pas le laisser achever sa végétation ; sans cela il nuirait aux autres plantes, parce qu'elles croissent moins rapidement. Alors il retardera bien un peu les autres herbes, mais il ne les comprimera pas tellement, qu'à sa disparution, elles ne prennent le dessus et n'occupent la place qu'il remplissait.

§ 909.

Quelques observateurs attentifs prétendent avoir aperçu dans les prairies, une rotation entre les diverses plantes dont elles sont couvertes; c'est-à-dire que, au bout d'un certain nombre d'années, ils n'y ont plus trouvé les plantes qui, auparavant, y étaient le plus nombreuses, mais d'autres herbes qui cédaient, à leur tour, la place, aux premières. Ceci peut avoir été occasionné par divers accidens qui auraient échappé à ces observateurs, cependant cette assertion mérite, sans contredit, qu'on lui donne une attention ultérieure.

§ 910.

Comme, le plus souvent, sur une même place, la qualité du foin est en rapport avec la quantité, lorsqu'il ne s'y trouve pas des plantes mauvaises et évidemment nuisibles, on pourra, presque toujours, déterminer la valeur des prairies, d'après la quantité de foin qu'elles produisent.

Il est aussi difficile de ranger avec précision, par classes, les diverses prairies, que cela l'est pour les champs; parce qu'il y a tant de gradations dans leurs qualités, qu'il est impossible de poser des bornes entr'elles. Je crois suffisant et en rapport avec notre division des terres arables en six classes, de ranger aussi les prairies en un même nombre de classes, en prenant pour base de cette division, principalement la quantité de foin, et en ayant, pour les classes inférieures, cependant aussi quelqu'égard à sa qualité : ces classes seront les suivantes.

Première classe. Prairies qui donnent, en deux coupes, 2400 livres de fourrage et au-delà. A cette classe appartiennent les prairies arrosées en tems propice, par inondation ou irrigation, avec de bonnes eaux, et dont le sol contient une grande proportion d'humus doux.

Seconde classe. Prairies qui rendent annuellement de 1700 à 2300 livres de fourrage. Dans cette classe sont comprises les prairies du même genre que les premières, mais dont le sol contient un peu moins d'humus; cependant on peut souvent aussi y comprendre des prairies élevées, qui, recevant l'égout fécondant de champs riches, donnent le produit que nous exigeons de cette classe et de la précédente.

Troisième classe. Prairies qui produisent de 12 à 1600 livres de fourrage, pourvu que leur herbe ait le brin fin et une saveur douce; à cette classe appartiennent, le plus souvent, ces prairies situées dans des bas fonds et des vallées, qui ont bien un degré d'humidité convenable, mais qui ne jouissent pas des avantages d'une inondation ou d'une irrigation fécondante.

T. III.   31

Quatrième classe. Prairies qui produisent une quantité égale, peut-être même supérieure, de fourrage, mais d'une qualité plus grossière et plus dure, et mêlé de plantes de mauvaise qualité. C'est à cette classe qu'appartiennent surtout les prairie qui souffrent de l'excès d'humidité, et qui recèlent des sources d'eau sous terre, ou qui n'ont pas l'écoulement nécessaire pour leurs eaux. On peut aussi y joindre les prairies situées dans des forêts, lorsqu'elles sont fortement ombragées par des arbres. Elles donnent souvent beaucoup de fourrage, mais il n'a pas de saveur et n'est pas nourrissant.

Cinquième classe. Prairies qui rendent de 800 à 1100 livres de fourrage. Dans cette classe doivent être rangées, surtout les prairies qui n'ont pas une humidité suffisante, et qui ont de la disposition à souffrir de la sécheresse.

Sixième classe. Prairies qui produisent moins de 800 livres de fourrage, ou dont les herbages, lors même qu'ils seraient en plus grande quantité, sont acides, composés en majeure partie de joncs et de carex, ou d'autres mauvaises plantes. C'est à cette classe qu'appartiennent, tant les prairies sèches, que les marécageuses et acides.

Pour ce produit, je suppose que les prairies ont, à la vérité, été maintenues en bon état, c'est-à-dire qu'on a eu soin d'y épandre les taupinières, de curer les fossés, et, pour celles qui sont arrosées, de leur donner l'eau d'une manière convenable, mais non qu'on leur ait donné des engrais ; car, par ce dernier moyen, des prairies naturellement mauvaises, peuvent être poussées à un produit plus élevé que celui des prairies supérieures en qualité.

§ 911.

L'on a souvent demandé quel est la valeur des prairies proportionnément aux terres arables. Plusieurs agronomes ont élevé excessivement la valeur de ces premières, par la raison que c'est avec le secours des prairies seulement, que les terres arables peuvent être maintenues dans un état de fécondité. D'autres ont ravalé les prairies au-dessous de la réalité, par la raison qu'avec une judicieuse culture des plantes à fourrage, on peut se procurer, sur les terres arables, beaucoup plus de fourrage que sur les prés.

La valeur des prairies, comme celle des terres arables, résulte de la somme du produit, après déduction des frais. Mais la valeur des fourrages est encore plus difficile à déterminer que celle des grains, parce que, ordinairement, il sont moins dans le commerce.

Dans les lieux où il y a de grands marchés de fourrages, il faut distinguer le prix de vente de celui de consommation dans l'économie rurale. Ce premier dépend des localités, et est plus élevé dans le voisinage des grandes villes, ou dans les lieux d'où l'on peut facilement exporter les fourrages par eau. Il ne peut être calculé en moyenne, que pour chaque contrée en particulier. Mais le prix de consommation lui-même varie, il augmente ordinairement avec le besoin qu'on a du fourrage pour l'hivernage du bétail et pour se procurer des engrais. Dans les lieux où, non-seulement on récolte beaucoup de paille, mais où encore la nature des terres favorise la culture du trèfle, de la luzerne et des plantes à fourrage en général, on peut mieux se passer du fourrage de prairies naturelles; et dans les lieux où l'on peut obtenir avec certitude d'un journal de champ, en sus de la quantité de fourrage que produit la même étendue de prairie, seulement l'excédent qui doit payer les frais de sa culture; la prairie n'aura aucune valeur de plus que le champ, ou du moins elle ne sera pas estimée plus haut par des connaisseurs *. Mais dans les lieux où les terres arables ne sont pas propres à produire, avec sûreté, les meilleures plantes à fourrage, la valeur du foin hausse, et avec elle celle des prairies. Plus on a besoin d'engrais pour les champs, et moins la paille suffit pour les reproduire; aussi trouve-t-on généralement que, là où le sol est sec et sablonneux, les prairies sont estimées très-haut, parce que le produit des champs en dépend absolument. En revanche, l'on trouve, quoique rarement, des contrées, où les prairies sont si abondantes, et où l'excédent de fourrages qu'on ne peut écouler au dehors est tel, que les prairies y sont estimées moins que les terres arables.

La valeur du fourrage est donc toujours variable, et dépend des localités. Cependant, en moyenne, dans tous les lieux où il n'y a ni disette, ni grande demande, ni surabondance de fourrage, on peut envisager 100 livres de foin comme égales au tiers d'un scheffel seigle, mesure de Berlin, si ce fourrage est bon et nourrissant; si au contraire, ce foin est de mauvaise qualité, seulement au quart d'un scheffel. Si donc on evalue communement un scheffel de seigle à un rixdaler, la valeur de 100 livres de bon foin devrait être de huit gros, celle de 100 livres de mauvais foin de six gros. A ce prix on pourra ordinairement l'employer avec avantage à élever du bétail; bien

---

* Selon moi, à tort, parce que la prairie récèle, dans sa croute de gazon, une masse plus ou moins considérable de sucs nourriciers, qui, décomposés et mélangés avec le sol, peuvent alimenter quelques récoltes de grains sans le secours d'autres engrais, et que, après cela, le sol demeurera encore dans un état de fécondité, tout aussi satisfaisant que le champ qui sert d'objet de comparaison. A la vérité de cet excédent de valeur, qui nait de la croute de gazon, il y aurait à déduire l'excédent de frais que coute le premier labour d'un terrain enherbé. Trad.

entendu , cependant, qu'on choisisse l'espèce la plus favorable à la localité.

Je n'ai pas besoin de rappeler que ce prix , transformé en argent, monte ou baisse, avec la valeur pécuniaire des grains.

Si la valeur du fourrage est connue, celle de la prairie résulte du montant du fourrage qu'elle a produit , sous déduction des frais de récolte.

Au reste , ces frais ne peuvent pas être calculés d'après la quantité du foin seulement, mais d'après celle-ci concurremment avec l'étendue du terrain qui l'a produite. Car une prairie qui est en bon état, ne coûte presque pas plus à faucher , qu'une mauvaise de même étendue , et le fanage n'y apporte qu'une petite différence. Le prix du chargement, du transport et du déchargement au tas, seul, a pour base , plutôt la quantité du produit , que l'étendue du terrain.

Outre cela les frais varient sensiblement, selon que les prairies sont plus ou moins éloignées des bâtimens d'économie. Dans des prés qui sont à une grande distance , ils peuvent facilement s'élever au double de ce qu'ils sont dans des prairies rapprochées. Ainsi, l'on ne peut rien dire ici qui soit applicable à la généralité ; cependant on peut envisager comme moyenne des frais de la récolte, en deux coupes, du fourrage produit par un journal de prairie

de 1.re classe . . . . 1 Rixdaler   12 gros.

     2.de   1   10

     3.me   1   8

     4.me   1   8

Et de celle, en une coupe, des prairies de

     5.me   0   18

     6.me   0   16

D'après les données ci-dessus, si, de la valeur du fourrage , nous déduisons les frais de récolte , nous trouverons que, sur un journal de prairie de

Première classe,

100 L. étant évaluées à $\frac{1}{3}$ Rixd., le total fait. 8 Rixd. » gros, ainsi le produit net est de 6 R. 12 g

Seconde classe ,

100. 6   16   5   6

Troisième classe ,

100. 4   16   3   8

Quatrième classe ,

100 à $\frac{1}{4}$ Rixd. 2   4   1   20

Cinquième classe ,

100 à $\frac{1}{3}$ Rixd. 2   8   1   14

Sixième classe ,

100. 2   1   12

Si nous voulions déterminer la valeur des terres arables, selon les estimations faites d'après l'assolement triennal avec jachère, la valeur des prairies d'une même classe se trouverait alors dans une proportion très-élevée relativement à ces premières. Voyez vol. II, § 554, page 137 Tableau. Mais nous devons considérer que, dans cette estimation, on impute aux champs les divers frais de culture, tandis que, pour les prairies, on n'a imputé que les frais de récolte, et qu'outre cela, le champ produit de la paille et du pâturage. D'après cela je crois devoir mettre la valeur d'un champ, relativement à celle d'un pré de même classe, dans la proportion de 2 à 3; si, comme je l'ai dit plus haut, des circonstances de localité n'apportent pas quelque changement à cette proportion. C'est aussi la raison qui nous a fait adopter ici six classes de prairies, plutôt que tout autre nombre, quoique, d'après l'infinie variété des produits moyens, on dût établir une beaucoup plus grande variété de gradations.

§ 912.

Nous avons déjà observé plus haut, que les inondations, qui sont si avantageuses aux prairies lorsqu'elles ont lieu dans une saison favorable, qui en augmentent la valeur, et les porte à une classe plus élevée, rendent cependant leur produit plus incertain ; aussi rarement une prairie exposée aux inondations spontanées, peut elle être rangée dans le nombre de celles dont le produit est assuré, parce que cette inondation arrive souvent à contre-tems. Cependant cette casualité a ses degrés, et il est des cas où elle n'est redoutable, qu'à l'époque d'abondances d'eau extraordinaires; d'autres, au contraire, où elle se réalise en deux ans une fois. Cette considération apporte une différence très-considérable dans la valeur de la prairie. Il est beaucoup de prés, dont autrefois le produit était des plus assurés, et que les ensablemens ou le rehaussement du lit des fleuves ont rendu extrêmement casuel.

§ 913.

Pour les prairies, il est encore plus essentiel que pour les champs, que la surface en soit parfaitement unie, surtout lorsque, de nature ou par art, elles reçoivent des arrosemens ; sans cela l'eau séjournerait dans les enfoncemens, et n'atteindrait pas les élévations. Les prairies dont la surface n'est pas unie, ont un produit inégal; dans les années sèches les parties basses rendent davantage, dans les années humides c'est au contraire les élevées; il n'est donc pas facile de calculer, en moyenne, le produit que de telles prairies doivent donner. Outre cela, lorsque la surface est très-inégale, la récolte du foin y devient beaucoup plus difficile.

§ 914.

J'ai déjà dit plus haut, que la distance où une prairie se trouve, apporte une très-grande différence dans les frais de récolte : outre cela la valeur des prairies est augmentée par leur rapprochement des bâtimens d'économie, parce qu'alors on a mieux ces prairies sous les yeux, et qu'on peut mieux leur donner des soins. Chaque dommage qui y survient, peut aussitôt être aperçu et être réparé, tandis que, si la prairie était éloignée, le mal pourrait devenir assez grand, avant qu'on en eut connaissance. Dans les lieux surtout où l'on amende les prés avec du *liziex*, des urines ou des engrais liquides en général, il importe que ces prés soient rapprochés des bâtimens rustiques.

§ 915.

L'homme expert qui sera appelé à estimer des prairies, fera attention à la possibilité d'en procurer l'arrosement par des établissemens nouveaux, ou, si elles jouissent déjà de l'arrosement, à la possibilité de l'améliorer, ainsi qu'à toute autre bonification dont elles seraient susceptibles, moyennant des frais peu considérables proportionnément à l'avantage qui devrait en résulter.

§ 916.

Nous passons maintenant à la culture des prairies.

Il est très-essentiel de ne laisser subsister dans les prairies aucune taupinière. On trouve ces taupinières surtout dans les prés secs, ou sur les places les plus élevées des prairies ; c'est là que les taupes se retirent, lorsque l'humidité les chasse des lieux bas. Les prairies soumises à l'irrigation, et qui peuvent toujours êtres maintenues humides, sont le plus souvent exemptes de taupes. Si l'on néglige d'épandre les taupinières et de les aplanir, non-seulement le fauchage devient plus difficile, et il reste autour d'elles de l'herbe qui n'a pu être coupée, mais encore ces taupinières s'enherbent, fournissent alors une retraite aux fourmis et aux autres insectes, et s'étendent toujours plus ; à tel point que la prairie finit par ressembler plus à un cimetière de village qu'à une prairie. Il faut donc épandre les taupinières deux fois dans l'année ; la première au printems, lorsque l'herbe commence à s'élever ; la seconde bientôt après la récolte du premier foin. Si l'on ne néglige pas ce soin, les taupes ne nuisent point aux anciennes prairies fortement enherbées, parce que, de cette manière, on ramène et étend, à leur superficie, une terre fraîche qui est fort avantageuse aux plantes des prés.

Pour épandre ces taupinières, on a ordinairement recours aux instrumens à main, à la bêche, à la pèle ou à la fourche, en donnant des soins à ce que la terre soit étendue d'une manière uniforme ; ou bien on y emploie des chevaux, avec divers instrumens, parmi lesquels celui qui me semble le plus convenable, est la herse qu'on trouve dans ma description des Instrumens d'agriculture les plus nouveaux, *Beschreibung der neuesten Ackergeraethe*, *Heft II Taf.* 7 ; cette herse est munie d'un fer tranchant dans sa partie antérieure, et dans sa partie postérieure, elle a des épines entrelacées. Elle remplit très-bien toutes les conditions qu'on doit en attendre, et, sans endommager sensiblement le gazon, elle s'empare de chaque taupinière, et l'épand sur l'espace voisin ; d'ailleurs, les frais que son emploi occasionne, sont de beaucoup inférieurs à ceux que cette opération coûte, lorsqu'elle est exécutée avec des instrumens à main.

Il est bien plus difficile d'aplanir des taupinières ou fourmillères vieilles et enherbées. Si l'on se bornait à les enlever, il resterait à leur place un espace nu, qui ne s'enherberait qu'au bout de quelques années. Il faut donc diviser en croix, avec la bêche, la couche de gazon qui recouvre la petite élévation, et en retirer les lèvres en arrière, pour enlever au-dessous d'elles la terre surabondante qui s'y trouve ; alors, après avoir épandu cette terre, on referme les lèvres de gazon, en les remettant en place. Dans des prairies d'une grande étendue, on se sert, pour cela, aussi d'un instrument à cheval appellé *Rabot des prés*, et dans quelques contrées, *Charrue Hongraise*. C'est une espèce de traineau avec quatre traverses, dont la première et la troisième sont armées d'un fer tranchant, en forme de ratissoir, et la seconde et la quatrième, de fortes dents de herse. Cet instrument entre en terre, déchire presque tout le gazon de la prairie, et la régale à merveille ; mais il exige un attelage de six chevaux au moins. Après en avoir fait usage, on herse la prairie en rond, puis on y passe le rouleau. Malgré la cherté de cet instrument, ce moyen a été jugé le plus économique pour rétablir la fécondité des prairies fortement couvertes de ces petites élévations. Le déchirement opéré dans la croûte du gazon, permet alors qu'on y sème du trèfle, et d'autres plantes nouvelles adaptées à la nature du sol. On peut considérer cette opération comme une demi culture, donnée au terrain, sans que cependant l'ancienne croûte de gazon soit détruite.

§ 917.

Les opinions sont très-divisées sur la convenance de rompre les prairies et de les soumettre, pour un tems à la charrue ; quelques personnes recommandent cette opération, et l'envisagent comme avantageuse à la prairie ; d'autres, au contraire, l'envisagent comme nuisible et la méconseillent.

Il faut, avant tout, distinguer si l'on entreprend de rompre la prairie, dans le but de l'améliorer, ou bien si c'est dans l'intention de retirer du sol, par une rotation d'autres produits, une rente plus grande que celle qu'on en eut obtenue, si l'on eût toujours laissé ce terrain en pré.

Dans le dernier cas, souvent on y établit une rotation régulière, qui comprend tant l'existence en prairie que la culture des grains ; on s'y procure, par un assolement convenable, des produits de différentes espèces, puis on laisse le terrain en pré, pour un certain nombre d'années, après y avoir semé du trèfle et d'autres graines d'herbages. Mais, pour cela, il faut que le sol soit également propre à être en prairie, ou à être soumis à la charrue. En outre, si l'on veut pouvoir compter sur le rétablissement d'une bonne prairie, il est indispensable d'observer les règles que nous allons transcrire.

1.° Il faut se garder de trop épuiser le sol par de nombreuses récoltes de grains, et, au contraire, lui conserver une partie essentielle de sa fécondité naturelle.

2.° Pour la dernière récolte qu'on en exige avant de le laisser en pré, il faut l'amender fortement avec du fumier d'étable, et d'autant plus que, pour les récoltes de grains, on aura eu recours à des amendemens avec de la chaux, qui, souvent, sont très-profitables.

3.° Pendant que le sol est soumis à la charrue, il faut donner des soins à détruire complétement les mauvaises herbes qui se multiplient par leurs racines ; parce que, sans cela, elles ne feraient que prendre de la vigueur, et s'étendre toujours plus dans la prairie.

Les grandes récoltes que l'on peut ainsi retirer d'une prairie, surtout lorsque le sol en est doux, riche, et ni trop sec, ni trop humide, principalement par la culture des choux à tête, du chanvre, du tabac, etc. ; produits, ces récoltes, dis-je, sont extrêmement profitables, et le seraient, lors même qu'en effet la prairie donnerait ensuite une moins grande quantité de fourrage. Au reste, ce dernier cas n'aura pas lieu, si, après avoir observé les trois règles que je viens d'indiquer, on sème la quantité convenable de trèfle et d'autres herbages ; mais seulement si l'on néglige ces précautions, comme cela a trop fréquemment lieu.

§ 918.

Si, au contraire, il ne s'agit de rompre une prairie qu'afin de l'enherber de

nouveau et d'une manière plus convenable ; cela ne peut être avantageux
que pour le cas où cette partie serait couverte d'herbes mauvaises et nuisibles, que l'on voudrait détruire. Dans tout autre cas, je ne saurais le conseiller ; au contraire, je préférerais tout autre remède. Plusieurs cultivateurs
ont eu recours à ce moyen, uniquement pour détruire la mousse, mais celle-
ci l'eût été bien mieux à l'aide d'engrais ou de terre, qu'on eût épandus sur la
prairie. Si même, après avoir rompu un pré, l'on n'en retire qu'une seule
récolte de grains, par exemple de l'avoine, comme cela a ordinairement lieu,
cela ne laisse pas d'apauvrir considérablement la prairie, à moins qu'on ne
lui ait donné des engrais; sans cette dernière précaution, la prairie deviendra,
après cette opération, plus mauvaise qu'elle ne l'était auparavant, et la mousse
ne tardera pas à s'y montrer de nouveau. Si l'on pouvait et si l'on avait la volonté de lui donner des engrais, ces engrais eussent produit un aussi bon effet,
lorsqu'on les eut épandu sur le sol, sans rompre le gazon.

Mais pour détruire les plantes nuisibles qui sont dans les prairies, un seul
labour n'est, le plus souvent, pas suffisant; tout au contraire alors ces plantes
sont favorisées par l'ameublissement de la couche de terre végétale.

Pour atteindre ce but, il faut donc se résoudre à donner une jachère
morte, complète et soignée, comme on la donne aux défrichemens, ou bien
à recourir au moyen, plus efficace et plus prompt, de l'*écobuement*, du brûlement de la croûte de gazon. Je renvoie, en conséquence, à ce que j'ai dit
sur la manière dont les terres nouvellement défrichées doivent être traitées.

§ 919.

A § 908, je me suis déjà suffisamment étendu sur la manière de semer les
prairies dont la croûte d'herbage a été détruite par le labour; cependant on
m'aurait mal compris, si l'on en concluait que j'ai conseillé d'abandonner à
la nature seule le soin de cette semaille. A la vérité je connais des exemples,
où cette manière a mieux réussi que les semailles faites avec soin; cependant
il n'y a aucun doute que le hasard ne pût y conduire des semences beaucoup
plus mauvaises que celles qu'on aurait choisies; seulement je pense qu'on n'a
point encore pu déterminer positivement quelles étaient les semences qu'on
devait préférer, et quelles étaient les plus convenables à la nature du sol des
prairies en particulier.

Pour un sol de prairie riche, imprégné d'humus, meuble et modérément
humide, il n'y a, sans doute, rien de plus convenable qu'un mélange de *Vulpin
des prés*, Alopecurus pratensis, et de *Paturin à feuilles étroites*, Poa

trivialis et pratensis, avec ou sans trèfle. Ces plantes donnent une herbe aussi épaisse que vigoureuse, elles ont une végétation continue, et elles repoussent promptement ; outre cela elles sont très-agréables au bétail. Mais elles veulent absolument un terrain qui ait ces qualités ; si on les sème sur un sol qui ne les possède pas, on n'y verra que des plantes isolées et sans vigueur.

Je ne ne me permettrais pas de déterminer quel est le choix de plantes qui devrait être fait, pour ensemencer des prairies dont le sol serait de mauvaise qualité, si ces prairies devaient avoir une longue durée ; je renvoie donc au conseil que j'ai donné au susdit § 908. Lorsque nous nous occuperons de la culture des plantes à fourrages, nous parlerons de quelques herbes, qui réussissent sur des champs élevés, lesquels ne sont pas propres à être transformés en prairies.

§ 920.

Quelques personnes pensent que la première année où une prairie nouvellement établie donne de l'herbe, l'on ne devrait point la faucher, mais, au contraire, la faire brouter par le bétail. D'autres sont d'une opinion toute opposée ; et d'autres, enfin, veulent qu'afin de se procurer pour la suite une prairie d'autant meilleure, on y laisse croître librement l'herbe, qu'on lui permette de mûrir et d'épandre sa semence, et qu'ensuite on écrase sous le rouleau sa fane desséchée.

Chacune de ces méthodes peut être préférable, selon la circonstance. Par le moyen du pâturage, lorsqu'on en use avec cette circonspection que nous recommanderons dans la suite, les plantes se fortifient dans leurs racines, elles s'étendent sur le sol, et forment une croûte de gazon plus serrée. Les excrémens que le bétail laisse tomber tandis qu'il est au pâturage, profitent à la prairie, surtout si l'on a soin de les épandre, le piétinement et le parcage du bétail favorisent la végétation de l'herbe sur les terrains secs. Si donc la nouvelle prairie est garnie de plantes, mais que celles ci se montrent faibles, je préférerais la faire pâturer.

Si, au contraire, l'herbe paraît devoir être épaisse et vouloir pousser avec vigueur ; si l'on peut s'en fier pour sa réussite à la fécondité du sol, il n'y a pas d'inconvénient à faucher, surtout lorsqu'on le fait d'aussi bonne heure que cela est possible, afin que les plantes ne s'épuisent pas en faisant leur semence.

L'on ne saurait conseiller de laisser l'herbe en pied, que dans le seul cas où celle qu'on aurait semée serait excessivement claire, et distribuée en touffes séparées par des espaces nuds , et qu'en conséquence on jugerait nécessaire de semer de nouveau ; cependant ce moyen ne pourrait être employé qu'autant qu'il ne se montrerait pas des herbes mauvaises et nuisibles parmi les bonnes. Car s'il y en avait de telles, il serait d'autant plus urgent de faucher. Quelques personnes conseillent, pour ces cas là, de laisser sur pied des places isolées , qui soient particulièrement nettes de mauvaises herbes, et placées à une certaine distance les unes des autres, afin que, de là, la semence s'étende sur le terrain où l'herbe a besoin d'être épaissie.

Il ne faut tolérer, sur de telles prairies, aucune mauvaise herbe qui se propage par ses racines, il convient au contraire de les arracher. Quant aux mauvaises herbes qui se propagent par leur graine, il ne faut pas les laisser arriver à maturité.

§ 921.

La culture qu'on donne aux prairies avec une herse dont les dents sont courbées en avant, ou, mieux encore, cette espèce de déchirement qu'on opère dans la croûte de gazon, avec des instrumens garnis de couteaux à la manière du scarificateur , est une des opérations les plus utiles de l'économie des prairies. Elle a été recommandée surtout dans la vue de détruire la mousse ; cependant elle n'agit dans ce sens que d'une manière indirecte. La mousse se niche dans des places où aucune autre plante ne trouve sa nourriture , elle ne couvre que les espaces vides, elle cède aux autres végétaux, se convertit en terreau, et, sous cette forme, aide à leur végétation. Les mousses aquatiques elles mêmes disparaissent, lorsque le sol est assaini ; et les sèches lorsqu'on l'arrose. La mousse ne parait donc pas être, en elle même, tellement nuisible aux prairies, que, pour la détruire, l'on doive employer des moyens particuliers ; parce qu'elle cède à toute culture qui donne de la force à la couche de gazon. Mais la culture, l'espèce de déchirement dont nous avons parlé, aide à la réussite des plantes de pré et les fortifie, en ouvrant à l'air atmosphérique un libre accès auprès de leurs racines, en divisant et multipliant ainsi les plantes , et en entourant leur collet d'une couche de terre meuble. Elle est donc d'une aussi grande efficacité sur les prairies dépourvues de mousse , surtout sur celles dont le sol est tenace et nullement spongieux, que sur celles qui en sont garnies. Cette opération doit se faire au printems, lorsque la végétation commence, et que le sol est suffisamment essuyé. Elle a paru surtout avantageuse, lorsqu'on voulait amender la prairie avec des engrais ; ceux-ci ont produit un effet beaucoup plus sensible, lorsque, avant leur application, le gazon avait été ouvert avec de tels instrumens.

En passant le rouleau sur les terrains qui sont en herbages, on augmente à la vérité la beauté et l'uniformité de la surface du gazon, mais non le produit de la prairie.

§ 922.

Dans quelques contrées, on donne encore plus de soins à l'amendement des prairies qu'à celui des champs même , et c'est à ceux-là qu'on incline à consacrer les engrais. Lorsque nous fumons nos prairies, dit-on, nous n'avons pas besoin de nous donner du souci , pour assurer à nos champs des engrais suffisans. Dans d'autres contrées on ne pense pas même à fumer les prairies, et l'on envisage comme une monstruosité, d'ôter le fumier aux champs, pour le donner aux prés; parce que le pré rend toujours quelque chose , lors même qu'il a été privé d'engrais, tandis que le champ demeure à peu près stérile.

Les prairies qui sont amendées par le débordement de rivières chargées de parties fécondantes , n'ont, sans doute , pas besoin d'engrais; elles doivent être considérées comme un des plus grands bienfaits de la nature, pour la culture des contrées qui les possèdent, et comme un moyen par lequel ces contrées peuvent facilement élever leurs produits au-delà de ce que les soins de l'art peuvent procurer dans d'autres localités. Les autres prairies doivent obtenir un dédommagement de ce qui leur est enlevé annuellement, surtout lorsqu'on y fait deux coupes successives; à défaut de cela leur fécondité irait en déclinant. Mais la mesure d'engrais dont elles ont besoin peut être faible, en comparaison de ce que ces prairies rendent de produits convertibles en engrais, et tandis que, sous les assolemens de la *culture des grains*, les champs reproduisent, en élémens d'engrais , moins qu'ils n'exigent et ne consomment; les prairies qui ont été amendées, au contraire, rendent, par l'excédent de produit qu'elles donnent après l'équivalent de ce qu'elles ont consommé , au moins le double d'engrais de ce qui leur avait été appliqué. Il n'y a donc aucun doute, que la manière la plus certaine d'augmenter les engrais, c'est de les appliquer aux prairies ; par cette méthode on s'est procuré des prés, et, l'on s'est donné la possibilité de fumer complètement les champs, dans des lieux où, auparavant, cela était impossible *. Lorsque cette vérité est si généralement reconnue,

---

* En supposant toujours les conditions sans lesquelles il ne saurait être avantageux de laisser un terrain en prairie ; car du fumier appliqué à un terrain qui n'est pas particulièrement qualifié pour cette destination, et qui peut, avec plus d'avantage , être transformé en champ à fourrage, (ce qu'on a appellé jusqu'ici improprement prairie artificielle à demeure), ce fumier, dis-je, n'est nullement payé par l'augmentation de produit qu'il procure à la prairie, dans les

par les gens de l'art, comment se fait-il que, dans la plupart des contrées, on fume si rarement les prairies? La première avance est, le plus souvent, trop difficile; car, lors même que le fumier qu'on donne aux prairies revient au tas sûrement et multiplié; cela ne s'effectue cependant pas dès la première année, mais seulement après le laps de six ou sept ans; puisque l'effet du fumier se prolonge durant ce tems et plus encore. C'est un capital qui, durant cet espace de tems, est triplé, quadruplé et plus encore; mais il faut en faire l'emploi, et à beaucoup de gens cela paraît impossible à exécuter sans que leur leurs champs en soient apauvris.

§ 923.

Pour amender les prairies, on peut se servir des mêmes engrais que pour les champs, cependant il en est qui sont particulièrement propres à ces premières.

Quelquefois, quoique pas fréquemment, on donne aux prairies du fumier d'étable frais; dans ce cas il faut le charrier et l'épandre avant l'hiver ou au premier printems, afin que ses parties solubles puissent être entraînées par l'eau des pluies, et communiquées au sol de la prairie. Cette espèce d'engrais n'est donc applicable qu'aux prairies sèches, qui permettent qu'on y fasse les charrois dans ces deux saisons. Lorsque le tems est sec, on amasse alors avec la râteau, la paille qui n'est pas décomposée, et l'on s'en sert de nouveau pour litière.

Mais, pour amender les prairies, on emploie plus fréquemment le fumier consommé, surtout celui qu'on a amassé dans les cours rustiques et sur les chemins, et qu'on a mêlé avec de la terre. En effet, cette espèce d'engrais, à cause des semences de mauvaises herbes qu'elle recèle, est moins convenable pour les terres arables. On y joint les dépouilles et ordures de toutes espèces, les balayures des maisons, la sciure de bois, les poils, et, en général, le déblai des cours et bâtimens. La poussière des grains, les balayures des aires et des fenils sont aussi destinés aux prairies, parce que, sur les champs, ils produiraient trop de mauvaises herbes.

Outre cela, on destine principalement à l'amendement des prairies, les *liziers*, urines, ou engrais liquides, qui s'écoulent immédiatement des écuries ou, en tems de pluie, des tas de fumier, et surtout les égouts des étables à porcs, que l'on recueille ordinairement dans des réservoirs particuliers. Ce

---

quatre ans, environ, durant lesquels son effet paraît se prolonger. Beaucoup de gens auront de la disposition à critiquer cette note, mais je les prie de vouloir auparavant s'éclairer par des essais et des expériences suivies, tels que je les ai faits avant d'oser émettre mon opinion à ce sujet. TRAD.

genre d'engrais est très-efficace, il doit être consacré surtout aux prairies qui sont rapprochées des bâtimens d'économie. Quelquefois un ruisseau voisin ou un canal établi à cet effet, qui recueille les eaux de pluie et les conduit sur une prairie rapprochée, fournit l'occasion d'y diriger ces engrais liquides, et, en les mêlant avec l'eau, de les étendre sur le pré.

Dans les lieux où l'on donne de l'importance et des soins à l'amendement des prairies, on forme un rempart de toutes ces matières, auxquelles on joint une forte proportion d'une terre convenable; au moyen de cela, on obtient une répartition plus égale de sucs, et un effet plus prompt et plus sensible.

Un autre engrais excellent pour les prairies, c'est le parc des bêtes à laine, qui, cependant, ne peut être appliqué qu'aux prairies sèches ou bien assainies, en automne et au printems. On n'a pas besoin de le donner très-fort; 400 brebis, pendant deux nuits, suffisent à un journal.

Les engrais mécaniques, ceux qui sont des agens de décomposition pour les substances nutritives contenues dans le sol, tels que la chaux, le plâtre, la marne, la cendre de tourbe et la cendre de savonnerie, cette matière si active, produisent un grand effet, surtout sur les prairies qui ne manquent pas d'humus, et qui ne sont pas trop humides. On n'en observe pas sur les prairies maigres ou humides, ce grand effet qu'ils opèrent sur les autres. Ils détruisent particulièrement la mousse, et favorisent sa prompte décomposition; c'est pour cela qu'ils produisent tant d'effet sur les prés qui ont beaucoup de mousse, lorsqu'on les a auparavant bien assainis.

Quelquefois on emploie ces substances seules, et le mieux est, alors, de les faire alterner avec des amendemens de fumier, ou bien on les mêle dans les tas de compost. Le plâtre et le résidu des salines produisent aussi un grand effet sur les prairies; surtout sur celles où il se trouve des plantes de trèfle, de vesces et de lotier; ils donnent à ces plantes l'avance sur toutes les autres. Il faut procéder avec circonspection, lorsqu'on veut amender les prairies avec de la chaux pure; cette chaux doit être épandue très-mince, à moins que la prairie ne soit couverte de mousse et de mauvaises herbes; dans ce dernier cas, on peut la donner en plus grande abondance, et dans son état de causticité, afin de détruire la mousse et ces mauvaises plantes.

§ 924.

Mais on obtient souvent un effet étonnant, de la terre qu'on charrie et épand sur les prairies, quelquefois lors même que cette terre n'aurait reçu aucune preparation; cet effet est sensible surtout lorsque la terre qu'on ajoute ainsi, se trouve appropriée au sol de la prairie.

On peut bonifier sensiblement les prairies marécageuses, spongieuses et fortement garnies de mousse, en y transportant et épandant du sable maigre. L'on a remarqué que des ensablemens accidentels avaient fait beaucoup de bien aux prairies de ce genre, après qu'on avait épandu le sable d'une manière égale à la surface du sol, et l'on a appris à imiter cet accident. Plus la prairie est spongieuse et humide, plus forte est la couche de sable qu'elle peut supporter, et lors même que celle-ci paraît étouffer tout à fait le gazon et les plantes, souvent ces plantes ne laissent pas de la percer l'année suivante, et d'y végéter plus touffues et en meilleures espèces qu'auparavant. Lorsque les prairies sont spongieuses, cette addition de sable ne les relève pas, souvent même elle les abaisse, au contraire : parce que le sable comprime la substance spongieuse, s'enfonce par sa propre pesanteur, et remplit les vides de la terre.

Il n'y a pas jusqu'aux prairies élevées, sur lesquelles il ne soit utile d'épandre une légère couche de sable, lorsque ces prairies sont fortement couvertes de mousse; parce que le sable détruit celle-ci, et favorise sa décomposition. Cependant, pour toutes les prairies dont le terrain est solide, une terre plus féconde produit encore plus d'avantage. Lorsqu'on pourra s'en procurer, elle sera toujours avantageuse aux prairies, parce qu'elle donne aux nœuds inférieurs des herbes, de la disposition à pousser de nouvelles racines et de nouveaux jets, et qu'ainsi elle fortifie et augmente les plantes.

> H. F. *Pohl* qualifie la méthode de transporter et épandre de la terre à la surface des prairies, de *rajeunissement des prés*, dans les *Annalen des Ackerbaues* Bd VI. S. 274; il a traité au long cette matière, dans un écrit intitulé. « *Das Verjüngen der Wiesen*, Leipsic 1810. » Cet ouvrage contient nombre d'autres observations judicieuses sur la culture des prairies.

Les prairies sèches tirent surtout avantage de l'espèce de terreau que l'on trouve dans les bas-fonds, lors même qu'il est naturellement acide; ainsi la terre marécageuse qu'on tire de la couche inférieure du sol, surtout lorsqu'on creuse des fossés, peut souvent être très-utile pour bonifier la partie élevée et sèche des mêmes prairies. Le mieux est de la mélanger avec de l'autre terre, surtout avec de la terre marneuse, et ensuite de l'épandre sur la prairie. Après elle, c'est des différentes espèces de marne qu'on peut retirer les avantages les plus frappans.

§ 925.

L'époque où l'on doit charrier les engrais sur les prairies, veut être fixée avec réflexion, elle doit être déterminée d'après les circonstances.

On ne doit fumer avant l'hiver que les seules prairies qui ne reçoivent d'inondation ni de la nature, ni de l'art, parce que, autrement, l'eau emmèneroit avec elle une grande partie des sucs fécondans que ces prairies auraient reçu du fumier. Si, cependant, dans de telles prairies, il se trouve des places élevées que l'eau n'atteigne pas, on y conduit, d'abord avant l'hiver, une forte quantité de fumier, soit pour les dédommager de ce qu'elles ne jouissent pas de l'eau, soit dans l'intention d'épandre ensuite, lorsque les eaux se seront retirées, l'excédent de ce fumier sur les places les plus basses.

Sur les prairies sèches, un amendement de fumier pailleux, donné avant l'hiver, a quelquefois produit un très-bon effet, parce que les particules du fumier entraient mieux en terre, et que cette couverture protégeait les plantes de ces prairies contre la gelée. Mais souvent aussi l'on a cru y voir des inconvéniens, parce que le long fumier fournit une retraite aux souris et aux insectes, et les attire; et aussi parce que cette couverture chaude, rend les plantes trop délicates au printems, hâte trop leur végétation, et, par-là leur rend d'autant plus nuisibles les gelées tardives qui surviennent après qu'on a enlevé le fumier. C'est par cette raison que plusieurs personnes préfèrent conduire au printems seulement, le fumier pailleux sur leurs prairies, et de l'y laisser jusqu'à ce que l'herbe pousse.

Mais le fumier consommé et le compost, veulent, sans aucun doute, être appliqués aux prairies élevées, dans l'arrière-automne, quoiqu'ils agissent encore suffisamment lors même qu'on ne les charrie qu'au printems.

Dans les prairies humides et inondées, il est difficile de charrier le fumier, non-seulement au moment où l'on voudrait le donner, mais encore au printems, parce que, dans cette saison, ces prairies sont encore trop mouillées; là il convient mieux de saisir le moment qui suit immédiatement la première récolte du foin. Les engrais ont alors le tems de se combiner assez avec le sol, pour que les eaux de l'hiver ne puissent pas les lui enlever; et en général l'expérience a démontré que les engrais charriés et appliqués dans cette saison, étaient les plus efficaces.

§ 926.

Quoique nous ayons déjà parlé fort au long des établissemeps pour l'arro-

sement des terres, il nous reste cependant à parler ici 'de l'application de ce
bienfait aux prairies. Nous distinguerons, comme nous l'avons fait plus haut,
les arrosemens par inondation, de ceux qui ont lieu par irrigation, et de
ceux qui s'éxécutent par le moyen des eaux qu'on fait refluer à la superficie
du sol. Car quoi qu'il y ait des prairies aux quelles ont peut donner ces trois
genres d'arrosement, à volonté, ce cas est cependant rare, et d'ailleurs, chacune
de ces trois méthodes a ses règles particulières.

§ 927.

L'arrosement par *Inondation* doit avoir lieu en automne et au commencement
du printems. Lorsque, en automne, l'on a retiré le bétail des prairies, on
examine soigneusement les digues, les canaux, et les écluses, et l'on en répare
les dommages. Ce qui demande l'attention la plus particulière, c'est les canaux
et raies d'écoulement, parce que le succès dépend de la promptitude avec la
quelle on peut ôter l'eau et faire égouter le sol, après l'avoir inondé, et
que, d'ailleurs, l'automne est la saison la plus commode pour curer les fossés.
On introduit alors l'eau sur la prairie, en aussi grande quantité, et en la
laissant élever autant que cela est possible; on l'y laisse séjourner pendant
le tems nécessaire pour que le sol en soit tout à fait imprégné. Lorsque l'eau
est fort élevée, elle opère quelque fois le régalement du sol, parce que le
battement des vagues, surtout par les tems d'ouragan, enlève les élévations
qui sont à la surface du sol. Si cependant on a donné l'eau de bonne heure,
ou s'il s'en suit une température extraordinairement chaude, il faut examiner
avec attention s'il n'y a point de signe de putréfaction; celle-ci est indiquée
par une écume qui se montre sur l'eau, au bord du rivage. Si cela est, il
faut laisser écouler l'eau avec toute la promptitude qui est possible, et faire
parfaitement égoutter la prairie. C'est seulement lorsqu'elle s'est complétement
essuyée, c'est-à-dire après un espace de deux ou trois semaines, qu'on peut
renouveller l'inondation.

Les opinions sont maintenant divisées sur cette question, si, en cas qu'il
survienne de la gelée, on doit laisser l'eau sur la prairie et permettre qu'elle
se couvre de glace, ou si l'on doit mettre cette prairie à sec. Le premier
parti a eu des avantages et des inconvéniens. Une légère couche de glace qui
est gelée jusques au sol, ne nuit en aucun cas. Mais lorsque la couche supérieure
de l'eau est gelée, et non l'inférieure, et qu'ainsi le sol de la prairie reste
mou, il peut, même en hiver, s'y mettre une putréfaction nuisible aux meilleures

plantes de prés. Ainsi donc, pour les prairies où l'inondation s'élève beaucoup, il vaut mieux, lorsque l'hiver arrive, laisser écouler l'eau.

Au printems alors, et aussitôt que la cessation du froid permet de hausser et baisser les écluses à volonté, l'on donne une forte inondation, afin de tirer parti de l'eau qui s'est imprégnée de parties fécondantes durant sa stagnation. Selon la température qu'il fait alors, on peut laisser séjourner cette eau 8, 12 et jusqu'à 14 jours ; cependant, encore plus qu'en automne, il faut veiller avec attention aux traces de putréfaction qui pourraient se montrer à la surface de l'eau, et, aussitôt qu'on les aperçoit, faire écouler cette eau. Lorsque la prairie est parfaitement essuyée, on donne alors une seconde inondation qui doit durer trois jours ; après que la terre s'est de nouveau égouttée, c'est le cas de donner la troisième inondation qui ne doit durer que deux jours, et puis la dernière qui ne doit durer qu'un jour. Aussitôt que l'herbe commence à s'élever, il faut cesser d'inonder la prairie. Cependant après qu'on a enlevé le premier foin, surtout si le tems est sec, on peut donner une nouvelle inondation, qui, alors, ne doit pas être prolongée au delà de deux jours. Pour ces inondations il faut, en général, porter son attention sur la nature du sol et l'état de la température. Plus celui-là est perméable, plus longtems et plus fréquemment on peut donner l'inondation, et, au contraire, plus le terrain est argileux, et imperméable, moins souvent on doit l'inonder et moins long-tems il faut y laisser séjourner l'eau. Lorsque le tems est sec on doit répéter plus fréquemment l'inondation ; lorsqu'il est humide, on la donne à des époques moins rapprochées ; lorsqu'il fait froid on peut laisser séjourner l'eau plus long-tems, tandis que, lorsqu'il fait chaud, on doit au contraire se hâter de la faire écouler.

De même pour les inondations spontanées, pour celles qu'on n'a point à sa disposition, il faut, avant le moment où elles peuvent survenir, avoir soin de mettre en bon état les canaux et raies d'écoulement, tant ceux qui sont destinés à emmener les eaux de toute la prairie, que les raies qui recueillent l'eau de chacune des places les plus basses ; ce soin est essentiel, afin que l'eau que l'inondation laisse après elle, ne séjourne pas trop long-tems sur la prairie.

C'est une règle générale pour l'arrosement qui a lieu tant par inondation que par irrigation, qu'il ne faut pas introduire l'eau sur les prairies, durant la partie chaude de la journée, mais seulement vers le soir, ou le matin de bonne heure, sans quoi cet arrosement pourrait facilement devenir nuisible.

Après une gelée blanche, ou une température très froide qui, au printems, suivrait des jours très-chauds, un arrosement est particulièrement avantageux, il répare le mal que ce froid fait ordinairement à l'herbe.

§ 928.

Pour l'*Irrigation* il faut observer ce qui suit.

Si la prairie a été paturée en automne, et que le bétail soit rentré dans les étables, on se hâte de réparer les raies et les rigoles que les bêtes ont gâtées avec les pieds, afin de pouvoir donner un arrosement égal à toutes les parties de la prairie. A l'aide de gazons qu'on place dans les rigoles, quelquefois aussi en relevant les bords de celles-ci avec des bandes de gazon, l'on retient l'eau çà et là, et on la force à se jetter à d'autres places ; à ces fins on introduit l'eau sur la prairie afin d'observer son cours ; car la pression des pieds du bétail au pâturage, a toujours apporté quelque dérangement à ce cours.

Alors on donne une irrigation abondante et continue, afin que le sol se sature d'eau, se raffermisse et devienne plus compacte. Après huit ou quinze jours, on laisse essuyer la prairie, afin que le sol n'en perde pas trop sa consistance ; puis on lui donne l'eau à nouveau. Quoique, en automne, on ne puisse guères pousser trop loin l'irrigation, cependant il est toujours convenable de laisser essuyer le terrain alternativement et de place en place, lors même que l'on aurait assez d'eau pour la donner d'une manière continue à toute la prairie ; circonstance rare, surtout lorsque l'étendue de cette prairie est très-grande. Si l'on n'a pas cette quantité d'eau, l'on se trouve bien forcé d'ôter l'eau à quelque partie de la surface, lorsqu'il s'agit de la donner à une autre.

Lors même que la gelée surprendrait une prairie soumise à l'irrigation, et que celle-ci se couvrirait de glace, cela ne lui ferait aucun mal ; d'ailleurs l'eau qui coule sans interruption ne se gèle pas facilement.

Lorsque la glace ou la neige fondent, il faut tâcher que les écluses puissent s'ouvrir promptement, afin de donner une prompte issue aux eaux, qui, sans cette précaution pourraient facilement occasionner des déchiremens et d'autres dommages. Mais aussitôt que les circonstances le permettent, il faut arrêter ces eaux sur la prairie, afin qu'elles y déposent le limon et les substances fécondantes que, alors, elles charrient ordinairement avec elles. Le premier des arrosemens qu'on donne au printems, peut durer 15 jours et plus, ensuite il faut laisser la prairie à sec pendant 8 jours au moins, après quoi l'on peut recommencer l'irrigation, mais pour moins de tems.

Lorsque la prairie commence un peu à verdoyer, ce qui ordinairement a lieu de bonne heure, quand il s'y trouve des sources d'eau chaude, et si la température est un peu réchauffée, on laisse de nouveau la prairie, s'essuyer complétement, et l'on profite de ce moment pour visiter et réparer de nouveau les rigoles et les raies d'irrigation. L'on conduit alors, sur la prairie, des brebis nourrices, aux quelles ce pâturage est particulièrement utile, en augmentant leur lait plus que ne le ferait aucune autre nourriture. Dans plusieurs contrées d'Angleterre l'on croit que le succès de l'économie des bêtes à laine repose essentiellement sur les prairies qui jouissent de l'irrigation, et des expériences sans nombre ont prouvé, que le pâturage sur des prairies qui ont reçu ce genre d'arrosement, mais qu'on a ensuite laissées convenablement essuier, n'est en aucune manière désavantageuse aux bêtes à laine, et que l'eau croupissante, seulement, leur est nuisible.

Alors on continue l'irrigation, en ne la prolongeant cependant pas consécutivement au-delà de trois à quatre jours. À mesure que la température se réchauffe, les arrosemens doivent être abrégés, jusqu'à ce qu'on les borne à une nuit. Pour cela, on se dirige d'après l'humidité de la prairie ; si le terrain est sablonneux et perméable, et que la température ne soit pas très-humide, on peut répéter l'irrigation la quatrième nuit après celle où elle a eu lieu, et continuer ainsi jusqu'à ce que l'herbe soit en fleurs et doive être fauchée. L'herbe d'une prairie soumise à l'irrigation, doit toujours être maintenue ferme et fraîche par le moyen de l'eau ; si une seule fois on la laissait flétrir, des plantes ainsi accoutumées à l'humidité, en souffriraient plus que les autres, la végétation en serait interrompue, et elle ne se remettrait plus que difficilement.

Pour l'arrosement, il est d'une grande importance de demeurer dans une juste mesure. Il ne faut pas répéter l'arrosement, jusqu'à ce que le sol soit parfaitement essuyé ; mais aussi ne faut-il pas le différer jusqu'à ce que les plantes commencent à souffrir de la sécheresse. Aussi les prairies arrosées par irrigation demandent elles, plus que toute autre, une attention suivie, et dans les grands établissemens, il faut la confier à un valet particulier, qui, alors, opère les petites réparations indispensables et faciles, dont les prairies peuvent avoir besoin.

Immédiatement après qu'on a serré le premier foin, on recommence l'irrigation, et, les premières fois, on la continue pendant quelques jours, puis on la renouvelle, pendant la nuit seulement, lorsque le besoin l'indique.

§. 929.

Beaucoup de gens recommandent avec instance de nettoyer les prairies des herbes nuisibles, et pour cet effet de leur donner un sarclage et de faire arracher ces plantes. Mais si seulement on donne aux prairies les autres soins dont elles ont besoin, les mauvaises herbes ne sont pas de grande conséquence ; sur celles de ces prairies que l'on fauche deux fois par année, la plus grande partie des mauvaises herbes périssent et disparaissent, à la suite de ces deux coupes. En revanche, dans les prairies qu'on ne fauche qu'une fois, les mauvaises herbes ont le tems de faire leur crue, surtout lors que ce sont des espèces que le bétail ne touche, ni au pâturage de printems, ni à celui d'automne. Il est des mauvaises herbes que le pâturage de printems détruit complétement, par exemple, la *Crête de coq*, Rhinantus cristagalli, dont, sans cela, la graine mûrit déjà avant qu'on fauche la première coupe des foins. Les chardons disparaissent lorsqu'on les fauche deux fois, et lorsque la faux les atteint, pour la première fois, avant qu'ils mettent la fleur, ils donnent un bon fourrage.

Les plantes aquatiques sont dissipées par l'assainissement de la prairie, et ne peuvent être détruites que par ce moyen. Le *Tussilage* ou *Pas d'ane* seul, qui fleurit de bonne heure et couvre le sol avec ses larges feuilles, veut être arraché, lorsqu'il se trouve dans des prairies dont le sol est glaiseux. Si on l'arrache à réitérées fois, il disparaît, lors même qu'on n'obtient pas toutes ses racines.

Lorsqu'on fauche, il faut surtout donner son attention à ce que, aux bords des prairies, le long des fossés et des haies, tout soit parfaitement coupé et que cela se fasse avec la faucille ou des couteaux, lorsque cela ne peut pas bien être accompli avec la faulx. Sans cela il s'y forme une pépinière de mauvaises herbes, et souvent de plantes vénéneuses et corrosives.

Il faut empêcher qu'il ne pousse des drageons auprès des haies, et que les racines ne s'étendent trop. Si l'on fauche deux fois, par année, les drageons qui poussent et se multiplient dans la prairie, ils ne prendront pas de force, au contraire, ils périront bientôt. Mais si on les a laissé croître une année entière, la faux ne pourra plus les dompter, et ils se propageront de plus en plus. Il convient de les couper très-près de terre, ou même un peu plus bas, cependant il n'est pas nécessaire de les arracher avec toutes leurs racines, ce qui est très-difficile. Si l'on a soin de bien couper toutes les jeunes pousses, les racines périssent enfin d'elles-mêmes.

§. 930.

L'on a, presque généralement, condamné l'usage de pâturer les prairies, comme désavantageux et nuisible, et plusieurs cultivateurs ont, en conséquence, fait le sacrifice de cet important revenu. L'horreur qu'on a du pâturage provient sûrement de l'abus qu'on en a fait et de la mauvaise manière d'en profiter qui doit avoir lieu, toutes les fois que l'usage en est abandonné à d'autres qu'au propriétaire du fonds. Alors en effet on n'observe pas une juste mesure, on ne considère point les tems, et l'on ne choisit pas l'espèce de bétail qui serait la plus convenable. Si, au contraire, c'est le propriétaire qui a l'usage du pâturage, et qu'il n'y ait recours qu'au printems et en automne, non-seulement ce pâturage ne paraîtra pas nuisible, mais, au contraire, il sera jugé avantageux; si du moins on prend aussi la qualité du foin en considération; parce que, au pâturage de printems en particulier, le bétail se nourrit et profite des plantes hatives, qui, si elles devaient attendre le moment où on fauche le premier foin, seraient converties en paille, et auraient laissé tomber leur semence sur la prairie. Tout au moins ces plantes deviennent-elles dures et insipides, et ne donnent-elles au bétail que du dégoût; tandis que, jeunes et tendres, elles lui eussent parfaitement convenu, outre que, dans leur végétation, elles n'eussent pas entravé celle d'herbes d'une meilleure qualité.

Ordinairement le pâturage de printems doit être réservé pour les bêtes à laine, bien entendu cependant qu'il s'agisse de prairies convenablement essuyées et assainies, puisque les prairies marécageuses, dont l'herbe est encore salie de limon, sont toujours nuisibles à cette espèce de bétail, quoique cependant, moins au printems qu'en automne. Mais lorsque les prairies ont été bien assainies, l'usage de ce pâturage précoce est fortement à rechercher, et d'une grande valeur pour les brebis nourrices, auxquelles il donne un lait très-abondant, en telle sorte que rien ne favorise tant un troupeau de bêtes à laine, qu'un tel pâturage. Ces bêtes broûtent l'herbe d'une manière uniforme, et lui font ainsi pousser plus de racines, elles retardent les plantes qui croissent en touffes avant les autres, et rendent à la prairie, par leurs excrémens, plus qu'elles ne lui ôtent de sucs. On prétend aussi qu'elles chassent divers insectes. La pression de leurs pieds, et même leur piétinement, est plutôt avantageux aux plantes, qu'il ne leur est nuisible. Cependant il est sous entendu qu'il faut mettre à ce pâturage des bornes, qui sont déterminées par le plus ou moins d'avance que la température a donnée à la végétation. Si le printems est chaud, le pâturage de la prairie doit être fermé aux bêtes à laine dès le 20 avril (*dans la partie septentrionale de l'Allemagne*), ou du moins au commencement de mai; à moins que la température ne soit froide, et que l'herbe ne pousse que faiblement; dans ce cas on peut prolonger le pâturage jusqu'au 10 mai *.

On ne saurait conseiller de faire pâturer du bétail à cornes au printems sur les prairies, qu'autant que celles-ci seraient entièrement sèches et solides, en sorte que les pieds des animaux n'y laissassent aucune trace, et que d'ailleurs

---

* Dans le climat tempéré de la France, ce serait un mois de trop; il ne faut pas prolonger le pâturage sur les prairies au-delà du terme des dernières gelées. TRAD.

on aurait soin d'épandre immédiatement les excrémens que ces bêtes déposeraient sur le sol ; autrement ce pâturage ne pourrait qu'être nuisible.

En revanche le bétail à cornes doit avoir le pâturage d'automne, celui qui suit les seconds foins ; parce que, dans cette saison, le pâturage des prairies peut, très-facilement, donner la cachexie aqueuse aux bêtes à laine, pour lesquelles, dans cette saison, on a d'ailleurs assez d'autres pacages. Cette nouvelle pousse d'herbe, qui, dans plusieurs prairies, n'est jamais plus forte que dans cette partie de l'année, est très-avantageuse au gros bétail ; elle donne aux vaches une augmentation de lait très-sensible. A cette époque l'on n'a rien à redouter des empreintes que les pieds du bétail laissent sur le sol ; parce que, au printems, même sur les terrains spongieux et mous, ces empreintes s'effacent et ne paraissent plus *. Les engrais que le pâturage laisse dans les prairies leur sont aussi d'un grand avantage, surtout lorsque l'on a soin de diviser et épandre les excrémens des animaux, travail très-léger, qui doit être imposé au berger. Le bétail à cornes trouve, souvent jusqu'à la fin de novembre, une bonne nourriture sur ces pâturages.

Les Anglais, comme l'on sait, tiennent si fort à faire pâturer les prairies qui leur appartiennent en propre, qu'ordinairement ils n'en tirent qu'une seule récolte de foin ; qu'ils prolongent le pâturage de printems pour les bêtes à laine, et, bientôt après la récolte du premier foin, mettent les bêtes à cornes dans les prairies. On trouve le même genre d'économie établi dans différentes contrées basses, où l'entretien du bétail forme le principal de l'industrie rurale. Dans ces contrées, souvent on attribue, à chaque pièce de bétail, une certaine étendue de terrain en herbages, tant pour pâturage, que pour la quantité de foin qui doit faire sa nourriture d'hiver. Pour cet effet, on partage en deux parties les prairies attribuées à un troupeau, on en laisse une en réserve dès le printems, jusqu'à ce qu'elle puisse être fauchée ; alors on ôte le bétail de la seconde partie, où jusque là il avait pâturé, et on l'introduit sur la partie fauchée, où il prend sa nourriture, tandis que la seconde partie est en végétation et fournit à son tour une récolte de fourrage.

Tous les essais comparatifs qui ont été faits, prouvent que, par ce moyen, les prairies demeurent en meilleur état que lorsqu'on les fauche deux fois. L'herbe y devient et plus fine et plus épaisse, l'on n'y voit plus de tiges dures, ni de mauvaises herbes ; ces prairies demeurent suffisamment amendées, de

---

* Peut-être dans les contrées où la gelée est excessive ; ailleurs ces empreintes demeurent. T.

sorte que ce procédé est assurément recommandable dans certaines circonstances de localité, quoique, dans d'autres, on trouve plus d'avantage à se procurer deux coupes de fourrage.

La raison et l'expérience ne permettent pas de contester que les prairies ne soient plus appauvries par le fauchage et la récolte du foin, que par le pâturage; qu'une seconde coupe de fourrage veuille être remplacée par des engrais, et qu'en revanche, la consommation de l'herbe sur place, au pâturage, ne maintienne la prairie dans un état de fécondité : et quoique l'on trouve dans les annales de basse Saxe l'opinion opposée, soutenue à l'occasion d'une question de droit, cette opinion a été suffisamment combattue dans le même journal.

§ 931.

On a trouvé avantageux de faire pâturer les prairies et de n'en pas exiger des récoltes de foin, à tel point que, surtout en Angleterre, on a consacré des prés, souvent une année entière, au pâturage, sans les faucher. Diverses observations que j'ai eu l'occasion de faire, sur des prairies qui avaient été pâturées, ne me permettent pas de recommander ce procédé, d'une manière absolue. Car, d'entre les herbes destinées à la faux, celles qui atteignent une plus grande hauteur, m'ont paru ne pas supporter d'être continuellement ravalées par la dent du bétail, mais, au contraire, se perdre, lorsqu'elles y sont soumises pendant un long espace de tems. Une place pâturée, lorsqu'on la laisse en pleine végétation comme prairie, donne une herbe épaisse à la vérité, mais courte. Si le sol est assez riche pour que, même les espèces d'herbages qui demeurent courtes, donnent cependant assez sous la faulx, il peut être avantageux d'alterner de cette manière ; autrement il me paraîtrait dangereux de laisser une prairie sans interruption en pâturage, durant une année entière, ou pendant un tems plus long.

§ 932.

On distingue souvent les prairies en prairies de *une*, *deux* ou *trois* coupes, et les premières en *prairies hâtives* et *prairies tardives*. Mais cette distinction repose ou sur la culture, ou assez ordinairement sur des circonstances de droit. Car au moyen de la culture et de la propriété absolue, toutes les prairies qu'on ne fauche qu'une fois, sont susceptibles de donner deux coupes. Les droits qui limitent ainsi la propriété, reposent sur les prairies que, en général, on a considéré, plus long-tems que les terres arables, comme un bien communal; ils sont tellement peu en rapport avec l'état actuel de l'agriculture, que, partout où l'on pense à ce qui peut avancer le bien-être national, on cherche à les modifier, ou à en favoriser la mutation, à l'avantage de tous les intéressés.

RÉCOLTE DES FOINS.

§ 933.

Cette récolte est une des affaires les plus importantes des cultivateurs; son exécution exige l'attention la plus soutenue et l'activité la plus grande.

L'époque précise où cette récolte doit avoir lieu ne saurait être fixée d'après le calendrier, comme beaucoup de gens prétendent le faire. Cette époque ne dépend pas seulement de la nature de la prairie et des herbages dont elle est composée; mais aussi de la température de l'année. L'on doit avoir pour règle, de faucher lorsque la plupart des plantes ont développé leur panicule et commencent à fleurir. Car si l'on fauchait plutôt, on perdrait de la quantité, et plus tard, de la qualité du foin; il faut, sans contredit, juger à quelle de ces deux considérations on veut sacrifier, suivant que l'on veut employer soi-même son fourrage, ou qu'on se propose de le vendre. Lorsque les prairies doivent être fauchées deux ou trois fois, on trouve encore cet avantage à faucher de bonne heure le premier foin, que le second et le troisième, ont plus de tems pour végéter, et que la seconde coupe arrivant de meilleure heure, la troisième se trouve plus abondante; aussi dans les lieux où l'on compte surtout sur le regain, se hâte-t-on de faucher le premier foin.

Mais ce degré de maturité auquel l'herbe doit être fauchée arrive à des époques très-différentes, selon que l'année a été plus ou moins hative. Un printems chaud et pluvieux l'amènera trois semaines plus tôt qu'un printems froid et sec. Souvent les herbes longues sont déjà grandes et élevées, que les courtes sont encore tellement en arrière, qu'à peine la faux pourrait les atteindre, alors il faut voir quelles sont celles qui méritent le plus d'attention. A la vérité les herbes les plus courtes, si elles demeurent en arrière pour la première coupe, devront pousser avec d'autant plus de vigueur pour la seconde; cependant, si la température est défavorable et sèche, le contraire peut se réaliser, en-sorte que ces herbes resteraient d'autant plus en arrière, qu'elles auraient été offensées à leur sommet, et qu'elles auraient perdu leur couverture. Si les herbes inférieures ont souffert de la gelée dans leur partie supérieure, il vaut mieux faucher, pour leur faire pousser de nouvelles feuilles. Lorsque les herbes in-férieures ont été retardées dans leur végétation par la sécheresse, et qu'il sur-vient un tems pluvieux, on peut espérer qu'elles croîtront plus rapidement, si on les a laissées en pied.

En général, la température a une grande influence sur la récolte des foins. Quelque vagues que soient les données que nous avons sur les signes de température et les règles que l'on en fait découler, et quoique, le plus souvent, ces données reposent sur des préjugés, on sait cependant que, pour l'ordinaire, il s'opère un changement dans la température au soltice d'été, vers le 21 juin. Si jusqu'alors la première partie de l'été a été sèche, le plus souvent la seconde est pluvieuse pendant deux autres semaines. Si, au contraire, durant cette première saison la température a été pluvieuse, ou si cette période de pluie a eu lieu plutôt et est écoulée, et si le tems parait s'éclaircir, on peut s'attendre à une température favorable. C'est pourquoi ceux qui, dans le premier cas, se sont hâtés de faucher les prairies printanières et chaudes, ont pris le meilleur parti, lors même que les herbes inférieures n'avaient pas encore fait leur crue, parce que ces herbes poussent ensuite avec plus de vigueur, par la température humide qui survient. Mais si l'on ne peut pas dévancer cette période de pluies, il faut l'attendre, et différer de faucher, jusqu'à ce qu'on voie de la probabilité à ce que la température se tourne au sec. Lorsque le tems est ainsi humide et frais, l'herbe n'atteint pas facilement une maturité excessive. On ne doit donc se résoudre à faucher, que lorsqu'on a ainsi pesé avec réflexion toutes les circonstances, et la nature de la prairie.

§ 934.

Le fauchage exige une attention toute particulière ; il importe de faucher aussi près de terre et d'une manière aussi unie que cela est possible, sans cependant atteindre le collet des plantes, et sans offenser la croûte de gazon. Cela ne peut se faire ainsi, que dans des prairies unies et exemptes de pierres. Mais, sur celles-ci, on peut l'exiger des faucheurs, et il faut chercher à conserver ceux qui le font. Cela s'obtient rarement avec des faux très-longues et lorsque le faucheur prend des andains très-larges, et quoique ceux-ci accélèrent beaucoup l'ouvrage, on doit leur préférer un andain étroit, lorsqu'il est coupé près de terre et d'une manière parfaitement égale ; car, non-seulement la différence est grande pour l'abondance de la récolte, lorsqu'on a fauché très-près de terre, parce que la quantité d'herbe va en augmentant à mesure qu'on se rapproche du sol ; mais encore, selon que nous l'enseigne l'expérience, il est plus avantageux à la nouvelle pousse, que la plante ait été fauchée très-près de terre, que si elle eût conservé un chaume élevé et inégal.

Comme, en faisant exécuter l'ouvrage à la journée, on peut mieux assujettir les ouvriers à faucher de cette manière, que lorsqu'ils travaillent à la tâche, j'envisage cette première méthode comme préférable pour cette opération, à moins qu'on ne puisse se promettre également ce résultat

des entrepreneurs auxquels on confierait un tel travail à prix fait. Le travail a
la journée a aussi cet avantage, qu'on peut alors employer les ouvriers, alternativement et selon que les circonstances le demandent, soit à faucher, soit
à faner.

Lorsque le terrain est uni, un ouvrier peut très bien faucher un journal et
demi par jour. Des ouvriers habiles, qui travaillent à la tâche, en expédient
sans doute davantage, et même le double, mais, dans ce dernier cas, ils ne le font
sûrement pas bien.

§ 935.

Il y a différentes manières de préparer le foin, elles dépendent tant de l'espèce de fourrage que l'on a en vue, que de la température qu'on rencontre.

On distingue le foin en *vert* et *brun*.

Le *foin vert* devient d'autant plus parfait, que l'on ouvre et éparpille plus
promptement l'herbe après qu'elle a été fauchée, afin de l'exposer par une température sèche à l'air et aux rayons du soleil, et qu'en revanche on la protège
contre l'humidité, et particulièrement contre la rosée, en l'amassant et la réunissant, et qu'ainsi on la conduit, avec plus de promptitude, à sa dessication
complète. Aussitôt donc, que la rosée est essuyée, et si le tems est favorable,
il faut éparpiller l'herbe des andains qui ont été fauchés dès le grand matin
jusqu'à neuf heures, et avoir soin de la bien diviser, de sorte qu'il n'en reste
aucune partie en paquets. Dès que l'on a fini ce travail, on retourne ce
qui a été épandu le premier, ou bien on le remue avec le râteau ; après midi
l'on répète cette opération ; vers les quatre heures on met le fourrage en grands
andains, ou *rouets*, et, avant le coucher du soleil, en petits monceaux. Le second
jour, lorsque la rosée est dissipée, l'on étend de nouveau le foin de ces monceaux, de manière qu'il forme des couches de une et demi ou deux perches
carrées ; de l'un de ces lits de foin à l'autre, on laisse un espace vacant, qui
fournisse le moyen de retourner le fourrage, soit contre le haut, soit contre
le bas de la prairie, dans les deux fois qu'on doit le remuer ; vers le soir,
on le met de nouveau en andains, mais doubles (*rouets*), formés par deux personnes,
qui amassent avec le râteau, de deux directions différentes. Avant le coucher du
soleil on met de nouveau le foin en tas, mais ces tas doivent être deux ou trois fois
plus grands que ceux de la veille. Le troisième jour, on le traite de la même manière, et si le tems est favorable, ce foin sera assez sec pour qu'on puisse le réunir
en grands tas pour le charger et l'y laisser jusqu'à ce qu'on le serre. Si, dans ces
tas, il se montrait encore de l'humidité, on les ouvre et l'on étend encore une fois

le foin avant de le charger, mais beaucoup plus épais, et seulement afin que l'humidité s'en évapore.

Quant à l'herbe qui a été fauchée dès les premières heures de la matinée, on la laisse en andains jusqu'au lendemain, où l'on commence à la traiter par les mêmes procédés que celle ci-dessus. Chaque matin on commence par éparpiller l'herbe récemment fauchée, puis l'on va étendre celle des tas, d'abord des petits, puis des grands, et l'on fait ensuite alterner le travail, des uns aux autres, dans l'ordre convenable. Chaque jour le travail augmente, et avec lui le besoin de bras, jusqu'à ce qu'une partie du foin ait été serrée dans le fenil ou en meule.

Le foin préparé de cette manière conserve sa couleur verte, son odeur aromatique et presque toutes ses parties utiles; il ne perd que ses parties aqueuses et ne commence point à fermenter. Pour en préparer de tel, il faut un nombre de personnes proportionnément considérable. Mais si l'on peut se procurer ces ouvriers, et que la température ne soit pas défavorable, l'on gagne en promptitude, ce que l'on ajoute en main-d'œuvre, et les frais s'élèveront à peu de chose de plus que si l'on eût préparé ce foin d'une manière plus imparfaite et avec négligence.

D'autres cultivateurs laissent l'herbe qu'ils ont fauchée, deux et même trois jours en andains avant de commencer à la travailler. De cette manière ils épargnent, sans contredit, quelque main-d'œuvre, parce que l'herbe qui s'est déjà fannée dans les andains, sèche promptement : mais ce foin ne demeure pas aussi vert.

§. 936.

Lorsque le tems est pluvieux, humide et très-incertain, l'on est obligé de renoncer à cette manière prompte de préparer le foin. Dans ce cas, l'essentiel est de tenir le foin aussi réuni que cela est possible, afin que l'humidité ne lui enlève pas ses sucs ; mais en même-tems de lui donner assez d'air et de le remuer assez dans les momens où la température est sèche, pour qu'il n'entre pas en fermentation.

Aussi long-tems que l'herbe est encore verte, qu'elle a conservé ses propres sucs et en quelque façon sa vie, l'humidité qui tombe de l'atmosphère ne la détériore guères, et lorsqu'il survient une pluie après qu'on a fauché, ou même lorsqu'on a fauché par la pluie, en attendant que le tems se mit au beau, on laisse l'herbe en andains sans la remuer, jusqu'à ce que la température se soit améliorée ; seulement, lorsque l'herbe a été trop serrée par l'humidité, on la soulève légèrement avec le manche du râteau, et alors elle peut demeurer long-tems dans cet état, sans perdre de sa qualité, pourvu seulement qu'elle ne se trouve pas dans une eau croupissante. Dans ces cas là il faut, autant que cela est possible, enlever l'herbe des places basses pour la mettre sur les plus élevées. La pluie est beaucoup plus nuisible au foin qui a perdu sa vie, et qui est à moitié sec; l'humidité lui enlève réellement de ses parties nutritives. Aussi faut-il donner tous ses soins à ce que la pluie n'atteigne aucun foin qui soit épandu sur le sol, et, aussitôt qu'on est menacé de quelque ondée, amasser tout le fourrage, afin de mettre en monceau la partie qui en est la plus sèche. Lorsque le foin est en monceau, il peut supporter une pluie durable, sans perdre beaucoup de sa qualité, surtout s'il ne fait pas chaud. La partie supérieure, seulement, pâlit et perd sa saveur, l'intérieur du monceau demeure vert et conserve ses sucs, et lorsqu'on l'étend sur le terrain par un jour sec, ce jour lui suffit souvent pour être mis en état d'être serré, au cas qu'on redoute encore la pluie.

Lorsque la pluie dure très-long-tems sans interruption, il faut, de tems en tems, donner de l'air aux monceaux, et faire attention que le foin ne s'y échauffe pas. Si cependant, dans une telle circonstance, le foin venait à s'échauffer, parce que la température serait élevée, il n'y aurait rien de mieux à faire que de traiter ce foin à moitié sec, d'après la méthode de Klapmeyer, dont nous parlerons à l'occasion de la récolte du trèfle ; ainsi de le réunir en grandes meules, et de l'y laisser s'échauffer d'une manière égale, puis de l'épandre, et lors qu'il aurait été essuyé par l'air, de le rassembler de nouveau. Si une fois il est entré en chaleur, il ne le fera pas une autre fois ; à la vérité il changera de couleur et d'odeur, mais il ne moisira point, et ne contractera pas une odeur désagréable ; il sera toujours propre à la nourriture du bétail. L'on comprend, du reste, que cette méthode ne doit être appliquée au foin des prairies naturelles, qu'en cas de nécessité.

§ 957.

Il est une autre méthode pour faire du foin verd, avec une grande épargne de travail ; cette méthode qui, quoique peu usitée, est cependant fort recommandée, consiste au procédé que je vais décrire.

Aussitôt que l'herbe est entièrement essuyée, on la met, encore verte, en monceaux étroits, mais aussi hauts que cela est possible ; et pour empêcher que ces monceaux ne s'écroulent, on plante en terre une petite perche, autour

de laquelle on arrange l'herbe avec les mains. On prend alors dans un andain
une poignée d'herbe, en choisissant la plus longue et la plus forte , et on en
couvre la sommité du monceau, en ayant soin de tourner les épis de l'herbe du
côté inférieur. On laisse séjourner ainsi l'herbe , dans ces tas pyramidaux , jusqu'à ce qu'elle soit complétement sèche, ce qu'elle atteint en huit, et souvent
seulement en quinze jours , le foin conservant dans l'intérieur toute sa couleur
verte. J'ai vu l'herbe mise en tas plus considérable, par un tems sec et un peu
venteux, se sécher assez promptement , sans avoir été remuée, et demeurer
parfaitement verte; à plus forte raison doit-elle atteindre ce but , dans des monceaux ainsi étroits. Une pluie passagère ne lui ferait également pas de mal ,
seulement elle ôterait un peu la couleur à la partie extérieure ; mais si la pluie
durait long-tems, ces monceaux pourraient fort bien se serrer trop , en telle
sorte que , pour éviter que le foin ne prit un mauvais goût , l'on serait réduit à
défaire le monceau pour remuer ce foin.

§. 938.

Il y a quelques prairies, dont la plus grande partie des herbes, pour n'être
pas nuisibles au bétail , pour lui devenir plus agréables et plus profitables ,
veulent être exposées à l'air et à la pluie, durant un court espace de tems. C'est
le cas de toutes les herbes grossières et dures, non-seulement des *Carex* et des
Joncs, mais aussi de la *Canche,* Aira cerulea, cette plante qu'on aime à voir
dans les bas fonds humides. On a observé que le bétail qu'on en nourrissait,
perdait ses forces, lorsqu'on avait négligé cette précaution en faisant la
récolte du foin. Ordinairement on laisse ce foin étendu pendant cinq à six
semaines, afin qu'il reçoive la pluie à réitérées fois.

§. 939.

Pour faire du *foin brun,* après avoir fauché, on laisse l'herbe un ou deux jours en
andains, et si le tems est mauvais, plus long-tems encore ; puis , lorsqu'elle est
essuyée, on la secoue et la retourne,après quoi on la met d'abord en petits monceaux;
lors qu'elle a séjourné là pendant quelques jours, on unit ces monceaux
ensemble , pour en former de plus grands. Après que le foin a demeuré dans
cet état pendant encore quelques jours, on le met en meules, en ayant soin
de le bien serrer. Là, il s'échauffe, entre en sueur, puis s'essuie et devient semblable à un bloc de tourbe. Dans cette préparation, il ne faut point se laisser
tenter de donner de l'air au foin et de le soulever, tout au contraire il faut le tenir
serré , afin d'empêcher que l'air n'y entre ; car, là où celui-ci pénètre , il établit
de la putréfaction et de la moisissure. Ce foin brun que , cependant, on place

rarement dans le fenil, mais plutôt en meules, doit ensuite être coupé avec des couteaux, avec une bêche tranchante, ou même avec une hache. Dans plusieurs contrées on a beaucoup de propension pour ce *foin brun ;* on prétend qu'il convient mieux au bétail que le foin *vert.* On en appelle à des expériences faites avec du foin vert et qui ne sont en aucune manière à l'avantage de ce dernier. Mais si l'on examine les choses de plus près, on trouve que, dans les lieux où l'on connaît la méthode du foin brun, ce foin vert a été préparé d'une manière très-imparfaite; et il est incontestable que le foin brun est préférable au foin vert qui a été mal soigné, et qui a perdu sa saveur. D'après d'autres observations, le bon foin vert a d'ailleurs été jugé plus profitable et plus avantageux, soit aux chevaux, soit aux bêtes à laine, soit aux vaches à lait; c'est aux bœufs qui sont à l'engrais, seulement, que le brun a paru convenir mieux.

Ce que, en théorie, l'on a dit pour et contre le foin brun, repose sur des suppositions trop vagues, pour que cette question puisse être décidée d'après elles. Des essais comparatifs et des expériences sur l'effet que produisent l'un et l'autre de ces foins, peuvent, seuls, donner la solution de ce problème.

§ 940.

Afin de diminuer la main-d'œuvre du fanage, sur des prairies d'une grande étendue, l'on a inventé divers instrumens, à l'aide desquels cet ouvrage peut, en partie, être exécuté par des chevaux.

Pour retourner le foin et le soumettre à l'action de l'air, on se sert d'une herse que *Bloys de Treslong* décrit dans les actes de la Société de Rotterdam, vol. II, 88; cette herse est composée de deux pièces de bois longues chacune de neuf pieds, et dont chacune a sept longues dents, de bois ou de fer; ces pièces de bois sont unies par trois traverses, et éloignées l'une de l'autre de quatre pieds quatre pouces. On y attèle un cheval que le conducteur monte, et on la fait passer dans des directions régulières sur la prairie, pour remuer et retourner le foin. On comprend que, pour cela, il faut que le tems soit beau, sec et venteux. Dans ce cas on peut bien croire, que le foin n'en sèche pas moins promptement, quoiqu'il coûte moins de main-d'œuvre; cependant il faudra bien encore un homme pour suivre la herse, afin de la soulever lorsque le foin s'amassera entre ses dents.

Pour amasser le foin en grands andains, on peut avoir recours au râteau à cheval dont on se sert ordinairement sur le chaume des blés, et pour réunir le foin en monceaux, on emploie assez souvent un *arbre à foin*, aux deux extrémités duquel on attache une corde ou une chaîne, que l'on réunit à une certaine longueur, en y attelant une paire de chevaux. Sur chaque côté de l'arbre ou de la pièce de bois, monte un homme, qui se tient à une corde fixée à chacun des traits, en se penchant un peu en arrière. On met alors les chevaux en mouvement, et le foin s'amoncèle devant l'arbre, de sorte que, si la prairie est bien unie, il ne reste que peu de brins sur le sol. Lorsque les ouvriers jugent que le monceau amassé est assez grand, ils sautent à terre, en retenant cependant la corde un moment dans la main ; alors l'arbre échappe et glisse par dessus le monceau de foin. Au reste, cette opération veut être exécutée par des gens qui y soient exercés..

L'Anglais Middleton a décrit un autre instrument plus compliqué, lequel a la même destination. Cette description traduite en allemand par Leonhardi, a été publiée à Leipsic, 1797.

§ 941.

Le chargement et le transport du foin se fait avec beaucoup plus de promptitude et de facilité, lorsque les gens qui y sont employés en ont l'habitude. Le volume du foin est grand, proportionnément à sa pesanteur, et si on ne le place pas sur le chariot, serré, étendu en largeur et également réparti, une voiture ne peut nullement charger ce que l'attelage peut traîner sans peine, et alors, de la charge d'un chariot, on peut facilement en faire deux. C'est pourquoi il faut choisir un chargeur habile, homme ou femme, et le maintenir en bonne volonté. Il ne faut pas trop presser le travail, il faut, au contraire, laisser à l'ouvrier le tems de charger par lits, tant du devant sur le derrière, que du derrière sur le devant, et de maintenir l'équilibre. En avançant avec mesure, on gagnera plus de tems, qu'en voulant précipiter cet ouvrage ; parceque la personne qui charge se trouve dans l'embarras, lorsqu'on lui présente, à à la fois, plus de fourrage qu'elle ne peut en arranger.

Le plus souvent on a besoin de chariots de rechange, et l'ouvrage avance beaucoup plus, si, avec une paire de chevaux particulière, ou même avec des bœufs, on peut faire avancer, d'un tas à un autre, le chariot qu'on veut charger. Le chariot doit être placé entre les tas de manière qu'il puisse alternativement recevoir du foin de l'un ou de l'autre côté ; excepté cependant lorsqu'il fait un gros vent ; car, alors, il convient de placer le chariot de manière que le vent chasse le foin de son côté.

Il faut, avant tout, établir une judicieuse proportion entre le nombre des

Ouvriers qui chargent, déchargent et mettent en tas, et celui des attelages et
des chariots; mais cette proportion dépend essentiellement de la localité; l'on
ne peut pas la déterminer d'après des règles générales. Une opération ne doit
pas être retardée par l'autre, personne ne doit rester dans l'inaction, mais
personne non plus ne doit être obligé de précipiter son travail.

Il ne faut pas négliger de bien serrer la perche du chariot; quelquefois cela
s'exécute par le moyen d'un petit cabestan, placé sous la partie postérieure
des échelles; cette précaution est nécessaire pour qu'il ne se perde pas de foin
en chemin. C'est dans le même but qu'on peigne soigneusement le foin avec
des râteaux, lorsque la charge est finie et bien serrée, afin de recueillir le foin
qui, détaché, tomberait également dans la route.

§ 942.

L'on conserve le foin, dans des granges particulières, sur des planchers, ordinairement au-dessus de l'étable où est logé le bétail qui doit le consommer;
ou bien on le met en meules.

Lorsqu'on le met en tas, il faut avoir soin qu'il soit étendu d'une manière
uniforme, et qu'il soit serré, afin qu'il n'y reste aucun espace vide; parce que, dans
de tels vides, il naît de la moisissure, et qu'il s'y rassemble de l'humidité lorsque le foin commence à suer. Lorsque cela arrive, il s'échauffe quelquefois
au point de donner une forte vapeur. Dans ce cas, on ne sauroit faire plus
mal que de soulever le foin et de lui donner de l'air. Il faut, au contraire, empêcher, autant que cela est possible, le concours de l'air, et pour cet effet fermer
les volets du fenil. Il se peut qu'alors le foin fermente fortement et brunisse,
mais il ne se gâtera pas, et l'on courra moins de risque qu'il ne prenne feu. C'est
seulement lorsque le foin a beaucoup d'air, que le gaz inflammable qui se déve-
loppe en pareille circonstance, peut prendre feu. Il ne faut donc pas toucher au foin
qui est dans ce tas, à moins qu'on ne veuille le descendre promptement du
fenil, pour le faire refroidir et sécher.

Si le fenil est recouvert d'un bon toit de paille, il faut mettre du foin aussi
près de ce toit que cela est possible, et le serrer de manière que, du moins
au premier moment, il ne reste pas d'espace entre deux. Lorsque le foin n'est
nullement en contact avec l'air, il se comporte à merveille pendant qu'il sue,
et il conserve sa qualité dans toutes ses parties. Sous un toit de tuiles, au
contraire, la couche supérieure du tas perd facilement sa saveur, prend du
moisi et de l'humidité.

Chacun sait que, pour que le fourrage conserve sa qualité, et pour qu'il ne prenne pas un goût qui le ferait rebuter par le bétail, il faut empêcher que les vapeurs de l'étable ne pénètrent, au travers des planches, dans le tas de foin qui est au-dessous.

Les toits cintrés, en planches et recouverts de paille ou de roseaux, sont, sans contredit, les meilleurs pour mettre à couvert la provision de fourrage destinée au bétail qui est logé dessous.

Lorsqu'on distribue les fourrages dans les granges et fenils, il faut avoir grand soin d'attribuer à chaque sorte de bétail, l'espèce qui lui convient le mieux, et de placer, dans chaque fenil, les foins de diverses natures, dans l'ordre où ils doivent être consommés, afin qu'on puisse en approcher, pour le service, sans difficulté.

§ 943.

Mais il y a un avantage décidé à conserver les foins en meules, plutôt que dans des bâtimens; les inconvéniens qu'on reproche à cette première méthode, lorsqu'elle s'applique à la conservation des céréales, ne méritent aucune attention, dans l'application de l'usage des meules aux fourrages. Lorsque ces meules ont été faites convenablement, le foin s'y conserve meilleur et plus sain que dans les bâtimens, parce que les vapeurs qui s'en exhalent, lesquelles donnent si facilement au foin, de la moisissure et un mauvais goût, sont entraînées, aussitôt qu'elles atteignent la superficie de la meule. C'est pour cela que, en Angleterre, l'on croit pouvoir distinguer, à l'odeur, le foin des granges, de celui des meules, et que celui-ci est tellement préféré, qu'on le paie toujours quelque chose de plus. Quoiqu'il soit également préférable, de transporter aussi le foin vert en meule dans un état de siccité parfait, cependant, lorsque le tems est dérangé, l'on ne met point à ce que le fourrage ne soit pas humide quand on l'y dépose, la même importance que pour celui qu'on place dans des bâtimens. On peut assigner à chaque espèce de foin sa meule séparée, au moyen de quoi l'on a le libre choix de celle que l'on veut employer. On peut aussi beaucoup mieux conserver le foin d'une année à l'autre.

On établit les meules de fourrage sur une aire ou plancher, qu'on forme à cet effet avec des pierres ou du bois, ou plus souvent encore sur un lit de branchages secs et de paille, cependant sur une place qui soit élevée et nullement humide. L'on y étend le fourrage avec les bras, et on le range par couches régulières, en marchant dessus, et le comprimant avec les pieds, autant que cela est possible. De sa base, la meule va en se rélargissant jusqu'à une certaine hauteur, alors on rétrécit peu à peu les couches de foin, ensorte que la sommité prenne la forme d'un toit qui se termine en pointe. Enfin, l'on couvre cette partie supérieure avec de la paille, au moyen de quoi l'eau de pluie peut s'en écouler sans endommager le moins du monde le foin qui est au-dessous.

Ces meules reçoivent des formes variées, quelquefois on les fait rondes, d'autres fois quarrées, le plus souvent elles forment un quarré long. Cette dernière forme est préférable en ceci, que l'on peut allonger la meule à volonté, et que, si on le juge convenable, on peut placer tout le foin en une seule. L'on dirige un des pignons du côté du Nord Ouest, * afin de présenter la moindre surface à ce côté du vent et de la pluie. La partie supérieure où le toit, est arrangé, du côté de ce pignon, en forme de croupe de comble.

Lorsqu'on a achevé la meule, on ne se borne pas à la peigner avec le râteau, on la coupe encore soigneusement. S'il y a quelques inégalités, circonstance que, cependant, on cherche à éviter autant qu'on le peut, on les répare, afin qu'il ne s'y introduise pas de l'humidité. Enfin, on y met la couverture de paille, et, tout autour de la meule, l'on creuse une raie, par laquelle l'eau qui dégoutte de cette meule puisse s'écouler.

Les meules disposées en longueur ont cet avantage, que l'on peut y prendre le foin à mesure qu'on le consomme, pourvu qu'on le coupe perpendiculairement, du côté opposé à celui d'où vient ordinairement la pluie; tandis que, lorsque le tems est pluvieux, les meules rondes et quarrées doivent être serrées tout à la fois. Il convient que ces meules soient placées dans une cour particulière entourée de haies; là on peut plus facilement avoir l'œil sur la provision de fourrage, que lorsqu'elle est repartie dans des granges, et, par conséquent, on peut mieux en modérer la consommation, lorsque les circonstances l'exigent.

Les planchers destinés à servir de base aux meules de fourrages, et qui sont munis d'un toit mobile, qu'on hausse ou baisse à volonté, ne sont plus guère en usage dans les lieux où l'on connaît bien la manière d'établir des meules, parce qu'on les trouve non-seulement plus coûteux, mais encore plus incommodes, et que le fourrage se conserve, au moins aussi bien, dans celles qui sont en plein air. On est totalement revenu de ces conduits ouverts placés au centre des meules ou tas de foin, et qui sont destinés à laisser passer les vapeurs que ce foin exhale, parce que l'expérience a enseigné que c'était précisément le foin qui en était rapproché,

---

* Cela doit varier selon les pays. En général du côté d'où vient ordinairement la pluie. Trad.

qui se gâtait le plus vîte, et qu'au contraire les fourrages ne se conservoient
jamais mieux, que lorsqu'on leur coupait toute communication avec l'air, et
qu'on évitait qu'il y eut aucun vide. A ces considérations se joint l'incommodité de ces canaux d'évaporation.

Les monceaux de foin que l'on forme dans les prairies éloignées, que l'on place
sur un échaffaudage élevé, lorsque ces prairies sont ordinairement couvertes d'eau
pendant l'hiver, et que l'on charie ensuite par la gelée, sont ordinairement faits
avec fort peu de soin, et cependant le fourrage s'y conserve fort bien. Dans
les contrées où les prairies abondent, et où l'on recueille le foin dans l'intention
de le vendre, ces monceaux sont fort en usage, nous ne pensons donc pas
avoir besoin d'en donner la description. Il faut toujours ne les considérer que
comme un moyen, pour les cas de besoin; on ne peut en aucune manière les
assimiler aux meules régulièrement faites.

<h2 style="text-align:center">§ 944.</h2>

Des gens qui ont essayé de mêler par couches, dans le foin, la paille de grains
de printems qui leur restait de l'année précédente, ont beaucoup recommandé cette méthode. L'on croit pouvoir, à l'aide de ce moyen, serrer les fourrages
quoiqu'ils ne soient pas entièrement secs, parce que la paille absorbe l'humidité
du foin. La paille s'imprégnant de l'odeur du fourrage doit en devenir plus agréable
au bétail, en sorte que lorsqu'elle est ainsi mélangée, il la mange plus volontiers.
On a employé cette méthode surtout pour le foin de trèfle, et nous y reviendrons
dans la suite.

Quelques cultivateurs ont recommandé de saler le foin en le mettant dans le
tas, surtout celui qui a souffert de la température et de l'humidité, ou qui a con-
tracté quelque mauvais goût, ils assurent que, par ce moyen, ce foin est plus
agréable au bétail. Mais je n'ai connaissance d'aucune expérience satisfaisante,
qui ait été faite à ce sujet. Sans doute cela n'est praticable que là où le sel
est à bas prix.

<h2 style="text-align:center">§ 945.</h2>

On distingue le foin proprement dit (celui de la première coupe) du regain
ou foin de seconde coupe, et, sur les prairies les plus fécondes, on distingue
encore le regain ou foin de troisième coupe, de celui des deux précédentes espèces.

La préparation et la conservation du regain ne présentent aucune différence
essentielle de celles du foin proprement dit, que celle qui nait de la saison
et de la température; cependant, pour éviter que le regain ne prenne feu
dans le tas, il faut attendre plus long-tems sa dessication complète, parce qu'il

se sépare plus difficilement de ses sucs. En conséquence de cela, avant de le travailler et faner, on le laisse volontiers en andains plus long-tems, afin qu'il y perde ses forces vitales. Si on l'a recueilli bien sec, et qu'il ait cru par une température chaude, il est encore plus nourrissant que le premier foin.

Nous parlerons de l'emploi du foin, lorsque nous traiterons de l'économie du bétail.

LES DIVERSES ESPÈCES DE PATURAGES.

§ 946.

Nous avons vu à § 376 et suivans, quels sont les avantages qu'on trouve à nourrir à l'étable, tant les chevaux que le bétail à cornes; quelqu'incontestables que soient ces avantages, il n'est cependant pas rare qu'on doive nourrir ces bêtes au pâturage, soit parce que les circonstances de l'exploitation le demandent, soit parce que la nature et la position de certains pacages ne permettent pas de leur donner une autre destination. Mais les pâturages paraissent d'une nécessité absolue pour la nourriture des bêtes à laine, lorsqu'on en entretient un grand nombre. Car bien que des expériences incontestables aient démontré, que les bêtes peuvent aussi être nourries dans des enclos avec de l'herbe verte, coupée et amenée à cet effet, l'introduction générale de cette méthode présente des difficultés, sur lesquelles nous aurons occasion de revenir dans la suite.

L'estimation, l'appréciation et la culture des pâturages, ainsi que la manière d'en tirer le meilleur parti, font donc une partie importante de la science agricole.

§ 947.

Nous distinguons les espèces de pâturage ci-après :

A. Les pâturages de la *culture alterne*. Ceux des terres arables qui sont employées principalement à la culture des grains, et qui, cependant, de tems en tems, sont laissées en pacage pour le bétail. A cette classe appartiennent

1.° Les pâturages des soles en repos de la *culture alterne avec pâturage*, et celui des terrains qui ne peuvent rapporter qu'une récolte de grains tous les 3, 6, ou 9 ans.

2.° Le pâturage sur les jachères.

3.° Celui sur les chaumes.

B. Le pâturage au printems ou en automne sur les prairies.

C. Les pâturages accessoires, ceux dont le sol est, en même tems et essentiellement, consacré à un autre usage, et dans lesquels le paccage du bétail n'est pas le principal produit.

D. Les pâturages permanens, ceux dont le sol est consacré d'une manière continue et exclusive à cet usage.

Ou ces pâturages sont une propriété privée, ou ils sont possédés en commun; quelquefois même une servitude en a réservé l'usage à des tiers, à l'exclusion du propriétaire du sol. Nous considérerons d'abord ces pâturages comme une propriété privée, et, seulement ensuite, nous les envisagerons sous le rapport de la communauté.

§ 948.

On évalue ordinairement les pacages, par *pâturages de vaches*, en déterminant quelle est l'étendue qu'il en faut pour nourrir une vache pendant l'été, et, d'après cela, on calcule aussi quelle quantité d'autre bétail peut y être entretenue. Ordinairement on admet en principe que, lorsque pour une vache, il faut 5 journaux.

Pour un cheval il en faut.	$4\frac{1}{2}$
Pour un bœuf de trait.	$5\frac{2}{3}$
Pour un poulain.	$2\frac{1}{4}$
Pour une chèvre.	$1\frac{1}{2}$
Pour une brebis.	$\frac{3}{10}$
Pour un cochon.	$\frac{3}{10}$
Pour une oie.	$\frac{1}{10}$

Cependant il y a, dans ces proportions, des variations qui naissent de la différence des races, de la grandeur et des particularités relatives des différentes espèces de bétail, ou de la plus ou moins bonne nourriture qu'une sorte de bêtes doit avoir. C'est ainsi que, dans les lieux où les bêtes à laine sont chétives ou mal entretenues, on compte 14 brebis pour une vache; tandis que, dans d'autres endroits où l'on met plus d'importance à ces premières, on envisage 8 brebis comme égales à une vache.

Mais, avant tout, il faut déterminer avec précision ce que l'on entend par *un pâturage de vache*. Une vache de grande espèce telle qu'on les trouve dans les contrées basses, exige, en pâturage, quatre fois ce qui suffit à une petite vache de contrées élevées et maigres et quelquefois plus encore. Nous ne pouvons pas prendre ces extrêmes pour base, nous prendrons ici pour type de notre calcul, des vaches moyennes, du genre de celles qui conviennent le mieux sur le commun des soles en repos de la *culture alterne avec pâturage*. Une telle vache pèse, en vie, autour de 450 liv., et, au poids de boucherie, 250 liv. Si le pâturage est suffisant, elle donne, par année, environ 80 liv. de beurre. L'on a calculé, de la manière la plus précise, l'étendue de terrain des soles en repos de la *culture alterne avec pâturage*, qui est nécessaire pour l'entretien d'une vache de cette espèce, et l'on est parti de là pour calculer la proportion que peuvent donner d'autres pâturages.

§ 949.

Pour estimer le degré de fécondité du pacage d'un champ en repos de la *culture alterne avec pâturage*, il faut considérer les circonstances ci-après.

1.° Le degré de bonté et de fécondité naturelle du sol; il est en rapport avec le plus ou moins de richesse des récoltes de grains que ce sol produit.

2.° La vigueur de la végétation des herbages, n'est cependant pas toujours en rapport avec celle des récoltes de grains, car il y a tel champ dont le sol est composé de parties semblables à celles d'un autre champ, et qui, cependant, à cause de sa situation et de son degré d'humidité, est toute autre, quant à son plus ou moins de disposition à produire de l'herbe. Cependant la différence n'est pas toujours aussi considérable qu'elle paraît l'être, parce que l'herbe fine des terrains élevés est plus nourrissante que l'autre.

5.° Cela dépend du nombre de récoltes de grains qu'on a exigées du terrain, depuis qu'il a été fumé ; parce que chacune de ces récoltes, a diminué la richesse du sol et sa disposition à produire de l'herbe.

4.° Le tems qui s'est écoulé depuis que le terrain a été laissé en pâturage, produit aussi une différence. Si l'on y a semé des herbages, la première année les graminées et les herbes de pâturage n'ont pas encore pu y prendre de l'extension ; même les herbes qu'on y a semées, telles que le trèfle blanc, la pimprenelle, le ray-grass, ne couvrent guères bien le sol dès cette première année. Sur les terrains ordinaires, c'est à la 2.de et à la 3.e année de repos, que le pâturage est le plus riche. Durant la 4.e et la 5.e année, ce pâturage diminue, parce qu'il s'y introduit souvent de la mousse et des mauvaises herbes. Cette diminution a d'autant plus lieu que le terrain est en mauvais état ; car sur du terrain riche, en bon état et qui est en même tems favorable à la reproduction des herbages, on n'aperçoit pas ce déclin ; au contraire, on prétend que le pâturage va plutôt en augmentant, ce que l'on peut attribuer à la quantité d'excrémens que dépose sur le sol , le nombreux bétail à la nourriture duquel il fournit.

A § 288 vol. I, j'ai donné le tableau dans lequel Meyer détermine l'étendue de terrain nécessaire pour la nourriture d'une vache pendant tout l'été au pâturage ; je vais maintenant donner la même évaluation, mais rédigée de nouveau, d'après les classifications que j'ai établies dans cet ouvrage, et d'après quelques rectifications que j'ai jugées nécessaires. J'ai subdivisé en deux la cinquième classe, celle de l'espèce de terrain qu'on qualifie de terre à avoine. Dans la division a je rangerai le terrain que sa nature sablonneuse a placée dans cette classe ; dans la division b, au contraire, je comprendrai celui qui y a été placé par sa nature froide et humide ; ce dernier est beaucoup plus favorable à la végétation de l'herbe que ne l'est le premier.

Nombre de récoltes céréales que le terrain a produit depuis qu'ils a été fumé la dernière fois.	Année de Pâturage	I.ère Classe		II.e Classe		III.e Classe			IV.e Classe		V.e Classe a.		V.e Classe b.		VI.e Classe	
		bonne	médiocre	bonne	médiocre	bonne	médiocre	mauvaise	médiocre	mauvaise	médiocre	mauvaise	bonne	médiocre	médiocre	mauvais
2	1	2	$2\tfrac15$	$2\tfrac23$	3	3	$3\tfrac15$	4	4	$4\tfrac12$	$5\tfrac12$	$6\tfrac12$	4	$4\tfrac12$	6	7
	2	$1\tfrac34$	2	$2\tfrac12$	$2\tfrac23$	$2\tfrac34$	3	$3\tfrac23$	$3\tfrac12$	4	5	7	$3\tfrac23$	$4\tfrac13$	$5\tfrac12$	$6\tfrac23$
	3	$1\tfrac12$	2	$2\tfrac13$	$2\tfrac12$	$2\tfrac34$	3	$3\tfrac23$	$3\tfrac12$	4	5	7	$3\tfrac23$	$4\tfrac13$	$5\tfrac12$	$6\tfrac13$
	4	$1\tfrac14$	2	$2\tfrac13$	$2\tfrac12$	$2\tfrac34$	3	4	4	$4\tfrac14$	$5\tfrac12$	$7\tfrac12$	4	$4\tfrac12$	6	7
	5	$1\tfrac13$	$1\tfrac14$	$2\tfrac14$	$2\tfrac23$	3	$3\tfrac15$	$4\tfrac14$	$4\tfrac13$	4	6	8	4	$4\tfrac12$	6	7
3	1	$2\tfrac15$	$2\tfrac23$	3	$3\tfrac15$	$3\tfrac14$	$3\tfrac25$	$4\tfrac13$	$4\tfrac13$	$4\tfrac23$	6	7	$4\tfrac12$	5	$6\tfrac12$	8
	2	$2\tfrac16$	$2\tfrac25$	$2\tfrac56$	3	$3\tfrac13$	$3\tfrac12$	4	$4\tfrac13$	$4\tfrac35$	$5\tfrac23$	$6\tfrac12$	4	$4\tfrac12$	$6\tfrac13$	8
	3	2	$2\tfrac16$	$2\tfrac56$	3	$3\tfrac13$	$3\tfrac12$	4	$4\tfrac16$	$4\tfrac35$	$5\tfrac23$	$6\tfrac23$	4	$4\tfrac12$	$6\tfrac13$	8
	4	2	$2\tfrac16$	$2\tfrac56$	3	$3\tfrac13$	$3\tfrac12$	4	$4\tfrac16$	$4\tfrac35$	$5\tfrac23$	$6\tfrac23$	4	$4\tfrac12$	$6\tfrac13$	8
	5	2	$2\tfrac15$	$2\tfrac56$	3	$3\tfrac13$	$3\tfrac25$	$4\tfrac13$	$4\tfrac13$	$4\tfrac23$	6	7	$4\tfrac12$	5	$6\tfrac12$	8
4	1	$2\tfrac25$	3	$3\tfrac13$	$3\tfrac25$	4	$4\tfrac13$	$4\tfrac25$	$4\tfrac25$	5	$6\tfrac12$	$7\tfrac14$	5	$5\tfrac12$	$7\tfrac12$	9
	2	$2\tfrac25$	3	$3\tfrac13$	$3\tfrac25$	4	$4\tfrac13$	$4\tfrac25$	$4\tfrac25$	$4\tfrac35$	6	7	$4\tfrac23$	5	$7\tfrac13$	9
	3	$2\tfrac15$	3	$3\tfrac13$	$3\tfrac25$	$3\tfrac23$	$4\tfrac13$	$4\tfrac25$	$4\tfrac25$	$4\tfrac35$	6	7	$4\tfrac23$	5	$7\tfrac12$	9
	4	$2\tfrac15$	3	$3\tfrac13$	$3\tfrac25$	4	$4\tfrac13$	$4\tfrac25$	$4\tfrac25$	$4\tfrac35$	6	7	$4\tfrac23$	5	$7\tfrac12$	9
	5	$2\tfrac13$	3	$3\tfrac13$	4	$4\tfrac25$	$4\tfrac25$	$4\tfrac25$	5	$6\tfrac12$	$7\tfrac12$	5	$5\tfrac12$	$7\tfrac12$	9	
5	1	3	$3\tfrac15$	$3\tfrac15$	$3\tfrac25$	4	$4\tfrac13$	$4\tfrac25$	5	$5\tfrac12$	7	8	$5\tfrac12$	6	8	10
	2	3	3	3	$3\tfrac13$	$3\tfrac23$	$4\tfrac15$	$4\tfrac25$	5	$5\tfrac13$	$6\tfrac12$	$7\tfrac14$	5	$5\tfrac13$	8	10
	3	3	3	3	$3\tfrac13$	$3\tfrac23$	$4\tfrac15$	$4\tfrac25$	5	$5\tfrac13$	$6\tfrac12$	$7\tfrac12$	5	$5\tfrac13$	8	10
	4	3	3	$3\tfrac15$	$3\tfrac12$	$3\tfrac23$	$4\tfrac12$	5	5	$5\tfrac12$	7	8	$5\tfrac12$	6	9	11
	5	$2\tfrac23$	3	$3\tfrac15$	$3\tfrac25$	4	$4\tfrac25$	5	5	$5\tfrac12$	7	8	$5\tfrac12$	6	9	11

Note on the VI.e Classe heading: "Après qu'il aurait préalablem.t été fumé, le sol serait, pour produire des herbages,"

Lorsqu'il faut 6 journaux et au-delà pour la nourriture d'une vache pendant l'été, il ne convient plus d'y placer des bêtes à cornes ; un terrain de ce genre ne peut alors être employé, avec avantage, qu'au pâturage des bêtes à laine, qu'il nourrira dans la proportion établie au § précédent.

§ 950.

Comme, dans l'économie de la *culture alterne avec pâturage*, le pâturage des soles qui sont en repos, forme une partie essentielle du produit, et qu'on ne peut se passer de ce pâturage pour conserver l'harmonie entre toutes les parties de l'ensemble ; lorsqu'on fait les semailles, on s'occupe déjà des moyens d'augmenter la fécondité des pacages. Dans l'ancienne *culture alterne avec pâturage*, surtout dans le Holstein, dans cette culture telle qu'elle était originairement, on répugnait, en conséquence, à cultiver beaucoup le terrain, et à donner une jachère morte ; parce que, de cette manière, l'on détruisait les racines des plantes, et que le terrain s'enherbait alors plus difficilement, à l'époque du repos. On prenait aussi cette circonstance en considération, dans le choix des récoltes, et, par ce motif, on semait des grains d'automne pour dernière récolte céréale, parce que, parmi elles, il naît ordinairement plus d'herbe ; ou bien, si l'on semait de l'avoine, c'était sur un labour unique et superficiel. On ne saurait se dissimuler que cette méthode ne fut fort convenable, si l'on voulait, par dessus tout, favoriser la multiplication et la végétation des herbages, et si l'on ne voulait la remplacer d'aucune autre manière : aussi a-t-il fallu un tems très-long, avant qu'on se soit généralement décidé à ce dernier parti, parce qu'on ne croyait pas que la faculté nutritive des herbages naturels, pût être remplacée par aucune plante artificielle. Aujourd'hui ce préjugé paraît ne plus exister chez les cultivateurs industrieux, et l'on est persuadé qu'un choix de plantes semées avec intention, non-seulement égale l'assemblage d'herbages qui est dû au hazard, mais encore lui est supérieur.

Pour ensemencer le terrain qu'on destine à former des pâturages, on prend ordinairement du *Trèfle blanc rampant*. On choisit cette plante de préférence, à cause de la petitesse de sa graine, de la disposition qu'a cette plante à se propager par ses racines, de la facilité avec laquelle on en recueille la semence, et par conséquent du bas prix auquel on peut se procurer celle-ci. Deux livres par journal suffisent parfaitement, lorsqu'elles ont été épandues d'une manière égale. Souvent cependant on y mêle du trèfle rouge, à la quantité de quatre livres, tant afin de pouvoir faire une récolte de foin dans les places où ce trèfle a bien réussi, que parce que le trèfle blanc n'a du succès que sur les terrains qui sont en très-bon état.

Le *Raygrass des Anglais*, Lolium perenne, réussit également très-bien parmi ce trèfle, de même la *Fétuque des Brebis*, Festuca ovina ; l'une et l'autre de ces graminées donnent un pâturage très-épais, et réussissent bien sur les terrains élevés ; outre cela leur graine est très-facile à récolter, et peut être cédée à bas prix. Cependant il faut en semer, indépendamment du trèfle blanc, de 15 à 20 liv. par journal. Quelques personnes disent aussi avoir, avec avantage, semé de la *Houque laineuse*, Holcus lanatus, pour former un pâturage. Sa graine est également facile à récolter ; à la vérité il en coûte de la peine pour la faire sortir de sa balle, mais cela même n'est pas nécessaire, si l'on fait soi-même usage de cette semence. Lorsqu'on la sème avec la balle, il en faut presque un scheffel par journal. Cette herbe croît toujours par touffes, et se distingue sur-tout vers l'automne, où ses feuilles radicales poussent fortement. Cependant il me semble que le besoin seul engage le bétail à brouter cette plante, et qu'il n'y touche pas, lorsqu'il en a encore d'autres à sa portée. Cette herbe est faci-lement détruite par la gelée, il ne convient donc pas de se reposer entièrement sur elle.

Une plante de pâturage, excellente et qui n'est pas encore assez connue chez nous, c'est la *Pimprenelle*, Poterium sanguisorba. Elle réussit sur des terrains très-maigres, où, même le trèfle blanc, ne pousse point ; cependant elle a plus de succès dans les bonnes terres. Elle a cette qualité, que, même au gros de l'hiver, elle continue à verdir, et que, surtout au commencement du prin-tems, elle pousse avec vigueur. Elle est particulièrement bonne pour les bêtes à laine, et celles-ci la mangent avec autant d'appétit, qu'elle leur convient par ses propriétés aromatiques et légèrement astringentes. On peut facilement en recueillir la semence, sur une place, qu'on a réservée à cet effet ; il faut seule-ment récolter cette semence avec précaution, à la main, dès qu'elle mûrit. Dans les champs montueux et calcaires, où la couche de terre végétale n'a que peu d'épaisseur, la *Brize tremblante moyenne*, Briza media, convient fort bien, comme herbe de pâturage, et, dans de tels champs, on sème alors parmi celle-là du *Sainfoin* (*Esparcette*) également destiné au pâturage.

Nous reviendrons plus bas sur le reste de la culture de cette espèce de pâturage.

§ 951.

On peut en quelque façon ranger dans la même classe de pâturage, les *soles* ou *champs extérieurs*, durant leurs années de repos. On se rappelle que, dans la *culture des grains*, voyez § 3oo. vol. 1, on caractérise sous ce nom, des soles ou champs éloignés et appauvris, dont, faute d'engrais, on ne peut obtenir qu'une récolte céréale, tous les 3, 6, 9 ou même 12 ans, et qu'on laisse reposer entre deux. Nous n'avons pas besoin de dire que des pâtis, dont le terrain est toujours plus épuisé par la récolte céréale qu'on en a exigée, sans qu'on leur rende, par des engrais, les sucs qu'ils ont perdus, ne peuvent pas être mis en parallèle avec le pâturage des champs en repos qui ont été convenablement fumés. Ces premiers sont occupés par des plantes faibles, petites et sèches, souvent seulement par la *Barbe de bouc* (Aira canescens), par la *Gnavelle* (Scleranthus annuus), quelquefois par les *petites Fétuques*, et la *Flouve des Bressans* (Anthoxantum odoratum), d'entre lesquels cette dernière, lorsqu'elle est avancée dans sa végétation, est absolument rebutée par le bétail. Ces pâtis sont donc plutôt un lieu de promenade qu'un véritable pâturage pour les bêtes à laine et pour les cochons; ils ne font qu'amaigrir ces bestiaux. Si dans quelques endroits on compte sur leurs produits, c'est qu'ils contiennent quelques parties basses et humides, qui ne sont pas propres à être ensemencées en grains, qui ainsi se sont enherbées, et sur lesquelles la faim force le bétail à brouter ; au reste, lorsque dans de telles places, l'herbe a été salie par le limon, les bêtes y ramassent des maladies dangereuses.

Si, dans *l'assolement triennal avec jachère*, lorsqu'on ne fume que de neuf en neuf ans, la 8ᵉ sole destinée aux céréales de printems, ne pouvant plus être ensemencée avec profit, demeure en repos, on peut alors un peu mieux compter sur le pâturage de cette sole, parce qu'il lui reste encore quelques sucs nourriciers.

§ 952.

Le pâturage des champs en jachère qui, dans *l'assolement triennal avec jachère*, reçoivent les cultures préparatoires pour les semailles de grains d'automne, est plus ou moins abordant, selon la bonté du sol, les engrais que celui-ci contient encore, et surtout l'époque où l'on y met la charrue. Ordinairement c'est à la St. Jean qu'on commence à rompre les jachères, et lors même que des cultivateurs, pour jouir plus long-tems de ce pacage, se voient obligés à différer encore ce labour, il est rare, cependant, que le propriétaire y soit tenu pour favoriser d'autres usagers. Au labour, ce terrain cesse d'être propre au pâturage du bétail à cornes, et quoique les bêtes à laine y trouvent encore quelque nourriture, après le premier et le troisième labours, cependant les labours et hersages se suivent de trop près, pour que cette nourriture puisse être d'une grande conséquence. L'on ne peut donc compter sur ce pâturage que pour

6 ou 7 semaines, à la vérité il tombe sur l'époque de la plus forte végétation. Si le sol est en bon état et a de la disposition à produire de l'herbe, ce pâturage peut être assimilé au tiers de celui des champs en repos dans les *assolemens alternes avec pâturage*, durant la première année de ce repos; autrement il ne peut pas être évalué aussi haut, parce que les terres qui sont tenues constamment sous la charrue, donnent moins d'herbe que celles qui sont laissées en pâturage pendant quelques années consécutives.

§ 953.

Le pâturage des chaumes, qui commence après la moisson, est de plus grande valeur sur les terrains humides et qui sont mal labourées, que sur les terrains chauds, bien cultivés et qu'on a soin de tenir nets de mauvaises herbes; parce que, sur ces derniers, il pousse peu d'herbages. Le principal avantage qu'on en tire naît du grain qui y est tombé à la récolte, et que les cochons, les bêtes à laine et les oies s'approprient; aussi est-ce ces animaux qu'on y introduit les premiers. Mais cela même le rend impropre pour le bétail à cornes; c'est seulement dans les parties qui ont été épargnées au commencement, et où les grains qui sont tombés sur le sol ont germé et produit du vert, que, pour quelque tems, le bétail à cornes trouve une bonne nourriture.

§ 954.

Dans les diverses espèces de pâturage que produisent les terres arables, nous devons encore ranger celui des semailles d'automne, soit dans cette saison même, soit en hiver, soit au printems.

Ce pâturage ne peut avoir lieu, en automne, que sur des semailles qui ont été faites de bonne heure, et qui poussent avec une vigueur excessive, et plutôt avec les bêtes à cornes qu'avec celles à laine. Pour celles-ci, en effet, on tient que, dans cette saison, cette herbe est nuisible, parce qu'elle est trop grasse. L'on comprend que ce pâturage ne peut avoir lieu que sur des champs parfaitement essuyés, et en tems sec; et qu'autrement il en résulterait de grands dommages.

En hiver et au printems, au contraire, c'est aux bêtes à laine qu'on consacre ce pâturage. L'on est divisé d'opinion sur le plus ou moins de valeur qu'il a pour ces bêtes, et sur la convenance d'en tirer autant de parti qu'on le peut, ou d'y renoncer complétement. Tandis que quelques cultivateurs comptent principalement là-dessus pour hiverner leurs bêtes à laine; d'autres, au contraire, pensent que ce pâturage, d'ailleurs incertain, ne fait que les affriander, qu'elles dédaignent ensuite le fourrage sec qu'on leur donne à l'étable, et qu'ainsi l'on gagne moins qu'on ne perd à cette diversité de nourriture. Les cultivateurs donc qui ne pensent qu'à épargner du fourrage, assignent une grande valeur à ce pâturage; tandis qu'au contraire ceux qui sont convaincus des avantages réels d'une nourriture à l'étable très-abondante, le négligent et n'en font aucun cas. Au reste nous aurons occasion de revenir sur cette question, lorsque nous parlerons de l'économie des bêtes à laine. On trouve encore plus d'incertitude, lorsqu'on veut examiner si l'usage de ce pâturage est désavantageux ou non aux semailles. Quelques cultivateurs le croient extrêmement nuisible dans tous les cas, d'autres au contraire pensent que, si on l'emploie avec la circonspection convenable, il en résulte un bien réel plutôt que du dommage.

Ce pâturage peut, sans aucun doute, devenir très-fâcheux pour les semailles; des essais comparatifs faits avec précision, ont démontré que la récolte peut être diminuée de deux fois la valeur de la semence, et plus, si on le pousse jusqu'à l'excès, en abandonnant le champ à l'insatiabilité des bergers; en revanche ces mêmes essais comparatifs ont prouvé qu'il n'en résultait aucun mal, si l'on en usait avec la circonspection convenable, et qu'on observât les règles ci-après.

On ne doit user de ce pacage que dès le commencement des grands froids, jusqu'à la fin de février, et seulement lorsque le sol est effectivement gelé; par conséquent, lorsque le soleil luit, seulement le matin de bonne heure et aussi long-tems que les rayons du soleil n'ont pas encore amolli la superficie du sol, puisque, autrement, les pieds des bêtes entreraient en terre et endommageraient les racines des céréales.

Il faut que le terrain soit complétement débarrassé de neige et de glace, car lorsque le sol est légèrement recouvert, les bêtes à laine grattent avec le pied pour découvrir les plantes, ce qui les endommage et les arrache avec leurs racines. Il ne faut également pas laisser entrer les bêtes sur les semailles lorsqu'elles sont couvertes de verglas ou de gelée blanche.

Ce pâturage ne doit avoir lieu sur les champs que lorsque les semailles couvrent assez bien le sol, et non lorsque les plantes ne font que se montrer.

Il ne faut se le permettre à une époque plus avancée, au printems, et lorsque la végétation a recommencé, qu'avec circonspection, et dans le cas où l'on ait à redouter que, par trop de lasciveté, les céréales, et surtout le froment, ne versent; dans ce cas là on peut prolonger le pâturage jusques assez avant dans le printems, cependant uniquement par un tems sec; mais il faut y apporter beaucoup de réflexion, et consulter, non-seulement l'état connu de fécondité du sol, mais encore ce qu'on peut présumer de l'influence de la température sur la fertilité, afin de ne pas aller trop loin, et de ne pas affaiblir les plantes outre mesure.

Si toutes ces choses sont observées comme elles le doivent, l'on peut bien compter, que les excrémens des bêtes à laine rendront au terrain, en sucs nourriciers, tout autant que ces bêtes lui auront enlevé en broutant la céréale.

Mais c'est un très-grand mal, lorsque les champs sont assujétis à la servitude d'un tel pâturage, et que les semailles doivent être abandonnées à la discrétion de bergers, qui sont étrangers aux intérêts du propriétaire.

§ 955.

Lorsque j'ai développé la culture des prairies, j'ai parlé du pâturage sur les prés. Ce pâturage est d'un grand avantage au printems pour les bêtes à laine, et en automne pour le bétail à cornes, et lorsque c'est le propriétaire lui-même qui en use avec la circonspection convenable, loin d'apporter du dommage à la prairie, il lui est au contraire avantageux.

Si ce pâturage est dû à d'autres qu'au propriétaire, si c'est une servitude, ce qui importe le plus, c'est l'époque du printems jusqu'à la quelle il peut être prolongé, et celle où il commence en automne; ces époques sont ordinairement fixées par la coutume ou par des titres. Au printems, une durée tant soit peu plus longue ou plus courte, fait une grande différence pour celui qui jouit du droit, mais une bien plus grande encore pour le propriétaire de la prairie, et voilà ce qui donne tant d'importance à la question si le droit de pâturage doit durer jusqu'à l'ancien ou au nouveau 1er mai. Durant ces 12 jours, la végétation est très-active, si, du moins, la température chaude a commencé de bonne heure; le bétail qui pâture a donc une nourriture abondante, mais il entrave la végétation et la formation des plantes, et il a en conséquence une influence pernicieuse sur le produit en foin que la prairie devrait donner. J'ai déjà dit plus haut jusqu'à quel point on peut, avec avantage, consacrer une prairie alternativement, pendant un été entier, ou seulement pendant une moitié, au pâturage du bétail.

§ 956.

Comme pâturage accessoire, on doit surtout considérer les bois. La valeur de ce pâturage dépend non-seulement de la nature du sol et de sa situation plus ou moins élevée, mais encore de l'espèce, du nombre et de la grandeur des arbres dont il est couvert.

Plus le bois couvre le terrain, plus le pâturage est chétif, non-seulement à cause qu'il y a moins d'espace, mais aussi parce que l'herbe est d'autant moins nourrissante, qu'elle est plus à l'ombre. Lors même que, dans un terrain très-fertile il pousse sous les arbres une grande quantité d'herbe; cette herbe a si peu de saveur et est si peu agréable au bétail, que celui qui est bien nourri n'y touche, que lorsqu'il y est forcé par la faim.

Le pâturage dans les forêts leur fait, en général, incomparablement plus de dommage, qu'il ne procure de bénéfice. Par lui, d'innombrables et importantes forêts ont été retenues dans le plus misérable état de végétation. Toutes les jeunes pousses sont par là anéanties, et les anciens arbres sont fortement endommagés. En revanche, pour le bétail, c'est toujours un pâturage peu profitable; souvent même il est nuisible, et engendre des maladies.

Il y a, à la vérité, quelques cas, où les bois sont assez avancés dans leur végétation et assez bien clos, pour que ce pâturage ne leur occasionne pas un dommage sensible, et où, en revanche, dans les tems les plus chauds de l'année, les forêts fournissant au bétail un agréable refuge, le propriétaire peut, avec avantage, tirer profit du bois et du pâturage. Mais les cas où cela peut avoir lieu sans nuire à la végétation du bois, me paraissent rares, et lorsque le pâturage de la forêt a lieu, comme servitude, par du bétail étranger, ces cas sont beaucoup plus rares encore.

À l'égard de l'espèce de bois sous lequel ce pâturage a lieu, nous observons ce qui suit : sous les pinastres il est sec et insignifiant; il vaut mieux sous les sapins et les mélèses. Les chênes laissent croître un bon gazon à leur ombre; les hêtres rien du tout. Lorsque les bouleaux ne sont pas trop rapprochés les uns des autres, ils se comportent comme les chênes. Le pâturage le plus abondant est celui qui pousse sous les aulnes, lesquels ne croissent que dans les lieux bas et dans les marais; mais c'est aussi là que ce pâturage est le plus malsain, et qu'il est le plus nuisible à la végétation des arbres; aussi faudrait-il que toutes les plantations d'aulnes fussent tellement épaisses, que le bétail ne put pas y entrer.

Au pâturage dans les forêts appartient, à certains égards, l'engrais des cochons au gland et à la faine. Cet engrais varie beaucoup d'une année à l'autre, et on le distingue en engrais entier, trois quarts, demi et quart engrais. L'opinion la plus générale est que, en six ans, chacune de ces proportions se réalise une fois, et que trois fois le produit est absolument nul.

§ 957.

Ce n'est guères que, sous les circonstances ci-après, que, dans des contrées cultivées, on trouve encore, parmi les propriétés particulières, des pâturages perpétuels, ou du terrain consacré exclusivement au pâturage.

1°. Dans les lieux où le terrain pousse tellement d'herbe, que les circonstances de la contrée, et de l'exploitation rurale du propriétaire, surtout, ne fournissent pas de moyen plus profitable de tirer parti du terrain.

2°. Dans ceux où la culture des grains, et même l'emploi du terrain en prairie, sont soumis à trop de casualités, parce que, pendant l'été, le terrain court le risque d'être inondé.

5°. Sur les montagnes et les pentes roides, où le climat, la position et la nature du sol empêcheraient qu'on pût, avec avantage, se procurer d'autres produits.

Excepté dans ces cas, presque tous les terrains possédés, sans restriction, par des particuliers, dans les contrées cultivées, sont soumis à la charrue, et consacrés exclusivement ou alternativement à la culture des produits des champs. C'est seulement dans les lieux où une communauté de propriété, où des servitudes, mettent des entraves à tout autre emploi, que des terrains bons et qui valent la peine d'être cultivés, sont encore exclusivement consacrés au pâturage; et là ces pâturages sont d'autant moins profitables, qu'ordinairement aucun des intéressés ne s'occupe de leur bonification.

§ 958.

1°. Aux pâturages de la première espèce appartiennent principalement ceux qui, à cause de la qualité nourrissante de leur herbe, sont consacrés à l'engrais du bétail et qu'on qualifie de *pâturages d'engrais*, quoique souvent on les fasse brouter aussi par des vaches à lait et des chevaux. On est, à la vérité, persuadé que ces pâturages étant soumis à la charrue, et consacrés à la culture des grains les plus précieux, rendraient un produit beaucoup plus grand; mais on les considère, ainsi que les sucs qui y reposent, comme un trésor qu'on a reçu de ses pères, et que l'on doit transmettre à ses descendans, comme une chose sacrée, et l'on qualifie de dissipateur, celui qui se permet de les rompre, et de s'approprier les avantages qui doivent résulter d'une autre manière d'en jouir. On attribue à ces anciens pâturages une fécondité étonnante, et l'on croit que, lorsqu'ils auront une fois été rompus, ils ne pourront jamais plus être ramenés à cette fertilité, lors même qu'ils sembleraient donner tout autant d'herbe qu'auparavant. On admet qu'il puisse y pousser de nouveau de l'herbe haute et forte; mais on nie qu'on puisse leur rendre cette herbe basse et épaisse, qu'ils avaient précédemment.

Je ne hasarderai pas de décider jusqu'à quel point est fondée cette opinion, que je vois soutenue par nombre de cultivateurs expérimentés et d'ailleurs exempts de préjugés. Mais je crois que, dans les lieux où l'on a cru voir l'impossibilité de rétablir une couche de gazon épaisse et riche, l'on avait mal procédé, ou que l'on avait épuisé le sol, en exigeant de lui un trop grand nombre de récoltes, ou bien qu'on s'y était mal pris pour remettre le terrain en herbages; peut-être avait-on abandonné l'enherbement à la nature, qui ne le forme qu'à la longue, ou avait-on semé des espèces d'herbes, qui ne pouvaient pas former cette croûte épaisse et serrée que l'on désirait rétablir.

Dans plusieurs autres contrées on a soumis ces *pâturages d'engrais*, à une culture alterne, adaptée à leur nature; de cette manière on en a retiré un avantage incontestablement plus grand, et, par les produits qu'ils rendaient dans les seules années où ils étaient en fourrage, ils ont nourri plus de bétail qu'ils n'en alimentaient auparavant, durant un espace de tems égal à la durée de l'assolement.

§ 959.

2. Aux pâturages de la seconde espèce, appartiennent principalement ceux qui sont situés auprès des cours d'eau qui sont sujets à s'enfler et à se déborder, ou derrière les digues par les quelles on a cherché à contenir ces cours d'eau. Ces pâturages sont ordinairement très-nourrissans, et sont fécondés par les inondations qu'ils reçoivent de tems en tems. Ils présentent plus ou moins d'incertitude dans leur usage, et, dans des vallées dont les terres arables sont situées sur les hauteurs, ils forment, avec raison, la base du système d'économie rurale qu'on y suit.

On tient pour plus avantageux encore, les pâturages qui sont au bord de la mer, parce que les herbages salés sont envisagés comme très-profitables au bétail.

§ 960.

3. Les pâturages de montagnes fournissent, le plus souvent, une nourriture très-substantielle, aromatique et qui favorise la sécrétion du lait. Ils conviennent donc particulièrement aux vaches à lait, qui, durant l'été, y demeurent nuit et jour, souvent à une grande distance des habitations, et ne les quittent, pour rentrer dans les étables, qu'à l'approche de l'hiver. C'est à cette classe qu'appartiennent les fameux pâturages des Alpes de Suisse et du Tyrol.

D'autres hauteurs d'un accès difficile, inabordables à la charrue et aux charriots, dont l'herbe est, à la vérité, épaisse mais pas vigoureuse, peuvent, avec plus d'avantage, être consacrées à la nourriture des bêtes à laine au pâturage. Pour conserver à un tel pâturage toute sa fécondité, il faut lui donner aussi les engrais que les bêtes font pendant la nuit; avec ce secours, le pâturage s'améliore de plus en plus; sans lui, il s'apauvrit progressivement et se couvre de mousse.

§ 961.

De nos jours, il est rare qu'on trouve encore, consacrées à un pâturage permanent, des propriétés particulières, qui, par leur nature et par leur situation, pourraient être transformées en terres arables d'un produit assuré; parce que, depuis long-tems, on est convaincu que les terrains de ce genre rendent un beaucoup meilleur produit, lorsqu'ils sont soumis sans interruption à la culture, ou qu'on y fait alterner l'action de la charrue et le repos en herbages. Les pâturages de ce genre qu'on rencontre encore, sont ordinairement des communes, ou bien il repose sur eux des servitudes, qui ne permettent pas qu'on donne à leur sol une autre destination. Ces pâturages communs sont ordinairement dans l'état le plus misérable, parce que chacun veut en tirer parti, et que personne ne veut contribuer à leur culture, à leur bonification. Lorsqu'ils sont d'un abord facile et surtout dans le voisinage des habitations, on les charge outre mesure, hors de tems, et de toutes sortes de bêtes, pêle mêle, ou tout au moins dans une succession inconvenable ; avec une telle économie ils ne fournissent guères au bétail qu'une promenade et bien peu de nourriture. Il y a déjà long-tems qu'on a reconnu combien peu d'avantages on retirait de terrains ainsi administrés, et qu'on est tombé d'accord sur la convenance d'en faire le partage ; souvent aussi les inté-ressés s'apropriaient des terrains de ce genre, les mettaient en culture, et s'in-dulgeaient réciproquement sur leur usurpation. Quelquefois le Seigneur foncier, d'autres fois le Souverain, se sont réservé le droit de distribuer un tel sol à de nouveaux colons; c'est ainsi que, depuis plusieurs siècles, les pâturages com-muns ont infiniment diminué d'étendue. De quelqu'avantage que cela paraisse être pour l'agriculture en général, il n'y a cependant aucun doute que la diminu-tion des pacages pour le bétail, n'ait nui à la culture des champs, lorsque, d'ail-leurs, on n'avait point changé le système de culture, et qu'autrefois le commun des exploitations rustiques ne put mieux se soutenir qu'à présent.

Des expériences récentes faites sur le succès du partage des pâturages communs, sont venues à l'appui de ce fait, lors du moins que, en faisant ce partage, l'on n'avait pris aucune nouvelle mesure relativement aux terres arables, et à l'en-semble de l'économie. Chacun a rompu la portion qui lui était échue en partage, et en a retiré tout ce qu'elle a pu donner à l'aide de sa propre fécondité, jusqu'à ce qu'elle ait été épuisée. Une augmentation des terres arables eut demandé un supplément d'engrais, mais ceux-ci avaient d'autant plus diminué, qu'on n'avait pas remplacé d'une autre manière le pâturage qu'on avait perdu. La bonté de la culture et la quantité des produits, baissèrent donc d'autant plus, que l'on avait augmenté la quantité des terres arables. Il faut donc y penser à plus d'une fois, avant de partager un pâturage commun, isolément, et sans combiner ce partage avec celui de la totalité du terrain, avec la suppression de toutes les servitudes qui limitent la propriété, et avec l'établissement d'une nouvelle économie agricole, fondée sur le système de *culture alterne avec pâturage*; ou sur la *nourriture du bétail à l'étable*. Si cette dernière condition ne peut pas être remplie, il est sans contredit mieux pour le bien-être des communautés, de conserver à leurs pâturages communs la destination qu'ils ont eue, en prenant cependant des mesures pour améliorer leur culture comme pâturage, et pour s'en assurer le produit le plus élevé et le plus régulier.

§ 962.

Pour la culture des pâturages, il faut observer principalement ce qui suit.

Il faut les assainir parfaitement, si en quelque partie que ce soit, il y a des eaux stagnantes qui les rendent marécageux, parce que ces marécages peuvent être nuisibles au bétail de quelque espèce que ce soit, mais surtout aux bêtes à laine. Les fossés, les conduits d'eau et les rigoles, tant ceux qui sont destinés à exister toujours, que ceux qui le sont à être changés, doivent toujours être maintenus ouverts et réparés.

Si l'on veut en tirer le plus grand produit, il importe d'y épandre les taupinières.

Il faut donner des soins à la destruction des mauvaises herbes, tant de celles qui sont nuisibles et vénéneuses, que de celles qui occupent beaucoup de place, et l'enlèvent à d'autres plus utiles. Les chardons en particulier, se multiplient excessivement dans les pâturages riches, par ce que le bétail n'y touche pas, et que la semence en vient à maturité. Le bétail ne se borne pas à laisser ces chardons, mais encore il ne broute pas l'herbe qui croît à leur pied; on voit des pâturages qui sont ainsi complétement couverts et qui, par conséquent, ne sont plus que d'une chétive utilité. Il est facile de remédier à ce mal, il suffit de couper de tems en tems ces chardons avec la faulx, surtout pendant leur floraison. Lorsqu'on le fait à réitérées fois, ces chardons disparaissent; d'ailleurs le bétail les mange après qu'ils ont été couchés sur la terre et qu'ils y ont flétri. C'est aussi de cette manière qu'on détruit le *Tithimale*, le *Jusquiame* et plusieurs autres plantes nuisibles.

Enfin il est très-avantageux aux pâturages, qu'on épande le fumier que les bêtes y ont déposé. Si on laisse les excrémens sans les diviser, la première année les plantes qui en sont couvertes sont tout-à-fait étouffées, et l'année suivante, il y pousse des touffes d'une herbe excessivement forte, que le bétail ne touche que lorsqu'il y est contraint par la faim. Au contraire, lorsque ce fumier est bien épandu, il favorise la végétation d'une manière uniforme, et cette odeur qui répugne si fort au bétail, ne tarde pas à s'évaporer. L'on permet quelquefois au berger de rassembler les fientes du bétail, et de vendre ce fumier, afin d'en débarrasser le pâturage ; de cette manière on enlève au sol ce qui lui appartient, et on l'apauvrit pour la suite.

§ 963.

Dans l'usage qu'on fait des pâturages, il faut, de plus, ne les charger que d'une quantité de bétail convenable. Lorsque le nombre des bêtes est excessif, la végétation en est troublée, ces plantes n'ont pas le tems de se développer; le bétail mange la couronne de la plante, et va jusqu'à arracher les racines en les broutant. D'un autre côté il est également certain qu'un pâturage peut aussi être trop peu chargé, et que, par là, non seulement son produit et l'usage qu'on en tire diminuent, mais que, de plus, le pâturage va en s'apauvrissant. Il y nait alors beaucoup de plantes que le bétail ne mange pas, lorsqu'elles sont avancées dans leur végétation. Ces plantes se fortifient et se multiplient; les herbes les plus fines et les plus convenables pour le pâturage disparaissent. Si le pâturage n'est pas suffisamment chargé de bétail, il ne reçoit pas tout le fumier qu'il devait obtenir. *

La même raison veut que les pâturages ne soient abandonnés au bétail ni trop tôt, ni trop tard.

Il n'y a aucun doute qu'il ne soit plus avantageux aux pâturages, qu'on sorte de tems en tems le bétail d'une place, pour y laisser recroître l'herbe. C'est par cette raison que, dans les exploitations rurales les mieux ordonnées, parmi celles où le pâturage des champs entre, comme partie constituante, dans l'assolement des terres, le terrain soumis au pâturage est divisé en soles; l'on conduit alors, sur chaque sole, d'abord le bétail auquel on veut donner la nourriture la plus succulente, puis un autre troupeau qui doit se contenter d'une moindre. Par ce moyen on obtient que toute l'herbe soit broutée raz terre, de sorte que les plantes que le bétail aime moins, ne demeurent pas en pied. Alors on laisse à l'herbe le tems nécessaire pour repousser, après quoi, seulement, on y conduit de rechef le premier troupeau.

§. 964.

La succession, la réunion ou la séparation des diverses espèces de bétail sur les pâturages, dépend des circonstances locales.

---

* Lorsque le pâturage est trop étendu proportionnément à la quantité de bétail qui y pâture, sans être divisé par des cloisons, les bestiaux y errent çà et là, et gâtent avec leurs pieds autant qu'ils consomment. La végétation des herbes est par là toujours interrompue. Cet inconvénient n'existe pas à ce point, lorsque le nombre des bêtes est grand, proportionnément, et que aussitôt qu'une division est broutée, l'on fait passer le bétail sur une autre. TRAD.

Souvent, au printems, on donne le meilleur pâturage aux brebis, parce que c'est elles qui en ont le plus besoin pour augmenter leur lait, et pour faire réussir leurs agneaux. Si l'on peut prolonger la nourriture d'hiver à l'étable pour le bétail à cornes, cela peut se faire sans que ce bétail en souffre. Car l'expérience a démontré que l'herbe s'épaissit, lorsqu'elle a été pâturée par les brebis, au printems, de bonne heure; mais il ne faut pas laisser trop long-tems ces brebis sur ce pâturage, et il faut laisser écouler au moins trois semaines, avant d'y introduire de nouveau des bêtes à cornes; de cette manière, non-seulement on laisse à l'herbe le tems de recroître, mais encore on laisse se dissiper l'odeur désagréable au bétail à cornes, que les excrémens des bêtes à laine laissent sur le sol. Si, dans la suite, les moutons alternent encore avec les bêtes à cornes, il faut toujours laisser cet intervalle de tems, entre le pâturage des uns et celui des autres.

Ce n'est pas seulement sur des pâturages mal administrés, où le besoin et le désordre se font sentir, qu'on voit, à côté du bétail à cornes, quelques bêtes à laine à l'engrais et des chevaux, mais encore sur de riches *pâturages d'engrais*. Ici l'on croit que l'herbe qui est trop grossière et trop dure pour le bétail à cornes, celle qui pousse surtout aux places où, dans les années précédentes, le bétail a déposé sa fiente, que cette herbe, dis-je, ne peut mieux être consommée que par des chevaux qu'on associe aux bêtes à cornes, et que, d'un autre côté, les herbages très-fins que ces dernières ne peuvent pas saisir avec les dents, conviennent fort aux bêtes à laine. Dans ces pâturages on aime que l'herbe soit broutée jusques raz terre et d'une manière uniforme, et l'on ne parviendrait pas à ce but, sans la variété de bêtes dont je viens de parler. Au reste l'on croit qu'alors, au bout d'un certain tems, l'herbe repousse et plus épaisse et plus vigoureuse.

D'autres cultivateurs, au contraire, préfèrent ne mettre les chevaux sur le pâturage, que quand le bétail à cornes, en a été retiré, et de leur faire succéder les bêtes à laine, après quoi ils laissent le pâturage se reposer et pousser de nouveau.

§ 965.

La division des pâturages en soles, soit rapprochées les unes des autres, soit éloignées et situées en divers lieux, dans lesquelles on met successivement, avec ordre et pour un tems réglé, pâturer les diverses espèces de bétail, et qu'on laisse ensuite en repos; cette division, dis-je, a de grands avantages sur l'usage d'abandonner aux bestiaux la totalité des pâturages à la fois. Le bétail qui est toujours circonscrit dans des places étroites, ne court pas tant, çà et là, pour chercher des places dont les herbages

lui plaisent d'avantage, parconséquent il gâte moins avec ses pieds, et salit
moins. L'herbe est broutée par tout d'une manière égale, et elle a ensuite
le tems de recroître; au contraire si on laisse aller le bétail par tout à la fois,
quelques places demeurent d'abord intactes, et l'herbe s'y durcit trop, tandis
qu'ailleurs le bétail ronge les plantes jusqu'au collet, à tel point qu'elles ont
de la peine à pousser de nouveau. Le bétail est plus tranquille dans les pâturages circonscrits, et cette tranquillité lui est très-profitable.

Dans bien des contrées où le pâturage entre dans le système d'assolement,
on divise les pacages en très petits enclos ou soles, et l'on met alors, dans chaque
enclos, un nombre de têtes de bétail proportionné à la grandeur de cet enclos,
en ayant soin d'associer ensemble, autant que cela est possible, des bêtes de
même taille, qui, accoutumées à être ensemble, vivent en paix les unes avec
les autres. On estime donc beaucoup, pour le pâturage, les petits clos fermés
de haies, parce qu'on attache beaucoup de prix à l'abri que donnent les haies
contre la chaleur excessive des rayons du soleil et contre les vents, et à la
plus grande tranquillité dont le bétail jouit dans un local ainsi fermé.

§ 966.

Pour tous les pâturages, de bons abreuvoirs sont une chose très-importante.
C'est une triste ressource pour le bétail que l'eau de ces citernes dans les
quelles on réunit l'égout des fontaines et des fossés. Ainsi donc là où il n'y a
pas des abreuvoirs naturels, il faut en construire d'artificiels.

On creusera ces abreuvoirs dans les places où l'eau a le plus de disposition
à se rendre et où l'on peut conduire celle des fossés. Il ne convient pas de
les placer directement auprès des fossés, ni d'élargir ceux-ci pour les raprocher
du réservoir; car ainsi les fossés seraient bientôt gâtés par les pieds du bétail et
remplis de bourbe. Il vaut mieux établir un canal qui, d'un des fossés destinés
à la conduite de l'eau, la mène dans l'abreuvoir, et lorsque cet abreuvoir manque
d'eau, arrêter celle-ci dans le fossé, afin de la forcer à entrer dans ce canal.

Les abreuvoirs doivent avoir, au centre, au moins 7 pieds de profondeur, et y
descendre en talus dès leurs bords. Leur circonférence doit être proportionnée
à la quantité de bétail à laquelle ils sont destinés; ordinairement on prend 60
pieds pour leur diamètre moyen.

Lorsque la terre est glaiseuse ou argileuse, ces abreuvoirs tiennent l'eau d'eux
même; si le terrain est sablonneux, ou a des couches de sable qui puissent
frayer un chemin à l'eau, il ne suffit pas alors, comme beaucoup de gens s'en
contentent, de le faire garnir avec de l'argile; parce que celle ci peut facilement
se fendre ou être percée par les souris, et qu'alors l'eau disparait: il faut y

mettre un mortier fait avec de la chaux, en suivant le procédé que nous allons transcrire. Après que la superficie de l'abreuvoir a été bien régalée et battue, on la couvre de deux ou trois pouces de chaux récemment éteinte, qu'on a passée au tamis, et qu'on mouille au point de la mettre en bouillie. On met alors, sur cette chaux, une couche de 6 pouces d'argile, que l'on bat pour la durcir, comme une aire.

Fin du troisième Volume.

TABLE RAISONNÉE DES MATIÈRES

contenues dans ce troisième volume.

SECTION QUATRIÈME.

AGRICULTURE,

SECONDE PARTIE.

LES HERSES.

LES ROULEAUX.

LES LABOURS.

DES DÉFRICHEMENS.

H A I E S   C L O T U R E S.

MOYENS D'ASSAINIR ET ÉGOUTTER LES TERRES.

CULTURE DES PRAIRIES.

LA RÉCOLTE DES FOINS.

LES DIVERSES ESPÈCES DE PATURAGE.

Fin de la Table des Matières.

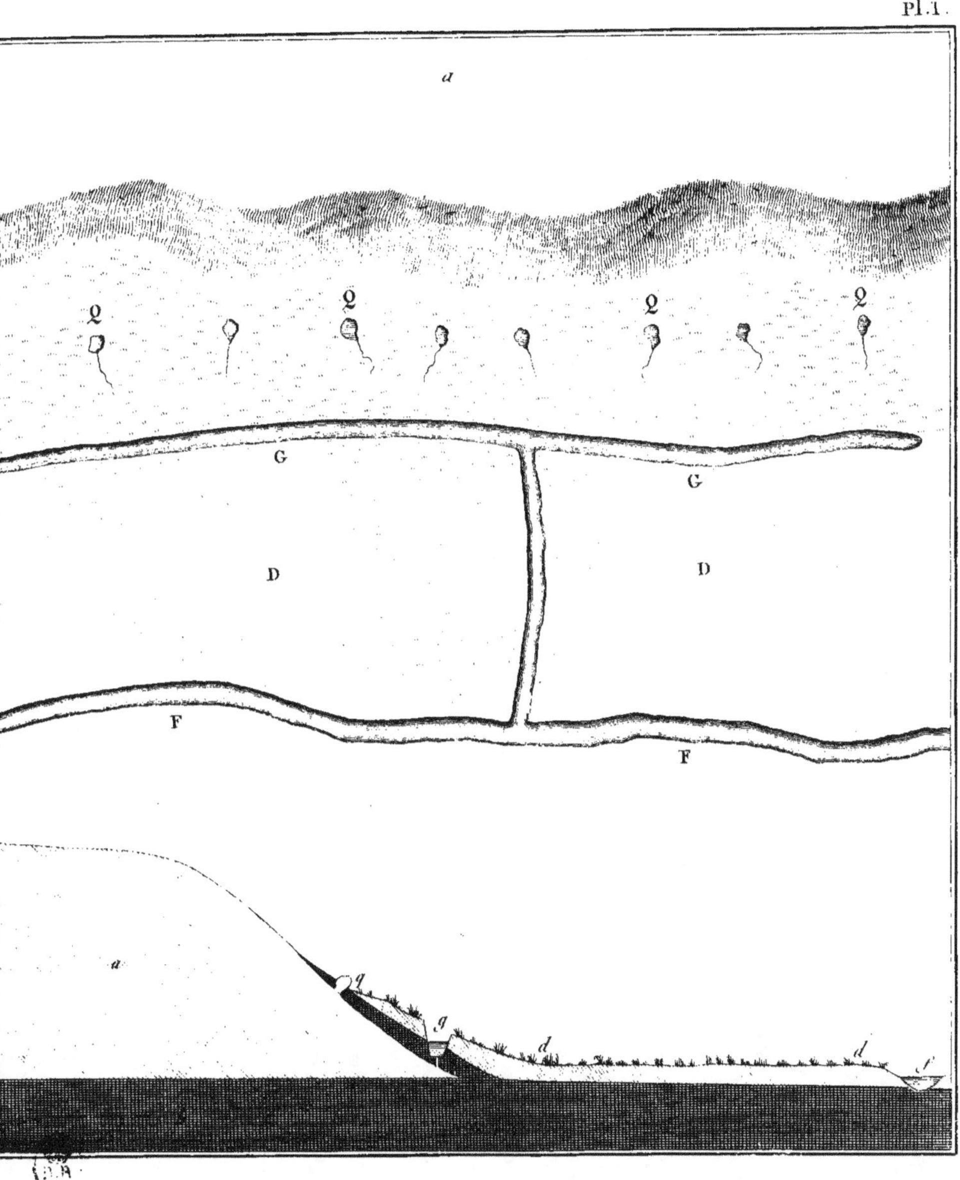
a
Q
Q
Q
Q
G
G
D
D
F
F
a
q
g
d
d

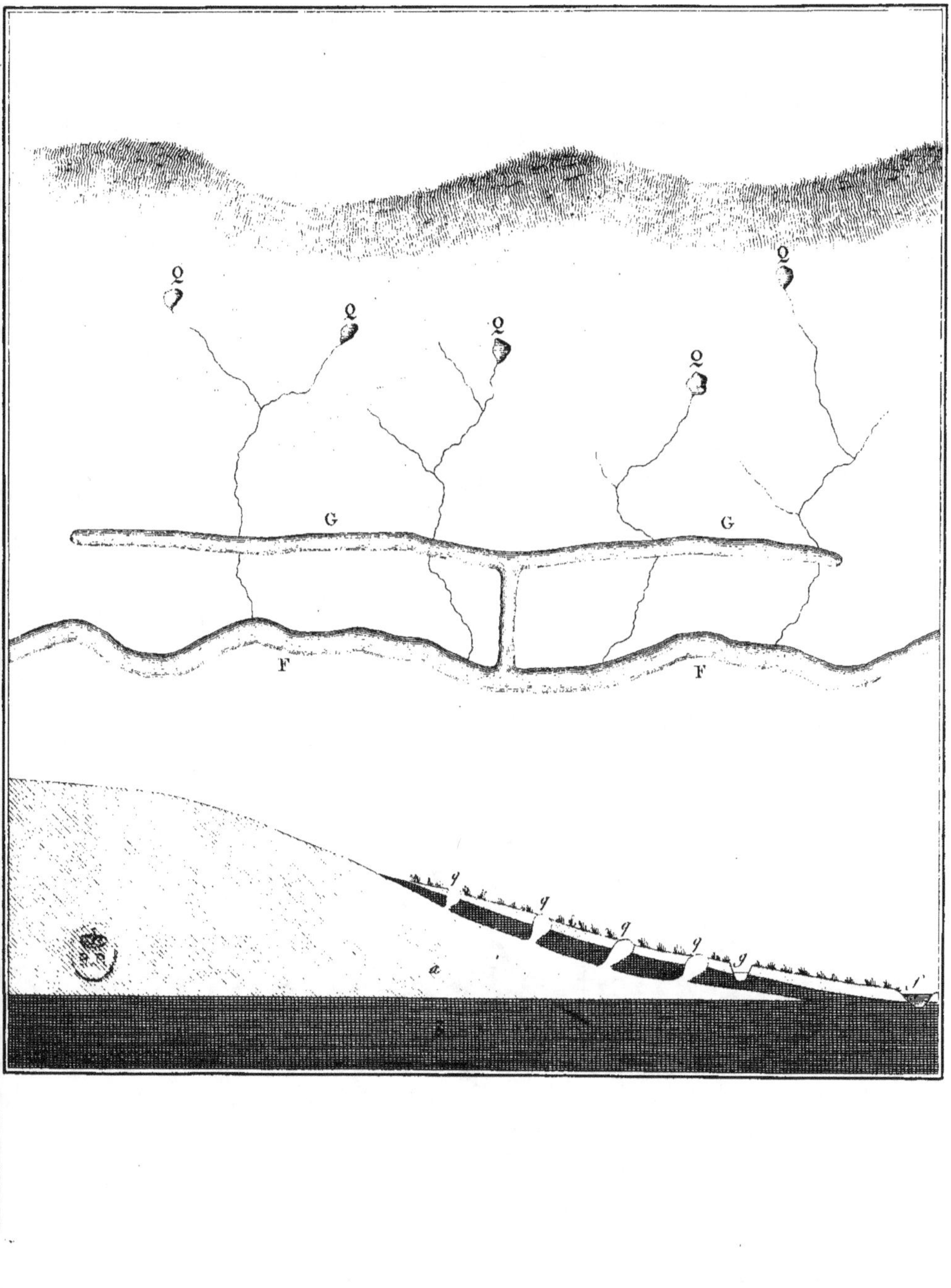

Q
Q
Q
Q
Q
G
G
F
F
q
q
q
q
q
a

Q
B
O
R
Rivière
Canal
Q

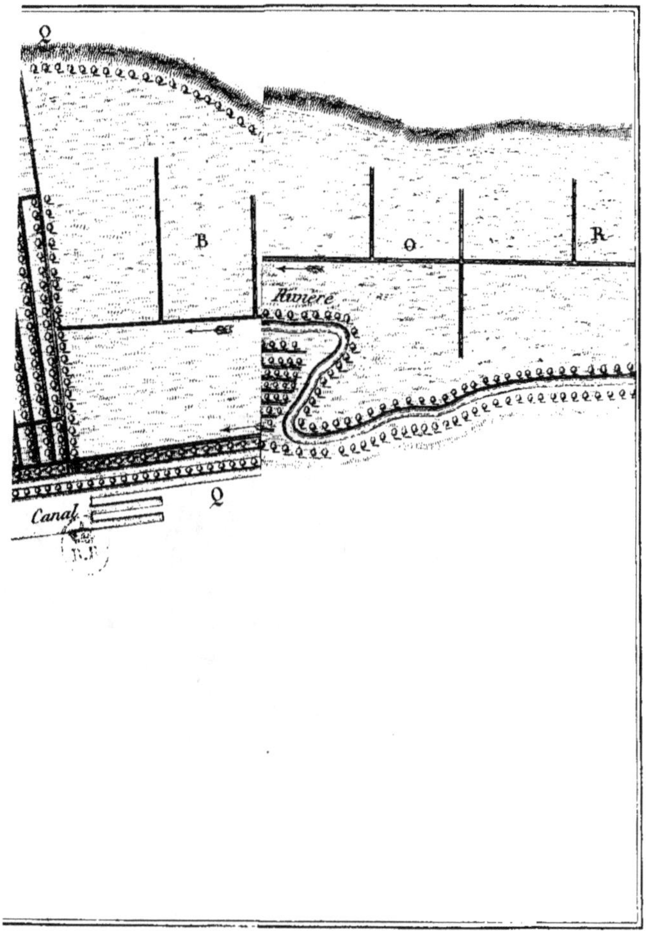

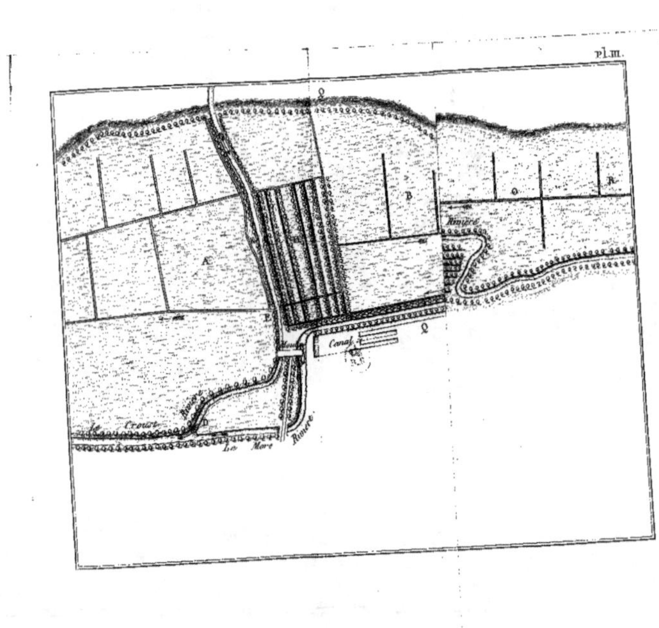

Pl. III.
Rivière
Canal
Rivière
Crouit
La Mare
Rivière

Pl. IV.
Moulin
Chemin
Source
C
H
L
F
F
D
A
Chemin

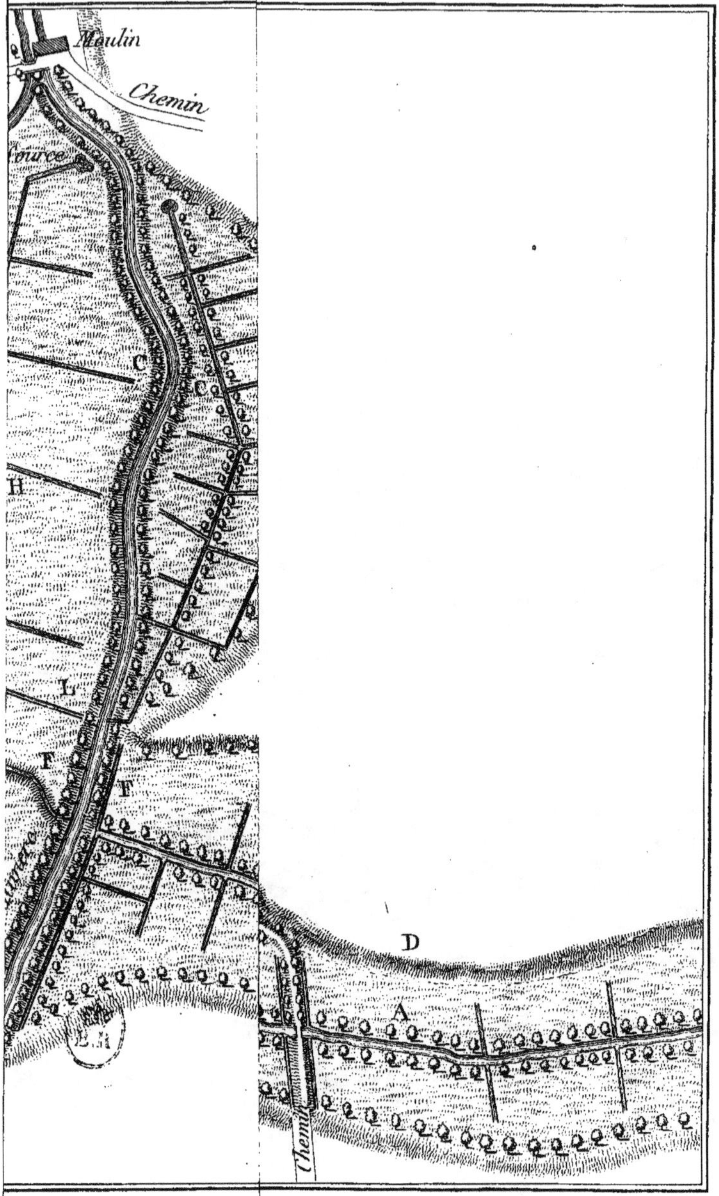

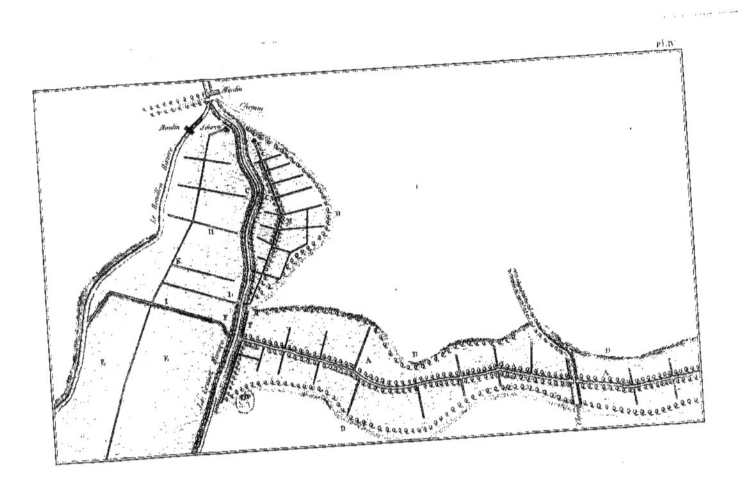

Pl. IV
Moulin
Chemin
Moulin
Scierie
le Bouillon Rivière
le Vieux Rhône

C
A
a
B
a
h
f
h
O

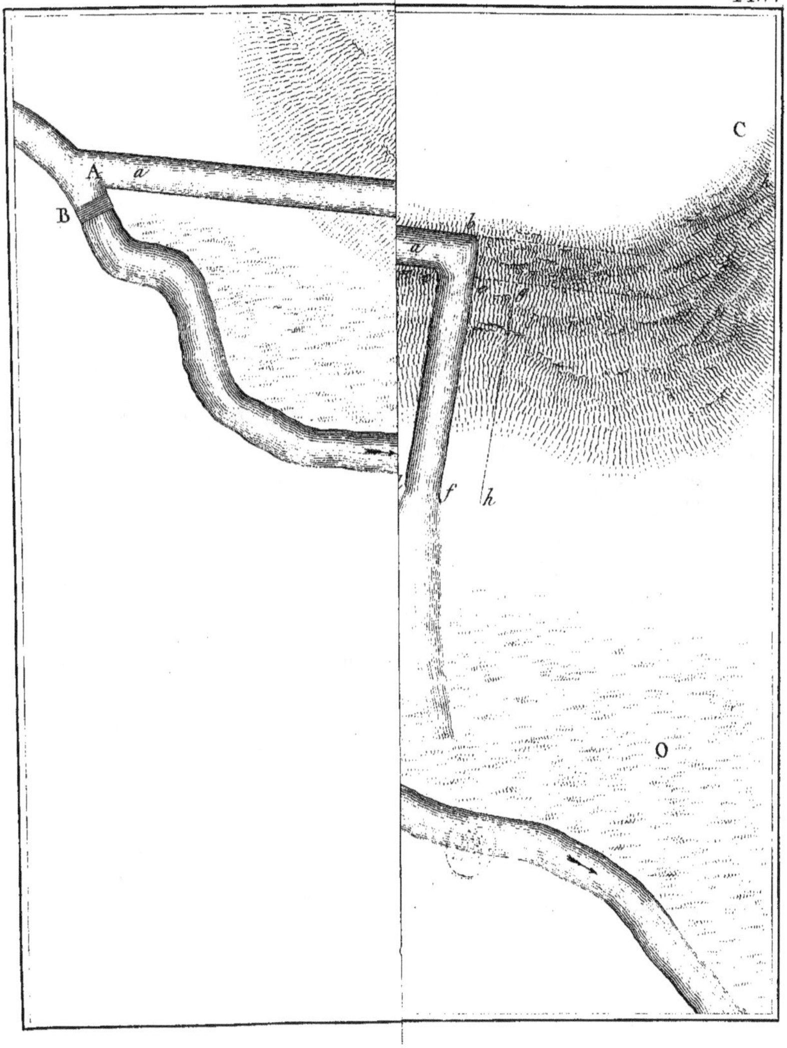

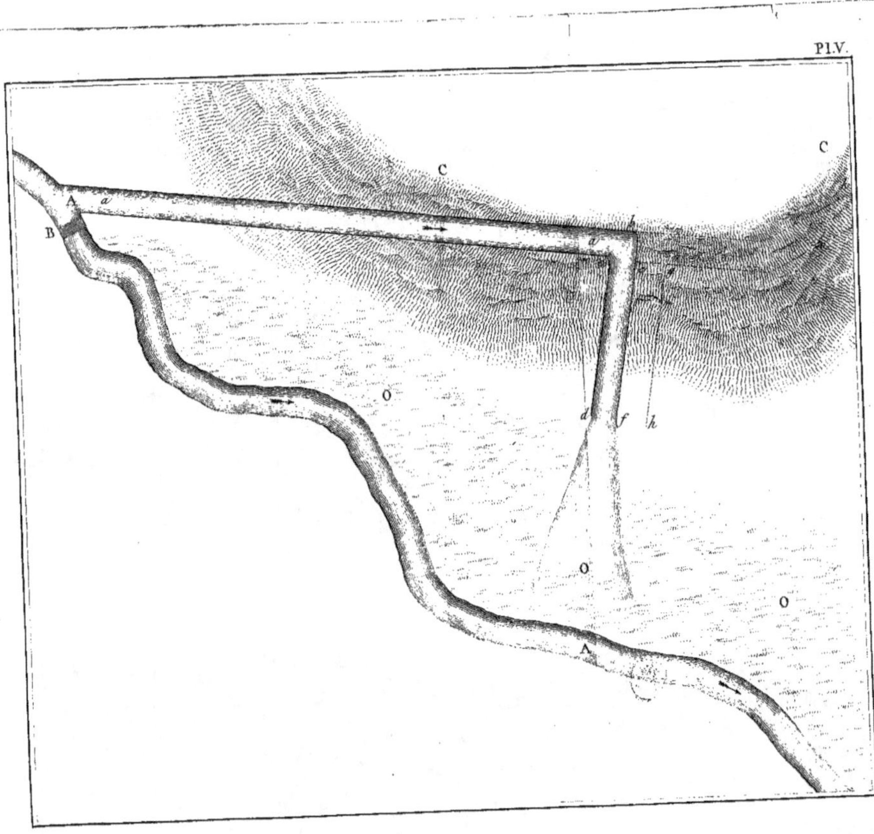
C
C
A a
B
o
d f h
o
A
o

Pl.V.
C
a
b
f
h
o

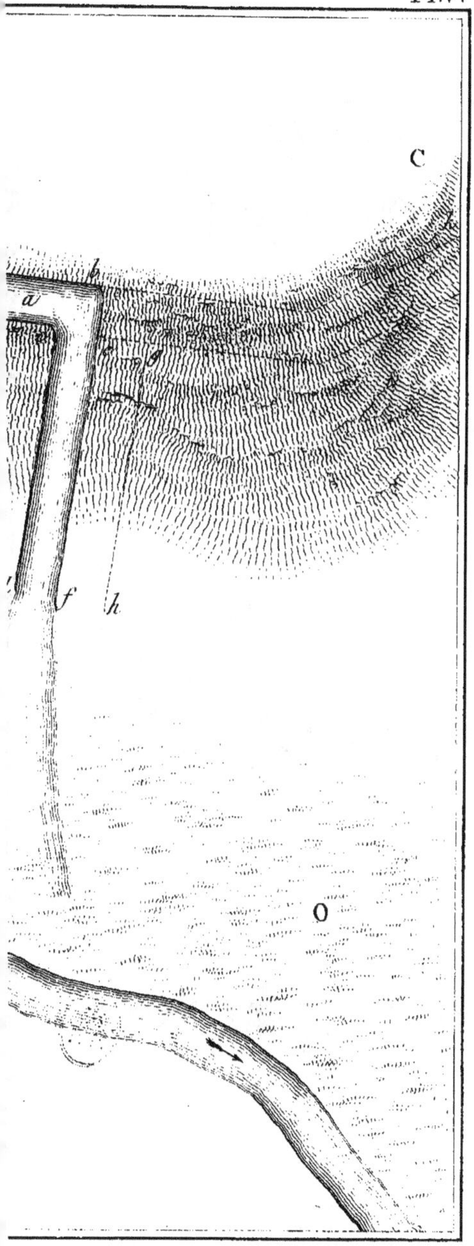

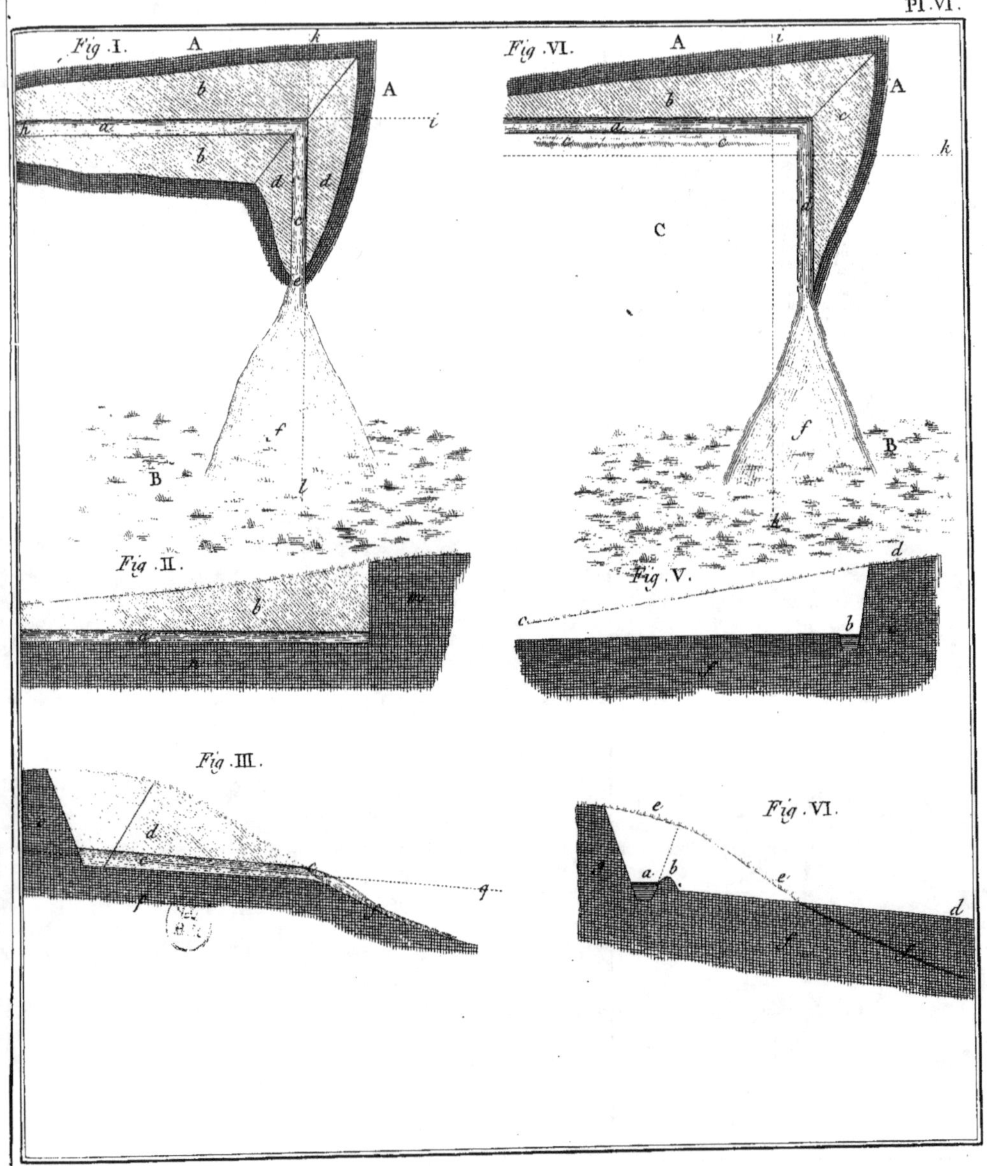
Fig. I.
Fig. IV.
Fig. II.
Fig. V.
Fig. III.
Fig. VI.

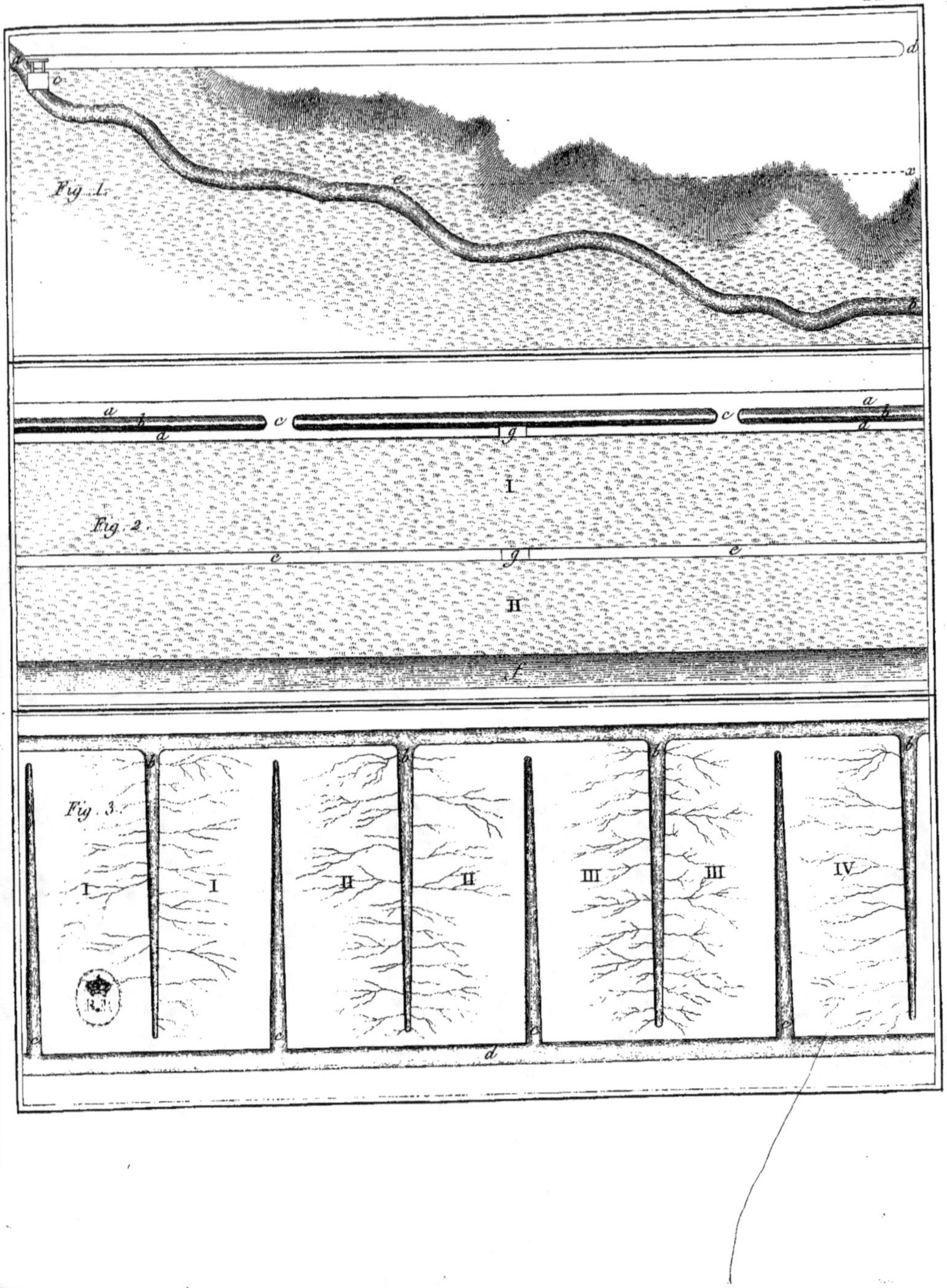

Fig. 1.

Fig. 2.

Fig. 3.

Fig. 1.
a
b
c
1
2
3
4
5
6
c
d
d
I
II
III
IV
V
VI

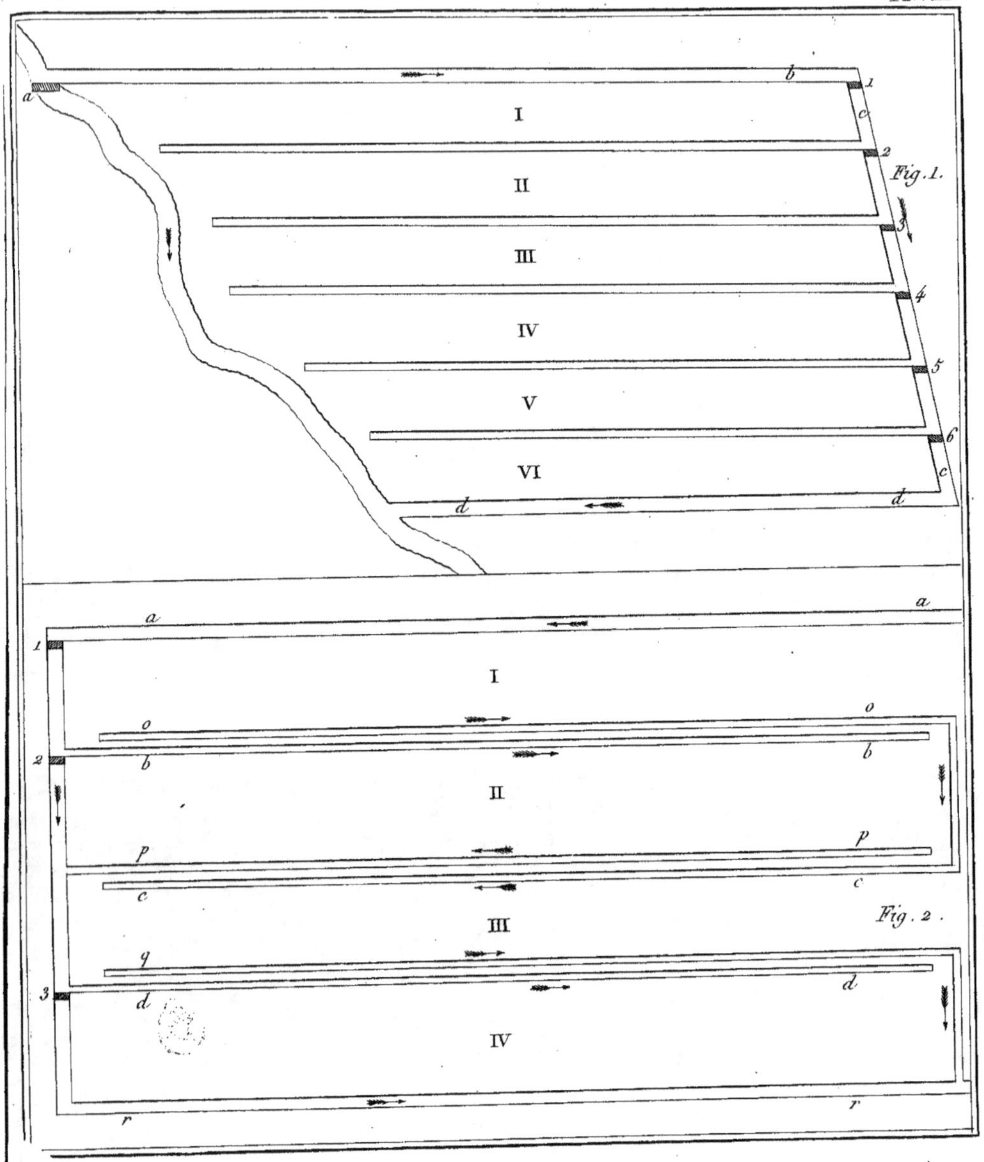

Fig. 2.
a
a
1
o
o
2
b
b
p
p
c
c
3
q
d
d
d
r
r
I
II
III
IV

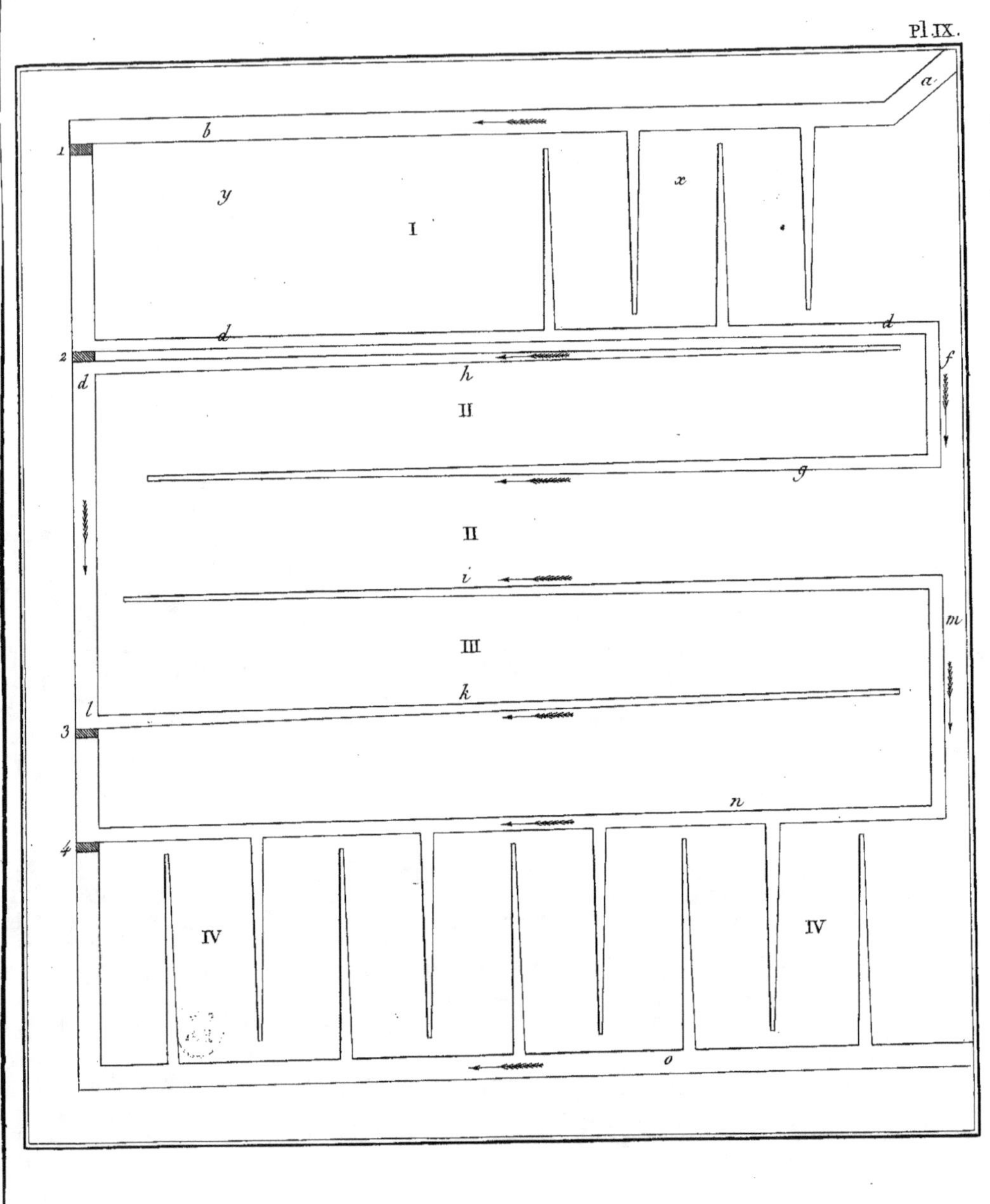
a
b
1
y
x
I
d
d
2
f
h
II
g
d
II
i
III
m
k
l
3
n
IV
IV
4
o

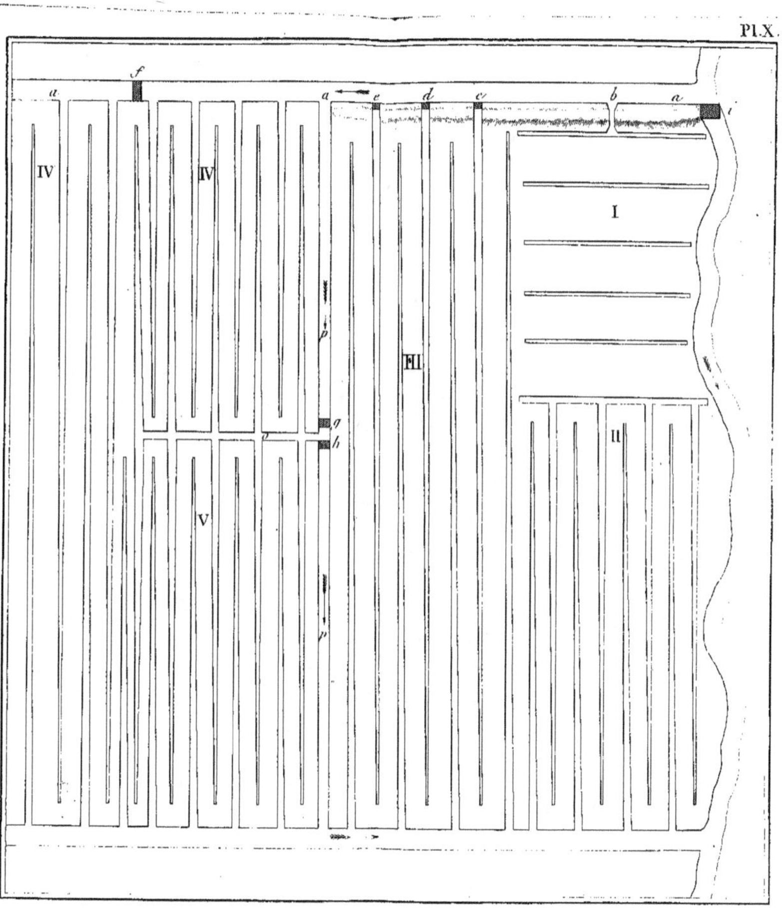

IV
IV
V
III
I
II
f
a
a e d c b a
i
g
h
p
p

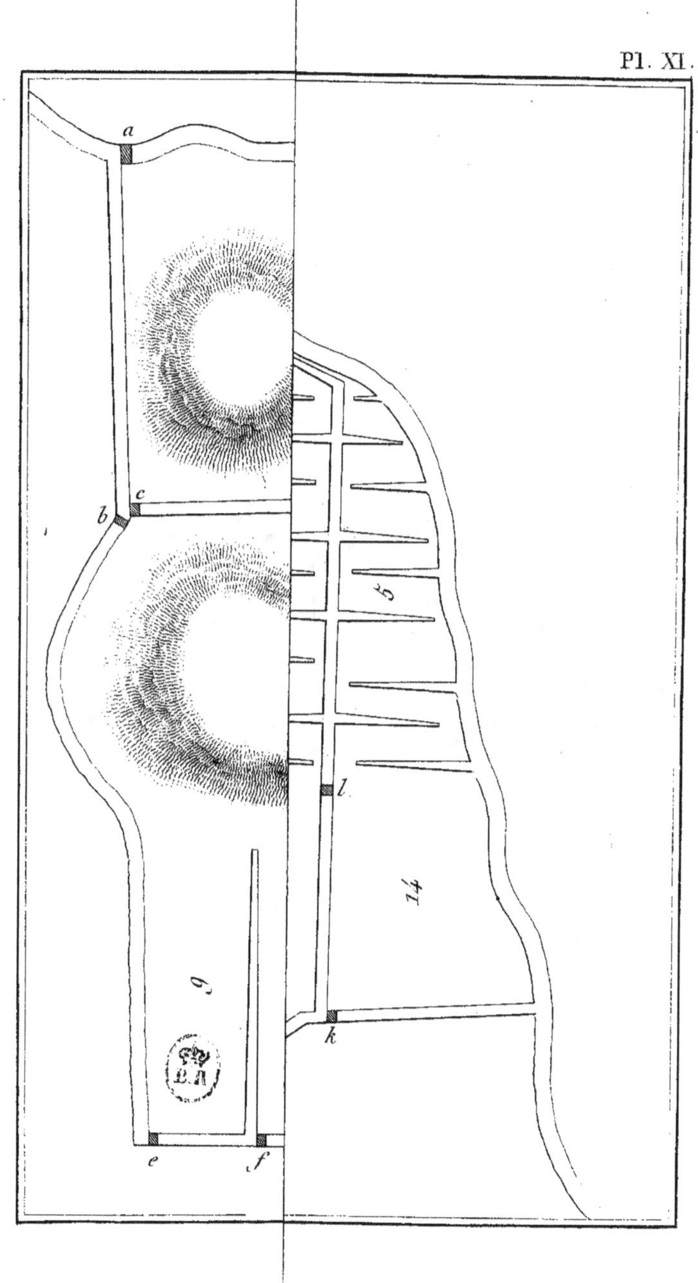

a
c
b
l
k
e
f

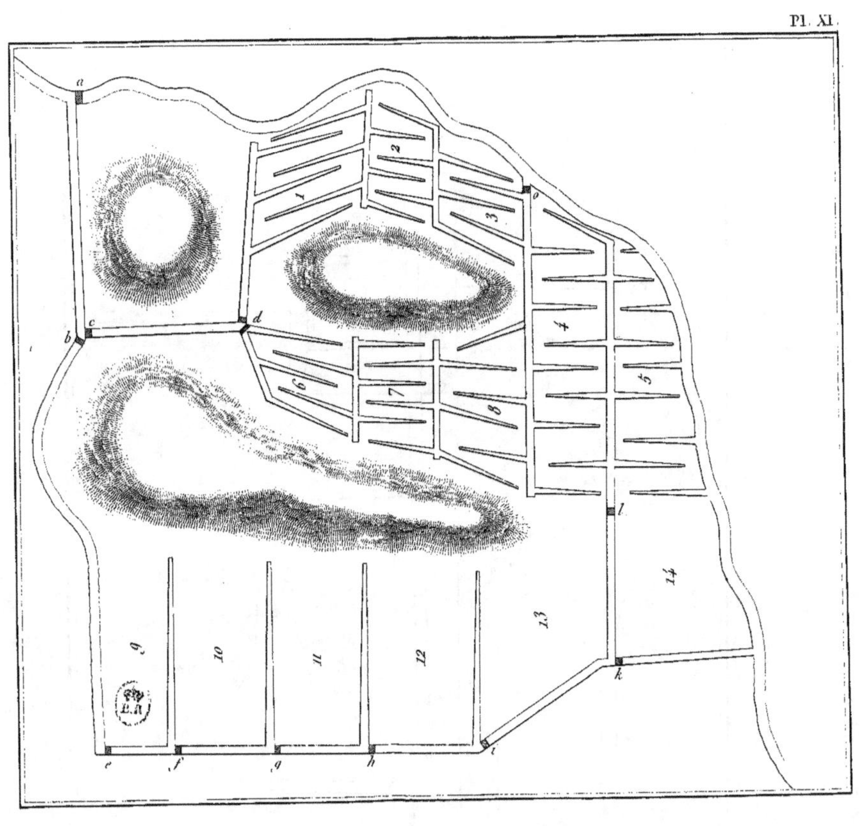
a
b
c
d
e
f
g
h
i
k
l
o
1
2
3
4
5
6
7
8
9
10
11
12
13
14

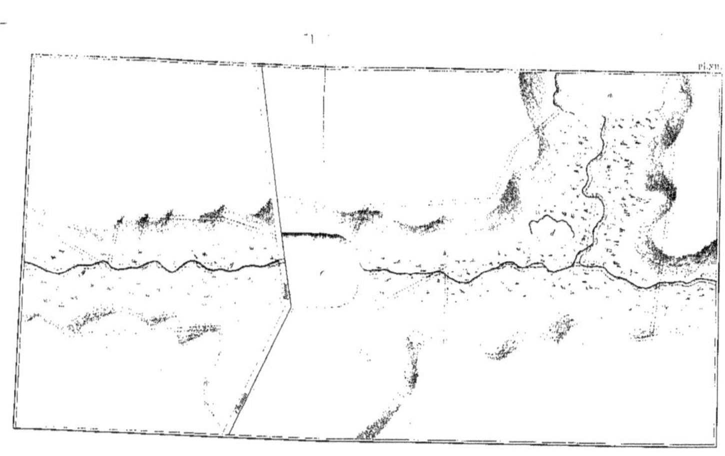

Pl. XII.

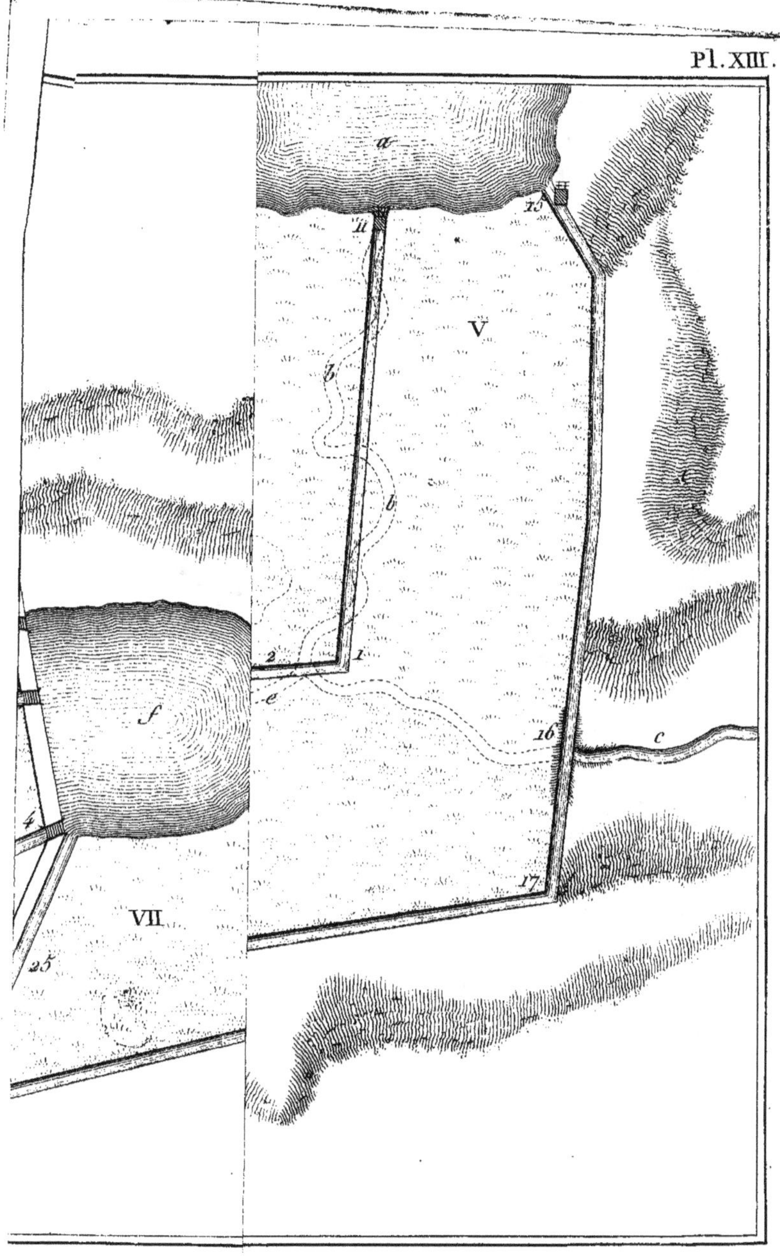

a
n
15
V
b
b
2
1
e
f
4
VII
25
16
c
17

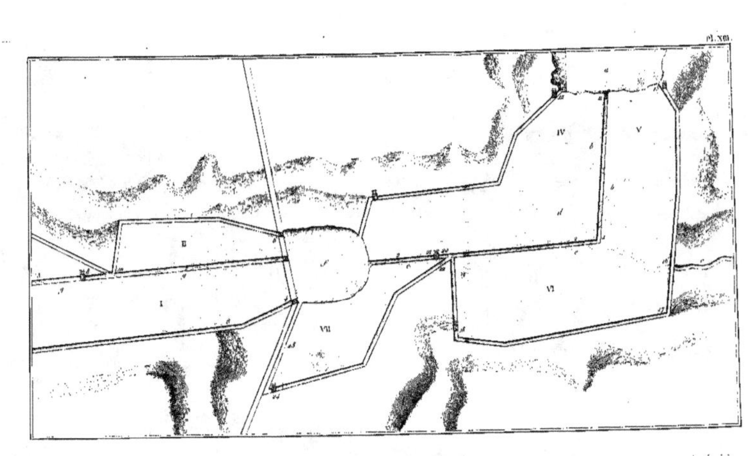
Pl. XIII.

9 782329 601557